物流基礎

第四版

主編 胡建波

松樺文化

內容簡介

本書按照高等職業教育人才培養的要求，在總結近幾年國家示範性高職院校物流管理專業教學改革成果的基礎上編寫而成。本書是「工學結合」課改教材。我們按照「職業活動導向」的理念，遵循由淺入深的認知規律，對物流基礎的課程內容體系進行了重構，設置了物流的認知、物流基本功能活動管理、企業物流管理、物流外包與第三方物流運作管理、物流組織與管理、國際物流運作與管理、供應鏈管理共七個學習情境。本書可作為高等職業院校物流類（物流管理、物流金融管理、工程物流管理、冷鏈物流技術與管理、採購與供應管理、物流工程技術、物流信息技術）、工商管理類（工商企業管理、商務管理、連鎖經營管理等）、經濟貿易類（報關與國際貨運、國際貿易等）、電子商務類、市場行銷類、交通運輸類專業及其他相關專業學生的教材，也可作為應用型本科院校相關專業的參考書，且適合作為相關領域從業人員的培訓教材。

前 言

物流業已成為國民經濟的一個非常重要的服務產業，它涉及領域廣、吸納就業人數多，對促進生產、拉動消費的作用大。目前，中國物流業增加值占服務業增加值的比率為16.1%，占GDP的比率為6.9%。物流業涉及的從業人員約為2,000萬人，物流業產值每增加一個百分點，可以增加10萬個工作崗位。同時，與發達國家相比，美國物流成本占GDP的比率為9%，而中國物流成本占GDP的比率為18.1%，物流成本占GDP的比率每降低一個百分點，將帶來3,000億元的效益。中國物流成本過高的原因主要有三點：一是產業結構的因素，二是國民經濟的粗放式管理，三是整體管理水平低。而要提高物流業整體水平，亟須加快培養一支規模龐大的高素質、技術技能型物流從業人員隊伍。

本書按照高等職業教育人才培養的要求，在總結近幾年國家示範性高職院校物流管理專業教學改革成果的基礎上編寫而成。本書是「工學結合」課改教材。我們按照「職業活動導向」的理念，遵循由淺入深的認知規律，對物流基礎的課程內容體系進行了重構，設置了物流的認知、物流基本功能活動管理、企業物流管理、物流外包與第三方物流運作管理、物流組織與管理、國際物流運作與管理、供應鏈管理共七個學習情境。

本書具有以下主要特點：

第一，配套構建網上教學資源庫，方便學生自主學習網路課程中的電子教學資源，包括音頻、視頻、動畫、圖片、案例以及物流相關網站等內容。

第二，突出「能力本位」，體現「問題驅動」「任務引領」。具體而言，在每個學習情境或子情境的開頭設置了「引例」，並設計了「引導問題」。在課後設計了學習性工作任務，要求學生完成設計方案或開展企業調查並完成調查報告。

第三，課後同步測試。在每個學習情境結束後設計了判斷、選擇、計算、實訓、情境問答、綜合分析、案例分析等題型。題型多樣而靈活，著重考查學生分析並解決物流管理實際問題的能力，體現職業活動導向。

第四，強調實用與應用，突出了高素質、技術技能型人才培養的特點。例如，讓學生通過分析企業實例來掌握物流作業成本的計算方法，讓學生通過計算運費的費率來確定物流服務商的報價是否合理等。此外，結合行業發展，對「物流外包的風險與規避」以及「商物分流」環境下銷售物流渠道的建設等內容作了有益的探討。

第五，物流術語的準確界定。教材中出現的所有物流術語均進行了準確界定（或在正文中，或以註釋的方式給出了準確的定義）。

第六，書中穿插了大量較新的案例，增強了教材的可讀性。

第七，教材中配有大量物流實物圖片，增強了直觀感，有助於提高學生的學習效果。

本書可作為高等職業院校物流類（物流管理、物流金融管理、工程物流管理、冷鏈物流技術與管理、採購與供應管理、物流工程技術、物流信息技術）、工商管理類（工商企業管理、商務管理、連鎖經營管理等）、經濟貿易類（報關與國際貨運、國際貿易等）、電子商務類、市場行銷類、交通運輸類專業及其他相關專業學生的教材，也可作應用型院校相關專業的參考書，且適合相關領域的從業人員作培訓教材。

因時間倉促，加之編者水平所限，書中錯誤或不妥之處難免，懇請使用本書的廣大師生提出寶貴意見，以便進一步完善。

編者

目 錄

學習情境一　物流的認知 ……………………………………………………… (1)
　1.1　物流的概念與特點 ……………………………………………………… (2)
　1.2　物流的價值與分類 ……………………………………………………… (6)
　1.3　物流與流通及生產的關係 ……………………………………………… (12)
　1.4　現代物流的基本功能 …………………………………………………… (15)
　小結 …………………………………………………………………………… (18)
　同步測試 ……………………………………………………………………… (19)

學習情境二　物流基本功能活動管理 ………………………………………… (22)
　2.1　包裝作業與管理 ………………………………………………………… (22)
　2.2　儲存保管作業與管理 …………………………………………………… (31)
　2.3　運輸與配送管理 ………………………………………………………… (45)
　2.4　裝卸搬運作業與管理 …………………………………………………… (64)
　2.5　流通加工作業與管理 …………………………………………………… (76)
　2.6　物流訊息管理 …………………………………………………………… (84)
　小結 …………………………………………………………………………… (99)
　同步測試 ……………………………………………………………………… (100)

學習情境三　企業物流管理 …………………………………………………… (105)
　3.1　生產企業物流管理 ……………………………………………………… (106)
　3.2　流通企業物流管理 ……………………………………………………… (142)
　3.3　物流中心與配送中心管理 ……………………………………………… (147)
　小結 …………………………………………………………………………… (158)
　同步測試 ……………………………………………………………………… (159)

學習情境四　物流外包與第三方物流運作管理 ……………………………… (164)
　4.1　第三方物流的認知 ……………………………………………………… (165)
　4.2　中國第三方物流企業的分類 …………………………………………… (171)
　4.3　物流外包管理 …………………………………………………………… (177)

4.4　第三方物流運作模式的選擇 ……………………………………（187）
　　小結 …………………………………………………………………（191）
　　同步測試 ……………………………………………………………（191）

學習情境五　物流組織與管理 …………………………………………（194）
　　5.1　物流組織機構設計 ………………………………………………（195）
　　5.2　物流服務管理 ……………………………………………………（202）
　　5.3　物流質量管理 ……………………………………………………（211）
　　5.4　庫存管理 …………………………………………………………（219）
　　5.5　物流成本管理 ……………………………………………………（234）
　　5.6　物流標準化 ………………………………………………………（247）
　　小結 …………………………………………………………………（251）
　　同步測試 ……………………………………………………………（252）

學習情境六　國際物流運作與管理 ……………………………………（255）
　　6.1　國際物流的認知 …………………………………………………（256）
　　6.2　國際物流業務 ……………………………………………………（262）
　　6.3　保稅制度與保稅物流 ……………………………………………（271）
　　6.4　國際物流運作 ……………………………………………………（274）
　　小結 …………………………………………………………………（278）
　　同步測試 ……………………………………………………………（279）

學習情境七　供應鏈管理 ………………………………………………（282）
　　7.1　供應鏈的認知 ……………………………………………………（283）
　　7.2　供應鏈管理的認知 ………………………………………………（290）
　　7.3　供應鏈的設計 ……………………………………………………（298）
　　7.4　供應鏈管理策略的選擇 …………………………………………（303）
　　7.5　第四方物流管理 …………………………………………………（307）
　　小結 …………………………………………………………………（311）
　　同步測試 ……………………………………………………………（312）

學習情境一　物流的認知

【知識目標】

    1. 掌握物流的含義

    2. 瞭解物流的特點

    3. 理解物流的價值

    4. 瞭解物流的分類

    5. 理解物流與流通及生產的關係

    6. 熟悉物流的基本功能要素

【能力目標】

    1. 能分析物流與流通的關係

    2. 能分析物流與流通領域的替他支柱流的關係

    3. 能查閱物流相關網站，並能借助這些網站進行自主學習

    4. 會撰寫物流調查報告

【引例】

美國「守諾者大會」的物流運作

「守諾者大會」要依賴良好的物流管理來保證宗教活動準時開展。守諾者大會是一個基督教組織，在全美主持23項重要活動——參加者從50人到8萬人不等。其中，許多活動的運作規模很大，需要大型卡車公司來承擔這些活動的物流工作。承運人利用定時送貨來協調捐獻物品的供應，比如，將《聖經》從芝加哥運出或者將帽子從堪薩斯城運出，同時另用拖車來運輸講壇設備。設備必須先進行組裝，然後分秒不差地送到活動場所。由於活動一般在體育場、賽車場或類似場所舉行，同一週末這些場所還安排有其他活動（球賽、賽車等）。整個過程大約有30車物料的運輸活動需要協調，貨物要準點送到、準時離開，以免妨礙其他活動的物流工作。此外，運作中還運用了計算機技術跟蹤卡車，以保證各個環節配合得天衣無縫。

【引導問題】

    1. 什麼是物流？

    2.「守諾者大會」諸多活動的開展能否離開物流的有效支撐？為什麼？

    3. 物流在工商企業及其他各類組織的正常運作中能起到什麼作用？

1.1 物流的概念與特點

近年來，越來越多的企業管理者從物流過程角度對企業經營活動進行重新審視，並把物流管理作為提升企業競爭力的重要手段。物流已成為繼降低勞動力成本和物資消耗之後的「第三利潤源泉」。

一、物流概念的產生和發展

(一) 物流概念在美國的演變

物流概念最早誕生於美國。1905 年，美國少校瓊西·貝克 (Major Chauncey B. Baker) 提出並解釋了 Logistics（後勤學），但它主要應用於軍事領域。1915 年，美國經濟學家阿奇·蕭在《市場流通中的若干問題》(Some Problems in a Market Distribution) 一書中提出：「物流是與創造需求不同的一個問題」，並提到「物質經過時間和空間的轉移，會產生附加價值」。這裡物質的時間和空間的轉移後被稱作實物流通。20 世紀 30 年代，美國出版的教科書《市場行銷的原則》中涉及了「實物供應」(Physical Supply) 這一概念，並將市場行銷定義為「影響產品所有權轉移和產品實物流通的活動」。該定義所指的實物流通與現代物流同義。1935 年，美國市場行銷協會 (American Marketing Association) 最早對物流做出了如下的定義：「物流 (Physical Distribution, P.D) 是包含於銷售之中的物質資料和服務，從生產地到消費地流動過程中伴隨的種種活動。」顯然，P.D 指銷售物流。

第二次世界大戰期間，美國將運籌學運用於軍事領域，對軍火的儲存、運輸、補給進行全面管理，並首次採用了「後勤管理」(Logistics Management) 一詞。戰後，該概念被成功地運用於流通領域，被稱為商業後勤 (Business Logistics)。

1963 年，美國物流管理協會 (National Council of Physical Distribution Management, NCPDM) 成立，並對物流做了如下的定義：「物流是把產成品從生產線的終點有效移動到消費者手裡的活動，有時也包括從原材料供應源到生產線起始點的移動。」顯然，該定義已包括供應物流，但尚未涉及生產物流。

1962 年，現代管理之父彼得·德魯克在《財富》雜誌上發表了《經濟的黑大陸》一文，提出「流通是經濟界的黑大陸」。因為流通領域物流活動的模糊性極為突出，故德魯克所說的流通實指物流。特別是進入 20 世紀 70 年代以後，美國理論界和實業界逐漸認識到了有效的物流管理能帶來巨大的經濟效益，物流管理的範圍逐步從流通領域擴展到包括供應、生產、銷售等活動在內的「整體化的物流管理」，進入現代物流綜合管理階段。

1985 年，美國物流管理協會更名為 Council of Logistics Management (CLM)，並重新對物流進行了定義：「物流 (Logistics) 是對貨物及相關信息從起源地到消費地有效

率、有效益的流動和儲存這一過程進行計劃、執行和控制，以滿足顧客要求的過程。該過程包括進向、去向、內部和外部的移動以及以環境保護為目的的回收。」Logistics 取代 P.D，成為物流科學的代名詞。這是物流科學走向成熟的標誌。

信息技術的有力支撐，使物流管理發展到了供應鏈管理階段。1998 年，美國物流管理協會再次將物流的定義修改為：「物流是供應鏈流程的一部分，是以滿足客戶要求為目的，對貨物、服務及相關信息在產出地和銷售地之間實現高效率和高效益的正向和反向流動及儲存所進行的計劃、執行與控制的過程。」到目前為止，該定義以其完整和簡要，得到了國際上的普遍公認和引用。2005 年 1 月 1 日，有著 40 多年歷史的美國物流管理協會再次更名為美國供應鏈管理專業協會（Council of Supply Chain Management Professionals, CSCMP）。這一變化從某種意義上揭示了世界物流的發展趨勢。

綜上所述，物流概念的產生和發展經歷了實物配送、物流綜合管理和供應鏈管理三個階段。

(二) 物流概念的傳播

20 世紀 60 年代，P.D 的概念傳入日本並被譯為「物的流通」，日本著名學者平原直用「物流」代替「物的流通」後，「物流」一詞迅速被廣泛採用。平原直也因此被尊稱為「物流之父」。在日本，關於物流的定義有多種，其中最具代表性的是 1981 年日本日通綜合研究所對物流所下的定義，「物流是貨物由供應者向需求者發生的物理性位移，是創造時間價值和場所價值的經濟活動。它包括：包裝、搬運、保管、庫存管理、流通加工、運輸、配送等活動。」

1979 年 6 月，中國物質工作者代表團赴日本參加第三屆國際物流會議，歸國後在考察報告中首次引用了物流這一術語，成為現代漢語中物流這一名詞使用的肇端。1989 年 4 月，第八屆國際物流大會在北京召開，此後，Logistics 這一名詞普遍為中國物流界所接受。2000 年，中國國家標準《物流術語》明確規定「物流」所對應的英文是 Logistics，並在 2001 年 8 月 1 日實施的中華人民共和國國家標準《物流術語》（GB/T18354-2001）中明確對物流做了如下的定義：物流即「物品從供應地向接收地的實體流動過程，根據實際需要，將運輸、儲存、裝卸、搬運、包裝、流通加工、配送、信息處理等基本功能實施有機結合」①。該定義比較符合目前中國的國情。

由於不同國家、不同歷史時期、不同學派、不同產業界對物流的定義各不相同，聯合國物流委員會為促進溝通並統一規範對物流的認識，對物流概念進行了如下的界定：「物流是為了滿足消費者需要而對從起點到終點的原材料、中間過程庫存、最終產品及相關信息所進行的計劃、管理和控制的過程，以實現其有效的流動和儲存。」

物流的概念是在發展中形成的，同時也處於不斷發展變化中；物流是一個動態的概念，它將隨著社會經濟的進步不斷向更高層次拓展與深化。

---

① 中華人民共和國國家質量監督檢驗檢疫總局和中國國家標準化管理委員會於 2006 年 12 月 4 日聯合發布、2007 年 5 月 1 日開始實施的中華人民共和國國家標準《物流術語》（GB/T18354-2006）仍維持了該定義。

二、現代物流的科學內涵

(一) 物

物流概念中的「物」是指一切有經濟意義的需要發生空間位移的物質實體，其特點是能夠發生位移，而固定設施如建築物等便不在此列。

一般而言，與「物」相關的概念包括「物資」「物品」「物料」「商品」以及「貨物」等，有必要對其進一步明確。

物資在中國專指一些重要生產資料，有時也泛指全部物質資料，但較多地指工業品生產資料。在計劃經濟條件下，大多數物資未能真正納入商品流通的範疇，而是採用計劃調配，因而形成了這一特定概念。但其作為經濟物品，存在著與其他商品相同的流動形式，因而，仍屬於物流中的「物」。

物料是生產領域中的一個專門概念。工業企業習慣將最終加工完成的產成品以外的流轉於生產領域的原材料、零部件、半成品、輔料、燃料以及在加工中產生的邊角、餘料、廢料和各種廢物統稱為「物料」。

貨物是交通運輸領域中的一個專門概念。交通運輸領域將其服務對象分為旅客和貨物兩大類。貨物即為一般意義上所說的物流中的「物」。

商品是用以交換的產品，該概念與物流概念中的「物」在外延上是交叉的。凡是商品中可發生物理性位移的物質實體，都屬於物流概念中的「物」的範疇。如債券、股票、基金等有價證券，以及商品房等則不在此列。

(二) 流

物流概念中的「流」，是指物的物理性運動，既包括空間位移，也包含時間延續。它屬於一種經濟活動。

總之，儘管物流的定義在文字表述上有所差異，但實質是相同的。

第一，物流是一項經濟活動，是創造時間價值和空間價值，實現物品空間位移的經濟活動，其活動內容包括運輸、倉儲、包裝、搬運裝卸、流通加工、配送、物流信息處理等；

第二，物流是一項管理活動，即對物流各環節有效地進行計劃、組織、執行與控製，高效率、高效益地實現物品從供應者到需求者的流動；

第三，物流是一項服務活動，是物流企業[①]或物流供給者為社會物流需求者提供的一項一體化服務業務，以滿足用戶多方面的需求；

第四，物流貫穿生產領域和流通領域，是供應鏈的一個重要組成部分，在供應鏈管理與整合中起著非常重要的作用。

[①] 物流企業 (Logistics Enterprise) 是「從事物流基本功能範圍內的物流業務設計及系統運作，具有與自身業務相適應的信息管理系統，實行獨立核算、獨立承擔民事責任的經濟組織」。——中華人民共和國國家標準《物流術語》(GB/T18354-2006)

三、現代物流的特點

現代物流包括運輸合理化、倉儲自動化、包裝標準化、裝卸機械化、加工配送一體化和信息管理網路化等突出特點。現代物流主要具有以下特徵：

（1）物流反應快速化。物流服務商對貨主企業的物流配送需求的反應速度越來越快，提前期越來越短，配送頻率越來越高，配送速度越來越快，商品週轉次數越來越多。

（2）物流功能集成化。現代物流注重將物流與供應鏈的其他環節進行集成，包括物流與商流的集成、物流渠道之間的集成、物流功能的集成、物流環節與製造環節的集成等。

（3）物流服務系列化、個性化。現代物流強調物流服務功能的準確定位、完善及其系列化、個性化。除了運輸、配送、包裝、裝卸搬運、流通加工以及儲存保管等基本服務外，現代物流服務還拓展到了市場調查與預測、採購及訂單處理、貨款回收與結算以及物流系統規劃、物流方案設計、物流諮詢和教育培訓等增值服務。而在現代物流的內涵方面，主要是提高了以上服務對決策的支持作用。

（4）物流作業規範化。現代物流強調物流功能要素、物流作業流程、物流作業活動以及物流操作的標準化與程式化，以便使複雜的物流作業變得簡單化、易於推廣和考核。

（5）物流目標系統化。現代物流從系統論的角度出發，統籌規劃一個公司經營所涉及的全部物流活動，力求處理好物流與商流之間、物流、商流與公司目標之間以及物流功能要素之間的關係，不是追求物流活動的局部最優，而是追求物流系統的整體最優。

（6）物流手段現代化。現代物流採用先進的技術、設施和管理手段以提供服務支持。生產、流通以及銷售的規模越來越大，涵蓋的範圍越來越廣，使得物流技術、物流設施、物流管理方法與手段越來越現代化，導致計算機技術、通信技術、機電一體化技術和語音識別等技術在物流活動中得到了廣泛應用。世界上最先進的物流系統運用了全球定位系統（GPS）、衛星通信技術、射頻識別（RFID）以及機器人等先進技術，實現了物流作業的自動化、省力化、機械化、智能化和無紙化。

（7）物流組織網路化。為了能對企業的生產經營活動提供快速、全方位的物流支持，並給顧客提供更大的讓渡價值，現代物流需要有健全、完善的物流網路。物流系統中節點與節點之間的物流活動必須保持高度的一致性和協調性，以有效避免節點間庫存的重複設置，保證整個物流系統以最低的庫存來維持較高的服務水平，進而對市場需求做出快速反應。

（8）物流經營市場化。現代物流管理引入市場機制，無論是企業自營物流，還是物流外包，都應該權衡利弊，在「服務」與「成本」之間尋求平衡。國際上既有自營物流相當出色的例子，如沃爾瑪、海爾等著名企業，也有大量利用第三方物流企業提供物流服務的例子，如 Dell、HP 等。相較而言，物流的社會化、專業化已是主流，即使是非社會化、非專業化的物流組織也都實行了嚴格的經濟核算。

（9）物流信息網路化。由於信息技術在物流領域的廣泛應用，現代物流過程的可見性（Visibility）明顯增加，物流過程中庫存積壓、延遲交貨、庫存與運輸不可控等風險大大降低，從而可以加強供應商、物流商、批發商、零售商在組織物流過程中的協調與配合，以便對物流過程進行有效控製。

1.2 物流的價值與分類

一、現代物流的價值

在現代物流科學誕生之前（P.D 時代），人們就已經發現了物流能夠創造物品的時間價值和場所價值。隨著人們對物流科學研究的逐步深入，人們還發現了物流的形質價值、系統功能價值、利潤價值、環境價值、服務價值和產業價值，從而使物流的內涵不斷豐富，外延不斷擴大。

（一）時間價值

著名物流學家詹姆斯·約翰遜和唐納德·伍德則指出：「為使市場經濟達到適當的用戶，在適當的時候，花最少的費用獲得他們所需要的產品和服務這一目標，一個有效的物流系統是關鍵。」

由於商品的生產和消費往往存在時間上的差異性（集中生產、全年消費或全年生產、集中消費），通過有效的物流活動，便可縮短時間差、延長時間差或彌補時間差，最終克服這種時間性分離，創造時間效用。

（二）場所價值

通常，物品的產地與消費地並不同一，這便產生了生產與消費之間的空間性分離。通過有效的物流活動，可實現商品從集中生產場所流入分散需求場所，或從分散生產場所流入集中需求場所，抑或從甲地（產地）流入乙地（需求地），最終克服這種空間性分離，創造地點效用。

（三）形質價值

一般地，商品的價值是在工廠中形成的，例如，通過生產加工將原材料、零部件、外購件等生產資料轉化為產成品，加工對象的外形和品質將發生很大的變化。而在實物流通中，主要是維護商品的價值並通過適當的手段增加商品的價值，從而實現商品的「保質」和「增值」。例如，在配送中心，通過開艙卸貨以及產品組合等方式，改變產品的裝運規格和包裝特性，以此來改變產品的形式。通過以托盤為單位進行貨物分裝，以及通過流通加工將貨物的大包裝改為小包裝，抑或將貨物進行尺寸的分割等，都可以改變商品的外形並創造商品的附加價值。我們將這類價值稱為形質價值。

（四）系統功能價值

雖然早在 20 世紀 30 年代學術界就已提出了物流的概念，但真正發現物流的系統功

能價值卻是在二戰期間。在戰爭中，美軍將現代物流管理理念運用於整個軍事後勤系統，將軍事物資單元化、組合化，並將倉儲、運輸、包裝、裝卸、裝備有機地結合在一起，構築了一個高效、有力的軍事後勤保障系統，從而為最終取得戰爭的勝利提供了強有力的支持。在這一過程中，物流成了一項系統工程，成功地實現了以往單方面的物流活動所不能達成的目標，人們首次認識到了物流的系統功能價值。

二戰結束以後，物流作為一項軍事後勤技術被成功地運用到了民用領域，證明了軍事物流的系統管理思想、方法和技術在社會經濟領域同樣具有強大的生命力，人們再一次發現了物流的系統功能價值。

(五) 利潤價值

西方發達國家從20世紀五六十年代開始進入二戰後經濟高速增長期，在經濟繁榮的背後，物流越來越顯現出其巨大的利潤價值。在這期間，產業界引入了物流技術和物流管理模式，有效地激活了企業的活力和潛能，提高了企業的經濟效益，大大增加了企業的利潤。事實上，在產業革命之後很長的一段歷史時期，產業界一直把目光停留在降低原材料成本和提高勞動生產率這兩個利潤源的挖掘上，然而，企業經營管理者發現利潤上升的空間越來越小，尋找新的利潤源泉迫在眉睫。正在此時，物流作為「第三利潤源泉」被發現了。

1973年爆發了世界第一次石油危機，引發了能源、原材料以及勞動力價格的全面上揚。傳統的第一利潤源泉和第二利潤源泉反而成了企業巨大的成本負擔，而物流卻成了降低企業成本的「第三利潤源泉」。在此期間，許多企業經營管理者優化了物流系統，強化了物流管理，創造了巨大的成本降低空間，有效地緩解了原材料、能源和勞動力價格上漲的壓力，使人們再一次認識到了物流的利潤價值。

(六) 環境價值

隨著物流系統的有效開發，物流合理化進程的日益推進，以及高效率、高效益的物流管理的廣泛實施，物流在展現自身功能價值和利潤價值的同時，呈現出更加有序、更加節約、更加合理和更加高效的趨勢。人們驚喜地發現，物流對於節約能源、減輕污染、改善環境以及可持續發展具有不可或缺的作用；人們逐漸地認識到了物流的環境價值。開展對物流環境價值的研究，有利於我們解決諸如交通混亂、環境污染等問題，有利於建設資源節約型、環境友好型社會，實現可持續發展。

(七) 服務價值

20世紀70年代以後，隨著人們對物流科學研究的進一步深入以及現代企業製度的導入，企業經營管理者從企業發展戰略的角度出發，逐漸發現了物流的服務價值。

利潤最大化是企業經營的目標，但該目標的實現必須建立在企業通過向顧客提供讓其滿意的產品或服務的基礎之上。產品有形，服務無形，但其實質相同，它們所代表的是一種價值、一種顧客認同的價值。貨主企業與客戶達成交易後，需要物流服務作支撐，物流企業則專門為貨主企業及其客戶提供物流服務。

提供良好的物流服務有利於企業參與市場競爭，有利於樹立企業的品牌形象，有

利於與客戶結成長期、穩定的戰略聯盟。在市場競爭日益激烈的今天,這對企業的生存與發展尤其具有深遠的現實意義和戰略意義。

[案例] 物流服務創造了價值

某折扣店通過互聯網商品目錄和雜誌廣告銷售計算機軟件,他們希望能與本地零售商競爭。由於他們可以實現規模經濟,所以有價格優勢。他們的運作集中在一個地點,使用的是低成本的倉庫型空間,而不是高成本的零售型空間。員工主要是電話訂貨的接線員和履行訂單、運輸貨物的倉庫管理人員。通過集中管理,庫存與銷售量的比率保持在最低水平,同時還提供眾多的花色品種,保持很高的產品可得率。

另外,零售商也有優勢,大多數產品都可以即時供貨。對性急的客戶而言,這就抵消了折扣店的價格優勢。為了抵消本地零售商在交貨中的優勢,折扣店承諾客戶可以通過對方付費的電話訂貨,並在當天履行訂單,連夜利用航空快遞運送貨物,在第二天早晨送到客戶家中或工作地點。

許多消費者覺得這與在本地零售商店購買基本上一樣快,而且在很多情況下還更方便。這樣,企業通過物流服務為繁忙的消費者創造了價值。

(八) 產業價值

進入20世紀90年代,隨著計算機技術的日臻完善以及以因特網為代表的信息技術的飛速發展,IT在整個社會物流體系中的運用日益廣泛,物流運作效率及其經濟效益呈幾何級數增長,現代物流與傳統物流已不可同日而語。逐漸地,物流成了一個新興產業,它比傳統產業更具朝氣,同時也更加富有挑戰性。在中國,物流產業將成為國民經濟的支柱產業,將為中國經濟的發展做出重要貢獻。同時,物流也已成為第三產業新的經濟增長點。物流產業價值的發現為未來物流產業的發展奠定了重要的理論基礎。

綜上所述,除了時間價值和場所價值以外,人們還發現了物流的形質價值、系統功能價值、利潤價值、環境價值、服務價值和產業價值,這是物流價值的新發現。

二、現代物流的分類

按照物流系統的作用、屬性及物流活動的空間範圍等標準,可以從不同角度對物流進行分類。

(一) 按照物流的作用分類

按照物流系統的作用,可將其劃分為供應物流、生產物流、銷售物流、逆向物流與廢棄物物流五種類型。

1. 供應物流

供應物流(Supply Logistics)是「提供原材料、零部件或其他物料時所發生的物流活動」(GB/T18354-2006)。工業企業需要購入原材料、零部件等生產資料,商業企業需要採購經營的商品,消費者需要購買生活資料。因而供應物流是從買方角度出發的交易行為中所發生的物流活動。故從嚴格意義上講,生產企業、流通企業或消費者購入原材料、零部件等生產資料或生活資料的物流過程稱為供應物流。企業的大部分流

動資金被外購的原料、輔料、備品、備件等物資物料及在製品、半成品等占用，因而供應物流合理化對於降低企業的生產成本有著重要的意義。

2. 生產物流

生產物流（Production Logistics）是「企業生產過程中發生的涉及原材料、在製品、半成品、產成品等所進行的物流活動」（GB/T18354-2006）。具體而言，生產物流是從生產企業原材料的購進入庫起，經過加工轉化得到產成品，一直到成品庫止這一全過程的物流活動。生產物流是工業企業所特有的，它和生產流程同步。原材料、半成品、在製品等加工對象按照工藝流程在各個工作中心之間的移動、流轉便形成生產物流。如果生產物流的流程中斷，生產過程也將隨之停止。生產物流合理化對工業企業的生產秩序、生產成本有很大影響。生產物流均衡穩定，可以保證加工對象的順暢流轉，縮短工期。加強生產物流的管理和控製將有利於在製品庫存的減少和設備負荷的均衡化。

3. 銷售物流

銷售物流（Distribution Logistics）是「企業在出售商品過程中所發生的物流活動」（GB/T18354-2006）。顯然，銷售物流是物品從生產者或持有者到用戶或消費者之間的物流活動。它是指從賣方的角度出發所進行的交易行為中的物流活動。通過銷售物流活動，企業可收回資金，並進行再生產。銷售物流費用在顧客成本中佔有相當的比例，故銷售物流的效率與效果關係到企業的競爭力，關係到企業的生存與發展。因此，銷售物流合理化對企業尤為重要。

4. 逆（反）向物流

小貼士

在生產及流通活動中，有些資材需要回收並加以利用，如作為包裝容器的紙箱、塑料筐、酒瓶以及建築工業的腳手架等就屬於這類物資。此外，有些廢棄物可通過回收、分類、再生以重新利用，比如，廢舊的報紙、雜誌、書籍、紙張等通過回收、分類、再制成紙漿以重新造紙；再如，金屬類廢棄物，因金屬具有良好的再生性，回收後可重新熔煉成有用的原材料。目前，中國冶金工業生產中，每年約有0.3億噸廢鋼鐵作為煉鋼原料使用。換言之，中國鋼產量中有30%以上是由回收的廢鋼鐵冶煉而成的。由於回收物資品種繁多，流通渠道不規則且多變，因而管理控製的難度較大。

逆向物流也稱反向物流（Reverse Logistics），是指「物品從供應鏈下游向上游的運動所引發的物流活動」（GB/T18354-2006）。逆向物流具有分散性、緩慢性、混雜性、多變性等特點。按照回收物品的特點，可將其劃分為退貨逆向物流和回收逆向物流兩部分。前者是指下游客戶將不符合訂單要求的產品退回給上游供應商，其流程與常規產品流向正好相反；後者是指將用戶所持有的廢舊物品回收到供應鏈上各節點企業。逆向物流管理應遵循事前防範重於事後處理、綠色①、效益、信息化、法制化、社會化等原則。

---

① 綠色原則也稱5R原則，即Reevaluate（再評估）、Reuse（再利用）、Reduce（減量化）、Recycle（再循環）、Rescue（保護）。

[案例] 雷茲集團公司的逆向物流服務

美國雷茲集團公司（APC）是一家以提供運輸和配送服務為主的大公司。優質和系統的服務使物流企業與貨主企業結成戰略夥伴關係，一方面有助於貨主企業的產品迅速進入市場，提升其競爭力；另一方面則使物流企業有穩定的貨源。雷茲集團公司向貨主企業提供的物流服務，包括了售後退貨管理、貨物回收銷毀等逆向物流的增值服務部分。

5. 廢棄物物流

廢棄物物流（Waste Material Logistics）是指「將經濟活動或人民生活中失去原有使用價值的物品，根據實際需要進行收集、分類、加工、包裝、搬運、儲存等，並分送到專門處理場所的物流活動」（GB/T18354-2006）。生產和流通過程中所產生的無用廢棄物，如開採礦山時產生的土石，廢水、廢氣、廢渣（簡稱「三廢」）以及其他無用廢物，若不妥善處理，不但沒有再利用價值，往往還會造成環境污染。將這些廢棄物進行處理便產生了廢棄物流。廢棄物物流沒有經濟效益，但具有不可忽視的社會效益。為了更好地保障生產、生活的正常秩序，開展廢棄物綜合治理研究，提高廢棄物流的處理效率，減少資金消耗，是很有必要的。

(二) 按照物流活動的空間範圍分類

按照物流活動的空間範圍，可將其劃分為地區物流、國內物流和國際物流三種類型。

1. 地區物流

地區物流（District Logistics）有不同的劃分原則。若按行政區域來劃分，可將其分為華北地區、華南地區、西南西北等地區；若按經濟圈來劃分，可將其分為蘇（州）、（無）錫、常（州）經濟區以及黑龍江邊境貿易區等；若按地理位置來劃分，可將其分為長江三角洲地區、珠江三角洲地區、環渤海地區等。其中，按經濟圈或地理位置來劃分比較科學。

當前中國區域物流的研究重點是如何發展好3個經濟圈的區域物流並最終帶動全國物流的大發展。這3個經濟圈的物流是：①以北京、天津為中心的首都經濟圈物流；②以上海為龍頭的包括蘇南、浙東各主要城市在內的長江三角洲經濟圈物流；③以廣州、深圳、珠海為中心外聯港澳、內接珠江三角洲各新興城市的珠江三角洲經濟圈物流。

地區物流系統對於提高該地區企業物流活動的效率，改善當地居民的生活福利環境，具有不可或缺的作用。發展地區物流，應根據本地區的特點，從本地區的利益出發組織好物流活動。例如，在中心城市建設大型物流中心或物流園區，對於提高當地物流活動的效率、降低物流成本、穩定物價有極為重要的作用。但是，也會引起因供應點集中、貨車來往頻繁、交通擁擠以及噪聲、廢氣污染等消極問題。因此，應從城市建設規劃和地區開發計劃出發，統籌安排、合理規劃。

2. 國內物流

國內物流（Domestic Logistics）是擁有自己領土和領空的主權國家在國內開展的物

流活動。國家制定的各項方針政策、法令法規、發展規劃都應該為其自身的整體利益服務。物流是一國的支柱產業，是國民經濟的重要組成部分，應納入國民經濟總體發展規劃的範疇。物流事業是中國現代化建設的重要組成部分，全國物流系統的構築必須從全局出發，破除部門割據、條塊分割，樹立全國一盤棋的思想。在物流系統的建設投資方面，應從全局出發，統籌規劃，分步實施，使一些大型物流中心、物流園區盡早建成，服務於經濟建設。

3. 國際物流

國際物流（International Logistics）是「跨越不同國家（地區）之間的物流活動」（GB/T18354-2006）。隨著經濟全球化進程的加快，國際的經濟貿易往來越來越頻繁，物質流通越來越發達。許多企業國內成熟，國外拓展。多國公司、全球公司、國際公司、跨國公司相繼出現。對跨國經營而言，原材料採購、產成品的運輸、配送乃至整個物流活動在地域上跨度大，因而導致管理複雜、協調難、費用高。如何提高國際物流活動的效率，降低物流成本，成了國際物流研究的重要課題。相應地，國際物流已成為現代物流的一個重要分支。

(三) 按照物流系統的性質分類

按照物流系統的性質，可將其劃分為社會物流、行業物流和企業物流三種類型。

1. 社會物流

社會物流（External Logistics）是「企業外部的物流活動的總稱」（GB/T18354-2001）。社會物流一般指流通領域所發生的物流，是全社會物流的整體，故有人稱之為大物流或宏觀物流。社會物流的一個標誌是它伴隨商業活動而發生，亦即物流過程與物品的所有權更迭相關聯。

可以認為，物流科學的整體研究對象是社會物流，社會物流網路是一國的經濟命脈，流通網路分布是否科學、合理，流通渠道是否暢通極為重要。故有必要科學、有效地管理和控制社會物流活動，須採用先進的技術手段，確保物流活動高效、低成本地運行，以獲取巨大的經濟效益和社會效益。

2. 行業物流

行業物流（Profession Logistics）是指同一行業中企業的物流活動。在過去，同行企業間往往視對方為競爭對手，而隨著供應鏈管理時代的來臨，在上下游企業間加強合作的同時，物流聯盟[①]也悄然興起。行業內企業間的協作，對促進行業物流系統的合理化具有非常重要的意義。同樣，物流企業間的聯盟也有利於促進物流產業的發展。

例如：行業內企業建立共同配送中心，開展共同配送[②]活動；建立共同集貨系統；建立共同流通中心；等等。再如，在大量消費品方面採用統一發票，統一商品規格，統一托盤規格以及包裝模數化等。行業物流系統化使行業中的企業均受益。

---

① 物流聯盟（Logistics Alliance）是指「兩個或兩個以上的經濟組織為實現特定的物流目標而採取的長期聯合與合作」。——中華人民共和國國家標準《物流術語》（GB/T18354-2006）

② 共同配送（Joint Distribution）是「由多個企業聯合組織實施的配送活動」。——中華人民共和國國家標準《物流術語》（GB/T18354-2006）

3. 企業物流

企業物流（Enterprise Logistics）是指「生產和流通企業圍繞其經營活動所發生的物流活動」（GB/T18354-2006）。企業是營利性的經濟組織，是提供產品或服務的經濟實體。工業企業要購進原材料，經過若干工序加工轉換，形成產品後再銷售出去，運輸企業要按客戶的要求將貨物運輸到目的地。在企業經營範圍內由生產或服務活動所形成的物流系統即為企業物流。根據企業物流活動發生的前後次序，可以認為企業物流由供應物流、生產物流、銷售物流、逆向物流與廢棄物物流構成。

總之，對物流系統進行分類是為了便於發現、分析、研究物流活動規律，提高物流效率，降低物流成本，為經濟建設服務。

1.3 物流與流通及生產的關係

一、物流與流通

（一）流通在社會經濟中的地位

現代商品經濟有一個非常突出的形態特徵，這就是經濟模式呈現為高度專門化的分門類經濟，即專業化生產。譬如作為服裝生產者，大可不必成為從棉花購入到服裝產出全過程的生產者，而僅需要成為其全過程中一部分的專業生產者，如棉線的染色等，這樣可能對生產者或者生產的全過程來說都更加有利。這就是分門類經濟的優勢所在。

但同時我們必須看到，專業化生產的高度發展也帶來了另一個不容忽視的問題，這就是生產者和消費者之間在社會、空間和時間三種要素上所表現出來的分離趨勢越來越大。而唯一能夠克服這種分離趨勢的就是聯繫生產與消費的紐帶——流通。

商品流通是指以貨幣為媒介的商品交換過程，包括簡單商品流通和發達商品流通兩種形式。簡單商品流通是為買而賣，它始於賣而終於買，交換的目的是為滿足購買者對商品使用價值的需要。而發達商品流通則是為賣而買，它始於買而終於賣，交換的目的是為實現商品的價值，實現貨幣的增值。發達商品流通是商業作為一個獨立的行業從三次社會大分工中產生的，是商品流通最普遍、最重要的形式。

流通是商品生產得以產生和發展的前提條件，同時流通對生產又具有反作用。生產決定流通，生產方式決定流通的性質，生產力的發展水平和速度決定流通的規模與方式。生產是流通的物質基礎，沒有生產就沒有商品供給市場，自然也就沒有流通。而流通對生產的反作用表現在：流通的規模和方式制約著生產的規模及其發展水平與速度。一方面，原材料、輔料等生產資源要從上游的生產資料市場獲取，如果供應渠道不暢，生產就會受到影響；同時，生產資料的供應價格也會影響企業的經營成本，影響企業的利潤。另一方面，產成品只有通過流通才能到達消費者手中，才能實現其價值和使用價值，而生產者也才能收回生產成本並從中獲得補償，否則就會失去再生產的條件，經營活動將難以為繼。

(二) 流通領域的支柱流

現代流通領域主要涉及商流、物流、信息流、資金流和人才流五大流，如圖 1.1 所示。

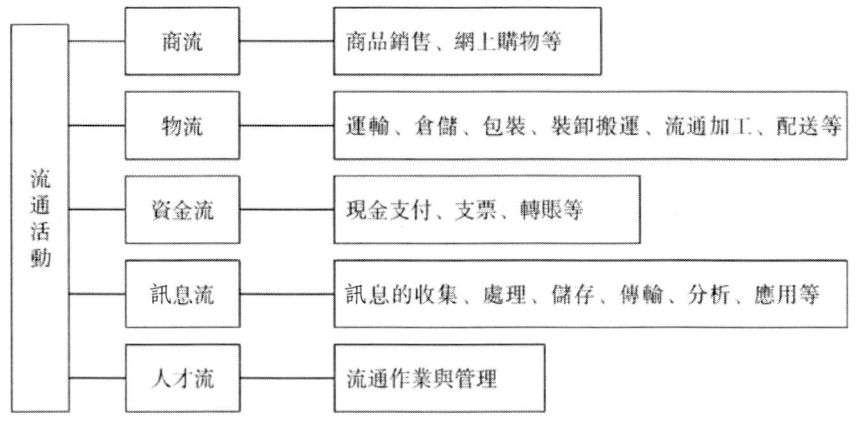

圖 1.1　流通領域的支柱流

(1) 物流。流通領域的物流活動主要包括上游生產資料以及下游產成品在流通中所發生的運輸、配送等物流活動。

(2) 商流。商流是生產者和消費者之間進行「物」的所有權轉移時所發生的商業交易活動，包括商品銷售、商務談判、訂購貨物、簽訂合同以及伴隨著商業活動出現的市場調查與預測、市場策劃、公關等活動。

(3) 資金流。資金流是指商品在流通中所涉及的資金支付、資金週轉等所有與資金有關的活動，包括金融、信貸、保險、支票、保證金、現金支付、資金結算、帳戶管理、索賠與理賠、網上銀行、電子資金轉帳（EFT）等內容。資金流有助於流通的實現。

(4) 信息流。信息流是現代流通領域中與其他支柱流相伴而生的情報、信息以及相關的服務和支持活動，包括數據與信息的收集、處理、儲存與傳輸，信息系統的運行與維護，數據庫管理等活動。信息流也有助於流通的實現。

(5) 人才流。在現代流通領域，一切業務活動的開展都離不開人，特別是具有一定專業知識和管理經驗的人才。如果離開了人才流，流通領域的其他幾大流都將失去存在的基礎。

在上述五種流中，商流和物流是流通領域最重要的支柱流。換言之，流通主要是由商流和物流構成的。因為資金流是在商品所有權更迭的交易過程中發生的，可以認為從屬於商流，而信息流則包括商流信息和物流信息。因此，商流和物流主要代表流通的兩個側面，各自有著不同的功能和定位。一般認為，商流是解決生產者和消費者之間社會性分離的途徑；而物流是解決生產者與消費者之間空間性和時間性分離的途徑。

社會性分離是指商品生產者與商品消費者之間存在的人格性差異，若商品所有權

從生產者轉移到消費者，則這種社會性分離將隨之克服。例如，海爾將電冰箱大量地生產出來，若電冰箱長期存放在庫房裡未售出，那麼它們的價值和使用價值就無法得到實現。只有當消費者購買並使用了電冰箱後，這些產品的功能和價值才能得以實現。因此，商流可實現商品的所有權轉移從而創造社會價值，物流可以消除商品的時空分離從而創造時間價值和空間價值，兩者配合共同完成商品的完整流通。

(三) 物流與商流

商流和物流是流通的關鍵構成要素，兩者關係密切，互為前提。一般地，商流是物流的先導，物流是商流的後續。通常，當商流發生後（即商品所有權達成交易後），貨物必然要從原來的貨主轉移到新貨主，這就引發了物流活動。但之所以商流會發生，是因為人對「物」有購買需求。從該意義上講，物流是商流的物質基礎。因此，商流與物流相輔相成，互為條件。

儘管商流和物流的關係密切，但它們各自按照自己的規律和渠道獨立地運動。例如，商貿中心、購物中心往往位於繁華的商業街區，但物流中心、物流園區則位於交通條件較好的城郊。由於商流和物流具有不同的活動內容和運動規律，因而按照「商物分離」的原則來處理商流和物流是現代企業管理的需要，同時也是提高社會效益和經濟效益的客觀需要。

(四) 物流與信息流

在信息時代，商流、物流以及其他支柱流都離不開信息，否則，將會影響流通體系的正常運轉。因此，信息流是發展商流、物流和其他支柱流的基礎。特別地，物流是一個產生並集中大量信息的領域，而且物流信息會隨時間的推移不斷變化。如果說現代商流是以物流系統作為保障的話，那麼現代物流更是離不開信息流的支撐。

與物流關係密切的信息技術主要包括：銷售時點系統（POS）、電子數據交換（EDI）、自動識別與數據採集（AIDC）、射頻識別（RFID）、全球定位系統（GPS）、地理信息系統（GIS）、倉庫管理系統（WMS）、貨物跟蹤系統（GTS）、智能交通系統（ITS）、電子訂貨系統（EOS）。

[案例] 沃爾瑪獨領風騷的衛星通信系統。早在20世紀80年代，沃爾瑪就建立起自己的商用衛星系統。在強大的信息技術的支持下，如今的沃爾瑪已形成了「四個一」，即：「天上一顆星」——通過衛星傳輸市場信息；「地上一張網」——有一個便於用計算機網路進行管理的採購供銷網路；「送貨一條龍」——通過與供應商信息系統的集成，供應商就可以對沃爾瑪的貨架進行補貨；「管理一棵樹」——利用計算機網路把顧客、分店或山姆會員店和供應商像一棵大樹一樣有機地聯繫在一起。

(五) 物流與資金流

現代物流與資金流的關係也非常密切，物流是表象，資金的流動才是實質。換言之，物流本質上是資金的運動過程。例如，物流活動中資金的週轉、支付，物流相關的保險（貨物保險、車輛保險），國際物流中的信用證製度、口岸異地結算等都是資金流動的範疇。物流業是商物分離的產物，而現代物流與商流的融合正日益加強。相應

地，物流與資金流的關係將更加緊密。

（六）物流與人才流

現代物流和傳統物流相比，系統管理複雜、科技含量高，這種觀點無論是從物流管理角度，還是從物流設備、物流技術抑或物流各功能要素環節來考察無疑都是十分正確的。正因為如此，要開展好現代物流業務，就必須擁有一大批專業知識過硬、業務能力強且具有豐富管理經驗的優秀人才。無論是尖端的物流技術，還是先進的物流設備，乃至科學的物流管理，歸根究柢都離不開人才。如果缺少了人才流的支持，現代物流系統的高效運轉將無從談起。

二、物流與生產

傳統物流觀點（P.D）認為，產品從工業企業生產製造出來以後，經分銷到達消費者手中的過程為物流過程。而現代物流觀點（Logistics）則認為，從原材料的購入起，經過生產加工轉換得到產成品，再經過分銷到達消費者手中的全過程都是物流過程。因此，物流貫穿企業生產經營活動的全過程，與生產有著密不可分的聯繫。一般而言，物流對企業生產系統有如下影響：

（1）企業物流系統為高效、連續、均衡的生產活動提供了重要保障。例如，原材料、原輔料、外購件等的採購與供應，零部件、在製品、半成品等加工對象在各工作中心之間的流轉，物料、工具、產品等的儲存保管，原料與成品的運輸等，都必須要有一個高效的物流系統作為支持，否則，企業生產活動便難以順利進行。

（2）物流費用一般在企業生產經營活動的總成本中佔有較大比重。隨著「第一利潤源泉」和「第二利潤源泉」的逐漸枯竭，人們已將目光投向了物流，期望通過加強包括生產物流在內的企業物流管理，實施合理化物流，降低物流成本，挖掘「企業腳下的金礦」，獲取「第三利潤源泉」。

（3）物流狀況對企業生產環境和生產秩序具有決定性的影響。在生產作業現場，各工作中心處於固定的位置，而物流始終處於運動狀態，物流路線縱橫交錯，上下升降，形成了錯綜複雜的立體動態網路。物流線路不暢，節奏不均衡，都有可能造成生產秩序的混亂；物料堆放不合理，也將對生產環境造成不良影響。故有專家認為，企業物流狀況最能體現企業管理水平的高低。

總之，物流具有服務商流、保障生產、服務生活等作用。

1.4　現代物流的基本功能

物流活動是物流諸功能的實施與管理過程，一般包括運輸、倉儲、包裝、裝卸搬運、配送、流通加工以及物流信息處理等內容。

一、運輸

運輸的功能就是改變物的空間位移，它構成了物流的主體功能。物流企業或企

物流部門通過運輸來解決物資在生產地和消費地之間的空間性分離，從而創造商品的位移效益，實現商品的價值和使用價值，所以運輸是物流的首要功能。運輸可擴大經濟作用的範圍並在一定的經濟範圍內促進物價的均衡。隨著現代社會化大生產的迅速發展，社會分工越來越細，產品種類越來越多，無論是原材料、零部件還是產成品的需求量都大幅度增加，地區間的物資交換更加頻繁，這必然促進運輸業的發展；相應地，運輸能力將得到提升。所以，產業的發展促進了運輸技術的革新和運輸水平的提高；同樣，運輸手段和運輸工具的發展也將促進產業的發展，它們是各行各業發展的重要支柱。

二、倉儲

倉儲和運輸是物流系統的兩大基礎平臺。倉儲功能包括對進入物流系統的貨物進行堆碼、保管、保養、管理和維護等一系列活動，在物流系統中起著包括運輸整合、產品組合、物流服務、防範偶發事件以及物流過程平衡等一系列增加附加價值的作用。倉儲功能主要通過倉庫設施來實現，而倉庫是物流系統的重要組成部分，包括普通倉庫和現代化立體倉庫等。一般而言，倉庫具有三個最基本的功能：儲存、移動和信息傳遞。為提高庫存週轉率以及倉庫的運行效率，及時滿足顧客的需求，倉庫的移動功能和信息傳遞功能正越來越受到人們的重視。

三、包裝

無論是產品還是材料，在裝卸搬運以及輸送之前，都要對其進行某種程度的包裝，或將其裝入適量的容器，以保證產品完好地送達消費者手中，故包裝常被稱為生產的終點、社會物流的起點。

包裝的作用是保護物品，使物品的形狀、性能、品質在整個流通過程中不受損壞；通過包裝還可以使物品形成一定的單位，作業時便於處置；此外，包裝可使物品醒目、美觀，以便促銷。

為使貨物完好地送達用戶，更好地滿足服務對象的要求，需要對大多數商品進行不同方式、不同程度的包裝。包裝按功能可分為運輸包裝（Transport Package）和銷售包裝（Sales Package）兩種。運輸包裝也稱工業包裝，其作用是方便運輸，並保護在途貨物；銷售包裝也稱商業包裝、消費者包裝或零售包裝，其目的是便於最後的銷售。因此，包裝的功能體現在保護商品、單位化、便利化和商品廣告等幾個方面。前三項屬物流功能，最後一項屬行銷功能。

四、裝卸與搬運

裝卸是以垂直位移為主的實物運動形式，而搬運則是以水平位移為主的物流作業。一般說來，裝卸搬運在物流過程中並不產生附加價值，但物流的主要環節，如倉儲和運輸活動要靠裝卸搬運才能銜接起來，物流其他各個環節也要靠裝卸搬運來連接，從該意義上講，裝卸搬運在物流系統的合理化中佔有相當重要的地位。裝卸搬運活動不僅發生的次數頻繁，而且作業內容也複雜多樣，並且往往耗費人力和動力。通常，其

所消耗的費用在物流總費用中佔有相當大的比重。此外，裝卸搬運活動頻繁發生、作業繁多也是產生貨損的重要原因。

裝卸作業的代表形式是集裝箱和托盤化，使用的裝卸機械設備有吊車、叉車、傳送帶和各種臺車等。在物流活動的全過程中，對裝卸搬運的管理，主要是對裝卸搬運方式、裝卸搬運機械設備的選擇和合理配置與使用以及裝卸搬運合理化，應盡可能減少裝卸搬運次數，以節約物流費用，獲得較好的經濟效益。

五、配送

配送是一種特殊、綜合的物流活動形式，是商流與物流緊密結合的產物。從物流角度來看，配送幾乎包括了所有的物流功能要素，是物流的一個縮影或在某一範圍內的全部物流活動的體現。一般的配送集包裝、裝卸搬運、儲存保管和運輸於一體，通過這一系列活動來實現將貨物送達客戶的目的。特殊的配送還要進行流通加工，因而所涵蓋的物流活動的範圍更廣。但是，配送的主體活動與一般物流活動有所不同，一般物流活動主要涉及倉儲和運輸，而配送則主要是貨物的揀選、組配與運送。分揀配貨是配送的獨特要求，也是配送的特色功能活動，而以送貨為目的的運輸則是最後實現配送的主要手段，因而，人們習慣於將配送簡化地看成運輸的一種形式。

從商流的角度來說，配送與物流的不同之處在於，物流是商物分離的產物而配送則是商物合一的結果，配送本身就是一種商業活動形式。雖然配送在具體實施時，也有可能以商物分離的形式來實現，但從配送的發展趨勢來看，商流與物流的緊密結合，是配送成功的重要保障。

配送功能的設置，可採取物流中心集中備貨、集中儲存、訂單分揀、貨物組配、搭配裝載、線路規劃、共同遞送的形式，依靠配送中心的準時配送，使客戶企業實現零庫存，或只持有少量的安全庫存，以降低客戶企業的庫存成本。因此，配送是現代物流最重要的特徵之一。

六、流通加工

流通加工是物品從生產領域向消費領域流動的過程中，為了促銷、維護產品質量以及實現物流效率化，對物品進行加工處理，使其發生物理變化或化學變化的功能。流通加工的內容有裝袋、定量化小包裝、貼牌、貼標籤、揀選、配貨、混裝、刷標記等。流通加工雖僅為初級加工，但可以彌補生產領域加工的不足，使產品的功能得到強化，方便配送，增加商品的附加價值，更好地銜接生產和需求，更好地滿足顧客的個性化需求，從而使流通過程更加合理化。流通加工是物流的一項重要增值服務，也是現代物流發展的一個趨勢。

七、物流信息處理

[案例] 沃爾瑪快速響應的物流信息技術

沃爾瑪之所以取得成功，很大程度上是因為它至少提前10年（與競爭對手相比）將尖端科技和物流系統進行了有機整合。早在20世紀70年代，沃爾瑪就開始使用計算

機進行管理；20世紀80年代初，他們又花費4億美元購買了商業衛星，實現了全球聯網；20世紀90年代，採用了全球定位系統（GPS）控製公司的物流，提高了配送效率，以速度和質量贏得了用戶的滿意度和忠誠度。

沃爾瑪是世界上第一個建立全球物流數據處理中心的企業，由此實現了集團內部24小時計算機物流網路化監控，實現了採購、庫存、訂貨、配送和銷售業務的一體化。例如，顧客到沃爾瑪店鋪購物，然後通過POS機打印發票，與此同時，負責制訂採購計劃的人員以及供應商的電腦上就會同步顯示信息，各個環節就會通過及時有效的信息溝通協同運作，減少了時間，加快了物流的循環。

現代物流需要依靠信息技術來保證物流系統的正常運行。物流信息處理包括對各項物流功能有關的計劃、預測、動態的信息（貨運量、收貨量、發貨量、庫存量）以及有關的費用信息、生產信息和市場信息的處理。對物流信息進行處理，要求建立健全物流管理信息系統，並建立相應的信息渠道，正確選定情報科目，對數據信息進行收集、處理、匯總、統計、儲存、傳遞與使用，充分保證信息的時效性和可靠性，以服務於決策。

物流信息的主要作用表現在：①縮短從接受訂貨到發貨的時間；②庫存適量化；③提高搬運作業效率；④提高運輸效率；⑤使接受訂貨和發貨更為省力；⑥提高訂單處理的精度；⑦防止發貨、配送出現差錯；⑧調整需求和供給；⑨提供信息諮詢。

物流信息處理必須建立在計算機網路技術和國際通用的電子數據交換（EDI）等信息技術的基礎之上，才能高效地實現物流各環節的無縫銜接，真正創造「時間效用」和「地點效用」。可以說，信息是物流活動的中樞神經，物流信息在物流系統的運行中具有不可或缺的重要作用。

綜上所述，現代物流包括運輸、儲存保管、包裝、裝卸搬運、配送、流通加工以及物流信息處理等基本功能。現代物流活動是對物流諸功能的實施與管理的過程。

小結

本學習情境的主要內容包括物流的概念與特點、物流的價值與分類、物流的基本功能要素、物流與流通及生產的關係等。物流活動是物流諸功能的實施與管理過程，一般包括運輸、倉儲、包裝、裝卸搬運、配送、流通加工以及物流信息處理等內容。物流具有服務商流、保障生產、服務生活等作用，具有時間價值、場所價值、形質價值、系統功能價值、利潤價值、環境價值、服務價值和產業價值等價值。現代物流具有反應快速化、功能集成化、服務系列化個性化、作業規範化、目標系統化、手段現代化、組織網路化、經營市場化、信息網路化等主要特徵。流通領域主要涉及商流、物流、信息流、資金流和人才流等多種流程，其中商流和物流是最重要的支柱流，兩者配合共同完成商品的完整流通。生產決定流通，流通對生產又具有反作用。

同步測試

一、判斷題

1. 以 Logistics 取代 P.D，成為物流科學的代名詞。這是物流科學走向成熟的標誌。
（　　）
2. 企業的第三利潤是通過企業物流合理化來取得的。（　　）
3. 系統性是物流科學最基本的特性。（　　）
4. 生產決定流通，生產是流通的物質基礎；反之，流通也決定生產，沒有流通，生產也無法進行。（　　）
5. 生產企業的物流狀況對企業生產環境和生產秩序起著決定性的影響。（　　）

二、單項選擇題

1. 物流業是一種（　　）行業。
   A. 生產性　　　B. 生活性　　　C. 服務性　　　D. 消費性
2. 用（　　）觀點來研究物流活動是現代物流科學的核心問題。
   A. 靜態　　　　B. 動態　　　　C. 系統　　　　D. 全面
3. 向社會提供運輸、儲存、裝卸搬運、流通加工、包裝以及物流信息等服務的能力稱為（　　）。
   A. 物流需求　　B. 物流鏈　　　C. 物流供給　　D. 物流量
4. 生產企業出售商品時，物品在供方與需方之間的實體流動稱為（　　）。
   A. 採購物流　　B. 企業內物流　C. 銷售物流　　D. 退貨物流
5. （　　）的標誌是：它是伴隨商業活動發生的，也就是說物流過程和所有權的更迭是相關的。
   A. 企業物流　　B. 行業物流　　C. 社會物流　　D. 國際物流

三、多項選擇題

1. 可以從物流系統的作用、屬性及作用的空間範圍等角度對物流進行分類。若按照物流系統的性質，可將其劃分為（　　）。
   A. 銷售物流　　B. 國內物流　　C. 社會物流　　D. 行業物流
   E. 企業物流
2. 按照物流系統的作用，可將其劃分為（　　）等幾種。
   A. 供應物流　　B. 生產物流　　C. 銷售物流　　D. 逆向物流
   E. 回收物流
3. 流通包含商流、物流、資金流和信息流等多種流。可以認為其中的信息流從屬於（　　）。
   A. 資金流　　　B. 物流　　　　C. 商流　　　　D. 管理流
   E. 信息流
4. 除了時間價值、場所價值和系統功能價值外，物流的價值還包括（　　）。
   A. 利潤價值　　B. 環境價值　　C. 產業價值　　D. 服務價值

E. 形質價值

5. 物流活動是物流諸功能的實施與管理過程，一般包括運輸、倉儲以及（　　）等內容。

　　A. 包裝　　　　B. 裝卸搬運　　　C. 配送　　　　D. 流通加工

　　E. 物流信息處理

四、簡答題

1. 什麼是物流？中國國家標準對物流的定義與美國供應鏈管理專業協會（CSCMP）的定義有何不同？你是怎樣理解這種差異的？

2. 現代物流的科學內涵是什麼？

3. 怎樣理解物流與流通的關係？

4. 什麼是第一利潤源泉？什麼是第二利潤源泉？什麼是第三利潤源泉？為什麼近年來人們把目光投向了第三利潤源泉？

五、綜合題

廢舊電池的回收物流

廢舊電池經過長期機械磨損和腐蝕，使其內部的重金屬和酸鹼等泄漏出來，進入土壤或水源，就會通過各種途徑進入人的食物鏈，危害人類的健康。中國電池產量占全世界電池產量的1/2強，近年中國電池出口貿易快速增長，已成為全球關注的重點行業。

歐盟在2006年5月通過一項指令，要求從2008年開始，強制回收廢舊電池，回收費用由生產廠家負擔。

歐盟該指令要求：從2009年開始，所有在歐盟境內銷售的電池都必須標明具體使用壽命；2012年之前，歐盟境內1/4的廢電池必須被回收；到2016年，這一比例應達到45%。這項指令目前已獲歐盟理事會與歐盟議會批准，即將成為歐盟法律。

中國作為世界電池製造和出口大國，歐盟的該項法令對中國電池製造業的回收問題提出了嚴峻考驗。

問題：請為中國舊電池回收找出問題癥結所在，並提出可行性解決方案。

六、實訓題

學生以小組為單位，在教師的指導下，對以下網站有關的物流信息進行查詢、分析和討論，並以對物流的認識為主題，撰寫一篇不低於1,000字的調查報告。

http://www.iotcn.org.cn/ 中國物聯網

http://www.cflp.org.cn 中國物流與採購網

http://www.56net.com 物流網

http://www.chinawuliu.com.cn 中國物流聯盟網

http://www.china-logisticsnet.com 中國物流網

http://www.51.com.cn 中國物流人才網

http://www.156net.com 中儲物流在線

http://www.cosco-logistics.com.cn 中國遠洋物流有限公司

七、案例分析題

<h3 style="text-align:center">月山啤酒集團的物流管理改革</h3>

月山啤酒集團在幾年前就借鑑國內外物流公司的先進經驗，結合自身的優勢，制定了物流管理改革方案。一是公司成立了倉儲調度中心，對全國市場區域的倉儲活動進行重新規劃，對產品的倉儲、轉庫實行統一管理和控制。由提供單一的倉儲服務，到對產成品的市場區域分布、流通時間等進行全面的調整、平衡和控制，使倉儲調度成為銷售過程中降低成本、增加效益的重要一環。二是以原運輸公司為基礎，月山啤酒集團註冊成立了具有獨立法人資格的物流有限公司，引進現代物流理念和技術，並完全按照市場機制運作。作為提供運輸服務的「賣方」，物流公司能夠確保按規定要求，以最短的時間、最少的投入和最經濟的運送方式，將產品送至目的地。三是籌建了月山啤酒集團技術中心。月山啤酒集團應用建立在因特網信息傳輸基礎上的企業資源計劃（ERP）系統，籌建了月山啤酒集團技術中心，將物流、信息流、資金流全面統一在計算機網路的智能化管理之下，建立起各分公司與總公司之間的快速信息通道，及時掌握各地最新的市場庫存、貨物和資金流動情況，為制定市場策略提供準確的依據，並且簡化了業務運行程序，提高了銷售系統的工作效率，增強了企業的應變能力。

通過這一系列的改革，月山啤酒集團獲得了很大的直接和間接經濟效益。一是集團的倉庫面積由7萬多平方米減少到不足3萬平方米，產成品平均庫存量由12,000噸下降到6,000噸。二是整個產品物流實現了環環相扣，銷售部門根據各地銷售網路的要貨計劃和市場預測，制訂銷售計劃，倉儲部門根據銷售計劃和庫存及時向生產企業傳遞要貨信息；生產廠有針對性地組織生產，物流公司則及時地調度運力，確保交貨質量和交貨期。三是銷售代理商在有了穩定的貨源供應後，可以從人、財、物等方面進一步降低銷售成本，增加效益。經過一年多的運作，月山啤酒的物流管理改革取得了階段性成果。實踐證明，現代物流管理體系的建立，使月山集團的整體行銷水平和市場競爭能力大大提高。

根據案例提供的信息，請回答以下問題：

1. 月山啤酒集團的物流管理改革包括哪幾方面的內容？取得了哪些成效？
2. 月山啤酒集團為什麼要進行物流管理改革？
3. 月山啤酒集團的物流管理改革主要是針對企業物流的哪個領域進行的？
4. 怎樣理解「倉儲調度成為銷售過程中降低成本、增加效益的重要一環」這句話？
5. 月山啤酒集團成立的物流有限公司屬於哪種類型的物流企業？（參見本書學習情境四）

拓展閱讀

現代物流的發展趨勢（見本教材資源庫網站）

學習情境二　物流基本功能活動管理

【知識目標】

1. 理解物流基本功能的概念與作用
2. 掌握物流基本功能活動合理化的措施
3. 掌握基本運輸方式的優、缺點及其技術經濟特徵
4. 瞭解多式聯運及集裝箱運輸的概念和特徵
5. 瞭解常見的物流信息技術及其在物流管理中的應用

【能力目標】

1. 熟悉物流基本功能活動的作業流程
2. 能正確選擇運輸方式
3. 能判斷不合理運輸
4. 能識別基本的包裝標誌
5. 能區分流通加工與生產加工

2.1　包裝作業與管理

【引例】

耐克公司的包裝創新

在過去幾年中，為減小包裝的生態影響，耐克（NIKE）公司進行了大量的包裝創新工作。

1995年，NIKE公司對包裝盒進行了一次全面的重新設計，18種包裝盒改為2種，然後改為1種良性生態包裝，用來盛放運動鞋、滑雪板、太陽鏡等商品。這種包裝採用了一種開創性的折疊式設計，其結構中不使用重金屬、油墨、膠水，這樣每年為NIKE公司節約了8,000噸纖維材料。

舊的包裝盒作為再生原料，被投入一個封閉循環系統的粉碎設備中處理。換句話說，在處理過程中，對周圍環境不會造成污染。這些紙箱超出美國環保局所要求的環保標準。1998年5月，新的粉碎設備應用到紙箱生產中，提高了紙箱的性能。這些紙

箱的重量減輕了10%，但強度不變。僅此一項，每年節約4,000噸的纖維原料。

在配送中心，NIKE公司正在試驗重新利用包裝箱的可行性。由於是新技術紙板，這些紙箱不易被損壞，易於重新使用。但在紙箱的再利用中，上面的標籤成為潛在的易導致錯誤的因素。

【引導問題】

1. 為什麼耐克公司要進行包裝創新？
2. 包裝創新為耐克公司帶來了哪些益處？
3. 為什麼標籤成為紙箱再利用時易導致錯誤的潛在因素？
4. 怎樣進行包裝設計？如何進行包裝操作？

包裝是生產的重要組成部分，很多產品只有經過包裝後，才算完成了它的生產過程，才能進入流通和消費領域。同時，包裝也是物流活動的基礎，很多物品只有經過合理的包裝後，才能使物流的其他功能活動得以實現。在生產及流通過程中，包裝都具有特殊的地位，它位於生產的終點和社會物流的起點，貫穿整個流通過程。

一、現代包裝的概念

包裝（Packaging；Package）是「為在流通過程中保護產品，方便儲運，促進銷售，按一定技術方法而採用的容器、材料及輔助物等的總體名稱。也指為了達到上述目的而採用容器、材料和輔助物的過程中施加一定技術方法等的操作活動」（GB/T18354-2006）。現代包裝把包裝的物質形態和盛裝產品時所採取的技術手段、裝潢形式以及工藝操作過程融為一體。這較以往人們僅僅把包裝看成「產品的包紮」「包含著內容物的容器」「產品的容器與盛裝」等概念更趨於完善。

商品包裝具有從屬性和商品性兩種特性。包裝是其內裝物的附屬品，包裝選用的材料、採取的包裝技法、設計的結構造型以及外觀裝潢，都從屬於其內裝物的需要，包裝必須與內裝物的性質相容，並能給予穩妥的保護。商品包裝又是社會生產的附屬於內裝商品的特殊商品，具有價值和使用價值，其價值包含在商品實體的價值中，在出售商品時予以體現。而且，優良的包裝，不僅能保證商品的質量完好，還能提高商品的藝術性和精美度，從而增加商品的附加價值。

二、現代包裝的功能

包裝主要有保護、容納、方便和促銷等功能。

(一) 保護功能

保護功能即保護商品不受損傷的功能，這是包裝最基本的功能，主要體現在以下幾個方面：

（1）保護商品不受機械傷害。適當的包裝材料、包裝容器和包裝技法，能確保商品在運輸、裝卸、堆放過程中經受住顛簸、衝擊、震動、碰撞、摩擦、翻滾、跌落

（如由於操作不慎造成包裝跌落）、堆壓（如庫房儲存堆碼，使最低層貨物承受強大壓力）等外界作用力情況下的安全，保護商品不致變形、損傷、滲漏和揮發。

（2）保護商品不受環境損害。商品包裝必須能在一定程度上起到阻隔水分、潮氣、光線以及空氣中各種有害氣體的作用，要能保證商品在流通和貯存過程中抵禦外界溫度、濕度、風吹、雨淋、日光、塵埃、化學氣體等不良環境變化帶來的危害，保護商品在流通中的安全，不至於出現商品乾裂、脫水、潮解、溶化、腐爛、鏽蝕、氧化、老化、發霉、變色等品質變化。

（3）保護商品不受生物損害。鼠、蟲及其他有害生物對商品有很大的破壞性，適宜的包裝能有效地阻隔鼠、蟲、微生物等的侵害，保護商品不被蟲蛀、霉爛、變質等。

（4）保護商品不受人為損害。封裝牢固的包裝，能防止因人為隨意挪動、操作不當而造成的商品損害，還能避免偷竊行為造成的商品損失。

(二) 容納功能

容納是包裝的重要功能之一，主要體現在以下幾個方面：

（1）容納使商品形成一定的形態。許多商品（如氣態、液態、粉粒狀商品）本身並沒有一定的集合形態，依靠包裝的容納才具有了特定的商品形態，才能進行運輸和銷售。

（2）容納能保證商品衛生。對於食品、藥品、化妝品、消毒品、衛生用品等商品，由於包裝物起到了商品保護層的作用，因而保證了商品的衛生，有利於商品質量的穩定。

（3）容納使商品成組化。成組化即單元化，是指包裝能把許多件商品或一些包裝物組合在一起，形成一個整體。這種成組化的容納能將商品聚零為整，變分散為集中，以達到方便物流作業和方便商業交易之目的。從物流方面來考慮，包裝單元的大小要和裝卸、保管、運輸能力等條件相適應，應當盡量做到便於集中輸送以便獲得最佳的經濟效益，同時又要求能分割及重新組合以適應多種裝卸搬運條件及分貨要求。從商業交易方面來考慮，包裝單元大小應與交易的批量相適應，如零售商品的包裝應適合消費者的一次購買。

（4）容納能節省儲運空間。通過包裝的容納作用，可使結構複雜的商品外形整齊，使質地疏鬆的商品經過合理的壓縮而縮小體積。因此，容納不僅可以充分利用包裝容積，還能方便裝卸搬運及堆碼作業，提高裝卸搬運、堆碼的效率以及車輛、庫房的利用率，從而節約包裝費用、節省儲運空間。

[**案例**] 美國強生公司生產的衛生產品佔有很大的市場份額。公司利用尿布生產中開發出的技術，生產出一種船形杯子狀的產品，名叫「Serenity」。每個包裝盒裝有12個或24個產品。當行銷人員審查這種產品時，有人擔心該產品太過輕泡，會影響銷量。因為零售店內的貨架空間有限，產品不得不就此展開爭奪，所以可能會導致經常缺貨，也限制了產品在消費者面前展示的機會。物流管理人員提出瞭解決問題的辦法：改變產品密度。他們將產品對半折疊，再壓成袋狀，包裝盒的尺寸比原來的一半還小。這樣做不僅滿足了市場行銷的要求，還節約了倉儲、運輸和包裝成本。

（三）方便功能

商品包裝具有方便流通、方便消費的功能。在物流活動的全過程中，商品所經過的流轉環節，合理的包裝都會提供巨大的方便，從而提高物流活動的效率和效果。商品包裝的方便功能主要體現在以下幾方面：

（1）方便裝卸搬運。商品經適當包裝後為裝卸作業提供了方便。完整整齊的商品包裝便於各種裝卸搬運機械的使用，有利於提高裝卸搬運機械的使用效率，使裝卸搬運簡單省力。包裝的規格尺寸標準化後為集合包裝提供了條件，從而能極大地提高裝載效率。

（2）方便運輸。包裝的規格、形狀、重量等與貨物運輸關係密切。包裝尺寸與運輸車輛、船隻、飛機等運載工具的箱、倉容積相吻合，方便了運輸，提高了運輸效率。而且，包裝的各種標誌（如商品分類標誌、儲運標誌、收發貨標誌等），便於商品安全裝運，準確運達目的地。

（3）方便儲存保管。從商品驗收的角度來看，易於開包，便於重新打包的包裝方式為驗收工作提供了方便，而且包裝的組合化、定量性，對於節約驗收時間、加快驗收速度也起到了十分重要的作用；從搬運的角度來看，商品出、入庫時，包裝的規格尺寸、形態等適合倉庫內的作業，為倉庫的搬運工作提供了方便；從堆碼的角度來看，完整整齊的商品包裝，能夠承受一定壓力，便於商品堆碼並可達到一定的安全高度，能夠充分利用庫房容積；從商品在庫保管的角度來看，商品包裝為保管工作提供了方便，便於維護商品本身的使用價值，並且，包裝的各種標誌，使倉庫的管理者易於識別、易於存取、易於盤點，有特殊要求的易於引起注意。

商品包裝除了以上提及的方便功能之外，還有方便分發、方便識別、方便銷售、方便攜帶、方便使用、方便回收、方便處理等功能。方便功能使商品與物流各環節具有廣泛的適應性，使物流過程快捷、準確、可靠、便利。

（四）促銷功能

促銷功能與商流密切相關，該功能主要體現在以下兩方面：

（1）傳達商品信息，指導消費。通過包裝上的文字說明，向人們介紹內裝商品的名稱、品牌、性能、用途、規格、質量、數量、價格、使用方法、保存方法、注意事項、生產日期、生產廠家和產地等信息，對商品進行無聲宣傳，幫助消費者瞭解商品、指導消費。

（2）表現商品，激發購買慾望。精美包裝的造型、色彩、文字、圖案，尤其是經過藝術加工的禮品包裝，更能刺激消費者的感官，引起人們的注意，激發人們的購買慾望，讓人產生購買行為。

小貼士

創意包裝等於 5 秒鐘廣告

創意包裝的優勢主要體現在以下幾個方面：

（1）視覺吸引。創意包裝對吸引視覺能起到關鍵作用。有資料顯示，在美國一家經營 15,000 個產品項目的普通超級商場裡，一般購物者大約每分鐘可瀏覽 300 件商品，

假設 53%的購買活動屬於衝動購買，那麼，此時的包裝效果就相當於 5 秒鐘的電視廣告。因此，企業應重視創意包裝，在色彩的搭配、字體的選用上加大視覺刺激的力度，使商品通過貨架展示，吸引顧客視覺，促進銷售。

（2）提升價值。富有創意的包裝，不但可以增加商品的附加價值，還可以培養消費者對企業的品牌忠誠。

（3）理念傳達。理念是企業的靈魂，它可以豐富產品的內涵，加深顧客對產品的印象。這種無形的包裝，會在很大程度上促進產品銷售。理念傳達到位，讓人感到實實在在的利益，品牌才有升值的潛力。

（4）品牌識別。品牌識別是消費的前提，它在消費者的腦中只是一個粗略或不清晰的印象，而一旦消費者遇到企業品牌時，就會產生一種親切感、認同感，產生快速購買決定，縮短購買決策時間。

三、現代包裝的分類

為了適應各種商品的性質差異和各種裝卸搬運機械、運輸工具等的不同要求，包裝在設計、選料、包裝技法、包裝形態等方面出現了多樣化，從而導致現代包裝種類繁多，商品品種複雜。

一般而言，商品包裝在生產、流通和消費領域的作用不同，不同部門和行業對包裝分類的要求也不同，各種分類方法的分類目的和分類標準也有所不同。

（一）按照包裝的層次或位置分類

按照包裝的層次或位置來劃分，商品包裝可分為自包裝、內包裝和外包裝三種類型。如圖 2.1 所示。

圖 2.1　自包裝、內包裝與外包裝

（1）自包裝。自包裝是指直接接觸商品，與商品同時裝配出廠，構成商品組成部分的包裝。如簡裝奶粉的袋、香水的瓶、牙膏的鋁管等。商品的自包裝上多有圖案或文字標誌，這類包裝具有保護商品、方便銷售以及指導消費的作用。

（2）內包裝。內包裝是貼近商品的包裝。多為具有一定形狀的容器，如牙膏的包裝紙盒、糖果的塑料袋等。商品的內包裝具有防止商品受外力擠壓、撞擊而發生損壞或受外界環境影響而發生受潮、發霉、腐蝕等變質變化的作用。

（3）外包裝。外包裝是商品最外部的包裝。多是若干件商品集中的包裝，如箱、盒、袋等。商品的外包裝上都有明顯的標記，註明商品的名稱、型號、規格、數量、

重量、產地等。這類包裝具有保護商品在流通中的安全（如防水、防盜、防破損等）以及方便貯運等作用。

(二) 按照包裝在流通領域的作用分類

按照包裝在流通領域的作用來劃分，商品包裝可分為銷售包裝和運輸包裝兩種類型。

（1）銷售包裝。銷售包裝又稱小包裝、內包裝或商業包裝，是指隨同內裝商品一同銷售，以促進商品銷售為主要目的的包裝。這種包裝的特點是：①造型和表面設計新穎、美觀、裝飾性強，有激發購買慾望的藝術魅力，還具有豐富的引導選購和指導使用的商品信息；②該包裝不僅在銷售活動中，而且在流通過程中都能起到保護商品的作用；③包裝件小，方便攜帶和使用；④包裝單位適於顧客的購買量和商店櫃臺陳設的要求。如禮品包裝，如圖 2.2 所示。

圖 2.2　禮品包裝

［案例］改進商品包裝，人參價值倍增

俗話說：貨賣一張皮。商品的包裝要與其價值和質量一致，貨價相當。中國東北出口的優質人參，開始採用木箱或紙盒包裝，每箱 20～25 千克，低劣的包裝使外商懷疑其是不是真正的人參。後來改用小包裝，不同等級的人參包裝不同，上品內用木盒，外套印花鐵盒，每盒 1～5 支，精緻美觀；一般的人參則採用透明塑料盒包裝。由於採用等級包裝，東北人參的身價倍增。

案例中的包裝做法運用了何種物流管理方法？

（2）運輸包裝。運輸包裝又稱大包裝、外包裝或工業包裝，是指以滿足商品運輸貯存要求為主要目的的包裝，即是為了在商品流通過程中，方便商品的裝卸搬運、運輸配送和儲存保管等工作，提高物流作業效率，保護商品所進行的包裝。運輸包裝一般不隨商品出售（但如電視機、洗衣機等大型家電商品的運輸包裝，也是銷售包裝），通常運輸包裝不與消費者見面，因此，對包裝的外觀不像銷售包裝那樣講究，但包裝上的標誌必須清晰。這種包裝的特點是：體積大，容量大，荷重大，結構堅固，外形規則，實用性強，包裝費用低廉。如 EMS 紙箱，如圖 2.3 所示。

(三) 按照包裝的使用範圍分類

按照包裝的使用範圍來劃分，商品包裝可分為專用包裝和通用包裝兩種類型。

（1）專用包裝。專用包裝是指專供某種或某類商品使用的一種或一系列的包裝。採用專用包裝是根據商品某些特殊的性質來決定的。這類包裝都有專門的設計製造和科學管理方法。如ZIPPO的機殼，如圖2.4所示。

（2）通用包裝。通用包裝是指一種包裝能盛裝多種商品，被廣泛使用的包裝容器。通用包裝一般是不進行專門設計製造，而是根據標準系列尺寸製造的包裝，用以包裝各種無特殊要求的或標準規格的產品。如盛裝可樂的罐、酒瓶等，如圖2.5所示。

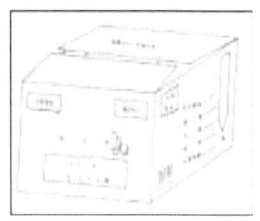
圖2.3　EMS紙箱

圖2.4　ZIPPO的機殼

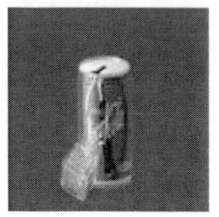
圖2.5　可樂的罐

除了上述分類方法外，包裝還可以按照材料、技術方法以及內容物等標準進行分類。

四、現代包裝作業

包裝作業是指為了達到包裝在流通過程中保護商品，方便儲存，促進銷售的目的而進行的操作活動，既包括商品包裝前的技術處理，又包括機械包裝的輔助工作。

（一）充填

充填是將商品按要求的數量裝入容器的操作。充填是包裝過程的中間工序，在此之前是容器準備工序（如容器的盛開加工、清洗消毒、按序排列等），在此之後是封口、貼標、打印等輔助工序。充填主要分為固體內裝物充填和液體內裝物充填。

（1）固體內裝物充填方法。固體內裝物充填方法有稱重法、容積法和計數法三種。稱重法是指將內裝物用秤進行計重，然後充填到容器中的包裝方法。對於一些中、小塊狀不一的商品，一般採用稱重法。容積法一般採用定量杯（槽）或通過機械元件（如螺杆、定量閥門等）的傳動來達到既定量又完成商品包裝的全過程。它適用於不易吸潮和比重無變化的干粉、粒狀商品，尤其對小顆粒狀商品更為適宜。計數法有機械計數與電子計數兩種方法。機械計數是通過孔穴板（板上鑽有一定數量的孔穴），採用回轉盤或往復插板的結構，既計數又完成定量進料的工序。該方法計量比較準確，但速度較慢。為了加快計數，有時採用多頭電子計數裝置。在商品自動化包裝中，採用電子計數時，還必須在前一段工序配置選別檢驗商品的機械。對大小不一致的塊狀商品，大多採用計數法。

（2）液體內裝物充填方法。液體內裝物的充填，又稱為灌裝。其方法按原理可分為重力灌裝、等壓灌裝、真空灌裝和機械壓力灌裝四大類。重力灌裝方法是指利用液體自身重力充填容器的方法；等壓灌裝適用於含氣液體，如啤酒、汽水等，生產時採

用加壓的方法使液體內含有一定的氣體，而在灌裝時為了減少氣體的溢出和灌裝的順利進行，必須先在空瓶中充氣，使瓶內氣壓與儲液缸內氣壓相等，然後再進行液體灌裝；真空灌裝是指將容器中的空氣抽出後灌裝液體的方法，如灌裝果汁、糖漿、牛奶、酒精等，它不適於容易變形的軟性包裝容器，如軟塑料瓶、橢圓形的金屬罐等；機械壓力灌裝是指對黏度大的半流體內裝物，如牙膏、香脂等，採用機械壓力進行充填的方法。

(二) 包裝封口

包裝封口是指將商品裝入包裝容器後，封上容器開口部分的操作。包裝封口是包裝操作的一道重要工序，它直接關係到包裝作業的質量與包裝密封性能。

針對不同容器和密封性能要求的不同，有不同的封口方法，主要有粘合封口、膠帶封口、插接封口、捆扎封口、絞結封口、裝訂封口、熱熔封口、收縮封口、蓋塞封口、焊接封口、卷邊封口、壓接封口、縫合封口、真空封口、膠泥封口、浸蠟封口等。

(三) 捆扎

捆扎是將商品或包裝件用適當的材料扎緊、固定的操作。常用的捆扎材料有鋼帶、聚酯帶、聚丙烯帶、尼龍帶和麻繩等。選用時要根據被捆扎物的要求以及包裝材料的成本及供應情況等綜合考慮；捆扎的基本操作過程是先將捆扎帶纏繞於商品或包裝件上，再用工具或機器將帶扎緊，然後將兩端重疊連接。捆扎帶兩端連接方式有：用鐵皮箍壓出幾道牙痕連接、用鐵皮箍切出幾道牙痕並間隔地向相反方向彎曲連接、用熱粘合連接以及打結連接等。

(四) 裹包

裹包是用一層或者多層柔性材料包覆商品或包裝件的操作。用於裹包的材料主要有紙張、織品、塑料薄膜以及蒲席等。裹包的方法主要有：直接裹包、多件裹包、收縮裹包、壓縮捆包與卷繞裹包等形式。

(五) 加標和檢重

加標就是將標籤粘貼或拴掛在商品或包裝件上。標籤是包裝裝潢和標誌，因此加標也是很重要的工作。檢重即檢查包裝內容物的重量，它關係到企業和消費者的利益。

常見的包裝設備如圖2.7所示。

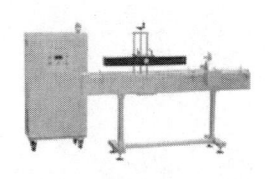

收縮膜包裝機　　　　　灌裝機　　　　　封口機

圖2.7　常見的包裝設備

五、現代包裝標誌

【拓展閱讀】

現代包裝標誌（見本教材資源庫網站）

六、現代包裝的合理化

在現實生活中，存在很多不合理的包裝現象。所謂包裝不合理，是指在現有條件下可以達到的包裝水平而未達到，從而造成包裝強度過低或過高、包裝材料選擇不當等問題。

包裝合理化是指在包裝過程中使用適當的材料和技術，制成與物品相適應的容器，節約包裝費用，降低包裝成本，既滿足包裝保護商品、方便儲運、有利銷售的要求，又要提高包裝的經濟效益的包裝綜合管理活動。目前，包裝合理化正朝著智能化、標準化、綠色化、單位大型化、作業機械化、成本低廉化等方向不斷發展。

（一）智能化

物流信息化的一個重要基礎是包裝智能化。若包裝上的信息量不足或錯誤，就會直接影響物流各環節活動的進行。隨著物流信息化程度的提高，包裝上除了應表明內裝物的數量、質量、品名、生產廠家、保質期及搬運儲存所需條件等信息外，還應粘貼商品條形碼和物流條形碼，以實現包裝智能化。

（二）標準化

包裝標準是針對包裝質量和有關包裝質量的各個方面，由一定的權威機構所發布的統一的規定。包裝標準化可以大大減少包裝的規格型號，提高包裝的生產效率，便於被包裝物品的識別和計量。它包括包裝規格尺寸標準化、包裝工業產品標準化和包裝強度標準化三個方面的內容。

（三）綠色化

在選擇包裝方式時，應遵循綠色化原則，即通過減少包裝材料、重複使用、循環使用、回收利用等包裝措施，以及生物降解來推行綠色包裝，節省資源。

[案例] 在德國，政府要求零售雜貨店在銷售點回收盛穀物的盒子。通常，消費者購買產品後，打開盒子，將裡面的產品倒入從家中帶來的容器裡，隨後將空盒子扔進垃圾箱。銷售者負責回收用過的盒子，重新包裝，投入使用，或者丟掉。

（四）單位大型化

隨著交易單位的大量化和物流作業的機械化，包裝大型化趨勢越來越明顯。

大型化包裝有利於裝卸搬運機械的使用，有利於提高物流活動的效率。

（五）作業機械化

包裝作業機械化是減輕人工包裝作業強度、實現省力、提高包裝作業效率的重要舉措。包裝作業機械化首先從個裝開始，之後是裝箱、封口、掛提手等與包裝相關聯的作業。

（六）成本低廉化

包裝成本中占比例最大的是包裝材料費用。因此，降低包裝成本首先應該從降低包裝材料費用開始，在保證包裝功能的前提下，盡量降低包裝材料的檔次，節約包裝材料費用支出。

【拓展閱讀】

1. 現代包裝技法
2. 集裝單元化技術

（見本教材資源庫網站）

2.2 儲存保管作業與管理

【引例】

遠程倉儲在亞洲

遠程倉儲已在越來越多的跨國公司中成為一種節約成本、方便營運的運作方式。如今到亞洲採購已成為一種趨勢：越來越多的公司不再像以前那樣把商品進口後儲存在本國倉庫中備用，而是充分利用當地廉價的勞動力，把貨物存放在亞洲的倉庫裡，隨後直接運到客戶手中。專家估計，通過在亞洲原產地附近存儲貨物，可以使美國進口商在倉儲和貨物搬運方面的成本節省百分之二三十，同時把貨物分揀、包裝、拼箱等物流服務項目也放到亞洲，更可以節約一筆開支。

馬士基物流公司發現，越來越多的零售商把倉儲放在亞洲，一旦客戶需要，就隨時運送出去。而且這樣做，對跨國公司還有一個好處：一旦供應商在商品銷售方面出現變化，企業可以做出最快速的反應，及時調整庫存，而不必像以往那樣把貨物再從美國送回亞洲。對那些從事季節性商品採購的進口商來說，這種「遠程倉儲」的方式尤為有利。比如，進口商可以讓生產廠家在比較空閒的 12 月份生產出萬聖節用的面具，然後存上大半年，到需要時再運到美國。貨主還可以一次性以優惠價訂下大批量貨物，存放在廉價的「遠程倉庫」裡。不過，要想有效地管理這樣一個「遠程倉庫」，信息技術非常關鍵，不僅需要高水平的數據可視系統，而且應對需求有準確的預測。只有這樣，貨主才可以放心地把貨物存放在生產地附近，並能隨時對之進行遙控。

【引導問題】

1. 為什麼越來越多的跨國公司在亞洲設立倉儲業務？
2. 有效管理「遠程倉庫」的關鍵是什麼？為什麼？
3. 儲存保管在現代物流管理中有何重要地位？
4. 怎樣才能實現儲存保管的合理化？

儲存保管是一種普遍存在的社會經濟現象。一家工業企業要對其原材料、零部件、半成品、勞動工具以及產成品進行儲存保管，一家商業企業要對其經銷的商品進行儲存保管，一家物流公司要對其客戶的貨物進行儲存保管，一個家庭也要對其生活用品進行儲存保管。儲存保管在經濟活動特別是物流活動中起著舉足輕重的作用，它與運輸一起被稱為物流系統的兩大支柱。

一、儲存保管的概念

根據中國國家標準《物流術語》（GB/T18354-2006）的定義，儲存（Storing）是指保護、管理、貯藏物品，保管（Storage）是指對物品進行儲存，並對其進行物理性保管的活動。因此，儲存保管是指在一定的時期和場所，以適當的方式對一定數量和質量的物資進行貯藏、保護、管理和控製的活動。

想一想：儲存、儲備與庫存有什麼區別與聯繫？

儲存、儲備與庫存是較為相近的一組概念，且在實際工作中，儲存與儲備經常混用。儲備是一種有目的地儲存物資的行動，是有目的地在生產領域、流通領域將物料、物質處於暫時停滯的狀態，目的就是為了保證社會再生產高效、連續不斷地進行。而庫存（Stock）是「儲存作為今後按預定的目的使用而處於閒置或非生產狀態的物品。廣義的庫存還包括處於製造加工狀態和運輸狀態的物品」（GB/T18354-2006）。

顯然，儲存保管包含了庫存和儲備兩層含義，是一種廣泛存在的社會經濟現象。

二、儲存保管的作用

儲存保管作為社會再生產各環節之間「物」的停滯，在國民經濟中既有其積極作用，也有其消極作用。

（一）儲存保管的積極作用

1. 改變「物」的時間狀態，調節供求

前已述及，生產與消費一般不可能完全同步，它們之間往往存在著時間差。而供給與需求的時差矛盾，可以通過對商品的儲存保管來加以解決。我們可以形象地把儲存比喻成社會再生產這條大河中「商品流」的「蓄水池」。當大河上游生產（供應）的商品大大超過下游的消費需求時，就可暫時把過剩的商品存入這個「蓄水池」，這樣就不會導致「江河泛濫」；反之，當上游生產（供應）的商品一時不能滿足下游需求時，「蓄水池」中的庫存則可用於滿足下游消費者的緊急需求。特別是在現代化大生產的條件下，專業化程度不斷提高，市場競爭日趨激烈，使越來越多的商品需要經過各種不同形式的儲存保管來調節供求關係。

2. 監督商品質量，促進生產，維護消費者利益

執行儲存保管職能的倉儲部門在接收商品入庫時，首要的工作就是要對擬入庫的商品進行數量、質量和包裝的檢查驗收。驗收的主要目的有三個：一是促進生產部門

提高產品質量，使產品能滿足廣大消費者的需求；二是可以發現不符合相應質量要求的產品，防止其進入流通領域；三是保證入庫商品的數量準確。

倉儲部門加強對商品進行入庫驗收、在庫保管、出庫復核，就能防止劣質和不符合規格標準的商品流入市場，從而保護消費者的利益。

3. 保證商品在庫安全和維護商品的使用價值

儲存保管的基本職能就是保管商品，保管的基本要求是要做到商品在庫不丟不損，數量準確，質量完好。處於相對停滯狀態的儲存商品，時時刻刻都受到各種不良因素的影響，每一種商品都在以不同的方式和速度發生著物理變化和化學變化，甚至因技術進步而被淘汰，成為呆滯庫存、積壓物品。儲存保管工作能針對每一種在庫商品的自然屬性，結合環境條件和社會因素，延緩在庫商品發生有形損耗和無形損耗的速度，維護在庫商品的使用價值。在庫商品短少、缺損，或質量變化失去使用價值，抑或損耗過大，都將給國家和人民的財產造成損失。

4. 儲存是創造「第三利潤源」的重要領域之一

首先，企業有了儲存職能，就可以選擇有利的採購時機，批量採購，獲取價格折扣，從而降低採購成本；其次，企業有了庫存保障，就可避免在客戶追加訂單時加班趕工，就可省去相應的趕工加班費用，從而避免增大企業的營運成本；再次，企業有了儲存保證，就能在有利時機進行銷售，增加利潤；最後，因儲存中的節約潛力是巨大的，故通過儲存保管的合理化，就可以降低儲存投入，加速資金週轉，降低儲存成本，增加企業利潤。

(二) 儲存保管的消極作用

1. 儲存保管要產生相應的成本費用

儲存保管需要投入一定的資源，如修建或租賃庫房、購買或租賃貨架、巷道堆垛起重機等設施設備；此外，還需要雇傭專門的儲存保管人員以及裝卸搬運工人，必然會產生相應的成本費用（包括倉庫的投資建設費用、租賃費用、倉庫管理人員的工資福利費用等）。另外，商品在儲存保管期間，往往還存在一定的安全風險，如被盜、蟲霉、鼠咬等，因此，還會引起保險費用的支出（近年來中國已經開始對儲存商品採取投保措施）。

2. 儲存保管會造成庫存商品的有形損耗

庫存商品在裝卸搬運過程中會造成一定的機械損傷，在庫存放期間可能會由於自身特性或外界因素的影響而發生各種變化（包括物理、化學、生物等方面的變化），嚴重時會導致商品失去全部價值和使用價值。

3. 儲存保管會造成庫存商品的無形損失

商品在儲存期間經常發生陳舊損失和跌價損失，造成價值衰減。此外，庫存商品還會占用資金，產生利息費用，並增加企業的機會成本[①]。

綜上所述，儲存保管既有積極的作用，也存在負面的影響。因此，我們在物流管

---

① 機會成本是使用資源而放棄的收益。

理中就應充分發揮其積極作用，並盡量減輕、化解其不利影響，以滿足企業生產經營的需要。

三、儲存保管的任務

通常，儲存保管具有以下幾項任務：

（一）保管養護好商品

採取科學的保管保養方法，創造適宜的保管環境，提供良好的保管條件，確保在庫商品數量準確、質量完好。

（二）收、發貨迅速準確

商品驗收入庫和分撥出庫，是儲存保管的兩項主要業務。只有收、發貨手續簡便，作業迅速，數量準確，服務到位，才能促進購銷業務，確保供應。因此，既快又準，是收、發貨業務的質量標準。

（三）確保倉庫、商品與人身安全

倉庫儲存大量物質，是企業的要害部位。因而，確保庫存物品的安全，是倉儲部門的主要任務之一。根據《商業倉庫消防安全管理試行條例》的有關規定，倉儲部門要貫徹「以防為主、以消為輔」的方針，認真做好消防安全工作，確保倉庫、商品和人身安全。

（四）提高服務質量

倉儲部門要努力提高服務質量，根據客戶、需求部門以及交通運輸的不同要求，進行某些商品的簡單加工、分類整理、配貨包裝等工作，保證商品質量與運輸安全，減少商品損耗損失，加速商品流轉。

（五）加強核算，節約開支

倉儲部門要加強經濟核算，提高經濟效益。應充分調動倉儲保管人員的工作積極性，合理利用倉容，節約各項開支，提高工作效率和服務質量，做到用最少的人力、物力、財力完成倉儲任務。

（六）對倉庫進行科學管理

對倉庫進行科學管理，涉及倉儲管理體制的調整，職能機構的設置，業務操作技術的革新，勞動的合理分工與協調，機具設備的利用與改造，以及加強經濟核算等各個方面，貫穿倉儲業務活動的全過程。因此，對倉庫進行科學管理，就要掌握和利用在倉儲業務活動中起作用的經濟規律和自然規律，改革那些不適應社會主義商業經營和現代化建設要求的管理方法。

四、儲存保管的分類

（一）按照儲存在社會再生產中的作用來分類

根據儲存保管在社會再生產中的作用，可將其分為生產儲備、流通儲備、消費儲

備和國家儲備四種。

1. 生產儲備

生產儲備是工業企業為了保證生產經營的正常進行而保有的物質儲備。生產儲備一般以庫存形式存在，儲備占用工業企業的流動資金。由於被儲備的「物」已由工業企業驗收，因此，在此期間的損失一般都進入工業企業的生產成本。這種儲備可以進一步分為原材料、燃料、零部件儲備，半成品儲備以及產成品儲備三種。

2. 流通儲備

流通儲備是為保證社會再生產的正常進行而在流通領域保有的物質儲備。流通儲備有廣義和狹義之分。廣義的流通儲備是指社會流通領域中的全部產品，是一個總體概念。設置流通儲備的目的是為了銜接生產與再生產、生產與消費。流通儲備是保持整個國民經濟發展不可或缺的，其總量與國民生產總值、國民收入在宏觀上有一定的比例關係。狹義的流通儲備是指流通企業為滿足其經營需要而保有的物質儲備，該儲備往往以庫存形式存在。流通儲備一般包括經常流通儲備、保險流通儲備、季節流通儲備三種基本形式。經常流通儲備是為滿足流通企業日常穩定的銷售需要而保有的儲備；保險流通儲備是為避免由於不可預測的原因導致貨源中斷或因市場需求旺盛造成脫銷而保有的儲備；季節流通儲備是因季節的影響導致貨源中斷，企業仍能保證滿足市場需求的儲備。

3. 消費儲備

消費儲備是消費者為滿足消費需要而保有的物質儲備。消費儲備一般不以庫存形式存在。在強大的流通領域儲備的保證之下，消費者無須過多儲備，因而也很少為此專設倉庫，往往採取暫存、暫放等儲存形式。

4. 國家儲備

國家儲備是某些國家機關代表國家為全國性的特殊原因而建立的物質儲備。這種儲備主要保存在國家專門設立的機構中，也有保存在流通領域或生產領域之中的。國家儲備主要有三種形式：

（1）國家當年儲備。這是國家在每個計劃年度，為了防止計劃不周、計劃不準或計劃失誤所產生的需求，每年由國家控製一部分物資或計劃指標以備當年之用的儲備。

（2）國家戰略儲備。這是國家從長遠發展考慮，或者從國際形勢出發，對戰略物資或本國匱乏的物資、資源所保有的儲備。國家戰略儲備物資的主要對象是糧食、武器、有色金屬、稀有金屬以及貴重金屬等。

（3）國家防災保險儲備。這是國家為了應付可能發生的水災、旱災、火災、地震等自然災害及其他意外事件所保有的物資儲備。防災保險儲備的主要對象是糧食以及各種搶險、救災物資。

（二）按照儲存的集中程度來分類

按照儲存的集中程度，可將其分為集中儲存、分散儲存和零庫存三種。

1. 集中儲存

集中儲存是指將一定數量的儲存物質集中於一個場所進行存儲。這是一種大規模

的存儲方式，可以產生「規模效應」。集中儲存有利於採用先進的科技手段，有利於採用機械化、自動化的儲存設施設備。從儲存的調節作用來看，集中儲存有較強的調節能力以及對某一需求更大的滿足、保證能力。集中儲存能使儲存保管的設施、工具、人員等資源得到充分利用，從而降低單位儲存費用，取得較好的經濟效益。

2. 分散儲存

這種儲存在地域上分布較廣，各儲存點的儲存數量相對較少。分散儲存是規模較小的儲存方式，一般和生產企業、流通企業以及消費者的具體需求相結合。分散儲存不是面向社會，而是面向特定的企業或個體，其儲存量一般取決於企業生產經營規模及具體需要。分散儲存的特點是儲存位置離需求源較近，儲存易與需求密切結合，但由於庫存數量有限，其供應保證能力一般較弱。

3. 零庫存

零庫存是現代物流學中的重要概念，是指某一領域不再保有庫存，以無庫存（或很低庫存）作為生產或供應保障的一種系統方式。零庫存管理思想認為庫存是一種浪費，是在為掩蓋管理工作的失誤提供方便。零庫存管理是企業庫存管理的理想目標，是企業庫存管理的發展趨勢。

(三) 按照儲存的位置來分類

按照儲存的位置，可將其分為倉庫儲存、車間儲存、港站場儲存三種。

1. 倉庫儲存

倉庫儲存是儲存的一種正式形式，該儲存方式是將商品儲存於各種類型的倉庫、庫棚、料場之中。進行倉庫儲存，需要有一整套基礎設施設備，還需要有入庫、出庫等正式手續。

2. 車間儲存

在生產過程中，倉庫儲存仍然是一種正式儲存形式，相應的儲存計劃是整個生產計劃的一部分。而車間儲存則是生產過程中的暫存形態，屬非正式儲存形式。

3. 港、站、場儲存

港、站、場儲存是物流過程中運輸線路銜接點（即物流結點）的儲存。設置該儲存方式的目的是為發貨、收貨、提貨以及轉運等提供服務支持。因而該儲存仍屬於一種暫存形式，是一種附屬性的儲存方式。相對於生產儲存而言，其計劃性較弱。

五、儲存保管的作業流程

儲存保管的基本作業過程可以分為三個階段，即貨物入庫階段、貨物保管階段以及貨物出庫階段，包括實物流和信息流兩個方面。

實物流是指庫存物品實體的空間位移過程。它是從庫外流向庫內，並經合理停留後再流向庫外的過程。從作業內容和作業順序來看，實物流主要包括貨物接運、檢查驗收、入庫存放、維護保養、備貨出庫、貨物發運等環節（見圖2.8）。實物流是倉庫作業中貨物最基本的運動過程。倉庫各部門、各環節的業務工作，都要保證和促進庫存物的合理流動。在保證庫存物質量完好和數量準確的前提下，加速貨物流轉，盡可

能消除庫存物不必要的停滯、縮短物流作業時間、提高物流作業效率、降低倉儲費用、獲取更好的經濟效益。

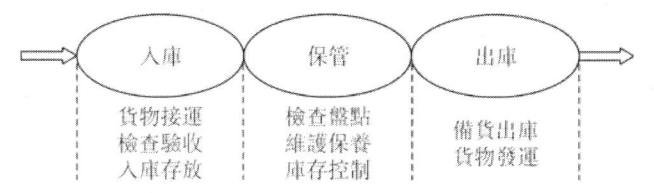

```
入庫 → 保管 → 出庫
貨物接運    檢查盤點    備貨出庫
檢查驗收    維護保養    貨物發運
入庫存放    庫存控制
```

圖 2.8　儲存保管基本作業流程

實物流是借助於一定的信息來實現的。倉庫物資信息的流動形成信息流。這些信息包括與實物流有關的物資單據、憑證、臺帳、報表、技術資料等文件，它們在倉庫各作業環節的填制、核對、傳遞、保存即形成信息流。信息是實物流的前提，它控製著物流的流向、流量、速度和目標。

(一) 貨物入庫作業

貨物入庫主要涉及貨物接運、貨物驗收、貨物入庫等幾個環節的作業。

1. 貨物接運

貨物接運的主要任務是向托運人[1]或承運人[2]辦清業務交接手續，按質、按量及時地將貨物安全接運回庫。貨物接運主要有以下幾種形式：

(1) 到車站、碼頭提貨；

(2) 到貨主所在地提貨；

(3) 托運人送貨到庫，倉儲部門接貨；

(4) 經鐵路專用線送貨到庫，倉儲部門接貨。

2. 貨物驗收

貨物驗收是保證入庫物資數量準確無誤、質量規格符合要求的關鍵作業環節，應遵循認真、準確、及時、經濟的原則。貨物驗收的依據主要是貨主的入庫通知單、貨物調撥通知單、訂貨合同或採購計劃。在這些文件中，最常見的是貨主的入庫通知單。

貨物驗收的作業程序一般為：驗收準備、核對憑證、實物檢驗、填寫驗收報告、處理驗收問題。

(1) 驗收準備。做好驗收準備工作是保證貨物迅速、準確驗收入庫的重要環節，也是防止出現差錯、縮短驗收入庫時間的有效措施。驗收準備工作主要包括人員準備、資料準備、機械設備及計量檢驗器具準備、貨位準備、苫墊用品準備等。

(2) 核對憑證。在進行實物檢驗以前，收貨人員應先檢查貨物的入庫憑證，並把貨物的入庫憑證與收貨員所擁有的相應單據進行核對，以確認憑證的真實性、準確性、完整性和合法性。在一般情況下，入庫貨物都應具備下列憑證：

---

[1] 托運人 (Consigner) 是指「貨物托付承運人按照合同約定的時間運送到指定地點，向承運人支付相應報酬的一方當事人」。——中華人民共和國國家標準《物流術語》(GB/T18354-2006)

[2] 承運人 (Carrier) 是指「本人或者委託他人以本人名義與托運人訂立貨物運輸合同的當事人」。——中華人民共和國國家標準《物流術語》(GB/T18354-2006)

①入庫通知單和訂貨合同副本，這是倉庫接收貨物的憑證；
②供應商提供的產品材質證明書、裝箱單、磅碼單、發貨明細表等；
③承運人提供的運單。

（3）實物檢驗。實物檢驗是根據入庫單和有關技術資料對實物進行數量、質量以及包裝等檢驗。其內容主要包括數量檢驗、質量檢驗以及包裝檢驗三個方面。

①數量檢驗。數量檢驗的形式主要有計件、檢斤、檢尺求積三種。計件是指對按件數供貨或以件數為計量單位的商品，做數量驗收時的清點件數；檢斤是指對按重量供貨或以重量為計量單位的商品，做數量驗收時的稱重；檢尺求積是指對以體積為計量單位的商品，先檢尺，後求體積。

②質量檢驗。質量檢驗是檢查製造商和供應商所提供的商品質量是否合格、完好，它與入庫商品的抽檢（抽樣檢驗）是緊密結合、同時進行的。質量檢驗的方法有感官檢驗法和儀器檢驗法（又稱理化檢驗法）兩種。

感官檢驗法是借助人的感覺器官（即視覺、聽覺、味覺、嗅覺、觸覺等）來檢驗商品質量的一種方法，如氣味、彈性、硬度、光滑度等。感官檢驗法具有方法簡單，快速易行，不需要專門的儀器設備和特定場所，一般不損壞商品實體，成本低廉等優點。感官檢驗法是現在較常用的檢驗方法。但是感官檢驗法不能檢驗商品的內在質量，結果不能用數字而只能用比較性或定性詞語表示，結果容易受到檢驗人的主觀因素，如知識、經驗、審美觀和感官靈敏度等的影響。

為彌補感官檢驗的不足，驗收人員應根據實際情況採用儀器檢驗法對商品進行檢驗。儀器檢驗法是借助各種儀器、設備、試劑，通過物理或化學作用來測定和分析商品質量的一種方法，如熱學法、電學法等。儀器檢驗法具有檢驗結果精確，可用數字表示，檢驗結果客觀，不受檢驗者主觀意志的影響，能深入分析商品的內在質量等優點；但是需要專門的設備和場所，往往需要破壞一定數量的商品，消耗一定數量的試劑，費用較高，檢驗時間較長。在實際操作中，儀器檢驗作為感官檢驗的補充手段，一般在感官檢驗之後進行。

③包裝檢驗。包裝對貨物安全運輸和儲存關係很大，是驗收中必須檢查的一項內容。凡業務單位對貨物包裝有具體規定（如對木箱、鐵皮、紙箱、麻袋、草包、筐等質量有具體要求）的，都要按規定進行驗收。對入庫貨物包裝的外觀檢查，通常要查看選用的材料、規格、製作工藝、打包方式、有無水濕、油污、破損等情況。

倉庫開箱拆包驗收的貨物，一般應由三人以上在場同時操作，以明責任。驗收後在箱件上應該印貼已驗收的標誌，由開驗人註明日期、簽章負責。對於查明不宜續用的包裝，經過更換包裝後，應重新填寫貨物裝箱單。

（4）填寫驗收報告。檢驗人員應該把驗收情況做詳細的記錄，並讓相關人員簽字確認，以此作為劃分責任的依據。

（5）處理驗收問題。驗收中可能出現許多問題，檢驗人員應根據實際情況進行迅速處理。一般常見的問題及處理方法如下：

①數量不符或規格不符。經開箱，拆包核點商品細數時，發現數量或規格不符，應立即和送貨單位聯繫，補送、取回或調換。

②包裝不符。對於包裝破損不牢固的情況，若破損輕微或少量，檢驗人員可會同送貨人對殘損包裝內的貨物進行細數清點，如果發現數量缺少，應及時請送貨單位處理；若數量準確，可自行加固整修；若嚴重破損或不符合存貨單位對包裝質量的要求時，可以拒收。對於包裝潮濕的情況，若潮濕輕微或少量，應予以剔除，或攤開晾干後入庫堆碼；若潮濕嚴重，應與送貨單位聯繫調換；如果數量過多，可以拒收。

③質量有異狀。如果質量有輕微異狀，供貨單位又同意承擔責任，可先收貨，但要把異狀情況詳細記載在入庫憑證上；如果異狀嚴重，若數量較少，應將其剔出，向送貨單位進行調換，若數量較多，應當拒收。

④單據不齊或單貨不符。對貨到而單據未到齊的商品或單貨不符的商品，要一邊接收商品單獨存放，妥善保管，一邊及時和有關部門聯繫進行處理。

3. 貨物入庫

貨物入庫是指把經驗收的商品放入倉庫儲存區域恰當貨位的工作。其主要內容包括選擇恰當的儲存貨位、進行合理的苫墊堆碼、登帳、立卡及建立貨物檔案等。

(二) 貨物在庫作業

貨物在庫是儲存保管業務的中間環節，是持續時間相對較長的一個階段。該階段的作業主要包括對庫存物品進行檢查、盤點、維護保養以及庫存量控製等。

(三) 貨物出庫作業

貨物出庫是儲存保管業務的最後一個階段，它使倉儲工作與運輸部門和貨物使用單位直接發生聯繫。貨物出庫的主要業務流程是根據運輸調度的指示，進行貨物出庫前的準備、憑證核對、備貨、復核、點交、清理現場及單據。貨物出庫要貫徹「三先」原則，即「先進先出」「易壞的先出」和「接近失效期的先出」的原則。另外，在進行點交時一定注意要與相關人員共同清點貨物，然後雙方在相應的單據上簽字或蓋章，即「當面點清，簽字確認」。

1. 貨物出庫的依據

貨物出庫的主要依據是有關單位開具的正式出庫憑證，如貨主開具的「貨物調撥通知單」等。應杜絕憑信譽或無正式手續的發貨。

2. 貨物出庫的基本要求

貨物出庫必須符合有關規定和要求。對貨物出庫業務的基本要求如下：

（1）憑證出庫。出庫業務必須依據正式的出庫憑證進行，任何非正式的憑證均視為無效憑證，不能作為出庫的依據。

（2）嚴格執行出庫業務程序。出庫業務程序是出庫業務順利進行的基本保證，為防止出現工作失誤，在進行出庫作業時，必須嚴格履行規定的出庫業務程序，使出庫業務有序進行。

（3）發貨及時。倉儲部門平時應經常主動向業務部門瞭解貨物調撥供應情況，業務部門召開的訂貨會、補貨會和交流會等會議，倉儲部門都應派人參加，應及時瞭解情況，及時備貨，保證及時發貨。

（4）發貨準確。倉儲部門在發貨工作中，無論是自提還是送貨，都要特別強調復

核工作，通過復核嚴格把住貨物出庫這一關。從核單、出庫到配貨、包裝，一直到將貨物交給提貨人或運輸員，環環都要注意復核，力求準確，防止差錯。

（5）貨品安全。對於貨物出庫作業，一定要注意安全操作，防止壓壞包裝及貨物，防止貨物震壞，保證出庫貨物安全，質量完好。不允許將過期失效、變質、損壞、失去使用價值的貨物分發出庫。

3. 貨物出庫方式

貨物出庫是根據存貨單位或業務部門開具的正式出庫憑證，按憑證所列的品號、品名、產地、規格、數量、件數、印鑒、庫位等全面核對，做到數量準確、質量完好、包裝完整、標誌清晰。貨物出庫要加強復核，避免發生差錯事故。貨物出庫主要有以下幾種方式：

（1）自提，也稱提貨制。它是由需方派人持業務部門開具的提貨單，到倉庫提貨。倉庫管理人員（簡稱庫管員）根據提貨單上所列的品名、規格、牌號和數量等商品信息，經核實後把貨物當面點交給提貨人，並辦妥交接手續。

（2）送貨。即由業務部門開具提貨憑證，經內部傳送到倉庫，庫管員按憑證所列的商品辦理出庫手續，再由備貨人員進行配貨、包裝、拼箱、貼標簽、集中理貨待運，然後與運輸員辦理交接手續，分清儲、運雙方的責任，最後由運輸員托運或裝車，發給收貨人。

（3）移庫。這是一種不經過購銷業務活動的貨物出庫形式。根據保管或業務需要，把貨物由甲庫移到乙庫儲存。這類貨物出庫，也要由業務部門開具貨物移庫單。

（4）取樣。這也是一種不經過購銷業務活動的貨物出庫形式。業務部門為方便購貨單位瞭解商品情況，從倉庫取樣並布置樣品室；或因商品化驗需要，抑或為方便在供應會、交流會上介紹商品，向倉庫提取貨樣。庫管員根據業務部門開具的正式樣品出庫單上的品名、規格、牌號、數量等信息進行備貨，然後將貨物直接交給提貨人。

（5）過戶。過戶是指將在庫商品通過在保管帳簿上記帳轉付。過戶的商品雖未出庫，但已由甲單位調撥或銷售給了乙單位。商品過戶時，倉儲部門必須憑甲單位開具的正式發貨憑證以及乙單位填制的商品入庫憑證才能轉帳過戶。

六、儲存保管合理化

儲存保管合理化是指充分利用各種資源，採取科學的保管方法，以盡量低的儲存保管成本去實現儲存保管的最佳功能。貨物合理儲存的實質是在保證貨物儲存功能的前提下盡量減少投入，是一個投入與產出的關係問題。

（一）不合理儲存的現象

不合理儲存是指在現有保管條件下可以實現的最佳保管功能未能實現，從而造成倉儲資源的浪費。目前，商品不合理儲存的現象主要有：

1. 儲存保管時間過長

從「時間效用」的角度來考慮，商品儲存一定時間，其效用可能會增大，但隨著儲存時間的增長，效用增加的幅度就會減緩甚至出現效用降低的現象。對絕大多數商

品而言，過長的儲存時間都會影響其總效益。

2. 儲存保管數量過大或過小

儲存數量過大會引起儲存損失增加，而管理能力一般不能同比增長，甚至還可能出現當儲存量增加到一定程度儲存損失陡增的現象；而儲存數量過小，又難以實現儲存的「規模經濟效應」，而且會嚴重降低儲存對供應、生產及消費的保證能力。因此，儲存保管數量應適宜。

3. 儲存保管條件不足或過剩

儲存保管條件不足，往往會造成儲存商品的損失；而儲存保管條件過剩，又會使儲存商品擔負過高的儲存成本甚至出現虧損。

4. 儲備結構失衡

儲備結構失衡的表現有以下幾種情形：

（1）儲存商品的類型、品種、規格失調；

（2）不同類型、品種、規格的商品，其儲存期或儲存量失調；

（3）儲存商品的儲存地域失調。

（二）商品儲存合理化的標誌

商品儲存合理化的標誌主要有：

1. 商品質量標誌

保證儲存商品的質量，是完成商品儲存功能的基本要求。唯有如此，商品的價值和使用價值才能最終得以實現。因而，保證儲存商品的使用價值是商品儲存合理化的主要標誌。

2. 商品數量標誌

商品儲存合理化的另一個標誌是數量標誌。由於儲存保管數量過大或過小均不宜，因此，有必要對儲存商品合理的數量範圍做出科學的決策。

3. 商品儲存時間標誌

商品儲存時間合理與否與儲存商品的數量及出庫速度有關。商品儲存量越大，而出庫速度越慢，則商品儲存時間就越長，反之就越短。在實務中，衡量商品儲存時間往往用庫存週轉速度指標來反應，如庫存週轉率[1]、庫存週轉天數[2]等。

4. 商品儲存結構標誌

商品儲存結構合理與否是從被存儲商品不同品種、不同規格、不同花色的儲存數量比例關係來判斷的。尤其是相關性很強的商品之間的數量比例關係更能反應儲存商品結構的合理性。

---

[1] 庫存週轉率（Turnover Rate of Inventory/Inventory turn over，ITO）是指單位時間內的庫存週轉次數。其計算公式為：庫存週轉率＝一定期間的出庫總金額/該期間的平均庫存金額＝一定期間的出庫總金額×2/（期初庫存金額＋期末庫存金額）。庫存週轉率沒有絕對的評價標準，通常是同行業相互比較，或是與企業內部的其他期間相比較。

[2] 庫存週轉天數是指物料從入庫起至出庫所經歷的時間（天數）。庫存週轉期越短，說明存貨變現的速度越快。其計算公式為：庫存週轉天數＝一定時間/該期間的庫存週轉次數，如：年庫存週轉天數＝360/年庫存週轉次數，月庫存週轉天數＝30/月庫存週轉次數。

5. 商品儲存分布標誌

商品儲存分布標誌是指不同地區商品儲存數量的比例關係。通過對商品儲存分布的分析，可以預測當地市場需求及其變化。通過對需求的滿足保障製度的分析來判斷該指標對整個物流系統的影響。

6. 商品儲存費用標誌

商品儲存費用包括倉庫設施設備的資金占用成本和倉庫營運成本，這些費用都能反應商品儲存的合理與否。

(三) 儲存合理化的措施

實現商品儲存合理化，可以採取以下主要措施：

1. 加快庫存週轉

庫存週轉加快，會帶來一系列的好處，如資金週轉加快、資本效益提高、貨損降低、倉庫吞吐能力增強、成本降低等。在網路經濟時代，以信息代替庫存，及時把握供求信息，實現有效銜接，就可以減少庫存、加快週轉。另外，採用集裝單元儲存和快速分揀系統等物流技術，也可以加快庫存週轉。

2. 對庫存物品實施分類管理

商品物品分類管理也稱重點管理或 ABC 分類管理，是 80/20 原則在物流領域的應用。其主要思想是針對重要性不同的物品，給予不同程度的管理，達到既能保證供應又能節約訂購和儲存費用的目的。一般而言，庫存物品品種繁多，但價值差異較大。其中，有些物品雖然數量少但價值高，占用的庫存資金較多；有些物品數量多但價值抵，占用的庫存資金較少；還有一些物品，其數量和價值介於上述兩類物品之間。因而，對不同等級的物品，必須分級管理，分級控制。ABC 分類法是以某類庫存物品數量占庫存物品總數的百分比和該類物品金額占庫存總金額的百分比為依據，將庫存物品分為三類甚至更多的類別，進行分類（級）管理。通過市場預測和經濟分析，做到及時進貨，保證滿足需求，加速資金週轉，避免資金積壓，從而提高企業經濟效益。

3. 採用「先進先出」的作業方式

「先進先出」是一種先進有效的作業方式，可以保證商品的儲存週期不至於太長。「先進先出」的作業方式主要有以下幾種：

（1）聯單制。即每個貨箱有兩個聯單，其中一聯貼在貨箱上，另一聯按時間先後順序放在文件夾內。需用物料時，依據文件夾中聯單的時間先後次序順序發貨。

（2）計算機存取系統。即通過軟件排序，實現貨物的先進先出。該方法還能將「先進先出」和「快進快出」結合起來，即在保證「先進先出」的前提下，將週轉快的貨品存於便於存取之處，加快週轉，減少勞動消耗。

（3）貫通式貨架系統。即利用貨架的每層形成貫通的通道，從一端存入貨物，從另一端取貨，貨物在通道中自行按序排隊不越位。這是一種最有效的「先進先出」方式，既可以提高倉庫空間利用率，又能實現倉儲作業的機械化、自動化。

（4）雙倉法。也稱雙區制，是指給每種被儲存物準備兩個倉位或貨位，輪換進行存取，再配以「一個貨位中的貨必須取完才可以補充」的規定，就可以保證實現「先

進先出」。該方法管理簡單，設備投入少，但庫存水平較高，適合那些資金占用不大，經常使用又無須進行重點管理的物品。

（5）重力供料制。物料從上部入倉，從下部出倉，比較適合散裝物料。

4. 提高儲存密度，提高倉容的利用率

例如，高層堆碼、縮小庫內通道寬度、減少庫內通道數量等，都可以提高儲存密度。而此舉的主要目的是減少儲存設施的投資，降低儲存成本，減少土地占用。

（1）高層堆碼。例如，採用高層貨架倉庫或採取集裝單元化儲存等都可以增加儲存高度。

（2）縮小庫內通道寬度以增加儲存有效面積。具體方法包括：採用窄巷道式通道、配以軌道式裝卸車輛，以降低車輛運行寬度要求；採用側叉車、推拉式叉車，以縮減叉車轉彎所需的寬度等。

（3）減少庫內通道數量以增加儲存有效面積。具體方法有：採用密集型貨架，採用可進車的可卸式貨架，採用各種貫通式貨架，採用不依靠通道的橋式吊車裝卸技術等。

5. 採用有效的儲存定位系統

商品儲存定位的含義是對儲存商品位置的確定。如果定位系統有效，能節省尋找、存取商品的時間，不僅可以節約物化勞動和活化勞動，而且能防止差錯，便於貨物清點和貨位管理。儲存定位方法有「四號定位」和電子計算機定位等。

「四號定位」是用一組四位數字來確定商品存取位置的固定貨位方法。這是中國倉儲工作中採用的手工管理方法。這四個號碼是：庫號、架號、層號和位號。這就使一個貨位有一個組號，在商品入庫時，按規劃要求，對商品進行編號，記錄在帳、卡、臺上。提貨時，按四位數字的指示，很容易將貨物揀選出來。這種定位方式要求對倉庫區域事先做出規劃，它能方便、快速存取商品，有利於提高商品存取速度，減少差錯。

電子計算機定位是利用計算機儲存容量大、檢索迅速的優勢，在商品入庫時，將商品的存放貨位、入庫時間輸入計算機，出庫時向計算機發出指令，並按計算機的指示人工或自動尋址，找到存放貨物，揀選取貨的方式。

6. 採用有效的監測清點方式

該方式是通過對儲存商品數量和質量的監測，掌握商品儲存的實際情況。在實際工作中稍有差錯，就會帳、卡、貨不符，所以必須及時、準確地掌握商品儲存情況。經常對帳、卡、貨進行核對，這無論是對人工管理還是計算機管理都是必不可少的。因此，經常的監測也是掌握被儲存商品狀況的重要工作。倉儲管理中常用的監測清點方式有：「五五化」堆碼、光電識別系統和電子計算機監控系統。

（1）「五五化」堆碼。這是中國倉儲管理中常用的一種方法。「五五化」堆碼是指儲存商品時，以「五」為基本單位，堆成總量為「五」的倍數的垛形，如梅花五、重疊五等。採取這種方式堆碼後，有經驗的人可以過目成數，大大加快人工點數的速度，減少差錯。

（2）光電識別系統。這是在貨位上設置光電識別裝置，該裝置對被儲存的商品進

行掃描，並將準確數目自動顯示出來。這種方式不需要人工清點就能準確掌握庫存商品數目。

（3）電子計算機監控系統。這種方式是用計算機指示商品的存取，可以防止人工存取容易出現的差錯。如在被存商品上採用條形碼認尋技術，使識別計數和計算機連接，每存取一件商品時，識別裝置會自動將條形碼識別並將其輸入計算機，計算機會自動做出存取記錄。用戶需要查詢商品信息時，只需向計算機查詢，就可以瞭解所儲存商品的準確情況，而無須再建立對實物的人工監控系統。

[案例] 香港機場貨運中心的物流水平在世界上處於領先地位

香港機場貨運中心是現代化的綜合性貨運中心。在其1號貨站，貨運管理部對需要入庫的貨物按標準打包，之後，一般規格的包裝通過貨架車推到一列擺開的進出口，在電腦上輸入指令後，貨架車就會自動進入軌道，運送到六層樓高的除了貨架車通道就是布滿貨架的庫房，自動進入指定倉位。當需要從庫房提取貨物時，也是通過電腦的指令，貨物就自動從進出口輸送出來。對於巨型貨架，則用高3米、寬7米的升降機運送到倉庫的貨架。搬運貨物主要用叉車、拖車，看不到人工搬運。

7. 採用現代商品儲存保養技術

採用現代商品儲存保養技術是實現儲存合理化的重要手段。如氣幕隔潮、氣調儲存、塑料薄膜封閉等。

8. 採用集裝箱、集裝袋、托盤等運儲裝備一體化的方式

集裝箱等集裝設施的出現，給儲存帶來了新觀念。採用集裝箱後，箱體本身便是「一棟倉庫」，不需要再有傳統意義的庫房。在物流過程中，也就省去了入庫、驗收、清點、堆垛、保管、出庫等一系列儲存作業，因而對改變傳統儲存作業有很重要的意義，是實現儲存合理化的一種有效方式。

9. 在形成一定的社會總規模的前提下，適當集中儲存，追求規模效益

適度集中儲存是儲存合理化的重要內容之一。所謂適度集中儲存，是指利用儲存規模優勢，以適度集中儲存代替分散的小規模儲存，以此來實現合理化。

10. 其他措施

如採用虛擬倉庫和虛擬庫存等，也可實現合理化。

【拓展閱讀】

1. 倉庫
2. 自動化立體倉庫
3. 儲存保管技術

（見本教材資源庫網站）

2.3 運輸與配送管理

【引例】

雲南關通貨運站的標準體系

雲南關通貨運站，經營已有10餘年。它與中國其他各地的貨運站類似，早期只是長途貨運司機歇腳的地方。大大小小的車輛停在這裡，司機在這裡住宿、吃飯、休息。貨站賺的是司機的住宿費、停車費。經過近幾年的發展，這個貨運站通過資源、信息與服務的整合，經營模式發生了巨大變化。

首先是資源整合。資源，包括需方如貨主、貨代，也包括供方如車主、物流商。此外，還有信息仲介、加油站、工商、稅務等多種資源都被吸納到貨運站來。資源的整合促進了服務功能的整合。

其次是服務的整合。除了原來的住宿、停車、維修、物業租賃外，服務融合的主要特點是業務的延伸和創新，目前已經擴展到擔保、代辦保險、結算、信息、法律、稅收、鑒定證件等眾多增值服務領域。實踐證明，整合的市場會出現1+1>2的現象，會有新的經濟增長點創造出來。

最後是信息的整合。一方面是貨運供求信息通過計算機網路集成起來，可以及時發布、隨時查詢、快速成交；另一方面是通過信息化實現了服務的標準化、管理的標準化。關通貨運站採用了一種會員卡的方式，統一了結算、客戶管理和貨運信息管理等。在這裡可以看到標準和整合的相互促進。現在這裡的車輛停留時間平均僅為兩三小時，週轉率非常高。通過採用信息系統，有關的司機、貨主、管理、服務項目的所有信息都儲存在數據庫中，形成龐大的數據庫，通過對這些信息的跟蹤與分析，可以發現區域貨運量的分布與運載規律以及其他重要信息。

上述整合，只是第一步，只是做了一個貨場的整合，形成了一個貨場的標準體系。現在要向更大範圍擴展，目前中國物流信息中心抓住這個典型，召開了研討會。會上推出了「中國物流直通車」的概念，邁出了第二步整合，即把關通貨運站的商業模式和標準體系「克隆」到全國，並將他們整合起來建立連鎖經營體系。這一層整合不僅會提升各自成員單位的市場競爭力，而且會促進中國公路貨運市場向規範化、現代化的方向發展，貨運市場將走出無序競爭、惡性循環的泥潭，逐步形成全國高效、通暢的現代物流網路。

【引導問題】
1. 雲南關通貨運站的經營模式有何特點？
2. 何為物流連鎖經營？
3. 怎樣才能實現運輸、配送合理化？

運輸是實現物流目的的手段。傳統的運輸管理重視的是運輸本身的合理化，沒有將其同物流系統整體的合理化聯繫在一起。目前，貨物運輸系統正逐漸融入社會物流體系，並成為社會物流體系的一個有機組成部分。

一、運輸

(一) 運輸概述

1. 運輸的概念

廣義的運輸是指人和物通過運力在空間發生的位移，其具體活動是人和物的載運及輸送。而物流領域的運輸專指物的載運及輸送。根據中國國家標準《物流術語》（GB/T18354-2006）的定義，運輸（Transportation）是指「用專用運輸設備將物品從一個地點向另一地點運送，其中包括集貨、分配、搬運、中轉、裝入、卸下、分散等一系列操作」。顯然，運輸是在不同地域範圍內（如兩個城市、兩個工廠之間），以改變物品的空間位置為目的的活動，而搬運則是在同一地域範圍內（如一個工廠、一個倉庫或一個配送中心）以水平位移為主的物流作業，並且每次運輸的運量遠比每次搬運的作業量大。

2. 運輸的特徵

運輸是一種特殊的生產活動，具有很強的服務性。從運輸在社會再生產中的地位，以及運輸產品的屬性來看，運輸生產過程與工農業生產有很大的差別。

(1) 運輸聯繫的廣泛性。運輸生產是一切經濟部門生產過程的延續，通過各種運輸方式，既能把原材料、燃料等送達生產地，又能把產品運往消費地，運輸貫穿整個社會再生產過程。因而，運輸幾乎和所有的生產經營活動都發生直接或間接的聯繫。運輸線路是否暢通，對企業的連續生產、充分發揮生產資源的作用以及加速商品流通等，都具有非常重要的影響。

(2) 運輸生產的服務性（非實體性）。運輸並不創造新的實體產品，因而人們常說的運輸產品，實質是貨物的空間位移，即運輸服務。一般而言，生產活動是通過物理、化學或生物作用過程，改變勞動對象的數量和質量，從而得到新的產品。而運輸生產則與此不同，它雖然也創造價值和使用價值，但不創造新的產品。它把價值追加到被運輸的貨物上，實現貨物場所的變更。因而，運輸產品是看不見、摸不著的，是和被運輸的實體產品結合在一起的。換言之，運輸產品的生產和消費是同一過程，它不能脫離生產過程而單獨存在。對運輸從業者來說是運輸的生產過程，而對用戶來說則是對運力的消費過程。

運輸產品既不能儲存，做到以豐補歉，又不能調撥，在地區間調劑餘缺，只有通過調整運力來適應社會對運力需求的變化。因此，在滿足運輸需求的前提下，如果產生多餘的運輸產品和運輸費用，對社會而言就是一種浪費。在物流活動中，充分考慮節省運力、降低運輸成本，具有極其重要的意義。

(3) 運輸生產的連續性。運輸生產是在一個固定的線路上完成的，它的空間範圍極為廣闊，好像一個大的「露天工廠」。而且貨物運輸往往要由幾種運輸方式共同完

成，而不像工農業生產那樣在一定範圍內即可完成其生產任務。因此，在物流規劃中，如何保證運輸生產的連續性以及根據運輸需求，按地區和貨流形成綜合運輸能力，具有非常重要的意義。基於這一特點，物流規劃必須充分重視自然條件，揚長避短，提高物流活動的運輸效率和經濟效益。

（4）運輸產品的同一性。雖然各種運輸方式的運輸線路、運載工具各不相同，但其生產的本質相同，即都能實現貨物的空間位移，對社會具有同樣的效用。

（5）運輸方式的可替代性。實現貨物的位移，一般可採用不同的運輸方式。運輸產品的同一性決定了運輸方式的可替代性。

3．運輸的作用

運輸具有物品轉移和物品臨時儲存兩大功能，在現代物流活動中發揮著舉足輕重的作用。具體表現在以下幾個方面：

（1）運輸可以創造物品的空間效用和時間效用。運輸通過改變物品的地點或位置創造空間價值，並保證物品能夠在適當的時間到達消費者手中，創造時間價值。

（2）運輸可以擴大商品的市場範圍。企業的產品能夠順利到達市場，必須借助運輸來實現。通過運輸，可以擴大商品的市場範圍，增加企業的發展機會。

（3）運輸能夠促進社會分工。運輸是生產和銷售之間不可或缺的紐帶。只有運輸才能真正實現生產和銷售的分離，促進社會分工的發展。

（4）運輸是「第三利潤源」的主要源泉。根據對社會物流費用綜合分析計算的結果，運費在物流系統的總成本中所占的比重最大（約占50%的比重），因此，運輸是「第三利潤源」的主要來源，運輸領域節約的潛力非常巨大。

（二）基本運輸方式及其特點

按照運輸工具，可以將運輸分為鐵路運輸、公路運輸、水上運輸、航空運輸以及管道運輸五種基本運輸方式。如圖2.9所示。

鐵路運輸　　　公路運輸　　　水上運輸　　　航空運輸　　　管道運輸

圖2.9　基本運輸方式

1．五種基本運輸方式的含義

五種基本運輸方式的含義見表2.1。

表2.1　　　　　　　　　　五種基本運輸方式的含義

運輸方式	含義
鐵路運輸	指利用機車、車輛等技術設備沿鋪設軌道運行的運輸方式。

表2.1(續)

運輸方式	含義
公路運輸	廣義的公路運輸是指利用一定的運載工具（如汽車、拖拉機、畜力車、人力車等）沿公路實現旅客或貨物空間位移的過程；狹義的公路運輸是指汽車運輸。物流中的公路運輸專指汽車貨物運輸。
水上運輸	指利用船舶、排筏和其他浮運工具，在江、河、湖泊、人工水道以及海洋上運送旅客和貨物的一種運輸方式。
航空運輸	簡稱空運，是使用飛機運送客貨的運輸方式。
管道運輸	指利用管道，通過一定的壓力差而完成氣體、液體和粉狀固體運輸的一種現代運輸方式。

2. 五種基本運輸方式的組成及優缺點的比較

五種基本運輸方式的組成及優缺點比較見表2.2。

表 2.2　　　　　　　　五種基本運輸方式的組成及優缺點比較

運輸方式 \ 組成及優缺點	系統組成部分	優點	缺點
鐵路運輸	線路、機車車輛、訊號設備和車站	運量大，速度快，成本低，全天候，準時。	基建投資較大，運輸範圍受鐵路線限制。
公路運輸	公路、車輛和車站	機動靈活，可實現「門到門」的運輸，不需轉運或反覆搬運，是其他運輸方式完成集疏運的手段。	成本較高，容易受氣候和道路條件的制約，準時性差，貨物安全性較低，對環境污染較大。
水上運輸	船舶、港口和航道	運量大，運距長，成本低，對環境污染小。	速度慢，受港口、氣候等因素影響大。
航空運輸	航空港、航空線網和機群	速度極快，運輸範圍廣，不受地形限制，貨物比較安全。	運量小，成本極高，站點密度小，需要公路運輸方式配合，受氣候因素影響。
管道運輸	管線和管線上的各個站點	運量大，運費低，能耗少，較安全可靠，一般受氣候環境影響小，勞動生產率高，貨物零損耗，不污染環境。	只適用於輸送原油、天然氣、煤漿等貨物，通用性差。

3. 五種基本運輸方式的技術經濟特徵比較

五種基本運輸方式的技術經濟特徵比較見表 2.3。

表 2.3　　　　　　　　五種基本運輸方式的技術經濟特徵比較

技術經濟特徵＼運輸方式	鐵路運輸	公路運輸	水路運輸	航空運輸	管道運輸
運輸成本	低於公路運輸	高於鐵路、水路和管道運輸，僅比航空運輸低	一般比鐵路運輸低	最高	與水路運輸接近
速度	長途快於公路運輸，短途慢於公路運輸	長途慢於鐵路運輸，短途快於鐵路	較慢	極快	較慢
能耗	低於公路和航空運輸	高於鐵路和水路運輸	低，船舶單位能耗低於鐵路，更低於公路運輸	極高	最小，在大批量運輸時與水路運輸接近
便利性	機動性差，需要其他運輸方式的配合和銜接，才能實現「門到門」的運輸	機動靈活，能夠進行「門到門」的運輸	需要其他運輸方式的配合和銜接，才能實現「門到門」的運輸	難以實現「門到門」的運輸，必須借助其他運輸工具進行集疏運	運送貨物種類單一，且管線固定，運輸靈活性差
投資	投資額大、建設週期長	投資小，投資回收期短	投資少	投資大	建設費用比鐵路低60%左右
運輸能力	運能大，僅次於水路運輸	載重量不高，運送大件貨物較為困難	運能最大	只能承運小批量、體積小的貨物	運輸量大
對環境的影響	占地多	占地多，環境污染嚴重	占地少		占地少，對環境無污染
適用範圍	適合大宗低值貨物的中、長距離運輸，也適用於大批量、時間性強、可靠性要求高的一般貨物和特種貨物的運輸	適用於近距離、小批量的貨物運輸或是水路運輸、鐵路運輸難以到達地區的長途、大批量貨物運輸	適用於運距長，運量大，對送達時間要求不高的大宗貨物的運輸，也適合集裝箱運輸	適用於價值高、體積小、送達時效要求高的特殊貨物的運輸	適用於單向、定點、量大的流體狀且連續不斷的貨物的運輸

想一想　　選擇運輸方式應考慮哪些因素?

(三) 選擇運輸方式應考慮的因素

　　運輸方式的選擇是物流合理化的重要內容，因此，必須選擇最適合的運輸方式。選擇運輸方式時應考慮的因素包括貨物的性質、運輸時間、交貨時間的適應性、運輸成本、批量的適應性、運輸的機動性和便利性、運輸的安全性和準確性等。對於貨主

來說，關注的重點是運輸的安全性和準確性、運輸費用的低廉性以及縮短運輸總時間等因素。從業種看，製造業重視運輸費用的低廉性，批發業和零售業重視運輸的安全性和準確性以及運輸總時間的縮短等運輸服務方面的質量。

具體而言，在選擇運輸方式時應考慮以下幾個因素：

（1）所運物品的種類。物品的形狀、單件重量與容積、危險性、變質性等都成為選擇運輸方式的制約因素。

（2）運輸量。一次運輸的批量不同，所選擇的運輸方式也不同。一般來說，原材料等大批量的貨物運輸適合於鐵路運輸或水路運輸。

（3）運輸距離。中短距離適合於汽車運輸，而長距離適合於鐵路、水路及航空運輸。

（4）運輸時間。與交貨期有關，應根據交貨期來選擇適合的運輸方式。

（5）運輸費用。物品價值的高低關係到其承擔運輸費用的能力，這也成為選擇運輸手段的重要考慮因素。一般而言，高值物品擔負運費的能力較強，而低值物品擔負運費的能力較弱。

雖然貨物運輸費用的高低是選擇運輸手段時要重點考慮的因素，但不能僅從運輸費用本身出發，而必須從物流總成本的角度出發，結合物流的其他費用綜合考慮。應注意運輸費用與物流其他費用之間存在的效益背反[①]關係。

當然，在具體選擇運輸方式的時候，往往要受到當時運輸環境的制約，而且也沒有一個固定標準。因此，必須根據運輸貨物的各種條件，通過綜合分析來加以判斷。

（四）集裝箱運輸與多式聯運

1. 集裝箱運輸

集裝箱運輸是以集裝箱為運輸單元，通過一種或幾種運輸工具，進行貨物運輸的一種先進的運輸方式，也是集裝化運輸[②]中的一種高級形態，目前已成為國際上普遍採用的一種重要的運輸方式。集裝箱運輸是運輸方式上的革命，是運輸技術上的巨大進步，是實現散雜貨物運輸合理化、效率化的重要手段。

小貼士

中國集裝箱運輸的發展情況

中國集裝箱運輸始於 1955 年，首先在鐵路中採用。1973 年開始國際標準集裝箱海上運行，1978 年制定了第一個集裝箱國家標準（GB1413-78），鐵路開始發展 5 噸集裝箱運輸。改革開放以來，國內集裝箱運輸進入全面、快速發展階段，初步形成了水、鐵、空集裝箱「門到門」聯運體系。

與一般貨物運輸相比，集裝箱運輸具有以下主要特徵：

---

① 所謂「效益背反」（Trade off）是指「一種物流活動的高成本，會因另一種物流活動成本的降低或效益的提高而抵消的相互作用關係」。——中華人民共和國國家標準《物流術語》（GB/T18354-2006）

② 集裝運輸（Containerized Transport）是「使用集裝單元器具或利用捆扎方法，把裸裝物品、散狀物品、體積較小的成件物品，組合成為一定規格的單元進行運輸的運輸方式」。——中華人民共和國國家標準《物流術語》（GB/T18354-2006）

（1）提高貨物運輸質量，減少貨損貨差。由於集裝箱結構堅固，強度和剛度很大，能防止壓、砸、撞帶來的損失，因此對貨物有很好的保護作用。同時，在全程運輸中，使用機械裝卸、搬運，可不動箱內貨物直接進行裝卸或在不同運輸工具之間換裝作業，這樣大大減少了貨損貨差。

（2）節省貨物包裝材料和包裝費用。貨物採用集裝箱運輸，由於集裝箱的保護，不受外界的擠壓碰撞，一般不需外包裝，內包裝也被簡化，可大量節約包裝材料，降低包裝費用。

（3）採用快速裝卸裝置進行裝卸，大大提高了車船裝卸效率，可以縮短運輸時間，減少運輸費用。

（4）可以簡化貨運手續，方便裝卸以及火車、汽車、輪船、飛機聯運中的交接。

（5）有利於組織多式聯運。

2. 多式聯運

（1）多式聯運的定義

多式聯運（Multimodal Transport）是指「聯運經營者受託運人、收貨人或旅客的委託，為委託人實現兩種或兩種以上運輸方式的全程運輸，以及提供相關運輸物流輔助服務的活動」（GB/T18354-2006）。換言之，多式聯運是指聯運經營人根據單一的聯運合同，通過一次托運、一次計費、一張單證、一次保險，使用兩種或兩種以上的運輸方式，負責將貨物從指定地點運至交付地的運輸。顯然，它不同於一般意義上的聯合運輸[1]。

（2）多式聯運的作用與意義

多式聯運具有以下作用與意義：

第一，提高運輸效率和社會效益。隨著社會經濟飛速發展，客貨流量不斷增長，流程運距日益延伸，加上交通運輸生產活動具有跨地區、跨部門、開放性、多環節等特點，單靠一種運輸方式很難對貨物運輸的全過程實現科學、合理的組織。多式聯運通過合理組織多種運輸方式，可以大大提高運輸效率和社會效益。

第二，簡化手續，方便貨主。多式聯運可以將貨主在中轉地進行的辦理提貨、托運手續、換載等業務活動，以及各種運輸方式所處「結合部」的部分運輸業務活動分離出來，使其社會化、專業化。這樣，不管運輸路程多遠、運輸環節多少，貨主只需辦理一次托運，支付一筆運費，取得一第聯運提單即可把貨物從起點運到終點，大大簡化了貨物在運輸過程中的手續，節約了時間，減少了人力、物力的浪費。

第三，保證貨物流通過程的暢通。貨物運輸過程是貨物生產過程在流通領域的繼續，在時間、速度、數量、費用、規模等方面必須同貨物流通過程相互適應、統一。通過多式聯運，可以提高裝卸效率，加快車、船週轉和貨物送達，從而減少了貨物在途時間，加速了貨物流通。

總之，多式聯運把分階段的不同運輸過程聯結成一個單一的整體運輸過程，不僅

---

[1] 聯合運輸（Joint Transport）是指「一次委託，由兩個或兩個以上運輸企業協同將一批貨物運送到目的地的活動」。——中華人民共和國國家標準《物流術語》（GB/T18354-2006）

給托運人和承運人帶來方便，而且加速了運輸過程，有利於降低成本、減少貨損貨差的發生、提高運輸質量，因此，發展多式聯運，是充分發揮各種運輸方式的優勢，使之相互協調、配合，建立起綜合運輸體系的重要途徑。

（3）多式聯運的特點

多式聯運是對多種運輸方式的綜合組合與運用，不僅要考慮一種運輸方式的特點，而且要注重發揮多種運輸方式的整體功能和綜合優勢，以及各聯運企業間的協調和配合。與一般運輸相比，多式聯運在組織生產活動中具有協同性、通用性、全程性、簡便性等特點。

（4）多式聯運的優點

多式聯運具有以下優點：①手續簡單統一，節省人力、物力；②減少中間環節，提高運輸質量；③降低運輸成本，節約運雜費用；④擴大運輸經營人的業務範圍，提高運輸組織水平，實現合理運輸。

（5）多式聯運的分類

按照聯運對象，可將其劃分為貨物聯運和旅客聯運；按照參與聯運全程的各種運輸方式相互結合的狀況，可將其劃分為鐵-水聯運、公-水聯運、公-鐵聯運、鐵-公-水聯運、鐵-公-航聯運等；按照聯運區域，可將其劃分分為國內多式聯運和國際多式聯運。

（6）開展多式聯運需具備的條件

開展多式聯運需具備以下條件：

①必須簽訂一個多式聯運合同；

②必須使用一份全程的多式聯運單據（多式聯運提單、多式聯運運單等）；

③全程運輸過程中必須至少使用兩種不同的運輸方式，而且是兩種以上運輸方式的連續運輸；

④必須使用全程單一的費率；

⑤必須有一個多式聯運經營人對貨物的運輸全程負責；

⑥如果是國際多式聯運，則多式聯運經營人接收貨物的地點與交付貨物的地點必須屬於兩個國家或地區。

（五）運輸合理化

通常，運輸成本占物流總成本的比重較大，運輸成本的降低是獲取第三利潤源的重要手段。因此，運輸的合理化在物流管理中佔有十分重要的地位。

1. 不合理運輸的表現形式

不合理運輸是在現有條件下可以達到的運輸水平而未達到，從而造成運力浪費、運輸時間增加、運費超支等不合理現象的運輸形式。目前中國存在的不合理運輸形式主要有以下幾種：

（1）返程或啓程空駛。空車行駛可以說是不合理運輸的最嚴重形式。在實際運輸組織中，有時候必須調運空車，從管理上不能把它看成不合理運輸。但是，因調運不當、貨源計劃不周、不採用運輸社會化而形成的空駛，則是不合理運輸的表現。造成

空駛的原因主要有以下幾種：

①能利用社會化的運輸體系而不利用，卻依靠自備車送貨提貨，這往往出現單程實車，單程空駛的不合理運輸；

②由於工作失誤或計劃不周，造成貨源不實，車輛空去空回，從而形成雙程空駛；

③由於車輛過分專用，無法搭運回程貨，只能單程實車，單程回空週轉。

（2）對流運輸。對流運輸也稱「雙向運輸」、交錯運輸，是指同一貨物，或彼此之間可以互相代用而又不影響管理、技術以及效益的貨物，在同一線路上或者平行線路上進行相對方向的運送，而與對方運程的全部或一部分發生重疊交錯的運輸。已經制定了合理流向圖的產品，一般必須按合理流向進行運輸，如果與合理流向圖指定的方向相反，也屬於對流運輸。

在判斷對流運輸時需注意，有的對流運輸是不很明顯的隱蔽對流。例如，不同時間的相向運輸，從發生運輸的時間看，當時並無對流出現，因而容易做出錯誤的判斷，所以需要特別注意隱蔽的對流運輸。

（3）迂迴運輸。迂迴運輸是舍近求遠的一種運輸形式，原本可以選擇較短的線路進行運輸，卻錯誤地選擇了路程較遠的運輸路線。迂迴運輸有一定的複雜性。一般地，只有因計劃不周、地理不熟、組織不當而發生的迂迴運輸才屬於不合理運輸。當最短路線遇交通堵塞、道路狀況不好或有對噪音、排氣等特殊限制而不能使用時所發生的迂迴，不能稱不合理運輸。

（4）重複運輸。重複運輸有兩種形式：一是本來可以直接將貨物運到目的地，但是在未達目的地之前，或在目的地之外的其他場所將貨卸下，再重複裝運送達目的地；二是同品種貨物在同一地點一面運進，同時又向外運出。重複運輸的最大問題是增加了非必要的中間環節，使商品流通速度減慢，增加了費用，增大了貨損。

（5）倒流運輸。倒流運輸是指貨物從銷地或中轉地向產地或起運地回流的一種現象。其不合理程度要甚於對流運輸，原因在於，往返兩程的運輸都是不必要的，形成了雙程浪費。倒流運輸也可以看成隱蔽對流的一種特殊形式。

（6）過遠運輸。過遠運輸是指選擇供貨單位或調運物資時舍近求遠，這就造成本可以採取近程運輸而未採取，結果拉長了運距造成了浪費。過遠運輸占用運力時間長，運輸工具週轉慢，物資占壓資金時間長，若地區間自然條件相差大，又易出現貨損，增加了費用支出。

需要注意，雖然過遠運輸和迂迴運輸都屬於拉長運距、浪費運力的不合理運輸，但兩者是有區別的：過遠運輸是由於商品或物質供應地在選擇時舍近求遠從而使運距增長，而迂迴運輸則是由於運輸路線選錯從而延長了運距。

（7）運力選擇不當。運力選擇不當是由於未考慮各種運輸工具的優勢而不正確地利用運輸工具所造成的不合理現象。運力選擇不當常見的有以下幾種形式：

①棄水走陸。在同時可以利用水運以及陸運而不利用成本低的水運或者水陸聯運，而選擇成本較高的火車運輸和汽車運輸，就使水運優勢不能發揮。

②鐵路、大型船舶的過近運輸。不在鐵路和大型船舶的經濟運行里程範圍內，卻利用這些運力進行運輸的不合理做法。主要不合理之處在於，火車以及大型船舶起運

及到達目的地的準備、裝卸時間長，且機動靈活性不足，在過近距離中利用，發揮不了距離經濟的優勢。相反，由於裝卸時間長反而會延長運輸時間。另外，和小型運輸設備比較，火車及大型船舶裝卸難度大，費用也比較高。

③運輸工具承載能力選擇不當。不根據承運貨物的數量及質量（即傳統意義上的重量）進行選擇，而盲目決定運輸工具，造成過分超載、損壞車輛或貨物未滿載、浪費運力的現象。尤其是「大馬拉小車」現象發生較多。由於裝貨量小，單位貨運成本必然增加。

（8）托運方式選擇不當。對貨主而言，本可以選擇最佳托運方式而未選擇，造成運力浪費及費用增加的一種不合理運輸。例如，本應選擇整車運輸卻選擇了零擔托運，本應選擇直達運輸卻選擇了中轉運輸，本應選擇中轉運輸卻錯誤地選擇了直達運輸等，都屬於這類不合理運輸。

上述各種不合理運輸形式都是在特定條件下表現出來的，在進行判斷時必須注意其不合理的前提條件，否則就容易出現判斷失誤。例如，對商標不同、價格不同的同一種產品所發生的對流，就不能片面地看成不合理的現象，因為這其中存在市場競爭。如果強調因為表面的對流而不允許運輸，就會起到保護落後、阻礙競爭甚至助長地區封鎖的作用。類似的例子不勝枚舉。

再者，以上對不合理運輸的描述，主要是從局部而言的。在實務中，必須將其放在整個物流系統中進行綜合判斷；否則，很可能出現「效益背反」現象。單從某方面來看，它是合理的，但其合理有可能建立在其他部分不合理的基礎之上。因此，只有從系統角度出發進行綜合判斷才能有效避免「效益背反」，實現整體最優。

2. 影響運輸合理化的因素

影響運輸合理化的因素很多，但起決定性作用的有五個，通常稱其為合理運輸的「五要素」。

（1）運輸距離。在運輸活動中，由於運輸工具、運輸時間、運輸成本、運輸方式、運輸貨損、運輸費用以及車船週轉等若干技術經濟指標，都與運距長短有一定的比例關係，因此，運距長短是運輸合理與否的一個最基本要素。縮短運距既有宏觀的社會效益，也具有微觀的企業效益。

（2）運輸環節。每增加一次運輸，不但會增加起運的運費和總費用，而且必需增加運輸的附屬活動，如裝卸、包裝等，各項經濟指標也會因此下降。所以，減少運輸環節尤其是同類運輸工具的環節，對合理運輸有促進作用。

（3）運輸工具。各種運輸工具都有其使用的優勢領域，根據貨種、批量對運輸工具進行優化選擇，按運輸工具的特點進行裝卸運輸作業，最大限度地發揮所用運輸工具的作用，是運輸合理化的重要環節。

（4）運輸時間。運輸是物流過程中需要花費較多時間的環節，尤其是遠程運輸。在全部物流時間中，運輸時間占絕大部分，所以，縮短運輸時間對整個物流時間的縮短有決定性作用。此外，縮短運輸時間，有利於加速運輸工具的週轉、充分發揮運力的作用，有利於加速貨主資金的週轉，有利於運輸線路通過能力的提高，對運輸合理化有很大貢獻。

（5）運輸費用。由於運費在全部物流成本中佔有很大的比例（接近 50%），因此運費的高低在很大程度上決定整個物流系統的競爭力。實際上，運輸費用的降低，無論是對貨主還是對物流企業來說，都是運輸合理化的一個重要目標。運費的多少，也是各種運輸合理化措施是否行之有效的最終判斷依據之一。

上述五個要素既相互聯繫又相互影響，有時甚至是相互矛盾的，這就要求運輸部門進行綜合分析、比較，選擇最佳運輸方案。在通常情況下，運輸時間短，運輸費用省，是考慮合理運輸的兩個主要因素，它集中體現了運輸的經濟效益。

3. 實現運輸合理化的有效措施

（1）提高運輸工具的實載率。實載率有兩個含義：一是單車實際載重量與運距之乘積和標定載重量與行駛歷程之乘積的比率，這在安排單車、單船運輸時，是作為判斷裝載合理與否的重要指標；二是作為車船的統計指標的含義，即一定時期內車船實際完成的物品週轉量（以噸千米計）占車船標定載重量與行駛里程乘積的百分比。提高實載率的意義在於，充分利用運輸工具的額定能力，減少車船空駛和不滿載行駛的時間，減少浪費，從而求得運輸的合理化。提高實載率的有效途徑是實行「配送」，即將多個客戶需要的貨物或一個客戶需要的多種貨物實行配裝，以實現運輸工具的容積和載重量的充分合理利用，這比起以往企業自行提貨或送貨車輛回程空駛的狀況，自然是一個進步。

（2）減少動力投入。運輸的投入主要是能耗和基礎設施的建設，在設施建設已定型和完成的情況下，盡量減少動力投入，是少投入的核心。做到了這一點就能大大節約運費，降低單位物品的運輸成本，達到運輸合理化的目的。其意義在於，少投入、多產出，走高效益之路。減少動力投入，提高運輸能力的有效措施有：在機車能力允許的情況下，多加掛車皮；水運拖排和拖帶；將內河駁船編成一定隊形，由機動船頂推前進；汽車拖掛運輸；等等。

（3）發展社會化的運輸體系。運輸社會化的含義是發展運輸的大生產優勢，實行專業分工，打破一家一戶自成運輸體系的狀況。一家一戶的運輸小生產，車輛自有，自我服務，不能形成規模，且運量需求有限，難於自我調劑，因而容易出現空駛、運力選擇不當、不能滿載等浪費現象，且配套的接、發貨設施，裝卸搬運設施也很難有效運行，所以浪費很大。實行運輸社會化，可以統一安排運輸工具，避免對流、倒流、空駛、運力不當等多種不合理形式，不但可以追求組織效益，而且可以追求規模效益，所以發展社會化的運輸體系是運輸合理化非常重要的措施。

（4）開展中短距離鐵路公路分流。在公路運輸經濟里程範圍內，盡量利用公路，「以公代鐵」運輸。這種運輸合理化的表現主要有兩點：一是對於比較緊張的鐵路運輸，採用「公鐵分流」後，可以得到一定程度的緩解，從而加大這一區段的運輸通過能力；二是充分發揮公路運輸「門到門」以及在短途運輸中速度快且機動靈活的優勢，實現鐵路運輸難以達到的效果。

小貼士

中國「以公代鐵」的情況

中國「以公代鐵」目前在雜貨、日用百貨運輸以及煤炭運輸中較為普遍，一般在

200千米範圍內，有時可達700~1,000千米。例如，山西的煤炭向省外運輸，經過有關部門認真的技術經濟論證，認為用公路代替鐵路將煤炭運至河北、天津、北京等地是合理的。

（5）發展直達運輸。直達運輸是實現運輸合理化的重要途徑，它可以減少中轉環節及換裝，從而縮短運輸時間，節省裝卸費用，降低中轉貨損。直達的優勢在一次運輸批量和客戶一次性貨運需求量達到一整車時表現得尤為突出。此外，在生產資料、生活資料運輸中，通過直達，建立起穩定的產銷關係和運輸系統，有利於提高運輸的計劃水平，採用最有效的技術來實現這種穩定運輸，從而大大提高運輸效率。

（6）開展配載運輸。這是充分利用運輸工具的載質量（即載重量）和容積，合理安排裝載物品的一種運輸方式。配載運輸也是提高運輸工具實載率的一種有效形式。配載運輸往往是輕重貨物混合配載，在以重質物品運輸為主的情況下，同時搭載一些輕泡物品。例如，海運礦石、黃沙等重質貨物，在艙面捎運木材、毛竹等，鐵路運礦石、鋼材等重物上面搭運輕泡農、副產品等，這樣就在基本不增加運力投入、也不減少重質物品運量的情況下，解決了輕泡物質的搭運問題，因而效果顯著。

（7）開展「四就」直撥運輸。一般而言，批量到站或到港的物品，首先要進入分銷部門或批發部門的倉庫，然後再按程序分撥或銷售給客戶。這樣就容易出現不合理運輸。「四就」直撥，首先是由管理機構預先籌劃，然後就廠、就站（碼頭）、就庫、就車（船）將物品分送給客戶。

（8）發展特殊運輸技術和運輸工具。依靠科技進步是實現運輸合理化的重要途徑。例如：專用散裝罐車解決了粉狀、液狀物運輸損耗大、安全性差等問題；袋鼠式車皮、大型半掛車解決了大型設備整體運輸問題；「滾裝船」（見圖2.10）解決了車載貨的運輸問題；集裝箱船（見圖2.11）比一般船能容納更多的箱體；集裝箱高速直達車船加快了運輸速度等。這些都是通過運用先進的科學技術來實現運輸合理化的有效例證。

圖2.10　滾裝船　　　　圖2.11　集裝箱船

（9）實現流通加工合理化。有不少產品，由於產品本身的形態及特性，很難實現運輸的合理化，如果進行適當加工，就能夠有效實現合理運輸。例如：將造紙材料在產地預先加工成干紙漿，然後再壓縮體積運輸，就能夠解決造紙材料運輸不滿載的問題；將輕泡產品預先捆緊再按規定尺寸包裝、裝車就容易提高車輛的裝載量；將水產品及肉類預先冷凍，就可提高車輛裝載率並降低運輸損耗。

二、配送

[案例] 連鎖便利店的物流配送系統

7-11 是日本最大、也是全球最大的連鎖便利店。到目前為止，該公司在全球 20 多個國家和地區擁有 2.1 萬家連鎖店。僅在臺灣地區就有 2,690 家，日本有 8,478 家，美國有 5,756 家，泰國有 1,521 家。它也是獲利最豐的零售商。

一家成功的便利店背後一定有一個高效的物流配送系統。7-11 物流配送系統每年大約能為 7-11 節約相當於商品原價 10% 的費用。因此，便利店在很大程度上取決於配送系統營運績效的高低。

7-11 物流配送系統的演進大體經歷了三個階段。起初由多家批發商分別向各個便利店送貨；中間階段改由一家批發商在一定區域範圍內統一管理該區域內的同類供應商，然後向 7-11 統一配貨，稱為集約化配送；在最後階段，公司在總結批發商配送的經驗後，自己建立了高效的物流配送體系。

運輸和配送都是物流系統的重要功能要素，其中，配送又是運輸的一種特殊形式。

（一）配送概述

1. 配送的概念

配送（Distribution）是指「在經濟合理區域範圍內，根據客戶的要求，對物品進行揀選、加工、包裝、分割、組配等作業，並按時送達指定地點的物流活動」（GB/T18354-2006）。配送的意義在於最大限度地縮短物質流通時間，降低物質流通費用，壓縮整個社會的物質庫存量，提高客戶服務水平，實現社會資源的優化配置。

2. 配送的特點

作為一項獨特的物流功能活動，配送具有以下主要特點：

（1）需求導向。配送是從物流據點（如配送中心、物流中心、倉庫等）至客戶（或門店）的一種特殊的送貨方式，它是按照需方（客戶或門店）的要求來組織商品組配與送貨的。

（2）功能多樣。配送不同於一般的送貨與運輸，而是「配」和「送」的有機結合。配送除了具備貨物組配與送貨兩項基本職能外，還要從事大量的分貨、揀選、加工、分割、配裝等工作。

配送與運輸及送貨的區別如表 2.4 所示。

表 2.4　　　　　　　　　運輸、配送、送貨的區別

比較項目＼比較內容	主要業務	一般特點
運輸	集貨、送貨、運輸方式和運載工具選擇、運輸路線和行程確定、車輛調度	干線、中長距離、少品種、大批量、少批次、長週期的貨物移動
配送	進貨、儲存、分貨、配貨、送貨、運輸方式和運載工具選擇、運輸線路規劃、行程確定、車輛調度	支線、接近客戶的那一段流通領域、短距離、多品種、小批量、多批次、短週期的貨物移動
送貨	一般意義上的貨物遞送、通常由供應商承擔	簡單的貨物遞送活動，技術裝備簡單，有什麼送什麼，是被動的

（3）配送提供的是一種「門到門」的服務。

3. 配送與物流的關係

配送與物流的關係密切，但兩者又有區別：

（1）配送是一項特殊、綜合的物流活動形式，它幾乎涵蓋了物流的基本功能要素，是物流的一個縮影或某小範圍內物流全部活動的體現。

但是配送的主體活動與一般的物流活動有所不同：一般意義上所說的物流，其主體活動主要是運輸和倉儲，而配送的主體活動是分揀配貨與運輸（特指「配送運輸」）。其中，分揀配貨是配送獨特的功能要素，而以送貨為目的的運輸則是最後實現配送功能的主要手段。

（2）物流是「商物分離」的產物，而配送則是「商物合一」的產物，配送本身就是一種商業形式。雖然配送在具體實施時也可能以商物分離的形式出現，但從配送的發展趨勢來看，商流與物流的結合正越來越緊密。這是配送取得成功的重要保障。

(二) 配送的分類

為滿足不同產品、不同企業、不同流通環境的需要，可以採取各種配送形式。

（1）按照實施配送的主體來劃分，可分為配送中心配送、倉庫配送、商店配送以及生產企業配送。其中，商店配送又可分兼營配送（銷售兼配送）和專營配送（只配送不零售）兩種形式。

（2）按照所配送的商品種類及數量的不同來劃分，可分為單（少）品種大批量配送、多品種小批量配送以及配套成套配送。後者如供應商將裝配機器設備所需的全部零部件配齊後向裝配型生產企業進行配送。

（3）按照配送的時間和數量來劃分，可分為定時配送、定量配送、定時定量配送、定時定路線配送以及即時配送。其中，定時配送又有當日配送（簡稱日配）、準時 (Just In Time, JIT) 配送及快遞式配送三種形式。

（4）按照不同的經營方式來劃分，可分為銷售配送、供應配送、銷售-供應一體化配送以及代存代供配送四種。

[案例] 20世紀90年代後期，IBM把美國戴爾的現代物流概念「配送」引入深圳福田保稅區。IBM合資企業——長城國際與福田保稅區內的海福公司合作，開展工廠「零庫存」配送業務，長城國際在深圳的兩家工廠不再設備料倉庫，其分布在東南亞和歐美的70多家供應商把7,600多種不同品種規格的電子料件集中到海福公司的倉庫，海福公司借助聯網的電腦，根據生產廠當日流水線需求實現配送中心與生產線的「門到門」配送服務。這種模式使長城國際節省了12%的物流成本，同時降低了大量庫存費用和庫存風險。

（5）按照加工程度的不同來劃分，可分為加工配送（與流通加工相結合的配送）和集疏配送兩種。後者如大批量進貨後小批量、多批次發貨，零星集貨後以一定批量送貨等。

（6）按照配送企業的專業化程度來劃分，可分為綜合配送和專業配送兩種。前者配送的商品種類較多，組織實施的難度較大；後者配送的商品種類較少或單一，但專

業化程度相對較高，如化工原料或化工產品的配送。

(三) 配送的環節與流程

1. 配送的基本環節

配送一般具有備貨、儲存、分揀與配貨、配送加工、配裝、配送運輸等基本功能要素。但是，並非所有的配送活動都同時具備這些功能要素，如生鮮產品的配送往往具備流通加工程序，而燃料燃油的配送則不擁有分揀、配貨等程序。

在一般情況下，配送由備貨、儲存、理貨、配裝和送貨五個基本環節的活動組成（見圖2.12），而每個環節又包括許多具體的作業活動。

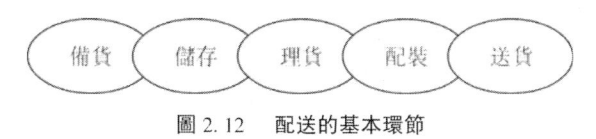

備貨 — 儲存 — 理貨 — 配裝 — 送貨

圖2.12　配送的基本環節

（1）備貨。備貨也稱進貨或採購，這是配送的準備工作和基礎環節。進貨主要包括組織貨源、訂貨、運輸、驗貨、入庫、結算等一系列作業活動。備貨的主要目的是把用戶的分散需求集中起來進行批量採購，以降低進貨成本，同時也對配送形成必要的資源保障。

（2）儲存。儲存是對進貨的延續，包括入庫、碼垛、上架、苫墊、貨區標示、商品的維護保養等作業活動。配送中的儲存有暫存和儲備兩種形態。而暫存也有兩種形式：一種是在理貨現場進行的少量貨物儲存，其目的是為適應「日配」、即時配送的需要而設置，一般在數量上未做嚴格控制；另一種形式的暫存是貨物分揀、組配好後在配裝之前的暫時存放，其目的是為調節配貨與送貨的節奏。而儲備主要是對配送的持續運作形成資源保障，一般數量較充足，結構較完善，通常在配送中心的庫房和貨場中進行。

（3）理貨。理貨是配送活動不可或缺的重要環節，是不同於一般送貨的重要標誌，也是配送企業在送貨時進行競爭和提高自身經濟效益的重要手段。理貨通常包括分類、揀選、加工、包裝、配貨、粘貼貨運標示、出庫、補貨等作業。

【拓展閱讀】

日本大井智慧型物流中心的揀貨系統
（見本教材資源庫網站）

（4）配裝。即將不同客戶的貨物搭配裝載，以充分利用運載工具的運能運力。配裝也是配送不可或缺的重要環節，是現代配送區別於傳統送貨的重要標誌之一。配裝一般包括粘貼或懸掛貨物重量、數量、類別、物理特性、體積大小、送達地、貨主等標示，並登記填寫送貨單、裝載、覆蓋、捆扎固定等作業。

（5）送貨。即將配裝後的貨物按規劃好的路線送交各個客戶。一般採用汽車、專用車等小型車輛做運輸工具，並需要進行運輸線路的規劃，力求運距最短、經濟合理。具體而言，送貨包括運輸方式、運載工具的選擇、運輸線路的規劃、卸貨地點及交貨

方式的確定、貨物移交、簽收和結算等活動。

2. 配送流程

一般而言，通用、標準的配送流程是指具有典型性的多品種、小批量、多批次、多用戶的貨物配送流程。如圖2.13所示。

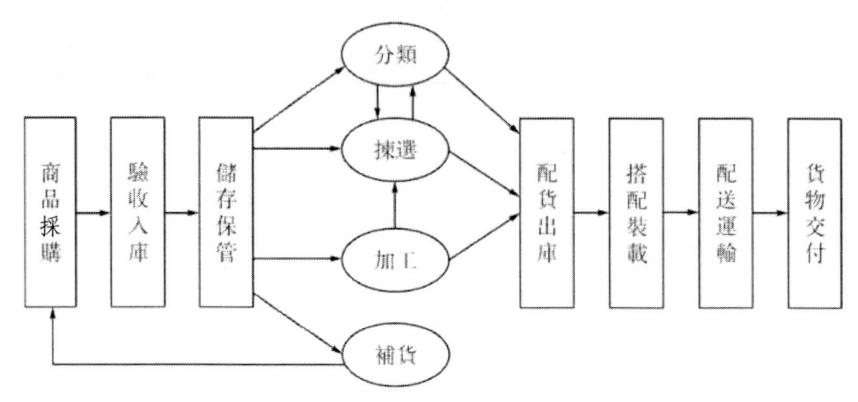

圖2.13 配送的一般流程

[**案例**] 沃爾瑪配送中心的基本流程是：供應商將商品送到配送中心後，經過核對採購計劃、進行商品檢驗等程序，分別送到貨架的不同位置存放。門店提出要貨計劃後，電腦系統將所需商品的存放位置查出，並打印有商店代號的標籤。整包裝的商品直接在貨架上送往傳送帶，零散的商品由工作臺人員取出後也送到傳送帶上。一般情況下，商店要貨的當天就可以將商品送出。

(四) 配送合理化

1. 不合理配送的表現形式

不合理配送是在現有條件下可以達到的配送水平而未達到，從而造成資源浪費、成本上升、服務水平降低的現象。不合理配送的表現形式有以下幾種：

(1) 備貨與配送業務量不合理。主要表現在備貨量及配送業務量過大或過小，如僅為少數幾家客戶代購代送，未實現備貨及配送的規模效益。

(2) 庫存決策不合理。這主要表現在配送中心的集中庫存總量高於或等於實施配送前各客戶分散的庫存總量，導致資源浪費；或者儲存量不足，缺乏足夠的供應保證能力。

(3) 配送費率不合理。這主要表現在配送企業提供貨物配送服務的費率普遍高於客戶自行提貨或送貨的單位成本，從而損害了客戶利益（當然，由於配送企業提供了優質的服務，費率稍高，客戶也是可以接受的，這不能視為不合理）；或者配送費率制定得過低，使配送企業在無利或虧損狀態下營運。

(4) 配送與直達的決策不合理。在用戶需求量較大的情況下，原本可以批量進貨直接運達，卻選擇了配送，增加了環節，增大了成本；或者需求量較小，本該採取配送方式，卻選擇了直達，導致成本增加。

(5) 不合理運輸。不合理運輸的若干表現形式在配送中都有可能出現，從而使配

送變得不合理。

（6）經營理念不合理。在開展配送業務時，有許多不合理現象的根本原因是配送企業缺乏科學、先進的經營理念，這不但使配送優勢無從發揮，相反卻損害了配送企業的形象。例如：在配送企業的庫存量過大時，強迫客戶接貨，將庫存資金及風險轉嫁給客戶；在資金緊張時，長期占用客戶的資金；在貨源緊張時，將客戶委託的貨品挪作他用以獲取利潤等。

2. 合理配送的判斷標誌

［案例］一家大型石油公司每天向全國配送大量的汽油和柴油。由於目標顧客群、產品類別和產品數量不同，公司每天面臨的配送問題也就不同。該公司利用數學規劃模型來輔助進行配送決策，減少了配送卡車的數量和總的行車里程。

因為速度在這裡不是關鍵因素，所以無須注意訂貨信息進入信息系統這一環節。公司一旦收到來自加油站的訂貨信息，就會直接傳送到地區分撥站，由分撥站負責履行訂單、配送貨物。這些訂貨信息首先顯示在調度人員的計算機屏幕上，調度人員負責預覽這些訂單，將那些配送方式與一般訂單有顯著區別的訂單挑出來；其次，調度員將其餘的訂單信息提交給信息系統內設的模型進行處理，該模型會為每份訂單和每輛卡車安排最優的路線和調度計劃；接著，調度員會對計算機屏幕上顯示的路徑提出意見，對調度計劃進行復核，必要時還要進行調整；最後，信息系統為每位司機打印調度表。

判斷配送是否合理，屬於配送決策系統的重要內容。一般而言，有以下七種判斷標誌：

（1）庫存標誌。庫存是判斷配送合理與否的重要標誌，具體包括兩個指標：

①庫存總量。在一個配送系統中，配送中心的庫存量加上各客戶在實施配送以後的庫存量，其總和應低於開展配送前各客戶的庫存量之和，即配送系統的庫存總量應下降。需要說明的是，若配送系統的庫存總量下降而某客戶的庫存量上升，這也屬於不合理，但客戶企業由於經營規模擴大，業務量增多而導致庫存量增加不在此列。換言之，應該在一定的經營業務量前提下進行比較才有意義。

②庫存週轉。由於配送企業的調劑作用，即以較低的庫存量保持較高的供應保證能力，可使整個配送系統的庫存週轉率高於實施配送以前。對單個客戶而言，庫存週轉也應該快於以前。

在具體判斷時，以上指標均應從金額角度理解，即以庫存資金為基礎進行計算、比較。

（2）資金標誌。總的說來，實施配送應有利於資金占用額度的降低以及資金運用的科學化。具體判斷指標有如下三個：

①資金總量。用於物流配送的資金總量特別是庫存所占用的流動資金總額，隨著儲備總量的下降以及供應方式的改變必然有一個較大幅度的降低。

②資金週轉。從資金運用的角度來看，同樣數額的資金，過去占用的時間較長；在實施配送以後，由於資金充分發揮作用，資金週轉加快，資金營運能力增強。

③資金投向。在實施配送以後，資金的投向發生變化，由分散投入變為集中投入，

相應地，配送系統對資金的調控能力增強。

（3）成本效益標誌。社會宏觀效益、企業微觀效益、總效益、備貨及配送成本等都是判斷配送合理化的重要標誌。對於不同的配送方式、不同的參與體，往往側重點也有所不同。例如：對於配送企業而言，一般以利潤來衡量配送合理化的程度；對客戶而言，通常是在供應水平不變或提高的前提下，以供應成本的降低來衡量配送合理化的程度。在判斷時，甚至可以具體到儲存、運輸、配送等環節。

[案例] 在美國，沃爾瑪的配送成本只占銷售額的2%，僅為競爭對手的50%。一般地，物流成本大約占銷售額的10%，有些食品行業甚至達到20%或者30%。沃爾瑪的經營理念就是要把最好的東西用最低的價格賣給消費者，這是它成功的所在。沃爾瑪的競爭對手一般只有50%的貨物實行集中配送，而沃爾瑪百分之九十幾的貨物採用集中配送，只有少數可以從加工廠直接送到店鋪。這樣，其成本與競爭對手就相差很多。

（4）供應保證標誌。實行配送以後，商品的供應保證能力必須提高才算實現了合理。具體判斷指標有如下三個：

①缺貨率[1]。實行配送以後，對各客戶而言，缺貨率必須下降才算合理。

②配送企業集中庫存量。該庫存量所形成的供應保證能力必須高於建立配送系統前單個企業的供應保證能力。

③即時配送的能力和速度。該指標必須高於實行配送前用戶的緊急進貨能力和速度才算合理。

需要指出的是，供應保證能力是一個科學、合理的概念。如果供應保證能力過高，超過了實際需求，則會造成浪費，因而追求供應保證能力的合理化具有非常重要的意義。

（5）社會運力節約標誌。末端運輸是目前運能、運力使用不合理、浪費較大的領域，合理配送可解決這些問題。具體而言，社會運力節約標誌包括以下指標：

①社會車輛總數減少而承運量增加；

②社會車輛空駛率[2]降低；

③企業自提自運的現象減少，社會化運輸程度增加。

（6）貨主企業物流資源減少標誌。配送企業介入以後，客戶在本企業物流系統中的投資會減少，相應的物流資源，包括人力、物力和財力（如庫存量、倉庫面積、倉庫管理人員、採購人員、送貨接貨人員等）也應減少。

（7）物流合理化標誌。配送必須有利於實現物流合理化。具體可從以下幾個方面進行判斷：①是否降低了物流費用；②是否減少了物流損失；③是否加快了物流速度；④是否發揮了各種物流方式的最優效果；⑤是否有效銜接了幹線運輸和末端運輸；

---

[1] 缺貨率（Stock-out Rate）是「衡量缺貨程度及其影響的指標。用缺貨次數與客戶訂貨次數的比率表示」。——中華人民共和國國家標準《物流術語》（GB/T18354-2006）

[2] 車輛空駛率（Empty-loaded Rate）是指「貨運車輛在返程時處於空載狀態的輛次占總貨運車輛輛次的比率」。——中華人民共和國國家標準《物流術語》（GB/T18354-2006）

⑥是否減少了實際的物流中轉次數。

3. 實現配送合理化的有效措施

借鑑國內外的先進經驗，實現配送合理化可採取以下措施：

(1) 推行一定綜合程度的專業配送。通過採用專業化的設施、設備及標準操作程序，降低配送過分綜合化所帶來的組織工作的複雜程度及難度，從而追求配送合理化。

(2) 推行加工配送。通過加工和配送相結合，不增加新的中轉環節（充分利用本來應有的中轉），以求得配送合理化。同時，加工借助於配送，使其目的性更加明確，增進了和客戶的聯繫。兩者的有機結合，在投入增加不多的情況下可以獲得兩方面的效益，取得兩方面的優勢，這是實現商品配送合理化的重要途徑。

(3) 推行共同配送。通過實施共同配送，可以最短的運距、最低的成本完成商品配送，從而實現配送合理化。

[案例] 日本7-11是全球最大的連鎖便利店，實施共同配送取得了極大成功。對於盒飯、牛奶等每日配送的商品，供應商向7-11各店鋪的配送費用很高。為了降低配送費用，在7-11的主導下，由批發商建立了共同配送系統，即按照不同的地區和商品群劃分市場，組建了共同配送中心，由該中心統一集貨，再向各店鋪配送。配送中心的輻射範圍，一般是中心城市商圈附近35千米，非中心城市60千米。其目的是實現高頻次、多品種、小單位的配送。實施共同配送後，7-11店鋪每日接待的運輸車輛從70多輛下降為12輛。此外，共同配送中心還充分反應了商品銷售、在途和庫存的信息，由此，7-11逐漸掌握了整個供應鏈的主導權。在連鎖業價格競爭日漸激烈的情況下，7-11通過實施共同配送降低了物流成本，為利潤的提升創造了巨大的空間。

(4) 實行送取結合。配送企業介入以後，與客戶建立穩定、緊密的協作關係。在配送時，將客戶所需的物資（如原材料、零部件等生產資料）送到，然後將該客戶生產的產品用同一車運回。這種送取結合的方式，使運能、運力得到充分利用，也使配送企業的功能得到更大程度的發揮，從而實現合理化。

[案例] 沃爾瑪在配送運作時，大宗商品通常經由鐵路送達自己的配送中心，再由公司卡車送達商店。每店一週收到1~3卡車貨物。60%的卡車在返回配送中心的途中又捎回從沿途供應商處採購的商品。這種集中配送與送取結合方式，為公司節約了大量成本。據統計，20世紀70年代初，公司的配送成本只占銷售額的2%，僅為一般大型零售企業的一半左右。同時，集中配送還為各分店提供了更快捷、可靠的送貨服務，並使公司能更好地控製存貨。通常，其競爭對手的商品只有50%~65%實行集中配送。

(5) 推行準時配送。準時配送是配送合理化的重要內容。實現了準時配送，客戶才能準確、高效地配置資源（如設置庫存量，安排接貨的人力、物力等），才能放心地降低庫存量甚至實現零庫存。客戶企業的供應保證能力取決於配送企業的準時供應能力，因而，建立高效的準時供應配送系統是實現配送合理化的重要途徑。

(6) 推行即時配送。即時配送是最終解決客戶企業擔心斷供之憂、大幅度提高供應保證能力的重要手段。即時配送是配送企業快速反應能力的具體化，是配送企業能力的體現。即時配送成本較高，但它是商品配送合理化的重要保障。此外，客戶要實現零庫存，即時配送也是重要的保證手段。

2.4 裝卸搬運作業與管理

【引例】

聯華便利物流中心裝卸搬運系統

聯華公司創建於1991年5月，是上海首家發展連鎖經營的商業企業。經過十多年的發展，已成為中國最大的連鎖商業企業。2001年公司的銷售額突破140億元，連續3年位居全國零售業第一。聯華公司的快速發展，離不開高效便捷的物流配送中心的大力支持。目前，聯華共有4個配送中心，分別是2個常溫配送中心，1個便利物流中心，1個生鮮加工配送中心，總面積7萬餘平方米。其中，聯華便利物流中心總面積8,000平方米，由四層樓的復式結構組成。為實現貨物的裝卸搬運，配置的主要裝卸搬運機械設備有：電動叉車8輛、手動托盤搬運車（見圖2.14）20輛、垂直升降機2臺、籠車（見圖2.15）1,000輛、輥道輸送機5條、數字揀選設備2,400套。裝卸搬運的操作過程如下：首先將來貨卸下，然後把貨物裝在托盤上，由手動叉車將貨物搬運至入庫運載處。接著，入庫運載裝置上升，將貨物送上入庫輸送帶。當接到向第一層搬送指示的托盤，在經過升降機平臺時，不再需要上下搬運，而是直接從當前位置經過一層的入庫輸送帶自動分配到一層入庫區等待入庫；接到向二至四層搬送指示的托盤，將由托盤垂直升降機自動傳輸到所需樓層。當升降機到達指定樓層時，由各層的入庫輸送帶自動搬送貨物至入庫區。貨物下平臺時，由叉車從輸送帶上取下托盤入庫。出庫時，根據訂單進行揀選配貨，揀選後的貨物用籠車裝載，由各層平臺通過籠車垂直升降機送至一層的出貨區，裝入相應的運輸車上。

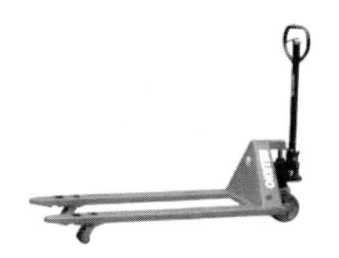

圖2.14 手動托盤搬運車（液壓托盤車）   圖2.15 籠車

先進實用的裝卸搬運系統，為聯華便利店的發展提供了強有力的支持，使聯華便利的物流運作能力和效率大大提高。

【引導問題】
1. 聯華便利物流中心配置的裝卸搬運機械設備主要有哪些？
2. 裝卸搬運在物流系統中有著什麼樣的地位和作用？
3. 怎樣才能實現裝卸搬運合理化？

運輸能創造空間效用和時間效用，儲存保管能創造時間效用，而裝卸搬運本身並不產生新的效用或價值。但在物流活動中，裝卸搬運作業卻佔有較大的比重，它是物流活動各環節的橋樑和紐帶。

一、裝卸搬運的概念

根據中國國家標準《物流術語》（GB/T18354-2006）的定義，裝卸（Loading and Unloading）是指「物品在指定地點以人力或機械載入或卸出運輸工具的作業過程」。搬運（Handling）是指「在同一場所內，對物品進行空間移動的作業過程」。

顯然，裝卸和搬運是兩個不同的概念。裝卸是物品在指定地點以人力或機械裝入運輸工具或從運輸工具卸下，是以垂直位移為主的實物運動形式，是物流過程中伴隨著包裝、保管、輸送所必然發生的活動。而搬運則是在同一場所內（如倉庫、車站、碼頭、港口、配送中心等物流結點），對物品進行以水平移動為主的物流作業。它們發生的都是短距離的位移。在物流實務中，裝卸與搬運活動密不可分，常常相伴而生。通常人們並未對其進行嚴格區分，而是常常將其作為一種活動來對待。

綜上，裝卸是改變物品存放、支撐狀態的活動，搬運是改變物品空間位置的活動，兩者合稱裝卸搬運。

二、裝卸搬運的作用

裝卸搬運是連接物流各環節的紐帶，是運輸、倉儲、包裝等物流活動得以順利實現的保證。加強裝卸搬運作業的組織，不斷提高裝卸搬運合理化程度，對提高物流系統整體功能有著極其重要的作用。

在物流過程中，裝卸搬運活動是不斷出現和反覆進行的，它出現的頻率高於其他各項物流活動，且每次裝卸搬運都要花費很長時間，所以該環節的活動往往成為決定物流流速的關鍵。裝卸活動所消耗的人力也很多，所以裝卸費用在物流成本中佔有較高的比重。以中國為例，鐵路運輸從始發站到目的站的裝卸搬運作業費用大致占運費的20％，水上運輸更高，占40％；再如，根據有關部門對中國生產物流的統計資料，機械工廠每生產1噸成品，需要進行252噸次的裝卸搬運，其成本占加工成本的15.5％。因此，為了降低物流費用，提高經濟效益，必須重視裝卸搬運作業。同時，裝卸搬運效率低，物品流轉時間就會延長，商品就會破損，物流成本就會增大，就會影響整個物流過程的質量。目前，中國企業的裝卸作業水平、機械化、自動化程度與發達國家相比還有很大差距，野蠻裝卸造成包裝破損、貨物丟失現象時有發生，貨損率和人工費用居高不下。實踐證明，裝卸搬運是造成物品破損、散失、損耗的主要環節。例如，袋裝水泥紙袋破損和水泥散失主要發生在裝卸搬運過程中，玻璃、機械、器皿、煤炭等產品在裝卸時最容易造成損失。

可見，裝卸搬運是構成物流活動的要素之一，是進行物流活動的必要條件，是降低物流成本和提高物流流速的關鍵環節。裝卸搬運作業不僅影響貨物的數量和質量，而且影響運輸安全及運輸設備的利用率。

總之，裝卸搬運是物流各環節活動之間相互轉換的橋樑，正是因為有了裝卸搬運

活動，物料或貨物運動的各個環節才能連接成連續的「流」，從而保證物流的正常運行。如果忽視裝卸搬運，生產和流通領域輕則發生混亂，重則造成生產經營活動的停頓。所以，裝卸搬運影響著物流的正常運行，決定著物流質量、物流技術水平、物流的效率和效益。

三、裝卸搬運的特點

與其他物流環節的活動相比，裝卸搬運具有如下特點：

（1）附屬性、伴生性。裝卸搬運是物流每一項作業活動開始及結束時必然發生的活動，因而常被人們忽視。事實上，裝卸搬運總是與其他物流環節的活動密切相關，是其他物流作業不可缺少的組成部分。例如，「汽車運輸」包含了必要的裝車、卸載與搬運；倉儲活動也包含了入庫、出庫及相應的裝卸搬運活動。可見，裝卸搬運具有附屬性、伴生性的特點。

（2）保障性、服務性。裝卸搬運對其他物流活動有一定的決定性，它影響著其他物流活動的質量和速度。例如，裝車不當，會引起運輸過程中的損失；卸放不當，會引起貨物在下一階段運動的困難。許多物流活動只有在高效的裝卸搬運支持下才能實現高水平，從而保障生產經營活動的順利進行。同時，裝卸搬運過程中一般不消耗原材料，不占用大量的流動資金，只提供勞務，所以具有服務性的特點。高效的物流活動要求提供安全、可靠、及時的裝卸搬運服務。

（3）銜接性、及時性。一般而言，物流各環節的活動靠裝卸搬運來銜接，因而，裝卸搬運成為整個物流系統的「瓶頸」，它是物流各功能之間能否緊密銜接的關鍵。建立一個高效的物流系統，關鍵看這一銜接是否有效。同時，為了使物流活動順利進行，物流各環節的活動對裝卸搬運作業都有一定的時間要求，因而具有及時性的特點。

（4）均衡性、波動性。生產領域的裝卸搬運必須與生產活動的節拍一致，因為均衡是生產的基本原則，所以生產領域的裝卸搬運作業基本上也是均衡、平穩和連續的；流通領域的裝卸搬運則是隨車船的到發和貨物的出入庫而進行的，作業常為突擊性、波動性和間歇性的。對作業波動性的適應能力是流通領域裝卸搬運系統的特點之一。

（5）穩定性、多變性。生產領域裝卸搬運的作業對象是穩定的，或略有變化但有一定的規律性，故生產領域的裝卸搬運具有穩定性的特點。而流通領域裝卸搬運的作業對象是隨機的，貨物品種、形狀、尺寸、重量、體積、包裝、性質等千差萬別，車型、船型、倉庫型也各不相同。因而，對多變的作業對象的適應能力是流通領域裝卸搬運系統的特點。

（6）局部性、社會性。生產領域裝卸搬運作業的設施、設備、工藝、管理等一般只局限在企業內部，因而具有局限性的特點。而在流通領域，裝卸搬運涉及的要素，如收貨人、發貨人、車站、港口、貨主等都在變動，因而具有社會性的特點。這要求裝卸搬運的設施、設備、工藝、管理、作業標準等都必須相互協調才能使物流系統發揮整體作用。

（7）單程性、複雜性。生產領域的裝卸搬運作業大多數是僅改變物料的存放狀態或空間位置，作業比較單一。而流通領域的裝卸搬運是與運輸、儲存緊密銜接的，為

了安全和充分利用車船的裝載能力與庫容，基本上都要進行堆碼、滿載、加固、計量、檢驗、分揀等作業，比較複雜，而這些作業又都成為裝卸搬運作業的分支或附屬作業，對這些分支作業的適應能力也成了流通領域裝卸搬運系統的特點之一。

（8）效益性、經濟性。裝卸搬運活動的效益性、經濟性體現在正反兩方面：一是節約成本，即通過實現裝卸搬運合理化，減少費用支出；二是增加成本，即不合理的裝卸搬運不僅延長了物流時間，而且需要投入大量的活勞動和物化勞動，而這些勞動不能給物流對象帶來附加價值，只是增大了物流成本。

裝卸搬運作業的上述特點，對裝卸搬運作業組織提出了特殊要求。因此，為有效地完成裝卸搬運工作，必須根據裝卸搬運作業的特點，合理組織裝卸搬運活動，不斷提高裝卸搬運的效率和效益。

四、裝卸搬運作業

（一）裝卸搬運作業的內容

裝卸搬運作業是指物料在短距離範圍內的移動、堆垛、揀貨、分選等作業。具體而言，裝卸搬運作業主要包括以下內容：

（1）裝貨卸貨作業。向載貨汽車、鐵路貨車、貨船、飛機等運輸工具裝貨以及從這些運輸工具上卸貨的活動。

（2）搬運移送作業。對物品進行短距離的移動活動，包括水平、垂直、斜行搬運或由這幾種方式組合在一起的搬運移送活動。顯然，這類作業是改變物品空間位置的作業。

（3）堆垛拆垛作業。堆垛是將物品從預先放置的場所移送到運輸工具或倉庫內的指定位置，再按要求的位置和形狀放置物品的作業活動。拆垛是與堆垛相反的作業活動。

（4）分揀配貨作業。分揀是在堆垛、拆垛作業之前發生的作業，它是將物品按品種、出入庫先後順序進行分門別類堆放的作業活動。配貨是指把物品從指定的位置，按品種、作業先後順序和發貨對象等整理分類所進行的堆放拆垛作業，即把分揀出來的物品按規定的配貨分類要求集中起來，然後批量移動到分揀場所一端指定位置的作業活動。

（二）裝卸搬運作業的分類

一般地，可以按照以下標準對裝卸搬運作業進行分類：

（1）按照使用的物流設施、設備分類。按照該標準，可以將裝卸搬運作業劃分為以下五種類型：

①鐵路裝卸。這是指對火車車皮進行裝進及卸出。其特點是一次作業就能實現一車皮貨物的裝進或卸出，很少有像倉庫裝卸時出現的整裝零卸或零裝整卸的情況。

②港口裝卸。港口裝卸包括碼頭前沿的裝船，也包括後方的支持性裝卸搬運。有的港口裝卸還採用小船在碼頭與大船之間「過駁」的辦法，因而其裝卸的流程較為複雜，往往經過幾次裝卸及搬運作業才能最後實現船舶與陸地之間貨物過渡的目的。

③汽車裝卸。即對汽車進行的裝卸作業。由於汽車裝卸批量不大，加上汽車具有機動靈活的特點，因而可以減少或省去搬運活動，直接利用裝卸作業達到車與物流設施之間貨物過渡的目的。

④倉庫裝卸。倉庫裝卸是指在倉庫、堆場、物流中心等處所進行的裝卸搬運作業，如堆垛拆垛作業、分揀配貨作業、挪動移送作業等。

⑤車間裝卸搬運。車間裝卸搬運是指在企業車間內部各工序之間進行的各種裝卸搬運活動。一般包括原材料、在製品、半成品、零部件、產成品等的取放、分揀、包裝、堆碼、輸送等作業。

(2) 按照裝卸搬運機械及其作業方式分類。按照該標準，可以將裝卸搬運作業劃分為以下四種方式：

①「吊上吊下」方式。該方式是採用各種起重機械從貨物上部起吊，依靠起吊裝置的垂直移動來實現裝卸，並在吊車運行的範圍內或回轉的範圍內實現物品搬運或依靠搬運車輛實現小規模的搬運。由於吊起及放下屬於垂直運動，故這種裝卸方式屬垂直裝卸。

②叉上叉下方式。該方式是採用叉車將貨物從底部托起，並依靠叉車的運動來實現貨物位移。整個搬運過程完全依靠叉車，貨物不落地就可直接放置於指定的位置。這種方式，垂直運動的幅度不大，主要是發生水平位移，故屬水平裝卸方式。

③滾上滾下方式。這種方式主要發生在港口裝卸中，屬水平裝卸方式。它是利用叉車、半掛車或汽車承載貨物，載貨車輛開上船，到達目的地後再從船上開下，故人們形象地稱之為「滾上滾下」方式。採用該方式，若是借助於叉車來進行，在船上卸貨後，叉車必須離船。若是利用半掛車、平車或汽車，則拖車將半掛車、平車拖拉至船上後，拖車開下離船而載貨車輛連同貨物一起運至目的地，然後原車開下或拖車上船拖拉半掛車、平車開下。滾上滾下方式需要有專門的船舶（「滾裝船」，見圖2.10），對港口、碼頭也有特殊要求。

④移上移下方式。該方式是在兩車（如火車與汽車）之間進行靠接，通過水平移動將貨物從一輛車推移至另一輛車上，故稱移上移下方式。採用這種方式，需要使兩種車輛實現水平靠接，因此，對站臺或車輛貨臺有特殊要求，並需要有專門的移動工具來配合實現。

小貼士

集裝箱貨物的裝卸作業與工藝

集裝箱貨物的裝卸作業方式。集裝箱貨物的裝卸主要採用「吊上吊下」和「滾上滾下」兩種作業方式。前者借助於起重機械進行集裝箱裝卸，是目前使用最廣的一種作業方式；後者採用牽引車、手拖帶掛車或叉車等裝卸搬運機械，往滾裝船或鐵路平車上裝卸集裝箱。與這兩種裝卸作業方式相匹配的機械主要有岸邊裝卸機械、水平運輸機械和場地裝卸機械。

集裝箱碼頭裝卸工藝。集裝箱碼頭裝卸工藝是指根據港口、碼頭的條件，使用不同的裝卸搬運設備，按照一定的方法和操作程序，以經濟合理的原則來完成集裝箱貨物的裝卸、搬運和堆碼任務。集裝箱碼頭的裝卸工藝主要有6種典型方式：底盤車方

式、跨運車方式、輪胎式龍門起重機方式、軌道式龍門起重機方式、正面吊運機方式、跨運車——龍門吊混合方式。

（3）按照被裝貨物的主要運動形式分類。按照該標準，可以將裝卸搬運作業劃分為以下兩種方式：

①垂直裝卸搬運。這是指採取提升和降落的方式對貨物進行的裝卸搬運。這種裝卸搬運方式較常用，所用的設備通用性較強，應用領域較廣（如起重機、叉車、提升機等），但耗能較大。

②水平裝卸搬運。這是指採取平移的方式對貨物進行的裝卸搬運。這種裝卸搬運方式不改變被裝物的勢能，比較省力，但需要有專門的設施，如和汽車水平接靠的適高站臺、汽車和火車之間的平移工具等。

（4）按照裝卸搬運對象分類。按照裝卸搬運對象，可以將裝卸搬運作業劃分為以下三種主要形式：

①單件貨物裝卸。這是指對貨物進行單件、逐件裝卸搬運的方式。目前，對於長大笨重的貨物，或集裝會增加危險的貨物，仍採用這種傳統的作業方式。

②散裝貨物裝卸。這是一種集裝卸與搬運於一體的裝卸搬運方式。在對煤炭、糧食、礦石、化肥、水泥等塊、粒、粉狀貨物進行裝卸搬運時，從裝點至卸點，中途貨物不落地。這種作業常採用重力法、傾翻法、機械法、氣力法等方法。

③集裝貨物裝卸。這是先將貨物聚零為整，再進行裝卸搬運的作業方法。它包括集裝箱作業法、托盤作業法、貨捆作業法、滑板作業法、網裝作業法以及掛車作業法等。這種裝卸搬運方式可以提高裝卸搬運效率、減少裝卸搬運損失、節省包裝費用、提高顧客服務水平，便於實現儲存、裝卸搬運、運輸、包裝一體化，物流作業機械化、標準化。

（5）按照裝卸搬運作業的特點分類。按照該標準，可以將裝卸搬運作業劃分為以下兩種方式：

①連續裝卸。這是指以連續的方式、沿著一定的線路，從裝貨點到卸貨點均勻輸送、裝卸搬運貨物的作業方式。這種方式作業線路固定，負載均勻，動作單一，便於實現自動控製。在裝卸量較大、裝卸對象固定、貨物對象不易形成大包裝的情況下，適合採取這種方式。

②間歇裝卸。這是指以間歇運動完成對貨物裝卸搬運的作業方式。這種作業方式有較強的機動性，裝卸地點可在較大範圍內變動，主要適用於貨流不固定的各種貨物，尤其適合包裝貨物和大件貨物，對於散粒狀貨物，也可採取這種方式。

（6）按照裝卸搬運的方法和手段分類。按照該標準，可以將裝卸搬運作業劃分為人力裝卸和機械裝卸兩種。人力裝卸即利用人工進行裝卸搬運，如肩擔背挑等。機械裝卸即利用裝卸搬運機械進行裝卸作業，如起重機裝卸等。

五、裝卸搬運方法

常見的裝卸搬運方法見表2.5。

表 2.5　　　　　　　　　　　常見的裝卸搬運方法

裝卸搬運方法	內容
單件作業法	逐件裝卸搬運的人工方法，主要適用於以下三種情況：①由於某些物資的特有屬性，採取單件作業有利於安全；②在某些裝卸搬運場合，由於沒有或難以設置裝卸機械，只能採取單件作業；③某些物資體積過大、形狀特殊，適合單件作業。
重力作業法	利用貨物的位能來完成裝卸作業的方法，如採取重力法卸車。
傾翻作業法	將運載工具的載貨部分傾翻，進而將貨物卸出的方法。
集裝作業法	先將物資進行集裝，再對集裝件進行裝卸搬運的方法。主要包括集裝箱作業法、托盤作業法以及滑板作業法等。
機械作業法	採用各種專用機械，通過舀、抓、鏟等作業方式，達到裝卸搬運的目的。
氣力輸送法	利用風機在氣力輸運機的管道內形成單向氣流，依靠氣體的流動或氣壓差來輸送貨物的方法。
人力作業法	完全依靠人力，使用無動力機械來完成裝卸搬運作業的方法。
間歇作業法	在兩次作業中存在一個空程準備過程的作業方法，包括重程和空程兩個階段，如門式和橋式起重機作業。
連續作業法	在裝卸過程中，設備不停地作業，物資連綿不斷，持續如流水般的實現裝卸作業的方法，如帶式輸送機、鏈頭裝卸機作業。

六、單元裝卸

中國國家標準《物流術語》（GB/T18354-2006）對單元裝卸（Unit Loading and Unloading）的定義為：「用托盤、容器或包裝物將小件或散狀物品集成一定質量或體積的組合件，以便利用機械進行作業的裝卸方式。」換言之，單元裝卸是把許多單件物品集中起來作為一個運送單位（即集裝單元），放置在集裝設備上進行一系列運送、保管、裝卸的裝載方式。它可以提高裝卸搬運效率，減少裝卸搬運損失，節省包裝費用，提高客戶服務水平。

根據使用的裝載工具，可以將單元裝卸劃分為托盤物品裝載、全程托盤物品裝載和集裝箱物品裝載三種方式。

（一）托盤物品裝載

這是將多個單件物品集中在托盤上作為運送單位的單元裝卸方式。一般有整齊碼放、交錯碼放、砌磚式碼放、針輪式碼放和裂隙式碼放幾種。

（1）整齊碼放。即各層碼放物品的形狀和方向均相同的托盤碼放方式，也叫直裝或順裝。

（2）交錯碼放。即頭一層的物品均為統一方向，第二層將方向轉 90^0 碼在上邊，互相交錯，依此向上碼放的托盤碼放方式。

（3）砌磚式碼放。即頭一層將物品縱橫交錯擺放，第二層將方向轉 $180°$ 碼在上邊，逐次向上碼放的托盤碼放方式。

（4）針輪式碼放。即中間留出空隙，圍著空隙按風車型碼放的托盤碼放方式。一般各層之間改變方向向上碼放。

（5）裂隙式碼放。該方式與砌磚式相同，只是相互間留有空隙。

按照使用的托盤形態來劃分，托盤物品裝載方式有平板托盤和箱式托盤兩種類型。平板托盤一般由叉車進行裝卸，箱式托盤一般由托盤卡車進行裝卸。採用托盤物品裝卸方式的典型例子是航空貨運。在航空貨物運輸中，物品被運送到機場的貨運倉庫後，按到達地、機種對物品進行分揀整理，然後把分揀好的物品裝放在飛機用的托盤上，用網罩罩住，再把整個托盤裝進飛機的貨倉進行運輸，到達目的地後，從飛機上卸下托盤，將其搬運至機場的貨運倉庫，並進行貨物分揀、交貨、運送等作業。

（二）全程托盤物品裝載

這是指從發貨地至目的地的整個物流過程全部採用托盤進行物品裝載的作業方式。採用該方式可以縮短裝卸作業時間，防止物品破損，降低物流成本。同時，也易於實現裝卸作業的標準化、機械化和自動化。目前，歐美、日本等發達國家已經在積極推廣全程托盤物品裝載方式，並廣泛應用於各個行業。

雖然全程托盤物品裝載方式有許多優點，但也存在一些亟須解決的問題：

（1）目前使用的托盤的規格多種多樣，有些企業甚至獨自採用特殊規格的托盤，托盤的規格亟須實現統一化和標準化。

（2）托盤隨物品被送到目的地後，其回收需要花費一定的時間和費用，並且回收的效率需要提高。

（3）這種裝載方式雖然提高了裝載作業的效率，但同時也可能造成運載卡車的裝載率下降，增加運輸成本。

（三）集裝箱物品裝載

這是指把一定數量的單件物品集裝在一個特定的箱子內作為一個運送單元進行一系列運輸、保管、裝卸的作業方式。與托盤物品裝載方式相比，該方式易於實現各種形狀物品的集裝化。這種廣泛使用的物品裝載方式通常包括整箱貨裝箱和拼箱貨裝箱兩種裝箱方式。前者是指發貨人在工廠貨倉自行裝箱（也可以由承運人代為裝箱），然後直接送往集裝箱堆場等待裝運（或者由承運人在內陸貨運站接箱），到達目的港後，收貨人直接提走整箱貨；後者則是指發貨人把物品送到集裝箱貨運站由承運人進行裝箱，到達目的港後，承運人在目的港的集裝箱貨運站或港口外的內陸貨運站掏箱，並把貨物分送給不同的收貨人。

七、裝卸搬運方案設計

裝卸搬運方案包括：確定裝卸搬運路線系統、確定裝卸搬運設備和確定運輸單元。這三者的有機結合即形成物料裝卸搬運方案。

（一）裝卸搬運方案的初步設計

裝卸搬運方案的初步設計主要包括以下步驟：

（1）收集原始數據。例如，物料的類型、物流量、物流路線和運距、設施設備的佈局、機械設備的選擇以及時間要求等。

（2）根據原始數據，設計出多個初步方案。

（3）對初步方案進行比較、評價和優化。一般根據成本費用指標和非財務指標進行。前者主要考慮方案實施的成本費用相對較低，後者則包括方案的優缺點、效率性和環保性等方面。

（4）進行方案決策，選擇比較滿意的方案。

(二) 裝卸搬運方案的詳細設計

初步方案確定後，就可在此基礎上進行詳細方案的設計，制定從工作地到工作地，或從具體的取貨點到具體的卸貨點之間的搬運方法。詳細方案更具體，可操作性更強，需要大量的資料、指標和條件。

八、裝卸搬運合理化

裝卸搬運是裝卸搬運人員借助於裝卸搬運機械和工具，作用於貨物的生產活動。它的效率高低，直接影響到物流活動的整體效率。為此，科學組織裝卸搬運作業，實現裝卸搬運合理化，對物流系統的整體優化有著非常重要的意義。

(一) 不合理裝卸搬運的表現形式

在物流實務中，不合理的裝卸搬運主要表現在以下幾個方面：

（1）過多的裝卸搬運次數。在物流活動中，裝卸搬運環節是發生貨損的主要環節，而在整個物流過程中，裝卸搬運作業又是重複進行的，其發生的頻數超過其他任何活動，過多的裝卸搬運必然導致貨損的增加。同時，每增加一次裝卸，就會較大比例地增加物流費用（一次裝卸的費用相當於幾十千米的運費），就會大大減緩整個物流的速度。

（2）過大過重包裝的裝卸搬運。在實際的裝卸搬運作業中，如果包裝過大過重，就會反覆在包裝上消耗較多的勞動。這一消耗不是必需的，因而會形成無效勞動。

（3）無效物質的裝卸搬運。進入物流過程中的貨物，有時混雜著沒有使用價值的各種摻雜物，如煤炭中的矸石、礦石中的水分、石灰中未燒熟的石灰以及過燒石灰等。這些無效物質在反覆裝卸搬運的過程中必然要消耗能量，形成無效勞動。

由此可見，不合理的裝卸搬運增加了物流成本，增加了貨物的損耗，降低了物流速度，若能有效防止，就會實現裝卸搬運作業乃至物流活動的合理化。

(二) 裝卸搬運合理化的目標

裝卸搬運合理化的主要目標是節省時間、節約勞動力和裝卸搬運費用。

（1）裝卸搬運距離短。在裝卸搬運作業中，裝卸搬運距離最理想的目標是「零」。貨物裝卸搬運不發生位移，應該說是最經濟的，然而這是不可能辦到的，因為凡是「移動」都要產生距離。距離移動越長，費用就越高；距離移動越短，費用就越省。所以，裝卸搬運合理化的目標之一，就是要盡可能使裝卸搬運距離最短。

（2）裝卸搬運時間少。這主要指貨物的裝卸搬運從開始到完成所經歷的時間短。如果能壓縮裝卸搬運時間，就能大大提高物流速度、及時滿足客戶的需求。為此，裝卸搬運作業人員應根據實際情況，盡可能實現裝卸搬運的機械化、自動化和省力化。這樣，不僅大大縮短了物流時間、提高了物流效率、降低了物流費用，而且通過裝卸搬運的合理銜接，還能優化整體物流過程。所以，裝卸搬運時間短，是裝卸搬運合理化的重要目標之一。

（3）裝卸搬運質量高。裝卸搬運質量高是裝卸搬運合理化目標的核心。高質量的裝卸搬運作業，是為客戶提供優質服務的主要內容之一，也是保證生產順利進行的重要前提。按照要求的數量、品種、安全、及時地將貨物裝卸搬運到指定的位置，這是裝卸搬運合理化的主體和實質。

（4）裝卸搬運費用省。在裝卸搬運合理化目標中，既要求距離短、時間少、質量高，又要求費用省，這似乎不好理解。事實上，如果能真正實現裝卸搬運的機械化、自動化和省力化，就能大幅度削減作業人員，降低人工費用，裝卸搬運費用就能得到大幅度節省。為此，應合理規劃裝卸搬運工藝，設法提高裝卸作業的機械化程度，盡可能實現裝卸搬運作業的連續化，從而提高效率、降低成本。

（三）裝卸搬運合理化的原則

（1）集裝（單元）化原則。將散放物品規整為統一格式的集裝單元（如托盤、集裝箱、集裝袋等），稱為集裝單元化。這是實現裝卸搬運合理化的一條重要原則。遵循該原則，可以達到以下目的：一是由於搬運單位變大，可以充分發揮機械的效能，提高搬運作業效率；二是單元裝卸搬運，方便靈活；三是負載大小均勻，有利於實現作業標準化；四是有利於保護被搬運物品，提高裝卸搬運質量。

（2）省力化原則。所謂省力，就是節省動力和人力。省力化原則的具體內涵是：①能往下則不能往上；②能直行則不拐彎；③能用機械則不用人力；④能水平則不上坡；⑤能連續則不間斷；⑥能集裝則不分散。

在不得不以人工方式作業時，要充分利用重力並消除重力影響，進行少消耗的裝卸搬運。具體而言，由於裝卸搬運使貨物發生垂直和水平位移，必須通過做功才能完成。但由於中國目前的裝卸機械化水平還不高，一些裝卸搬運作業尚需人工完成，勞動強度大，因此在有條件的情況下，可利用貨物的重量進行有一定落差的裝卸搬運。例如，可將設有動力的小型運輸帶（板）斜放在貨車、卡車上依靠貨物自身的重量進行裝卸搬運，或使貨物在傾斜的輸送帶（板）上移動，這樣就能減輕勞動強度和減少能量消耗。

在裝卸搬運時，減少人體的上下運動，避免反覆從地面搬起重物，避免人力抬運或搬運過重物品，盡量消除或削弱重力影響，也會獲得減輕體力勞動及其他勞動消耗的效果。例如，在進行兩種運輸工具的換裝時，若採用落地裝卸方式，即將貨物從甲工具卸下並放到地上，經過一定時間後，再將貨物從地上裝到乙工具上，這樣必然消耗更多的勞動。如果能進行適當安排，將甲、乙兩個工具靠接，使貨物平移，就能有效消除貨物重力的影響，實現裝卸搬運合理化。

（3）消除無效搬運的原則。盡量減少裝卸搬運次數，減少人力、物力的浪費和貨物損壞的可能性；努力提高物品的純度，只裝卸搬運必要的貨物，如有些貨物要去除雜質之後再裝卸搬運比較合理；選擇最短的作業路線；減少倒搬次數；避免過度包裝，減少無效負荷；充分發揮裝卸搬運機械設備的能力和裝載空間，中空的物件可以填裝其他小物品再進行搬運（即套裝搬運），以提高裝載效率；採用集裝方式進行多式聯運等，都可以防止和消除無效裝卸搬運作業。

（4）活性化原則。即提高物品裝卸搬運活性的原則。貨物平時存放的狀態是各種各樣的，可以是散放在地上，也可以是裝箱存放在地上，或放在托盤上等。由於存放的狀態不同，貨物的裝卸搬運難易程度也就不一樣。人們把貨物從靜止狀態轉變為裝卸搬運運動狀態的難易程度稱之為裝卸搬運活性。如果很容易轉變為下一步的裝卸搬運而不需過多地做裝卸搬運前的準備工作，則活性就高；反之，則活性就低。

在整個裝卸搬運過程中，往往需要幾次裝卸搬運作業，為使每一步裝卸搬運都能按一定活性要求操作，對不同放置狀態的貨物做了不同的活性規定，這就是活性指數。通常，活性指數分為0~4共5個等級。散放在地上的貨物要運走，需經過集中（裝箱）、搬起（支墊）、升起（裝車）、運走（移動）4次作業，作業次數最多，最不易裝卸搬運，也就是說它的活性水平最低，規定其活性指數為0；集中存放在箱中的貨物，只要進行後3次作業就可以運走，裝卸搬運作業較方便，活性水平高一等級，規定其活性指數為1；貨物裝箱後擱在托盤或其他支墊上的狀態，規定其活性指數為2；貨物裝在無動力車上的狀態，規定其活性指數為3；而處於運行狀態的貨物，因為不需要進行其他作業就能運走，其活性指數最高，規定為4。如表2.6所示。

表2.6　　　　　　　　　　　　裝卸搬運活性指數

放置狀態	需要進行的作業				活性指數
	集中(裝箱)	搬起(支墊)	升起(裝車)	運走(移動)	
散放在地上	需要	需要	需要	需要	0
置於容器中（裝箱）	0	需要	需要	需要	1
集裝化（如托盤上）	0	0	需要	需要	2
無動力車上	0	0	0	需要	3
處於動態（動力車/傳送帶）	0	0	0	0	4

在裝卸搬運作業工藝方案設計中，應充分利用活性理論，合理設計作業工序，不斷改善裝卸搬運作業。貨物放置時要有利於下次搬運，如裝於容器內並墊放的物品較散放於地面的物品易於搬運；在裝上時要考慮便於卸下，在入庫時要考慮便於出庫；要創造易於搬運的環境和使用易於搬運的包裝。總之，要提高裝卸搬運活性，以達到作業合理化、節省勞力、降低消耗、提高裝卸搬運效率之目的。

（5）機械化原則。機械化原則即合理利用裝卸搬運機械設備的原則，也即盡可能採用機械化、自動化設備，改善裝卸搬運條件，提高裝卸搬運效率。在現階段，裝卸搬運機械設備大多在以下情況使用：①超重物品的搬運；②搬運量大、耗費人力多或

人力難以操作的物品搬運；③粉體或液體的物料搬運；④速度太快或距離太長，人力不能勝任的物品搬運；⑤裝卸作業高度差太大，人力無法操作時。今後的發展方向是，即使在人可以操作的場合，為了提高生產率、安全性、服務性和作業的適應性，也應將人力操作轉變為借助機械設備來實現。同時，要通過各種集裝方式形成機械設備最合理的裝卸搬運量，使機械設備能充分發揮效能，達到最優效率，實現規模裝卸搬運。

（6）物流流量均衡原則。貨物的處理量波動過大時，會使搬運作業變得困難（人力和相關機械設備的使用和調配變得困難）。但是搬運作業受運輸及其他物流環節的制約，其節奏不能完全自主決定，必須綜合各方面的因素妥善安排，盡量使物流量保持均衡，避免忙閒不均。

（7）權變原則。在裝卸搬運過程中，必須根據貨物的種類、性質、形狀、重量來合理確定裝卸搬運方式，合理分解裝卸搬運活動，並採用現代化管理方法和手段，改善作業方法，實現裝卸搬運的高效化和合理化。

（8）系統化原則。在物流活動過程中，運輸、保管、包裝、裝卸搬運各環節的改善，不能僅從單方面考慮，應將各環節作為一個系統來看待，必須考慮綜合效益。

此外，要實現裝卸搬運合理化還應遵循人性化原則、標準化原則、安全化原則、連續化原則（流程原則）、短路化原則、（作業線的）平衡性原則、最小操作化原則以及機械設備的經常使用、保養更新與彈性（機械設備的兼容性與共用性）原則。

總之，在裝卸搬運過程中，必須根據貨物的種類、性質、形狀、重量合理確定裝卸搬運方式，合理分解裝卸搬運活動，並採用現代化管理方法和手段，改善作業方法，實現裝卸搬運的高效化和合理化。

小貼士

創建「複合終端」，實現裝卸搬運合理化

近年來，工業發達國家為了對運輸線路的終端進行裝卸搬運合理化的改造，創建了所謂的「複合終端」，即對不同運輸方式的終端裝卸場所，集中建設不同的裝卸設施，如集中設置水運港、鐵路站場、汽車站場等。這樣，就可以合理配置裝卸搬運機械，使各種運輸方式有機連接起來。

「複合終端」的優點是：

第一，取消了各種運輸工具之間的中轉搬運，因而有利於物流速度的加快，減少裝卸搬運活動所造成的貨損貨差；

第二，由於各種裝卸場所集中到複合終端，可以共同利用各種裝卸搬運設備，提高設備利用率；

第三，在複合終端內，可以利用大生產的優勢進行技術改造，大大提高轉運效率；

第四，減少裝卸搬運次數，有利於物流系統功能的發揮，提高物流效率。

【拓展閱讀】

裝卸搬運機械設備及其選擇（見本教材資源庫網站）

2.5 流通加工作業與管理

【引例】

阿迪達斯的鞋店

阿迪達斯公司在美國有一家超級市場，設立了組合式鞋店，店裡擺放的不是成品鞋，而是做鞋用的半成品，款式花色多樣，有6種鞋跟、8種鞋底，均為塑料製造的，鞋面的顏色以黑、白為主，搭帶的顏色有80種，款式有百餘種，顧客進來可任意挑選自己喜歡的各種部件，再交給職員當場組合。職員技術熟練，只要10分鐘，一雙嶄新的鞋便呈現在顧客面前。這家鞋店畫夜營業，鞋的售價與成批製造的價格差不多，有的還稍便宜些。所以，顧客絡繹不絕，銷售金額比鄰近的鞋店多10倍。

【引導問題】

1. 為什麼阿迪達斯公司要在流通領域完成鞋的最後加工作業？
2. 流通加工與製造有什麼區別？
3. 怎樣才能實現流通加工的合理化？

流通加工是物流系統的構成要素之一。由於流通加工可以增加商品的附加價值，可以更好地滿足顧客的個性化需求，目前流通加工已越來越成為現代物流不可或缺的重要組成部分。

一、流通加工的概念

流通加工是商品在流通過程中，為了維護產品質量、促進銷售和提高物流效率所進行的輔助性的加工活動。中國國家標準《物流術語》（GB/T18354-2006）對流通加工（Distribution Processing）的定義是：「根據顧客的需要，在流通過程中對產品實施的簡單加工作業活動（如包裝、分割、計量、分揀、刷標誌、拴標籤、組裝等）的總稱。」該定義深刻地揭示了流通加工的內涵，將流通加工與生產加工以及物流系統的其他作業活動區分開來。

流通加工是在流通領域從事的簡單生產活動，具有生產製造活動的性質。它和一般的生產型加工在加工方法、加工組織、生產管理方面並無顯著區別，但在加工對象、加工程度方面差別較大。主要表現在以下幾個方面：

（1）流通加工的對象是進入流通領域的商品，具有商品的屬性，而生產加工的對象不是最終產品，是原材料、零配件、半成品等生產資料。

（2）流通加工大多是簡單加工，不是複雜加工。一般而言，如果必須進行複雜加工才能形成人們所需的商品，那麼這種複雜加工應專設生產加工過程，該過程應當完成大部分加工活動。流通加工是對生產加工的一種輔助及補充。特別需要指出的是，

流通加工絕不是對生產加工的代替。

（3）從價值觀來看，生產加工的目的在於創造產品的價值和使用價值，而流通加工的目的是完善商品的使用價值，並在不做大的改變的情況下提高商品的價值。

（4）流通加工的組織者是從事流通工作的人員，他們能密切結合流通的實際需要開展加工活動。從加工的主體來看，流通加工由物資流通企業完成，而生產加工則由生產企業完成。

（5）商品生產是為交換和消費而進行的生產，而流通加工則是為了消費（或再生產）所進行的加工，這點與商品生產有共同之處。但有時候流通加工也是以自身流通為目的的，純粹是為了給流通創造條件，這又是流通加工不同於商品生產的特殊之處。

二、流通加工的地位與作用

（一）流通加工的地位

流通加工在商品流通以及國民經濟中的重要地位主要表現在以下幾個方面：

（1）流通加工能有效完善流通。流通加工在創造時間價值和場所價值方面，確實不能與運輸和儲存保管等主要功能要素相比，其普遍性也不及運輸和倉儲等功能。但它能有效完善流通，提高物流水平，促進商品流通的現代化。

（2）流通加工是「第三利潤源泉」的重要組成部分。流通加工是一種低投入、高產出的加工方式，是企業的重要利潤源泉。通過流通加工，可以改變商品包裝，提升商品檔次，增加商品的附加價值；通過流通加工，可以使產品的利用率提高30%甚至更高；通過流通加工，既為企業創造了利潤，又滿足了顧客多樣化、個性化的需求。由此可見，流通加工能實現企業和用戶的「雙贏」，它是企業為顧客提供增值服務的重要手段。

（3）流通加工能促進國民經濟健康穩定發展。在國民經濟的組織和運行中，流通加工是一種重要的加工形式，它對完善產業結構、推動國民經濟健康、有序、穩定發展，具有重要的意義。

（二）流通加工的作用

隨著市場競爭的加劇以及日益顯現的多樣化、個性化的顧客需求，流通加工的作用表現得越來越重要。具體而言，流通加工具有以下幾個方面的作用：

（1）提高原材料的利用率。通過流通加工進行集中下料，將生產廠商直接運來的簡單規格產品，按用戶的要求進行下料。例如：對鋼材定尺、定型，按需求下料；將鋼板進行剪板、切裁；將鋼筋或圓鋼裁制成毛坯；將木材、鋁合金加工成各種可直接投入使用的型材。集中下料可以優材優用、小材大用、合理套裁，明顯地提高原材料的利用率，有很好的技術經濟效果。

（2）進行初級加工，方便用戶。用量小或滿足臨時需要的用戶，不具備進行高效率初級加工的能力，通過流通加工可以使用戶省去進行初級加工的投資、設備、人力，方便了用戶。目前發展較快的初級加工有：將水泥加工成生混凝土，將原木或板、方材加工成門窗，冷拉鋼筋及衝制異型零件，鋼板預處理、整形、打孔等加工。

（3）提高加工效率及設備利用率。在分散加工的情況下，加工設備由於生產週期和生產節奏的限制，設備利用時鬆時緊，使得加工過程不均衡，設備加工能力不能得到充分發揮。而流通加工面向全社會，加工數量大、加工範圍廣、加工任務多。這樣，可以通過建立集中加工點，採用一些效率高、技術先進、加工量大的專門機具和設備，一方面可提高加工效率和加工質量，另一方面可提高設備利用率。例如，一般的使用部門在對鋼板下料時，採用氣割的方法留出較大的加工餘量，不但出材率低，而且由於熱加工容易改變鋼的組織，加工質量也不好。集中加工後可設計高效率的剪切設備，在一定程度上防止了上述缺點。

（4）彌補生產加工的不足。由於工業企業數量多，分布廣，生產資料及產品種類繁多，規格型號複雜，要完全實現產品的標準化極為困難。另外，社會需求複雜多樣，這也導致工業企業無法完全滿足客戶在品種、規格、型號等方面的需求。而流通企業瞭解市場供需雙方的情況，在商品流通的過程中開展加工活動，能彌補生產加工的不足，能更好地滿足顧客的需求。

（5）強化產品保存。流通加工使產品的使用價值得到妥善保存。例如，對消費品進行的冷凍、防腐、保鮮、防蟲及防霉加工，對生產資料進行的防潮、防銹加工以及對木材進行的防乾裂加工等，均屬此類。

（6）銜接干支線運輸，方便配送。一般地，流通加工中心將實物流通分成兩段，從生產廠到流通加工中心距離較長，而從流通加工中心到消費地距離較短。第一階段在生產廠與流通加工中心之間進行定點、直達、大批量的遠距離輸送，可採用水運、火車等大量運輸方式；第二階段則可利用載貨汽車來運輸經流通加工後的多規格、小批量、多用戶的產品。因而，流通加工能有效銜接干支線運輸，方便配送。

（7）提高商品的附加價值。流通加工可提高商品的附加價值。例如，內地的許多製成品，像洋娃娃、時裝、輕工紡織品、工藝美術品等，在深圳進行簡單的裝潢加工，改變了產品的外觀功能，僅此一項，就可使產品的售價提高20%以上。

三、流通加工的類型

按照流通加工的目的，可將其劃分為以下十種類型：

（一）為彌補生產領域加工不足的深加工

許多產品的生產加工只能進行到一定程度，這是由於一些因素限制了生產領域不能完全實現終極加工。例如，鋼鐵廠的大規模生產只能按照標準規定的規格進行，目的是讓產品具有較強的通用性，使生產具有較高的效率和效益；木材如果在產地制成成品的話，就會造成運輸的極大困難，所以原生產領域只能加工到圓木、板、方材這個程度，進一步的下料、切裁、處理等加工則由流通加工中心來完成。這種流通加工實質是生產的延續，是生產加工的深化，對彌補生產領域加工不足有重要意義。

（二）為滿足需求多樣化和消費個性化所進行的服務性加工

多樣化和個性化是現代需求和消費的重要特徵。這種多樣化和個性化的需求與規模生產所形成的標準化產品之間存在一定的矛盾。如果在生產領域增加一道工序或由

用戶自行加工，將會使生產與管理的複雜性和難度增加，而且按客戶個性化生產的產品難以組織高效率、大批量的流通。流通加工是解決該矛盾的重要方法，它將廠商生產出來的基型產品進行多樣化的加工，以滿足消費者多元化的需求。例如：對鋼材卷板的舒展、剪切加工；平板玻璃按需要規格所進行的開片加工；木材改制成方木、板材的加工；將商品的大包裝改為小包裝。這樣，不但使生產企業的流程減少，使之集中力量從事技術性較強的勞動，也可使消費者省去繁瑣的預處理工作，從而集中精力從事較高級、能直接滿足需求的勞動。

(三) 為保護產品所進行的加工

在最終消費者對產品進行消費之前的整個在物流過程中，都存在對產品的保護問題。為防止產品在運輸、儲存、包裝、裝卸、搬運等過程中遭到損失，使其使用價值順利得以實現，就需要進行流通加工。這種加工主要採取穩固、改裝、冷凍、保鮮、塗油等方式，而不改變產品的外形及性質。

(四) 為提高物流效率、方便物流的加工

對於在生產過程中裝配完整但運輸時耗費很高的產品，通常的做法是把它們的零部件分別集中捆紮或裝箱，在到達銷售地或使用地之後，再分別組裝成成品，這樣可使運輸方便、經濟。對於那些形狀特殊，影響運輸及裝卸作業效率，極易發生損失的物品進行加工，可以彌補其物流缺陷。例如：鮮魚的裝卸、儲存困難；過大設備的搬運、裝卸困難；氣態物質的運輸、裝卸困難。進行流通加工，可以使物流各環節易於操作，如鮮魚冷凍、過大設備先解體後裝配（如自行車在消費地的裝配加工）、氣體液化（如石油氣的液化加工）以及將造紙用材料磨成木屑等。這種加工往往只改變「物」的物理狀態，但不改變其化學特性，並最終仍能恢復原物理狀態。

(五) 為促進銷售的流通加工

流通加工可以從很多方面起到促進銷售的作用，例如：將過大包裝或散裝物分裝成適合一次性銷售的小包裝的分裝加工；將原以保護產品為主的運輸包裝改換成以促進銷售為主要目的的銷售包裝，以起到吸引消費者、指導消費的作用；將零配件組裝成用具、車輛以便於直接銷售；將蔬菜、肉類、魚類洗淨切塊以滿足消費者需求。這種流通加工一般不改變「物」的本體，只是進行簡單的改裝加工，當然也有許多是組裝、分塊等深加工。

(六) 為提高加工效率的流通加工

許多生產企業的初級加工由於數量有限、加工效率不高，難以投入先進的科學技術。流通加工以集中加工形式，解決了單個企業加工效率不高的問題。以一家流通加工企業代替若干家生產企業進行初級加工，可實現流通加工的規模化、專業化，有利於提高加工效率。

(七) 為提高原材料利用率的流通加工

利用流通加工中心的人才、設備、場所等資源優勢以及綜合性強、用戶多等特點，

以集中加工代替各使用部門的分散加工，通過合理規劃、合理套裁、集中下料，不但能提高加工質量，而且可以減少原材料的消耗，有效提高原材料的利用率，減少損失與浪費。與此同時，還能使加工後的副產品得到充分利用。

（八）銜接不同運輸方式，使物流合理化的流通加工

在干線運輸和支線運輸的結點，設置流通加工環節，可以有效解決大批量、低成本、長距離干線運輸與多品種、小批量、多批次末端運輸和集貨運輸之間的銜接問題。在流通加工點與大型生產企業之間形成大批量、定點運輸的渠道，又以流通加工中心為核心，組織對用戶的配送。也可在流通加工點將運輸包裝轉換為銷售包裝，從而有效銜接不同目的的運輸方式。例如，在水泥中轉倉庫從事的散裝水泥袋裝流通加工以及將大規模散裝轉化為小規模散裝，就屬於這種流通加工形式。

（九）以提高經濟效益、追求企業利潤為目的的流通加工

流通加工的一系列優點，可以形成一種「利潤中心」的經營形態。這種類型的流通加工是經營中的一環，在滿足生產和消費要求的基礎上取得利潤，同時在市場和利潤的引導下使流通加工在各個領域能有效地發展。

（十）生產-流通一體化的流通加工形式

依靠生產企業與流通企業的聯合，或者生產企業涉足流通領域，或者流通企業涉足生產領域，形成對生產與流通加工的合理分工、合理規劃、合理組織，統籌進行生產與流通加工的安排，這就是生產-流通一體化的流通加工形式。這種形式可以促使產品結構及產業結構的調整，充分發揮企業集團的技術經濟優勢，是目前流通加工領域的新形式。

四、流通加工作業

流通加工作業的內容包括袋裝、定量化小包裝、掛牌子、貼標籤、配貨、揀選、分類、混裝、刷標記等。生產的外延流通加工包括剪斷、打孔、打彎、拉拔、挑扣、組裝、改裝、配套以及混凝土攪拌等。流通加工作業中常用的設備如圖 2.16 所示。

（a）手動貼標機　　（b）自動貼標機　　（c）皮料剪裁機
圖 2.16　流通加工設備

按照流通加工是增加商品的附加價值還是提高商品銷售的服務質量，可將流通加工作業分解為兩部分：一是生產性質的作業，如分割、組裝、改裝、剪裁、研磨、打孔、折彎、拉拔等；二是銷售服務作業，如貼標籤、商品檢驗、冷凍冷藏、加熱、刷標記等。銷售服務作業能改善服務質量，卻是純成本的付出，其設計應根據商品價值

做適度安排。生產性質的作業兼有商品價值和服務水平提高的作用，應在物流過程中大力推行。

由流通加工作業的內容可見，流通加工是在流通過程中對商品附加進行的一些簡單的物理性作業，不改變商品的固有屬性，不改變商品的原有使用價值，只是商品外形、物質聚集狀態以及大小等的改變。流通加工發生在流通過程的各個節點上，如加工中心（冷凍冷藏廠、剪切處等）、銷售中心（各種銷售點）、輸送中心（各類站場）、物流中心以及倉庫和向客戶交貨的地點，甚至發生在用戶家內。

綜上，流通加工不同於創造新物質的生產過程，也不同於國際貿易中的「來料加工、來樣加工、來件裝配」，它位於生產和銷售之間，可看成生產過程在流通領域的延伸或深化，也可看成流通功能向消費服務領域的擴大。如圖 2.17 所示。

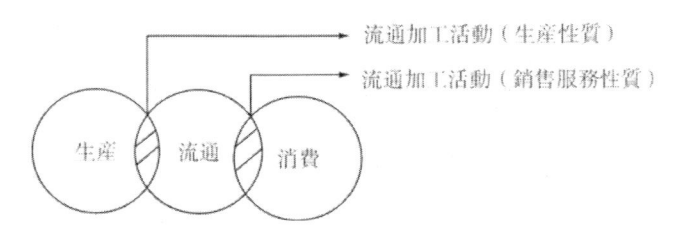

圖 2.17　流通加工在經濟活動中的位置

小貼士

物流企業開展的流通加工作業

物流企業開展的流通加工作業主要包括：

分裝加工。 許多商品的零售量小，而生產企業是為了保證其高效的運輸。一般而言，出廠包裝（即工業包裝或運輸包裝）都比較大。為了便於銷售，經銷商購進商品後還要按消費者所要求的零售量進行重新包裝。即大包裝改小包裝，散包裝改小包裝，運輸包裝改銷售包裝。

分選加工。 一般地，經銷商購進的農副產品其質量、規格參差不齊，如果直接把這樣的商品賣出去，一是不受顧客歡迎，二是銷售價格低。因此，就有必要按照質量、規格等標準，用人工或機械方式進行分選，並分別包裝，實現質優價優、質次價低，這樣就比較適合不同層次顧客的需要。通過分選加工，提高了商品的附加價值，提高了顧客的滿意度，企業也因此獲得了更大的利潤。

五、流通加工合理化

流通加工合理化的含義要避免各種不合理的流通加工現象，實現流通加工資源的最優配置，使流通加工有存在的價值，並且實現最優化。為此，應在滿足社會需求的同時，合理組織流通加工生產，並綜合考慮加工與運輸、加工與配送、加工與商流的有機結合，從而實現最佳的加工效益。

（一）不合理的流通加工形式

流通加工是在流通領域對生產所進行的輔助性加工。一般地，它能對流通加工起

到補充和完善的作用，但若設計不合理，也會產生負面影響，所以應盡量避免不合理的流通加工。不合理的流通加工主要表現在以下幾個方面：

（1）流通加工地點設置不合理。流通加工地點的選擇是非常重要的，其佈局狀況往往關係到流通加工的效率與效益。一般而言，為銜接單品種大批量生產與多樣化需求的流通加工，加工地應設置在需求地區，這樣才能實現大批量的干線運輸與多品種末端配送的物流優勢。而為方便物流活動的流通加工環節則應設在產出地，設置在進入社會物流之前；否則，不但不能解決物流問題，反而會在流通中增加一個中間環節，因而是不合理的。

即使是產地或需求地設置流通加工的選擇是正確的，還存在一個小地域範圍的正確選址問題，如果處理不善，仍然會出現不合理。這種不合理主要表現在交通不便，流通加工與生產企業或用戶之間距離較遠，流通加工點的投資過高（如受選址的地價影響），加工點周圍的社會、環境條件不良等。

（2）流通加工方式選擇不當。流通加工方式包括流通加工對象、流通加工工藝、流通加工技術以及流通加工程度等。流通加工方式的正確選擇實際上是與生產加工的合理分工問題。本來應選擇由生產加工環節完成的，卻錯誤地選擇由流通加工去完成，本來應由流通加工完成的，卻錯誤地選擇由生產加工過程去完成，都會導致不合理。一般而言，如果工藝複雜，技術裝備要求較高，或加工可以由生產過程延續或較易解決的都不宜再設置流通加工環節，尤其不宜與生產過程爭奪技術要求較高、效益較高的最終生產環節。如果流通加工方式選擇不當，就會出現與生產過程奪利的惡果。

（3）流通加工作用不大，形成多餘環節。有的流通加工過於簡單，或對生產及用戶作用都不大，甚至存在盲目性，不僅不能解決品種、規格、質量、包裝等問題，相反卻增加了環節。這也是流通加工不合理的一種形式。

（4）流通加工成本過高，效益不好。流通加工之所以有生命力，其重要優勢之一是有較大的產出投入比，因而能有效地對生產加工起到補充完善的作用。但若流通加工成本過高，則不能實現以較低的投入實現更高回報的目的。除了一些必需的，從政策要求來看即使虧損也應進行的加工外，都應看成是不合理的。

（二）實現流通加工合理化的途徑

針對以上不合理的流通加工形式，需要從營運及操作上加以改進，以促進流通加工的合理化。為此，就需要對是否設置流通加工環節，在什麼地點設置，選擇什麼類型的加工方式，採用何種技術裝備等，進行正確的決策。

（1）搞好流通加工中心的佈局規劃與建設工作。流通加工中心（或流通加工點）的佈局狀況是影響其合理化的重要因素之一。一般而言，為銜接單品種大批量生產與多樣化需求的流通加工，加工地應設置在需求地區。這樣，既有利於銷售、提高服務水平，又能發揮干線運輸與末端配送的物流優勢，如平板玻璃的開片套裁加工中心就應建在銷售地，靠近目標市場。為方便物流的流通加工，加工地應設在產出地，如肉類、魚類的冷凍食品加工中心就應設在產地。這樣，使經過流通加工中心的貨物能順利地、低成本地進入運輸、儲存等物流環節。

（2）加強流通加工的生產管理。在物流系統和社會生產系統中，經過可行性研究確定設置流通加工中心後，組織與管理流通加工生產便成了運作成敗的關鍵。流通加工的生產管理方法與運輸、存儲等有較大區別，而與生產組織和管理有許多相似之處。流通加工的組織和安排的特殊性在於，不但內容及項目多，而且不同的加工項目要求有不同的加工工藝。一般而言，都有如勞動力、設備、動力、財務、物資等方面的管理。特別地，對於套裁型流通加工，其最具特殊性的生產管理是對出材率的管理。這種主要流通加工形式的優勢在於利用率高、出材率高，從而獲取效益。為提高出材率，需要加強對消耗定額的審定及管理，並應採取科學方法，進行套裁的規劃與計算。

（3）加強流通加工的質量管理。流通加工的質量管理，主要是對加工產品的質量控製。由於國家質量標準一般沒有加工成品的品種規格，因此，進行這種質量控製的依據，主要是用戶的要求。而不同用戶對質量的要求不一，對質量的寬嚴程度也不同，因此，流通加工據點必須能進行靈活的柔性生產才能滿足不同用戶的不同質量要求。此外，全面質量管理中採取的工序控制、產品質量監測、各種質量控製圖表等，也是流通加工質量管理的有效方法。

（4）實現流通加工與配送、運輸、商流等的有機結合。應做到加工與配送相結合，按配送需要進行加工，並使加工後的產品直接投入配貨作業，以提高配送水平；加工和配套相結合，通過流通加工，有效促成配套，提高流通加工作為橋樑與紐帶的能力；加工與合理運輸相結合，使干線運輸與支線運輸合理銜接，提高運輸及運輸轉載的效率；加工與合理商流相結合，通過加工，有效促進銷售，使商流合理化；加工與節約相結合，通過合理設置流通加工環節，達到節約能源、節約設備、節約原材料消耗的目的，從而提高經濟效益。

對於流通加工合理化的最終判斷標準，要看其是否能實現社會和企業本身的兩個效益，而且是否取得了最優效益。對流通加工企業而言，與一般生產企業的一個重要不同之處是，流通加工企業更應樹立社會效益第一的觀念，因為只有在以「補充」「完善」為己任的前提下進行加工，企業才有生存的價值。如果只是一味追求企業的微觀效益，不適當地進行加工，甚至與生產企業爭利，那就有違流通加工的初衷，或者其本身已不屬於流通加工的範疇了。

【拓展閱讀】

1. 中國流通加工的主要形式
2. 各種流通加工的內容與方法
（見本教材資源庫網站）

2.6 物流訊息管理

【引例】

為什麼零售商如此推崇 RFID？

沃爾瑪的配送系統、全球採購戰略、物流信息技術、供應鏈管理、天天平價在業界都是可圈可點的經典案例。可以說，沃爾瑪的所有成功都是建立在利用信息技術整合優勢資源、信息技術戰略與零售業整合的基礎之上。全世界零售業的同行都知道沃爾瑪的信息系統是最先進的。其主要特點是：投入大、功能全、速度快、智能化和全球聯網。

據 Sanford C. Bernstein 公司的零售業分析師估計，通過採用射頻識別（RFID）技術，沃爾瑪每年可以節省 83.5 億美元，其中大部分是因為不需要人工查看進貨的條碼而節省的勞動力成本。儘管另外一些分析師認為 80 億美元這個數字過於樂觀，但毫無疑問，RFID 有助於解決零售業兩個最大的難題：商品斷貨和損耗（因盜竊和供應鏈流程效率不高而產生的貨損），而現在單是盜竊一項，沃爾瑪一年的損失就差不多有 20 億美元。如果一家合法企業的營業額能達到這個數字，就可以在美國 1,000 家最大企業的排行榜中名列第 694 位。研究機構估計，RFID 技術能夠幫助零售商把失竊和存貨的損失降低 25%。

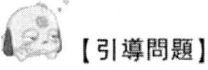

【引導問題】
1. 為什麼沃爾瑪公司能取得極大的成功？
2. 常見的物流信息技術有哪些？
3. 信息技術對一個公司的物流運作能起到什麼作用？

物流信息在物流活動中起著神經系統的作用，它對物流活動各環節能起到銜接、協調與控制的作用。特別地，物流信息的效率和質量直接影響到物流活動的效率和效果，並影響到物流、資金流、商流等多種流程是否順暢、連續。因此，必須高度重視物流信息管理工作。

一、物流信息概述

（一）物流信息的概念

物流信息（Logistics Information）是指「反應物流各種活動內容的知識、資料、圖像、數據、文件的總稱」（GB/T18354-2006）。狹義的物流信息是指與物流活動有關的信息，一般是伴隨從生產到消費的物流活動而產生的信息流，這些信息通常與運輸、保管、包裝、裝卸等物流功能活動有機結合在一起，是物流活動順利進行必不可少的條件。廣義的物流信息還包括與其他流通活動有關的信息，如商品交易信息和市場信息等。

物流信息通常伴隨著物流活動的發生而發生，為了能對物流活動進行有效控製就

必須及時掌握準確的物流信息。物流發達的國家往往把物流信息管理作為改善物流狀況的關鍵環節而予以重點關注。

（二）物流信息的分類

物流信息有多種分類方法，一般地，可以按照管理層次、信息來源、信息的可變度以及信息溝通方式等標準進行劃分。

（1）按照管理層次分類。按照管理層次，可以將物流信息劃分為戰略管理信息、戰術管理信息、知識管理信息和運作管理信息四類。

①戰略管理信息。這是企業高層管理者制定企業年度經營目標、進行戰略決策所需要的信息。例如，企業年度經營業績綜合報表、消費者收入動向、市場動態以及國家有關的政策法規等信息。

②戰術管理信息。這類信息是部門管理者制定中短期決策所需要的信息，如月銷售計劃完成情況、單位產品的製造成本、庫存成本、市場商情等信息。

③知識管理信息。這些是企業知識管理部門對企業的知識進行收集、分類、儲存、查詢，並進行分析得到的信息。例如，專家決策知識、物流企業業務知識、員工的技術和經驗形成的知識等信息。

④運作管理信息。這些信息產生於運作管理層，反應並控製著企業的日常營運活動。例如，產品質量指標、客戶的訂貨合同、供應商的供應信息等。這類信息一般發生頻率高且信息量較大。

（2）按照信息來源分類。按照信息來源，可以將物流信息劃分為物流系統內信息和物流系統外信息兩類。

①物流系統內信息。這類信息是伴隨物流活動而產生的信息，包括物料流轉信息、物流作業層信息（如貨運、儲存、配送、流通加工以及定價等信息）、物流控製層信息以及物流管理層信息。

②物流系統外信息。這些信息是在物流活動以外發生，但需要提供給物流活動使用的信息，包括供應商信息、客戶信息、訂貨合同信息、社會運力信息、交通及地理信息、市場信息、政策信息，以及企業內部生產、財務等與物流有關的信息。

此外，按照信息的可變度可以將物流信息劃分為固定信息（如物質消耗定額、固定資產折舊、物流活動的勞動定額等）和變動信息（如庫存量、貨運量等）；按照信息溝通方式可以將物流信息劃分為口頭信息（如物流市場調查信息）和書面信息（如物流相關報表、物流技術資料等）。

（三）物流信息的特徵

物流信息除了具有時效性、傳遞性、共享性等信息的一般特點外，還具有以下特徵：

（1）信息量大，分布廣。物流信息伴隨著貨物的位移而分布在不同的時間和地點，不但信息量大，而且分布廣。與其他領域的信息相比，物流信息的產生、加工和應用在時間和空間維度上的差異越來越大。特別是隨著全球供應鏈時代的來臨，企業的經營活動越來越需要國際物流作為支撐。相應地，企業需要在全球範圍內對物流信息進

行收集、加工處理、傳遞和共享。

（2）動態性強，價值衰減快。物流活動的複雜性及客戶需求的多樣性，決定了物流信息伴隨著物流活動在不同的時空範圍內動態地變化；相應地，物流信息的價值衰減速度加快。這就要求物流業者具備較強的對動態信息的實時捕捉和利用能力。例如，超市銷售的商品種類和數量在一天甚至一小時範圍內都會有很大的變化，這就體現出物流信息非常明顯的動態性特徵。

（3）種類多，來源多樣。物流信息種類多，不僅物流系統內部各個環節有不同種類的信息，而且由於物流系統與其他系統（如生產系統、供應系統）密切相關，因而還必須收集這些物流系統外的有關信息。這使得物流信息的收集、分類、篩選、統計、研究等工作的難度加大。

（4）標準化。由於物流信息種類多，來源多樣，企業競爭優勢的獲得需要供應鏈各參與體的協作與配合。而協調合作的手段之一便是信息的實時交換與共享，為此，需要實現物流信息的標準化。

（四）物流信息的功能

物流信息與物流活動相伴而生，貫穿物流活動的整個過程。它不僅對物流活動具有支持保障功能，而且具有連接整合整個供應鏈和使整個供應鏈活動效率化的功能。物流信息的作用具體表現在以下幾個方面：

（1）物流信息有助於物流活動各環節的相互銜接。物流系統是由採購、運輸、庫存以及配送等子系統構成的，物流系統內各子系統的相互銜接是通過信息予以溝通的，基本資源的調度也是通過信息傳遞來實現的。只有通過物流信息的橋樑紐帶作用，才能保證物流各環節活動的有效運轉，物流系統也才能成為有機的整體。

例如，企業接到客戶的訂貨信息後，首先要查詢庫存信息，若庫存能滿足顧客需求，就可以發出配送指示信息，通知配送部門配貨送貨；若庫存不能滿足需求，則發出採購或生產信息，通知採購部門採購貨品，或由生產部門安排生產，以此來滿足顧客的訂單需求。配送部門接到配送指示信息後，就會據此對商品進行個性化包裝，並反饋包裝完成信息；運輸部門則開始設計運輸方案，進而產生運輸指示信息，指示送貨人員送貨；在貨物運送的前後，配送中心還會發出裝卸指示信息，指導貨物的裝卸；當貨物成功送達客戶後，還要傳遞配送成功的信息。因此，物流信息的傳送連接著物流活動的各個環節，並指導各環節的工作，起著橋樑和紐帶作用。

（2）物流信息有助於物流活動各環節的協調與控制。要合理組織物流活動必須依賴物流系統中信息的有效溝通，只有通過高效的信息傳遞和及時的信息反饋，才能實現物流系統的有效運行。在物流活動過程中，任何一個環節都會產生大量的信息。物流系統通過合理地應用現代信息技術手段，對這些信息進行充分挖掘與分析，得到下一環節活動的指示性信息，從而對各環節的活動進行協調與控制。例如，根據客戶訂購及庫存信息來安排採購計劃或生產計劃，根據出庫信息來安排配送作業或庫存補充計劃等。因此，物流信息有助於物流活動各環節的協調與控制，能有效支持和保障物流活動的順利進行。

（3）物流信息有助於物流管理和決策水平的提高。有效的物流管理可以提高客戶服務水平，而物流管理需要大量準確、及時的信息和用以協調物流系統運作的反饋信息。任何信息的遺漏和錯誤都有可能影響決策的正確性，並將影響物流系統運轉的效率和效果，進而影響企業的經濟效益。而物流系統產生的效益來自於物流服務水平的提高和物流成本的降低，這些都與信息在物流過程中的協調作用密不可分。通過運用科學的分析工具，對物流活動所產生的各類信息進行科學分析，獲得有價值的信息，從而服務於決策，提高管理水平。

正因為物流信息具有上述功能，才使得物流信息在現代企業經營管理中佔有越來越重要的地位。建立物流信息系統，提供快速、準確、及時、全面的物流信息是現代企業獲得競爭優勢的必要條件。

二、物流信息技術

物流信息技術（Logistics Information Technology）是「物流各環節中應用的信息技術，包括計算機、網路、信息分類編碼、自動識別、電子數據交換、全球定位系統、地理信息系統等技術」（GB/T18354-2006）。

（一）信息編碼技術

信息編碼技術是指對大量的信息進行合理分類後或是為了對編碼對象進行唯一標示而用代碼加以表示，從而實現對管理對象的正確識別。信息編碼技術可分為信息分類編碼和標示（ID）代碼兩大類。信息分類編碼是將具有某種共同屬性或特徵的信息合併在一起，把不具有上述共性的信息區別開來，並在此基礎上賦予信息某種符號體系，一般用代碼表示。例如，海關協調系統代碼（HS）即是對報關的進出口貨物的分類代碼體系，而全國工農業產品（物質）分類代碼則是對中國的工農業產品或物質的分類代碼體系。

標示代碼是對編碼對象不進行事先分類，而是對不同對象分配不同且唯一的號碼。一般採用無含義的編碼方法。最簡單的號碼分配方式是採用流水號進行編碼，也可採用無序編碼方法。例如，通用商品編碼即是在全球範圍內唯一標示某一商品單品的標示代碼。

信息編碼的標準化極為重要。統一的信息編碼是信息系統正常運轉的前提。通過標準化來實現供應鏈參與體的數據交換與共享，實現「貨暢其流」，已成為供應鏈營運管理的必然要求。

（二）自動識別與數據採集技術

自動識別與數據採集（Automatic Identification and Data Capture，AIDC）技術是「對字符、影像、條碼、聲音等記錄數據的載體進行機器識別，自動獲取被識別物品的相關信息，並提供給後臺的計算機處理系統來完成相關後續處理的一種技術」（GB/T18354-2006）。

借助 AIDC 技術，通過自動的方式識別項目標誌信息，無須使用鍵盤即可將數據輸入計算機系統，從而實現物流與信息流的同步。AIDC 技術包括條碼技術、射頻識別技

術、聲音識別技術、圖形識別技術、光字符識別技術、生物識別技術以及空間傳輸等技術。在物流與供應鏈管理中，最常用的是條碼技術和射頻識別技術。

1. 條碼技術

條碼技術（Bar Code Technology）是「在計算機的應用實踐中產生和發展起來的一種自動識別技術」[①]（GB/T18354-2006）。它是為實現對信息的自動掃描而設計的，是實現快速、準確而可靠地採集數據的有效手段。條碼技術的應用成功解決了數據錄入和數據採集的「瓶頸」問題，為物流與供應鏈管理提供了有力的技術支持。

[案例] 條形碼技術是沃爾瑪（Wal-Mart）和家具倉儲店（Home Depot）這樣的大公司控制採購成本和庫存成本的關鍵。而在醫藥行業，雖然降低成本也是首要問題，而且每年有 830 億美元用於購買醫療用品和外科器材，卻只有一半的醫療產品採用了條形碼技術。據估計，如果能改進供應鏈運作管理，能節省 11 億美元的費用。

醫療保健行業的巨頭們，如哥倫比亞/HCA 保健公司（Columbia/HCA Healthcare）或凱瑟益壽公司（Kaiser Permanente），在條形碼技術的應用方面並沒有走在前列，反而是聖亞力克西斯醫療中心（St. Alexius Medical Center）獨占鰲頭。10 年前，聖亞力克西斯醫療中心安裝了第一臺掃描儀，但此前公司供應成本的 20% 竟無從解釋。在最近 4 年裡，該比例在有些部門中已下降為 1%，庫存成本更是直接下降了 48%，節省的資金總額為 220 萬美元。

條碼技術具有數據採集快速、準確、成本低廉、易於實現，具有全球通用的標準，所標示的信息能滿足供應鏈管理的要求等特點。

（1）條碼的內涵。條碼（Bar Code）是條形碼的簡稱，它是「由一組規則排列的條、空及其對應字符組成的，用以表示一定信息的標誌」（GB/T18354-2006）。條碼由一組黑白相間、粗細不同的條狀符號組成，條文隱含著數字、字母、標誌和符號等信息，主要用以表示商品的製造國、製造商以及商品本身的基本信息，是全球通用的商品代碼的表示方法。其中，常見的是一維條碼。它自出現以來，就得到了人們的普遍關注，發展十分迅速，僅僅 20 年左右的時間，已廣泛應用於交通運輸業、商業、醫療衛生、製造業、倉儲業等領域。一維條碼的使用，極大地提高了數據採集和信息處理的速度，改善了人們的工作和生活環境，提高了工作效率，並為管理的科學化和現代化做出了很大貢獻。二維條碼屬於高密度條碼，在 1 平方英吋內可記錄高達 2,000 個字符的信息。它是一個完整的數據文件，在水平方向和垂直方向都表示了信息，在國外它又被稱為便攜數據文件、自備式數據或紙上網路等。二維條碼是各種證件及卡片等大容量、高可靠性信息實現存儲、攜帶並自動識讀的最理想的方法。如圖 2.18 所示。

一維條碼　　　　　　　　　二維條碼

圖 2.18　一維條碼與二維條碼

[①] 條碼自動識別技術（Bar Code Automatic Identification Technology）是「運用條碼進行自動數據採集的技術。主要包括編碼技術、符號表示技術、識讀技術、生成與印製技術和應用系統設計等」。——中華人民共和國國家標準《物流術語》（GB/T18354-2006）

（2）條碼的光學原理。條碼是一組黑白相間的條文，這種條文由若干個黑色的「條」和白色的「空」的單元所組成。其中，黑色條對光線的反射率低而白色的空對光的反射率高，再加上條與空的寬度不同，就能使掃描光線產生不同的反射接收效果，在光電轉換設備上轉換成不同的電脈衝，形成可以傳輸的電子信息。由於光的運動速度極快，所以可以準確無誤地對運動中的條碼進行識別。

（3）條碼的主要系統與字符結構。條碼的主要系統有 ENA 碼和 UPC 碼①。ENA 條碼即國際上通用的商品條碼，中國通用商品條碼標準也採用 ENA 條碼結構。其主版由 13 位數字及相應的條碼符號組成，在較小的商品上也採用 8 位數字碼及其相應的條碼符號。前者包括以下四個組成部分：

①前綴碼。前綴碼由三位數字組成，是國家代碼（中國為 690）。它是由國際物品編碼會統一確定的。

②製造商代碼。製造商代碼由四位數字組成，中國物品編碼中心統一分配並統一註冊，實行一廠一碼。

③商品代碼。商品代碼由五位數字組成，表示每個製造廠商的商品。該碼由廠商確定，可標示十萬種商品。

④校驗碼。校驗碼由一位數字組成，用以校驗前面各碼的正誤。

例如，6902952880041。該條碼的字符結構中，690 是國家代碼，2952 是製造商代碼，88004 是商品代碼，1 為校驗碼。

（4）常見條碼的種類、特點及用途。如表 2.7 和表 2.8 所示。

表 2.7　　　　　　　　常見條碼的種類、特點與用途

圖例	條碼	特點及用途
EAN-13 EAN-8	EAN 標準版商品條碼（EAN-13）	①是一種定長（13 位數）無含義條碼； ②從左到右前依次為前綴碼、廠商識別碼、商品項目代碼、校驗碼； ③用於零售商品的標示
16901234000044	ITF-14 條形碼	只用於非零售貿易項目的標示，適合直接印刷於瓦楞紙上
(01) 06901234567892	UCC/EAN－128 條形碼	是可變長度的連續型條碼，可攜帶大量訊息

---

① UPC（Universal Product Code）碼是美國統一代碼委員會制定的一種商品用條碼，主要用於美國和加拿大地區。它是一種長度固定的連續性條碼，也是最早大規模應用的條碼。由於應用範圍廣泛，故又稱萬用條碼。UPC 碼共有 A、B、C、D、E 五種版本。

表 2.8　　　　　　　　　　常見物流條碼的種類、特點與用途

圖例	條碼	特點及用途
16901234000044	儲運單元條形碼	①專門表示儲運單元編碼的條碼； ②常用於搬運、倉儲和運輸中； ③分為定量儲運單元和變量儲運單元
(01) 06901234567892	貿易單元 128 條形碼	可變長度、攜帶信息包括生產日期、有效期、運輸包裝序號、重量、尺寸、體積、送出地址、送達地址等

（5）條碼識別裝置。條碼識別裝置是用來讀取條碼信息的設備。它使用一個光學裝置將條碼的條空信息轉換成電頻信息，再由專用譯碼器翻譯成相應的數據信息。條碼識別裝置一般不需要驅動程序，接上後可直接使用，如同鍵盤一樣。條碼識別裝置有多種類型，可以按照掃描原理、使用方式等標準進行分類。

【拓展閱讀】

條碼識別裝置（見本教材資源庫網站）

（6）條碼在物流中的應用。條碼在物流中的應用比較廣泛，包括採購、配送、庫存管理等領域。

［案例］聯邦快遞（FedEx）公司利用條形碼給每份貨運單據加上不同的編號，以便運輸途中更方便、快速地識別包裹。在貨物進入配送系統的起點，在分揀貨物時，在運輸途中，在終點，工作人員都會掃描條碼。配送卡車內還安裝有小型計算機，能夠接收無線電信號。這就使公司能夠按照提貨和交貨需要安排行車線路，還可以使卡車成為貨物運輸與卡車定位信息的輸入點。配送代理攜帶一個手握式掃描器，可以在提貨或交貨時讀取貨物編號。存有編碼信息的掃描器可以插入卡車的車載計算機，將其中的信息讀入公司的數據庫。

①銷售時點系統（Point of Sale，POS）。它是指「利用光學式自動讀取設備，按照商品的最小類別讀取實時銷售信息以及採購、配送等階段發生的各種信息，並通過通信網路將其傳送給計算機系統進行加工、處理和傳送的系統」（GB/T18354—2006）。採用 POS 系統，在商品上貼上條碼就能快速、準確地利用計算機進行銷售和配送管理。具體而言，在商品銷售結算時，通過自動讀取設備（見圖 2.19）以光電掃描方式讀取商品信息（如品名、單價、銷售數量、銷售時間、銷售店鋪等）並將其輸入計算機系統，再傳輸至收款機，收款後開出票據。經過計算機處理，進而掌握商品進、銷、存的數據和信息。

學習情境二　物流基本功能活動管理

圖 2.19　POS 系統

[**案例**]　某家經營百貨的大型零售企業擁有近 1,000 家分店，僅物流系統就涉及來自 2 萬多個供應商的 20 萬種商品。公司的戰略是要使每家分店都成為利潤中心。這就意味著要以各分店為基礎對 4 萬多種商品進行庫存決策。與此同時，進行集中採購。為此，公司在各分店安裝了具有光學掃描能力的條碼識別裝置，來讀入商品標籤上的條形碼。公司利用商店的小型計算機和中心的主機可以立即獲取各家分店的銷售信息。該系統為公司帶來了很多好處，包括結帳更快速，庫存控製更優，信用審核更快捷，能即時得到存貨狀況報告，對採購數量與採購時間的計劃安排更加妥當等。

POS 系統最早應用於零售業，後來逐漸擴展到其他行業（如金融、旅館等服務行業），POS 系統的使用範圍也從企業內部擴展到整個供應鏈。

想一想　POS系統能給企業帶來哪些益處？

②庫存系統。在庫存管理上應用條碼技術，尤其是用在規格包裝、集裝和托盤貨物上。入庫時，自動掃描商品條碼並將商品信息輸入計算機系統，經計算機處理後形成庫存信息。出庫程序與 POS 條碼的應用相似。

③分貨揀選系統。在貨物配送及倉庫出貨時，需要快速處理大量貨物，利用條碼技術可實現貨物的自動分揀，並進行相關的管理。

2. 射頻識別技術

射頻識別（Radio Frequency Identification，RFID）技術最早出現在 20 世紀 80 年代，用於跟蹤業務。它是「通過射頻信號識別目標對象並獲取相關數據信息的一種非接觸式的自動識別技術」（GB/T18354-2006）。而射頻識別系統（Radio Frequency Identification System）則是「由射頻標籤、識讀器、計算機網路和應用程序及數據庫組成的自動識別和數據採集系統」（GB/T18354-2006）。如圖 2.20 所示。

圖 2.20　RFID 系統的組成

91

在多數 RFID 系統中，識讀器可以在 2.5~3,000 厘米的範圍內發射無線電波形成電磁場，射頻標籤（儲存有商品的數據）在該區域範圍內可以檢測到識讀器的信號並發送儲存的數據，識讀器接收射頻標籤發送的信號，解碼並校驗數據的準確性以達到識別的目的，最終將數據傳送到計算機的主機進行處理。

射頻識別技術適用的領域包括物料跟蹤、運載工具、貨架識別等要求非接觸數據採集和交換的場合，特別是要求頻繁改變數據內容的場合尤其適用。

［案例］2004 年，全球最大的零售商沃爾瑪公司要求其前 100 家供應商，在 2005 年 1 月之前向其配送中心發送貨盤和包裝箱時使用射頻識別（RFID）技術，2006 年 1 月前在單件商品中投入使用。專家預測，2005—2007 年，沃爾瑪的供應商每年將使用 50 億張電子標籤，沃爾瑪公司每年可節省 83.5 億美元。目前，全世界已安裝了約 5,000 個 RFID 系統，實際年銷售額約為 9.64 億美元。憑藉這些信息技術，沃爾瑪如虎添翼，取得了長足的發展。

在運輸管理中，通常將射頻標籤貼在集裝箱和車輛等裝備上，RFID 的識讀器安裝在檢查點上，如運輸線路中的門柱或橋墩旁以及倉庫、車站、碼頭、機場等關鍵場所。識讀器接收到射頻標籤發送的信息後，連同接收地的位置信息一起上傳至通信衛星，再由衛星傳送給運輸調度中心，最後輸入數據庫，以此來完成貨物與車輛的跟蹤與控製。

［案例］香港的車輛自動識別系統——駕易通，採用的主要技術是 RFID。目前，香港大約有 8 萬輛車已裝上了 RFID 標籤，這些車輛通過裝有射頻掃描器的專用隧道、停車場或高速公路路口時，無須停車繳費，大大提高了行車速度和效率。

在中國大陸，射頻技術的應用也已經開始。一些高速公路的收費站口，使用射頻技術可以實現不停車收費，鐵路系統使用 RFID 記錄貨車車廂編號的試點也已運行了一段時間。一些物流公司也正在準備或已將射頻技術用於物流管理中。生產企業也開始採用射頻技術，如汽車的焊接、裝配等生產線，通過對車體、部件的識別與跟蹤來管理和控製生產流水線。射頻識別技術在其他物品的識別及自動化管理方面也得到了較廣泛的應用。

［案例］RFID 在寶馬公司汽車裝配流水線上的應用

德國寶馬汽車公司在裝配流水線上應用射頻識別技術，實現了由用戶定製產品的生產方式。該公司在裝配流水線上安裝了 RFID 系統，使用可重複使用且帶有詳細汽車定制要求的標籤，在每個工作中心（Work Center）都安裝了識讀器，以保證在每個工作中心都能按定制要求完成汽車裝配任務，從而得以在裝配線上裝配出上百種不同款式和風格的寶馬汽車。

（三）電子數據交換技術

1. 電子數據交換的概念

中國國家標準《物流術語》（GB/T18354-2006）對電子數據交換（Electronic Data Interchange，EDI）的定義是：「採用標準化的格式，利用計算機網路進行業務數據的傳輸和處理。」

EDI 是 20 世紀 80 年代發展起來的一種新穎的電子化貿易工具，俗稱「無紙貿易」，它是計算機、通信和現代管理技術相結合的產物。國際標準化組織（ISO）於 1994 年確認了 EDI 技術的定義：「將商務或行政事務處理，按照一個公認的標準，形成結構化的事務處理或信息數據格式，從計算機到計算機的數據傳輸方式。」換言之，EDI 是通過計算機信息網路，將貿易、運輸、保險、銀行和海關等行業信息，轉化為國際公認的標準格式，實現各有關部門或公司之間的數據交換與處理，並完成以貿易為中心的全部過程。它是一種在公司與公司之間傳輸訂單、發票等作業文件的電子化手段。通俗地講，EDI 就是一個電子郵包，按一定規劃進行加密和解密，並以特殊標準和形式進行傳輸。

　　EDI 系統的構成要素包括計算機應用、通信網路和數據標準化。其中，計算機應用是 EDI 的條件，通信網路是 EDI 的應用基礎，數據標準化是 EDI 的特徵。這三個要素相互銜接、相互依存，共同構成了 EDI 的基礎框架。EDI 系統模型如圖 2.21 所示。

圖 2.21　EDI 系統模型

小貼士

EDI 的類型

　　目前，EDI 主要有以下三種類型：

　　國家專設的 EDI 系統。這是全國電子協會會同八個部委確立的作為中國電子數據交換平臺的系統，其英文名稱為 CHINA-EDI。它通過專用的廣域網進行數據交換。這種網路由電子數據交換中心和廣域網的所有節點構成，所有數據均通過交換中心實現交換並進行結算。

　　基於因特網的 EDI 系統。該系統是在互聯網上運行的電子數據交換系統。由於互聯網的開放性，可以使很多用戶方便地進入 EDI 系統，因而該系統的應用範圍比較廣泛。同時，由於互聯網廣泛聯結，可使 EDI 系統的覆蓋範圍大大擴展，因而運行成本大大降低。但由於互聯網的開放性，導致該系統主要適合那些對數據的安全性和保密性無特殊要求的用戶。使用該系統可以實現協議用戶直接聯結傳遞 EDI 信息，可以進行點對點（PTP）的數據傳輸。

　　基於專線的點對點 EDI 系統。這是通過租用信息基礎平臺的數據傳輸專線、電話專線或自己鋪設的專線進行電子數據交換的系統。該系統封閉性較強，但由於使用的是專線系統，因而成本很高。

2. EDI 在物流中的應用

　　EDI 最初由美國企業應用在企業間的訂貨業務中，其後 EDI 的應用範圍逐漸向其他業務擴展，如 POS 數據的傳輸業務、庫存信息管理業務、發貨送貨信息和支付信息的傳輸業務等。近年來，EDI 在物流中的應用日益廣泛，貨主、承運人及其他相關部門

（如海關）或機構之間，通過 EDI 系統進行物流數據交換，並在此基礎上開展物流業務活動。物流 EDI 應運而升。

（1）物流 EDI 的參與體。通過物流 EDI 可把供應鏈上各節點連接起來，這些節點自然成了物流 EDI 的參與對象。主要包括：

①貨主企業。如製造商、批發商、零售商等。

②承運人。如多式聯運經營人、實際承運人。

③協助機構。如政府有關部門、銀行等。

④其他物流業者。如倉儲企業、專業報關行、物流中心、配送中心等。

（2）物流 EDI 處理的單證。物流 EDI 主要用於單證的傳輸、貨物送達的確認等。它可處理的物流單證主要有以下幾種類型：

①運輸單證。運輸單證包括海運提單、海運單、鐵路運單、空運單、裝船通知、提貨單、貨物承運收據、多式聯運單據等。

②商業單證。商業單證包括訂單、發票、裝箱單、重量單等。

③海關單證。海關單證包括報關單、海關發票、海關轉運報關單、海關放行通知等。

④商檢單證。商檢單證包括質量檢驗證書、重量檢驗證書、數量檢驗證書、衛生（健康）檢驗證書、產地檢驗證書、殘損鑒定證書等各種商品檢驗檢疫證書。

⑤其他單證。

（3）物流 EDI 的運作流程。在物流管理中，EDI 的一般運作流程為：

①發貨人在接到客戶訂單後，制訂貨物運送計劃，並將運送貨物的清單及運送時間安排等信息以提前裝運通知（Advanced Shipment Notification，ASN）的形式，通過 EDI 發送給承運人（Carrier）和收貨人（Consignee），以便承運人制訂車輛調配計劃以及收貨人制訂貨物接收計劃。

②發貨人根據客戶訂單的需求和貨物運送計劃下達發貨指令，分揀配貨，打印物流條碼，並將印有物流條碼的標籤粘貼在貨物包裝箱上，同時把擬運送貨物的品種、數量、包裝等信息通過 EDI 發送給承運人和收貨人，據此請示下達車輛調配指令。

③承運人在向發貨人或托運人（Consigner）接管貨物時，利用車載識讀器讀取物流標籤上的物流條碼信息，並與事先收到的提前裝運通知（ASN）數據進行核對，確認運送的貨物。接下來，承運人在物流中心進行貨物整理、集裝，生成送貨清單並通過 EDI 向收貨人傳輸。在運送貨物的同時，承運人進行貨物跟蹤管理。在收貨人簽收貨物後，承運人通過 EDI 向發貨人發送貨物運送業務完成信息及運費請示信息。

④在貨物送達時，收貨人利用識讀器讀取貨物標籤上的物流條碼信息，並與事先收到的 ASN 數據進行核對、確認。接收貨物後，開具發票或通過 EFT 進行電子資金轉帳；同時，通過 EDI 向承運人和發貨人發送收貨確認信息。

在物流管理中，運用 EDI 系統的優點在於，供應鏈參與體基於標準化的信息格式和處理方法，通過 EDI 實現信息共享，提高流通效率，降低物流成本。但使用物流 EDI 應具備一定的條件，包括物流企業與供應商和零售商等參與體都要擁有 EDI 信息系統，都應有計算機化的會計記錄，且彼此間應建立電子數據交換的夥伴關係。

[**案例**] 沃爾瑪公司是世界著名的零售企業，以快速供應為主要特色。尤其是這家公司針對20世紀80年代初期美國紡織服裝進口量急遽增加的情況，為了促進美國國產紡織品的銷售，公司和紡織品製造商合作，共享信息資源，建立了快速供應系統。20世紀80年代中期，沃爾瑪又和美國服裝製造企業Seminole公司和面料生產企業Milliken公司合作，在採用銷售信息系統的基礎上開始建立電子數據交換（EDI）系統，通過EDI系統發出訂貨詳細清單和受理付款通知來提高訂貨的速度和準確性，並降低相關事務的運行成本。為了促進行業內電子商務的發展，公司還與行業內的其他商家共同成立了一個工業通信標準委員會，並制定了統一的EDI標準和商品識別標準。通過EDI系統，供應商和沃爾瑪可以實時溝通商品的生產和銷售情況，有利於供應商把握需求動向，及時調整生產計劃和物流供應計劃。沃爾瑪物流快速供應模式的建立是公司與製造商建立合作夥伴關係，利用EDI技術進行經營信息交換，同時採用多頻次小批量的供應配送方式連續補充商品庫存的結果。通過建立物流快速供應模式，沃爾瑪縮短了供應週期，降低了商品庫存，提升了公司的競爭力。

（四）全球定位系統

全球定位系統（Global Positioning System，GPS）是「由美國建設和控製的一組衛星所組成的、24小時提供高精度的全球範圍的定位和導航信息的系統」（GB/T18354-2006）。其工作原理如圖2.22所示。

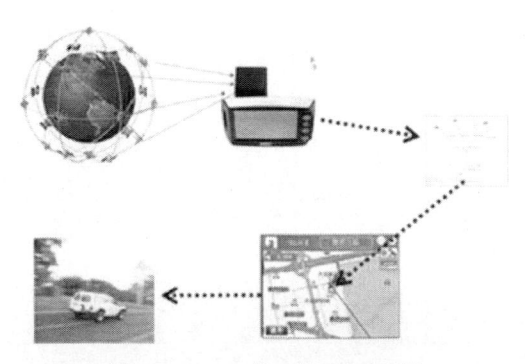

圖2.22　GPS的工作原理示意圖

GPS最初由美國國防部開發成功，目前主要由導航主機、天線、陀螺儀傳感器以及車速傳感器組成。它具有性能好、精度高、應用廣的特點，是迄今最好的導航定位系統。

GPS導航系統與電子地圖、無線電通信網路及計算機車輛管理信息系統相結合，可以實現車輛跟蹤和交通管理等許多功能。這些功能包括：

（1）車輛跟蹤功能。利用GPS和電子地圖可以實時顯示出車輛的實際位置，可對重要車輛和貨物進行跟蹤運輸。

（2）提供出行路線規劃和導航功能。提供出行路線規劃，包括自動線路規劃和人工線路設計。

（3）信息查詢功能。查詢資料可以以文字、語言及圖像的形式顯示，並在電子地

圖上顯示其位置。

（4）交通指揮功能。指揮中心可以監測區域內車輛的運行狀況，對被監控車輛進行合理調度。

（5）緊急援助功能。通過 GPS 定位和監控管理系統可以對遇有險情或發生事故的車輛進行緊急援助。

[案例] 一家協議卡車貨運公司為了提高適時管理下的作業績效，使用一種雙向的移動衛星通信與定位-報告系統（Position-Reporting System）來實時監控卡車的確切位置。該系統的核心是一臺小型車載計算機，能夠與導航衛星進行通信。導航衛星可以在全國任何地點確定卡車的地理位置。司機與總部之間不需要通過電話就可以進行信息交流。

（五）地理信息系統

地理信息系統（Geographical Information System，GIS）是隨著地理科學、計算機技術、遙感技術和信息科學的發展而發展起來的一種新興技術，它是「由計算機軟硬件環境、地理空間數據、系統維護和使用人員四部分組成的空間信息系統，可對整個或部分地球表層（包括大氣層）空間中有關地理分布數據進行採集、儲存、管理、運算、分析、顯示和描述」（GB/T18354-2006）。其工作原理如圖 2.23 所示。

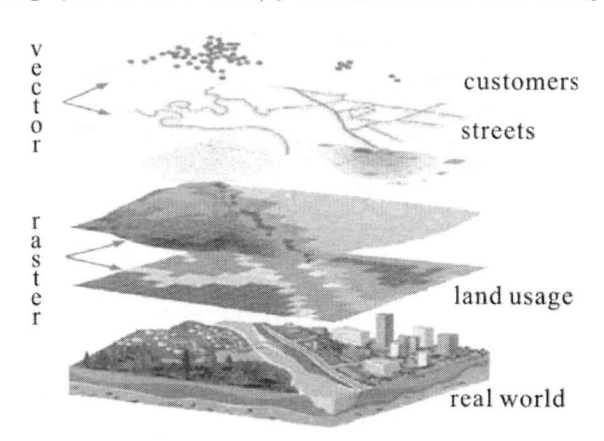

圖 2.23　GIS 的工作原理示意圖

地理信息系統萌芽於 20 世紀 60 年代初。1972 年，世界上第一個地理信息系統——加拿大地理信息系統全面投入運行。此後，地理信息系統在全球範圍內得到了快速發展。在西方發達國家，GIS 的應用已經滲透到社會經濟生活的各個方面，目前已成功地應用到了資源管理、環境保護、災害預測、投資評價、城市規劃建設、人口和商業管理、交通運輸、石油和天然氣、教育、軍事等眾多領域。在中國，隨著經濟建設的迅速發展，GIS 在城市規劃管理、環境保護、交通運輸、防災減災、農業、林業等領域發揮了重要的作用，取得了良好的經濟效益和社會效益。

GIS 可應用於物流分析，可利用 GIS 強大的地理數據功能來完善物流分析技術。GIS 還可用於車輛路線模型設計，用於解決「一個起始點、多個終點的貨物運輸」如

何降低物流作業費用，並保證服務質量等問題，包括決定使用多少輛車以及每輛車的路線如何安排等。駕駛者也可借助 GIS 查看路況信息並決定休息、用餐地點等。

（六）電子訂貨系統

電子訂貨系統（Electronic Order System，EOS）是指「不同組織間利用通信網路和終端設備進行訂貨作業與訂貨信息交換的系統」（GB/T18354-2006）。例如，零售商與批發商之間、批發商與製造商之間、製造商與原材料供應商之間的 EOS 系統。需要說明的是，這裡的通信網路主要指增值網（VAN）或因特網，而訂貨作業與訂貨信息交換主要以在線方式進行。如圖 2.24 所示：

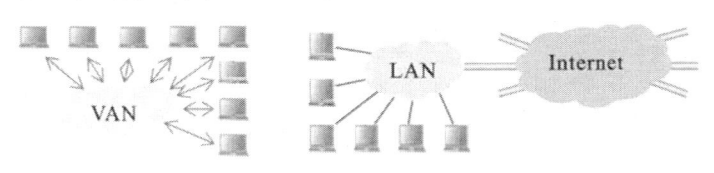

圖 2.24　EOS 企業間連接方式

電子訂貨系統能及時、準確地交換訂貨信息。它在企業物流管理中有以下作用：

（1）相對於傳統的訂貨方式，EOS 可以縮短訂單傳輸及處理的週期，縮短訂單交付的前置期。

（2）有利於提高訂單處理的效率，降低差錯率，節省人工費用。

（3）有利於降低企業庫存水平，提高庫存管理效率，並能有效防止商品特別是暢銷品出現脫銷。

（4）製造商和批發商通過分析零售商的訂貨信息，能準確判斷暢銷品和滯銷品，有利於調整生產計劃和銷售計劃，及時滿足市場需求。

（5）有利於提高企業物流管理信息系統的效率，使各業務信息子系統之間的數據交換變得更加便利和迅速，有利於豐富企業的經營信息。

三、物流管理信息系統

[案例] 總部位於美國田納西州的 FedEx 是全球規模最大的快遞公司。該公司的員工數量超過 14.5 萬，擁有 648 架貨運飛機、4.45 萬輛貨運汽車、4.35 萬個送貨點。FedEx 的物流網路覆蓋了全球絕大多數國家和地區，在全球 366 個大小機場擁有航權。該公司營運的主要特點是充分利用並發揮電子信息與網路化技術的優勢，公司在全球範圍內使用統一的 FedEx 物流管理軟件，擁有 Powerships、FedEx Ships 及 InterNetShips3 個信息系統。其中投入使用的 Powerships 系統超過 10 萬套，FedEx Ships 及 InterNetShips 系統則超過 100 萬套。該公司通過這些信息系統與全球上百萬名客戶保持密切的聯繫。每天的貨運量約為 2,650 萬磅，平均每天處理的貨件量超過 330 萬件，平均處理通信次數達 50 萬次/天，平均電子傳輸量達 6,300 萬份/天，24～48 小時為客戶提供戶到戶送貨服務並保證準時的清關服務。

物流管理信息系統的產生和發展是建立在管理信息系統基礎之上的，它是管理信

息系統[1]在物流領域的應用。一般而言，物流管理信息系統是企業管理信息系統的一個子系統，它對於物流營運管理極為重要。

(一) 物流管理信息系統概述

物流管理信息系統（Logistics Management Information System，LMIS）是「由計算機軟硬件、網路通信設備及其他辦公設備組成的，服務於物流作業、管理、決策等方面的應用系統」（GB/T18354-2006）。換言之，物流管理信息系統是由人員、計算機硬件、軟件、網路通信設備及其他辦公設備組成的人機交互系統，其主要功能是進行物流信息的收集、存儲、加工處理、傳輸及系統維護，為物流管理者及其他組織管理人員提供戰略、戰術及運作決策支持，以達到提高物流營運管理效率，獲取企業競爭優勢的目的。通常，人們將物流管理信息系統（LMIS）也稱作物流信息系統（LIS），包括物流信息傳遞的實時化、信息存儲的數字化、信息處理的計算機化等主要內容。

物流管理信息系統（LMIS）作為企業經營系統的一部分，與企業其他部門的管理信息子系統並無本質的區別。但由於物流活動具有動態性強、時空跨度大等特點，使得物流管理信息系統除了具備一般信息系統的實時化、網路化、規模化、專業化、集成化、智能化等特點外，還具有開放性、可擴展性與靈活性、安全性、協同性、動態性、快速反應性、支持遠程處理、具備檢測、預警與糾錯功能等特徵。

物流管理信息系統有多種分類方法。按照系統的功能性質，可將其劃分為操作型系統和專家系統；按照系統的配置，可將其劃分為單機系統和計算機網路系統；按照系統的網路範圍，可將其劃分為基於物流企業內部局域網的系統、分布式企業網與因特網相結合的系統、企業內部局域網與因特網相結合的系統；按照服務對象，可將其劃分為面向製造商的物流管理信息系統以及面向批發商、零售商、第三方物流企業等節點企業的物流管理信息系統。

(二) 物流管理信息系統的子系統

按照系統的業務功能，還可進一步將物流管理信息系統劃分為若干次級系統，主要包括：

(1) 進、銷、存管理系統。這是企業經營管理的核心環節，是企業能否獲得經濟效益的關鍵所在。該系統包括進貨管理子系統、銷貨管理子系統、庫存管理子系統。

(2) 訂單管理系統。該系統提供完整的產品生命週期流程，使客戶有能力跟蹤和追蹤訂單、製造、分銷、服務流程的所有情況。其主要功能包括：①網上下單、EDI 接收電子訂單、訪銷下單；②訂單預處理（包括訂單合併與分拆）；③支持客戶網上訂單查詢；④支持緊急插單。

(3) 倉庫管理系統[2]。倉儲管理是現代物流的核心環節之一。WMS 具有貨物儲存、進出庫程序、單據流程、貨物登記與統計報表、盤點程序、貨物報廢審批及處理、人

---

[1] 管理信息系統（Management Information System，MIS）是由人和計算機網路集成的，能夠提供企業管理所需信息以支持企業的生產經營和管理決策的人機系統。

[2] 倉庫管理系統（Warehouse Management System，WMS）是「對倉庫實施全面管理的計算機信息系統」。——中華人民共和國國家標準《物流術語》（GB/T18354-2006）

員管理、決策優化（如「先進先出」或「後進先出」）等功能，包括入庫作業系統、保管系統、揀選作業系統、出庫作業系統等子系統。借助該系統，可進行單據打印、商品信息數據管理，對貨品進行實時動態管理，為用戶在制訂生產和銷售計劃、及時調整市場策略等方面提供持續、綜合的參考信息。

［**案例**］義大利 A 公司精品鞋業區域分撥中心（Regional Distribution Center，RDC）和配送中心（Distribution Center，DC）的入、出庫一般是依據 A 公司的採購訂單和銷售訂單進行的，由於鞋的款式、顏色、尺碼眾多，手工條件下很難完全按照入/出庫單的內容準確地進行收貨、揀貨、發貨，經常發生大量的串色串碼情況，導致倉庫收發貨出錯、門店的單品庫存數量不準確，從而導致門店斷色斷碼情況發生，喪失了銷售機會，或不得不對斷色斷碼商品實行削價甩賣，給公司盈利帶來負面影響。為此，物流中心建立了先進的倉庫管理系統，並且在收、發貨環節採用成熟的 Barcode 解決方案，通過採集收、發貨數據並與訂單自動對照和匹配，準確記錄入、出庫及訂單執行情況，提高了訂單執行的效率和準確性，保證了庫存數據的準確性。

（4）運輸管理系統。運輸管理系統（Transportation Management System，TMS）是對運輸實施全面管理的計算機信息系統。TMS 通常為運輸管理軟件，具有資源管理、客戶委託、外包管理、運輸調度、費用控製等功能，包括貨物跟蹤系統[①]、車輛運行管理系統、配車配載系統等子系統。該系統具有運輸管理系統網路化（具有功能強大的跟蹤服務平臺）、能集成 GPS/GIS 系統等特點。借助該系統，可實現貨運業務管理、基本信息查詢、費用管理以及數據統計等功能。

（5）配送管理系統。該系統具有貨物集中、分類、車輛調度、車輛配裝、配送線路規劃、配送跟蹤管理等功能。

（6）貨代管理系統。該系統通常為貨代管理軟件，屬於執行層面的信息管理系統，具有客戶委託、製單作業、集貨作業、訂艙、預報、客戶接受確認（Proof of Delivery，POD）、運價管理等主要功能。

（7）財務管理系統。該系統包括總帳管理、應收帳款管理、應付帳款管理、財務預算管理、固定資產管理、財務分析管理、客戶化財務報表等主要功能。

小結

本學習情境的主要內容包括：包裝作業與管理、倉儲作業與管理、運輸與配送管理、裝卸搬運作業與管理、流通加工作業與管理、物流信息管理。包裝是物流活動的基礎，它位於生產的終點和社會物流的起點，貫穿整個流通過程。倉儲與運輸是現代物流系統的兩大支柱。倉儲能創造時間效用，運輸能創造空間效用。五種基本運輸方式各有優缺點，多式聯運是運輸的主要發展方向。配送是「配」和「送」的有機結

---

① 貨物跟蹤系統（Goods-Tracked System，GTS）是「利用自動識別、全球定位系統、地理信息系統、通信等技術，獲取貨物動態信息的應用系統」（GB/T18354-2006）。

合，配送能提供「門到門」的服務。裝卸搬運是物流系統的咽喉，是物流活動各環節的橋樑和紐帶。流通加工是商品在流通過程中所從事的簡單、輔助性的加工活動，是物流的增值功能，有別於生產加工。物流信息是物流系統的「神經」，對物流活動具有支持保障功能，具有連接整合整個供應鏈和使整個供應鏈活動效率化的功能。

同步測試

一、判斷題

1. 倉庫的貨物吞吐量與貨物裝卸作業量是同一個數量指標。（　　）
2. 根據貨物週轉率來安排貨位時，週轉率越高的貨物應離出入口越遠；反之，週轉率越高的貨物應離出入口越近。（　　）
3. 由於JIT配送可實現生產企業的「零庫存」，因此今後的發展可以做到消滅庫存。（　　）
4. 共同配送也稱越庫配送，是實現同城物流配送合理化的有效措施。（　　）
5. 運輸的起點是「裝」的作業，終點是「卸」的作業，因此裝卸搬運活動在物流中佔有重要地位，它本身也具有明確的價值。（　　）
6. 商品條碼化和包裝標準化是實現分揀自動化的前提。（　　）
7. 由於裝卸搬運的作業內容複雜多變，因此裝卸搬運環節成為提高物流系統效率的關鍵所在。（　　）
8. 配送加工可以使配送各環節易於操作，如鮮魚冷凍、過大設備解體、氣體液化等。這種加工往往會改變產品的物理狀態，但不改變物理特性，並最終仍能恢復原物理狀態。（　　）
9. 流通加工是生產加工在流通領域中的延伸，它在生產與消費之間起著承上啓下的作用。（　　）
10. 物流信息不僅對物流活動具有支持保障功能，而且具有連接整合整個供應鏈和使整個供應鏈活動效率化的功能。（　　）

二、單項選擇題

1. 單個包裝也稱小包裝，是物品送到使用者手中的最小單位。這種包裝一般屬於（　　）。
　　A. 工業包裝　　　B. 運輸包裝　　　C. 商業包裝　　　D. 內包裝
2. 按照包裝的功能，可將包裝劃分為（　　）兩類。
　　A. 工業包裝和商業包裝　　　B. 內包裝和外包裝
　　C. 單個包裝和整體包裝　　　D. 輕薄包裝和模塊包裝
3. 倉儲的目的是克服產品生產與消費在（　　）上的差異，以實現產品的使用價值。
　　A. 供應量　　　B. 需求量　　　C. 時間　　　D. 空間
4. 拆垛、配貨、貼標籤、拴卡片等都屬於（　　）作業。
　　A. 搬運裝卸　　　B. 流通加工　　　C. 輔助　　　D. 倉儲

5. 由於技術和經濟原因，各種運輸方式的運載工具都有其適當的容量範圍，從而決定了運輸線路的（　　）。
　　A. 運輸距離　　　B. 運輸能力　　　C. 送達速度　　　D. 運輸成本
6. 在配貨時，大多是根據入庫日期，按照（　　）的原則進行的。
　　A. 先進先出　　　B. 先進後出　　　C. 後進先出　　　D. 順其自然
7. 車輛配裝時，應遵循（　　）原則。
　　A. 重不壓輕，後送後裝　　　　　B. 重不壓輕，後送先裝
　　C. 輕不壓重，後送後裝　　　　　D. 輕不壓重，後送先裝
8. 在貨物放置時要有利於下次貨物的搬運，同時還要創造易於搬運的環境和包裝，這種要求被稱為（　　）。
　　A. 省力化原則　　　　　　　　　B. 消除無效搬運原則
　　C. 保持物流的均衡順暢原則　　　D. 提高搬運活性原則
9. 配送加工是流通加工的一種，但配送加工有不同於一般流通加工的特點。它只取決於用戶要求，其加工的目的（　　），但可取得多種社會效果。
　　A. 單一　　　　　B. 多樣　　　　　C. 繁多　　　　　D. 較少
10. 在流通過程中為方便銷售、方便用戶，增加附加價值而進行的加工活動，此種物流活動稱為（　　）。
　　A. 流通加工　　　B. 運輸　　　　　C. 配送　　　　　D. 裝卸搬運
11. 根據中國近些年的實踐，配送加工向流通企業提供的利潤，其成效並不亞於從運輸和儲存中挖掘的利潤，是物流中的（　　）利潤源。
　　A. 第一　　　　　B. 第二　　　　　C. 第三　　　　　D. 重要
12. 在食品中心將豬肉進行肉、骨分離，其中肉送到零售店，骨頭送往飼料加工廠的活動屬於（　　）。
　　A. 流通加工　　　B. 配送　　　　　C. 物流　　　　　D. 輸送
13. 物流信息管理的目的就是要在（　　）的支撐下，把各種與物流活動有關的具體活動整合起來，增強整體的綜合能力。
　　A. 物流系統　　　B. 信息系統　　　C. 物流網路　　　D. 物流技術
14. （　　）存在於貨物的運輸、儲存、包裝、流通加工等過程中並貫穿物流作業始終。
　　A. 裝卸搬運　　　B. 配送　　　　　C. 物流信息　　　D. 物流系統
15. 物流管理信息系統不包括（　　）功能模塊。
　　A. 倉庫管理系統　B. 運輸管理系統　C. 生產計劃系統　D. 採購管理系統

三、多項選擇題
1. 運輸的功能包括（　　）。
　　A. 產品轉移　　　B. 使用價值實現　C. 增加就業　　　D. 產品儲存
　　E. 運動
2. 以下運輸活動中，屬於不合理運輸的是（　　）。
　　A. 迂迴運輸　　　B. 對流運輸　　　C. 支線運輸　　　D. 幹線運輸

E. 重複運輸

3. 物流運輸增值在於物流企業的（　　）導致了低成本，節省了物流運作成本，同時又提供了其他增值服務。

  A. 一體化   B. 專業化   C. 個性化   D. 規模化

  E. 社會化

4. 配送與運輸是不同的，配送具有（　　）特點。

  A.「二次運輸」   B. 幹線輸送

  C.「門到門」服務   D.「中轉」型送貨

  E. 直達送貨

5. 下列活動中，屬於裝卸搬運作業的是（　　）

  A. 運輸配送 B. 堆放拆垛 C. 分揀配貨 D. 包裝加工

  E. 保管保養

四、簡答題

1. 包裝合理化的內涵是什麼？
2. 包裝有哪些常見的分類方法？
3. 集裝箱運輸具有哪些特徵？
4. 選擇運輸方式時應考慮哪些因素？
5. 怎樣才能實現運輸的合理化？
6. 如何判斷配送是否合理？
7. 裝卸搬運有哪些特點？
8. 裝卸搬運作業包括哪些內容？
9. 裝卸搬運不合理的表現形式有哪些？如何實現裝卸搬運合理化？
10. 流通加工與一般的生產加工有何區別？
11. 怎樣才能實現流通加工的合理化？
12. 常見的物流信息技術有哪些？在物流管理中各有什麼作用？

五、簡述題

1. 簡述包裝的基本功能。
2. 簡述儲存保管作業流程。
3. 簡述五種基本運輸方式的優缺點及其適用範圍。
4. 簡述多式聯運與聯合運輸的區別。
5. 簡述配送、運輸、送貨的區別。
6. 簡述配送作業流程。
7. 簡述實現配送合理化的有效舉措。
8. 簡述裝卸搬運作業的分類。
9. 簡述裝卸搬運合理化的目標。
10. 簡述裝卸搬運合理化的原則。
11. 簡述條碼在物流中的應用。
12. 簡述物流 EDI 的運作流程。

六、實訓題

1. 學生以小組為單位，課餘尋找一家大型超市，對超市中陳列的商品的包裝進行觀察、分析、討論，撰寫一篇不低於1,000字的調查報告。

2. 某餐飲連鎖有限公司的自營倉庫需要存放一批貨物，其中有1,000件聽裝的百事可樂和600筐水果，另外還有新購進的三臺自重28噸的設備（每臺設備底架為2條1.5米×0.2米的鋼架）。分組討論並提交儲存保管作業方案，有條件的學校可以進行模擬操作。

3. 學生以小組為單位，課餘尋找一家大型運輸企業或大型連鎖超市，對其運輸或配送業務進行調研，分析其主要業務流程，撰寫一篇不低於1,000字的調查報告。

4. 某製造廠收到一批設備，用卡車分批將設備從車站貨場運回倉庫。整個入庫作業分為四個階段，各階段的時間分別為：從車站將設備運到倉庫每趟需要2小時；將所有設備運進倉庫需要6小時；倉庫進行驗收需要8小時；倉庫準備貨位需要2小時；入庫碼貨需要4小時。請根據上述條件制訂這批貨物的裝卸搬運作業計劃。具備相應實訓條件的學校可以進行模擬操作。

5. 課餘尋找一家流通加工企業（或開展了流通加工活動的工商企業），對其開展的流通加工活動進行調查，並撰寫一篇不低於1,000字的調查報告。

6. 某物流公司要開展物流信息化建設，以小組為單位討論如何開展，並在討論的基礎上撰寫一份建設方案。

七、案例分析題

BJ汽車製造廠的自動化倉庫

20世紀70年代，北京某汽車製造廠建造了一座高層貨架倉庫（即自動化倉庫）作為中間倉庫，存放裝配汽車所需的各種零配件。該廠所需的零配件大多數由協作單位生產，然後運至自動化倉庫存放。該廠是中國第一批發展自動化倉庫的企業之一。

從結構來看，該倉庫分高庫和整理室兩部分，高庫採用固定式高層貨架與巷道堆垛機結構，從整理室到高庫之間設有輥式輸送機。當入庫貨物的包裝規格不符合托盤或標準貨箱要求時，還需要對貨物的包裝進行重新整理，這項工作就是在整理室進行的。由於當時各種備品的包裝沒有規格化，因此，整理工作的工作量相當大。

貨物的出入庫是通過電腦控制與人工操作相結合的人機系統來實現的。在當時，這套設備相當先進。該庫建在該廠的東南角，距離裝配車間較遠，因此，在倉庫與裝配車間之間需要進行二次運輸，即先要將所需的零配件出庫，然後裝車運輸到裝配車間，才能進行組裝。

自動化倉庫建成後，這個先進的倉儲設施在企業的生產經營中所發揮的作用並不理想。因此，其利用率也逐年下降，最後不得不拆除。

根據案例提供的信息，請回答以下問題：

1. 該廠的自動化倉庫建成後，為什麼沒有發揮應有的作用？請分析原因。

2. 你認為該廠的自動化倉庫有必要建立嗎？請說明理由。

【案例集錦】

案例1：TECH PLASTUS 聯合公司包裝管理的優化
案例2：「沃爾瑪」降低運輸成本的學問
案例3：高效物流配送　解密「戴爾現象」
案例4：聯合利華的托盤管理
案例5：對產品的多種包裝處理
案例6：上海可的便利連鎖有限公司信息系統建設

學習情境三　企業物流管理

【知識目標】

1. 理解物流系統
2. 理解效益背反原理
3. 理解企業物流的內涵與結構
4. 掌握採購流程及其變革
5. 理解生產物流控制原理
6. 理解銷售物流服務
7. 理解「商物分流」環境下銷售物流渠道的建設策略
8. 掌握訂單管理的過程要素
9. 掌握流通企業物流運作的特點與管理策略
10. 掌握物流中心、配送中心、物流園區的概念與特點
11. 理解物流中心、配送中心、物流園區在商品流通中的重要作用

【能力目標】

1. 能分析物流系統的模式
2. 能分析物流系統的效益背反現象
3. 能正確選擇採購模式
4. 能正確選擇生產物流的組織形式
5. 能正確區分物流中心、配送中心、物流園區
6. 能正確進行物流中心網路佈局
7. 能正確選擇配送中心的營運模式

【引例】

北京某企業的 JIT 系統

北京某家製造企業最近在產品分銷中引入了準時制（JIT）系統，減少了庫存，提高了利潤率。該企業還引入了一套先進的計劃與排程系統（APS），實現了更精確地排產，並減少了生產延遲。這套新系統使該企業極大地縮短了計劃時間，降低了安全庫存，同時省去了許多生產過程中不必要的費用。該系統每日向管理人員提交有關仍然存在生產延遲的報告，以便他們能夠採取行動進一步減少生產延遲。管理人員還將得

到有關生產進度預期變化的報告，以便企業能夠滿足波動的顧客需求。這些改進使該企業能以較低的成本向顧客提供更優質的服務，同時讓員工感到參與更多、更加清楚公司的運作。目前，該企業的客戶群、整體生產率和利潤率都有了明顯的好轉，而員工的曠工次數也明顯減少。

【引導問題】
1. 為什麼準時制方法能幫助企業減少庫存？
2. 為什麼生產計劃的編制被認為是提高效率的關鍵因素？
3. 何為企業物流？企業物流管理的核心是什麼？

企業是向社會提供產品或服務的經濟實體。企業物流是企業經營活動的重要組成部分，是具體的、微觀物流活動的典型領域。企業物流（Enterprise Logistics）是「生產和流通企業圍繞其經營活動所發生的物流活動」（GB/T18354-2006）。按照業務性質的不同，可以將企業物流劃分為生產企業物流和流通企業物流兩類。企業物流涉及的活動範圍十分廣泛，主要包括採購與供應、分銷與配送、倉儲與庫存、物料搬運、工業包裝、物料需求與預測、售後服務與返品回收等。企業物流管理的根本任務就是在企業物流活動中適時、適地地採用先進的物流技術並通過有效的物流管理，實現與企業生產經營活動的最優結合，使企業獲得最佳的經濟效益。

3.1 生產企業物流管理

一、物流系統

[案例] 上海通用（SGM）是一家中美合資的汽車公司。它擁有世界上最先進的柔性生產線，能在一條流水線上同時生產不同型號、不同顏色的車輛，每小時可生產27輛汽車，在國內首創訂單生產模式，即根據市場需求控製產量；同時生產供應採用準時制（JIT）運作模式。為此，該公司需實行零庫存管理，所有汽車零配件的庫存在運輸途中，不占用大型倉庫，僅在生產線旁設立小型配送中心，維持最低的安全庫存。這就要求公司在採購、包裝、海運、港口報關、檢疫、陸路運輸等各環節的銜接非常緊密，不能有絲毫差錯。換言之，公司必須構築一個有效的物流系統，才能滿足生產經營的需要。

(一) 物流系統的概念

物流系統是指在一定的時間和空間裡，由需要位移的物資、包裝設備、裝卸搬運機械、運輸工具、倉儲設施、人員和通信聯繫等若干相互制約的動態要素所構成的具有特定功能的有機整體。簡言之，物流系統是為達成物流目標而按計劃設計的要素統一體。物流系統的目的是實現物資的空間效益和時間效益，在保證社會再生產順利進行的前提條件下，實現物流活動中各環節的合理銜接，並取得最佳的經濟效益。

（二）物流系統的模式

從微觀的角度來看，物流系統是企業經營系統的一個子系統，具有系統的一般規律。物流系統的模式如圖3.1所示。

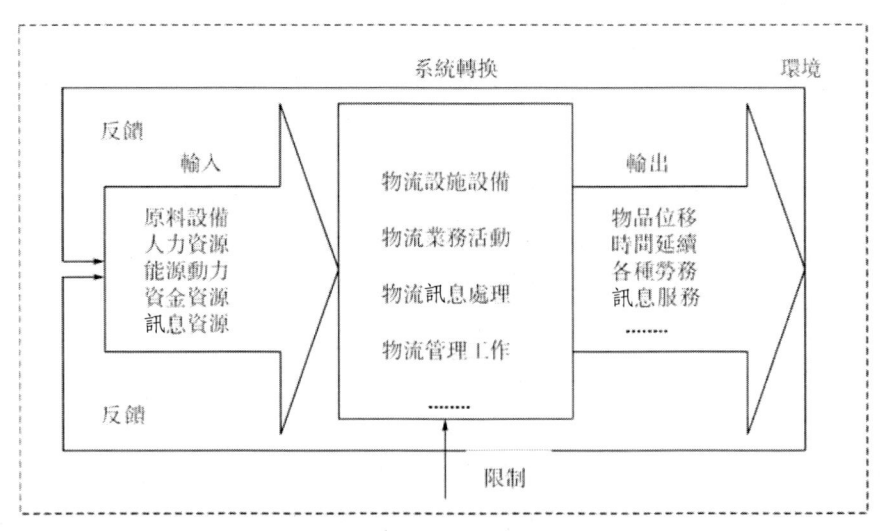

```
┌─────────────────────────────────────────────────────────────┐
│                        系統轉換              環境            │
│    反饋                                                      │
│           輸入        ┌──────────────┐      輸出             │
│          ┌──┐         │ 物流設施設備 │     ┌──┐              │
│          │  │         │              │     │  │              │
│          │原料設備│   │ 物流業務活動 │     │物品位移│        │
│          │人力資源│   │              │     │時間延續│        │
│          │能源動力│──▶│ 物流訊息處理 │────▶│各種勞務│        │
│          │資金資源│   │              │     │訊息服務│        │
│          │訊息資源│   │ 物流管理工作 │     │........│        │
│          └──┘         │              │     └──┘              │
│                       │   ........   │                       │
│    反饋               └──────────────┘                       │
│                              ▲                               │
│                              │                               │
│                             限制                             │
└─────────────────────────────────────────────────────────────┘
```

圖3.1　物流系統的模式

物流系統是一個開放系統，具有輸入、處理（轉化）、輸出、限制（制約）、反饋等功能。一般而言，物流系統的性質不同，這些功能的具體內容也有所不同。

（1）輸入。外部環境提供人、財、物（如能源、設備、勞動工具等）等資源，對物流系統產生作用，即為外部環境對物流系統的輸入。

（2）處理（轉化）。它是指物流系統本身的轉化過程。即從輸入到輸出之間所進行的供應、生產、銷售、服務等活動中所涉及的物流活動。其具體內容包括物流設施設備的建設、運輸、倉儲、包裝、裝卸搬運等物流業務活動，物流信息處理以及物流管理活動等。

（3）輸出。物流系統利用自身所具有的功能和手段，對環境輸入的資源進行轉化處理後，再向外部環境提供各種有價值的服務稱為物流系統的輸出。其具體內容包括物品的空間位移、貨物的時間延續以及物流合同的履行、物流代理服務、物流信息服務等。

（4）限制（制約）。外部環境對物流系統施加一定的約束稱為外部環境對物流系統的限制（制約）和干擾。這些因素包括：①能源、資金、人力等資源的限制；②需求的變化；③物流服務價格的影響；④政府政策的變化。

（5）反饋。在物流系統把各種輸入的資源轉化為輸出物流服務的過程中，由於受系統內外各因素的影響，系統目標不一定能實現，為此，需要把輸出結果的信息返回，以便及時評價並調整或修正物流系統活動，這一過程稱為信息反饋。其具體內容包括物流市場調查、物流活動分析、物流統計報告等。

（三）物流系統的目標

物流系統的目標可以用5R或7R來描述。

E.格羅斯範德·普洛蒙認為，物流系統的目標是「5R」，即在適當的時間（Right Time）、以適當的條件（Right Condition）和適當的價格（Right Price），將適當的產品（Right Product）送到適當的地點（Right Place）。

美國密西根大學的斯麥基教授則倡導物流系統的目標由「7R」組成，即優良的質量（Right Quality）、合適的數量（Right Quantity）、適當的時間（Right Time）、恰當的場所（Right Place）、良好的印象（Right Impression）、適宜的價格（Right Price）、適宜的商品（Right Commodity）。

上述「7R」實質上是在「5R」的基礎上發展起來的。

（四）物流系統的要素

物流系統的要素包括一般要素、功能要素、支撐要素以及物質基礎要素。

（1）一般要素。物流系統和一般的管理系統一樣，都是由人、財、物、信息和任務目標等要素有機結合而成的體系。

（2）功能要素。物流系統的功能要素是指物流系統具備的基本能力，這些基本能力經過有效整合便形成物流系統的總功能，進而實現物流系統的目標。物流系統的基本功能要素包括運輸、儲存保管、包裝、裝卸搬運、流通加工、配送、物流信息處理等。其中，運輸和儲存保管主要解決物品在供需之間在時間和空間上的分離，是物流創造「時間效用」和「地點效用」的主要功能要素，因而在物流系統中佔有重要地位。

（3）支撐要素。物流系統的建立和運行所涉及的範圍十分廣泛，需要許多支撐要素。特別地，物流系統處於複雜的社會經濟大系統中，需要確立物流系統自身的地位，需要協調與其他子系統的關係，因而支撐要素必不可少。物流系統的支撐要素主要包括體制與製度、法律與規章、行政命令、標準化系統。

（4）物質、基礎要素。物流系統的建立和運行，需要大量的技術裝備手段。這些手段及其有機聯繫對物流系統的運行具有決定意義，對實現物流功能也必不可少。物流系統的物質基礎要素主要包括：物流設施（如物流站、貨場、物流中心、倉庫、物流線路、公路、鐵路、港口等）、物流裝備（如倉庫貨架、進出庫設備、加工設備、運輸設備、裝卸機械等）、物流工具（如包裝工具、維護保養工具、辦公設備等）、信息技術及網路（如通信設備及線路、傳真設備、計算機及網路設備等）、組織及管理。其中，組織及管理是物流網路的「軟件」，起著運籌、連接、協調、指揮、調節各要素的作用，以保證物流系統目標的實現。

（五）物流系統的特點

物流系統除了具備一般系統所共有的特性，即目的性、整體性、相關性和環境適應性外，還具有規模龐大、結構複雜、目標多元等大系統所具有的特徵。

（1）物流系統是一個「人-機系統」。物流系統由人和形成勞動手段的設備、工具所組成。它表現為物流勞動者運用運輸設備、裝卸搬運機械、倉庫、港口、車站等設

施，作用於物資的一系列生產活動。在這一系列的物流活動中，人是系統的主體。因此，在研究物流系統時，應將人和物有機結合，將它們作為不可分割的整體加以分析和考察，而且始終把如何發揮人的主觀能動性放在首位。

（2）物流系統是一個大跨度系統。這反應在兩個方面：一是地域跨度大，二是時間跨度大。在現代經濟社會中，企業的物流活動常常會跨越不同地域，國際物流的地域跨度更大。此外，由於生產與消費在時間上並不完全一致，因此必須通過儲存來解決生產與需求之間的時間差，這樣時間跨度往往也很大。大跨度系統帶來的問題主要是管理難度大，對信息的依賴程度高。

（3）物流系統是一個動態系統。物流系統是一個具有滿足社會需要，不斷適應環境變化的動態系統。為適應環境的變化，有必要對物流系統及其組成部分進行優化。這就要求物流系統必須具有足夠的靈活性與可改變性。在環境發生劇烈變化的情況下，物流系統甚至需要重新進行設計。

（4）物流系統是一個可分的系統。一般而言，物流系統可以劃分為更小的子系統。如物流系統可以分為物流信息系統和物流作業系統，物流作業系統又可分為物資包裝子系統、裝卸搬運子系統、運輸子系統、倉儲子系統、流通加工子系統、配送子系統等。

（5）物流系統是一個複雜系統。物流系統的構成要素多、活動範圍廣、時空跨度大，橫跨生產、流通、消費三大領域，因而是一個複雜的系統。要協調好物流系統各個環節的關係，必須合理組織和有效利用人力、物力和財力等資源，管理難度極大。

（6）物流系統存在二律背反性。在物流系統中，二律背反現現象普遍存在。所謂二律背反，是指物流系統的服務水平與物流成本之間、構成物流成本的各個環節費用之間、物流系統的各功能要素之間以及各個子系統的功能和所耗費用之間的制約關係。

①物流服務和物流成本間的制約關係。一般而言，隨著物流系統服務水平的提高，物流費用也要增加。例如，實施 JIT 配送，在服務水平提高的同時送貨費用也增加了。要降低缺貨率，必然要提高庫存保有率；相應地，庫存費用也會增加。物流服務和物流成本間的制約關係如圖 3.2 所示。

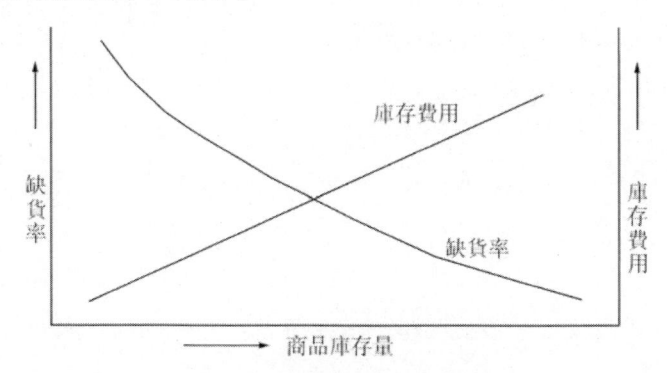

圖 3.2　服務與成本的制約關係

②物流系統的功能要素間的制約關係。例如，貨物高層堆碼可提高庫房空間利用率，提高保管的效率，但貨物揀選不方便，揀選效率下降。

③構成物流成本的各個環節費用之間的制約關係。例如，滿載運輸可降低單位產品的運費，但導致倉儲費用上升。追求包裝費用的節省，會影響其在運輸、儲存過程中的保護功能和方便功能，造成經濟損失。

④各子系統的功能和所耗費用間的制約關係。例如，為了增強信息系統的功能，就必須購買硬件設備和開發計算機軟件。為了增加倉庫的容量和提高進出庫的效率，也必須進行投資。

由此可見，物流系統的二律背反主要體現在「效益背反」或「交替損益」上。即追求局部最優往往會導致整體惡化。因此，需要協調好物流系統各要素間的關係，以實現整體最優。

(六) 物流系統化

物流系統化也稱物流一體化，是把物流各要素作為一個有機的整體來進行設計和管理，以最佳的結構、最好的配合，充分發揮其系統功能和效率，實現物流系統的整體優化。物流系統化包括企業物流一體化、供應鏈物流一體化和社會物流一體化三個層次。物流系統化要實現 5S 目標，即：為用戶提供優質服務（Service）、按客戶的要求將貨物快速（Speed）送達、物流系統的規模優化（Scale Optimization）、合理的庫存控製（Stock Control）、節約用地和空間（Space Saving）。在推進物流系統化時應遵循計劃化、大量化、共同化、短路化、自動化、標準化和信息化等原則。

二、生產企業物流系統的結構

生產企業物流是指工業企業在生產經營過程中，從原材料的採購供應開始，經過生產加工，一直到產成品銷售，以及伴隨著企業生產經營活動所產生的返品回收、廢棄物的處理等過程中發生的物流活動。從功能上看，生產企業物流包括工業企業在生產經營過程中所發生的加工、檢驗、搬運、儲存、包裝、裝卸、配送等物流活動。

(一) 生產企業物流系統的水平結構

根據物流活動發生的先後次序，可將生產企業物流系統劃分為供應物流、生產物流、銷售物流、回收與廢棄物物流四部分，如圖 3.3 所示。

（1）供應物流。它包括原材料等一切生產資料的採購、進貨、運輸、倉儲、庫存管理和用料管理。

（2）生產物流。它包括生產計劃與控製、廠內運輸（搬運）、在製品倉儲與管理等活動。

（3）銷售物流。它包括產成品的庫存管理、倉儲、發貨運輸、訂貨處理以及顧客服務等活動。

（4）回收與廢棄物物流。它包括廢舊物資、邊角餘料等的回收利用，各種廢棄物（廢料、廢氣、廢水等）的處理。

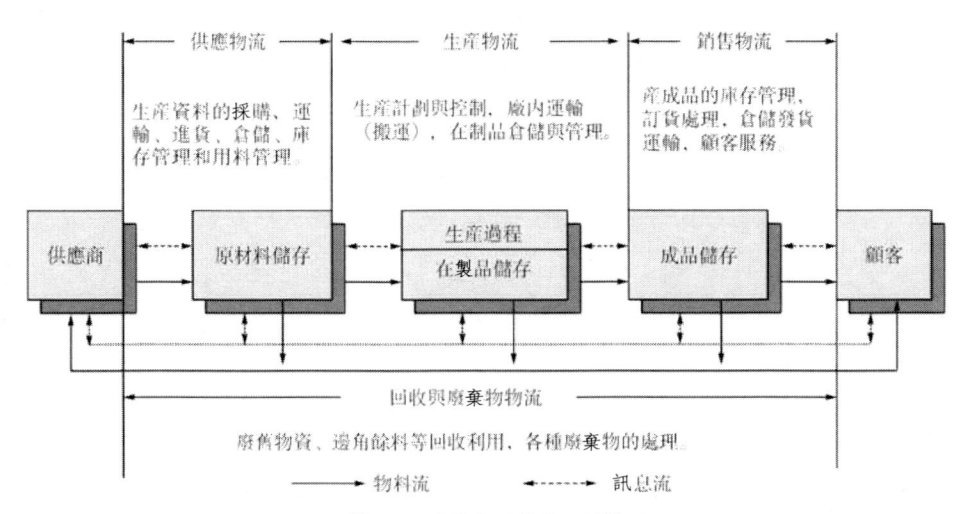

圖 3.3　企業物流的水平結構

(二) 生產企業物流系統的垂直結構

在豎直方向，企業物流系統通過管理層、控製層和作業層三個層次的協調配合來實現其總功能。生產企業物流系統的垂直結構如圖 3.4 所示。

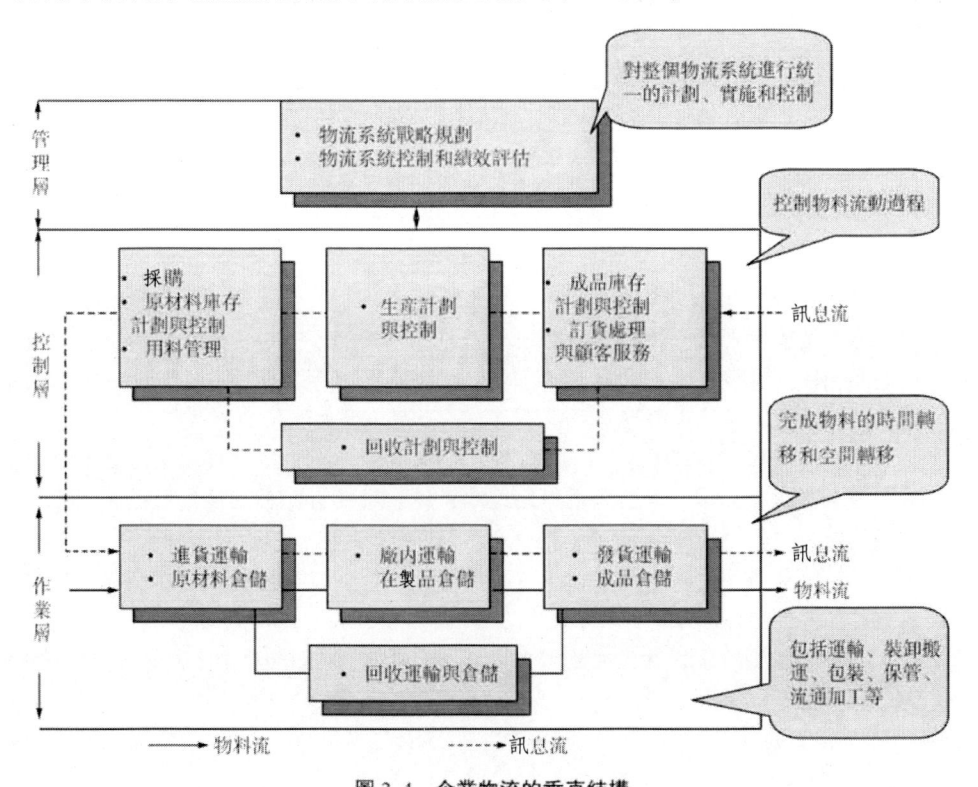

圖 3.4　企業物流的垂直結構

（1）管理層。其任務是對整個企業物流系統進行統一的計劃、實施和控製，以形成有效的反饋約束和激勵機制。其主要內容包括物流系統戰略規劃、系統控製和績效評估。

（2）控製層。其任務是控製物料流動過程，主要包括訂貨處理與顧客服務、庫存計劃與控製、生產計劃與控製、用料管理以及採購管理等。

（3）作業層。其任務是完成物料的時間轉移和空間轉移，主要包括發貨與進貨運輸、裝卸搬運、包裝、保管以及流通加工等。

由此可見，企業物流活動幾乎滲透到了企業的所有生產活動和管理活動中，對企業的影響不言而喻。

三、採購與供應管理

[**案例**] 在內部的計算機專家和高速局域網的支持下，麻省理工學院建立起了世界上最先進的採購系統之一。工作人員可以通過點擊網上的產品目錄來訂購鉛筆和試管，這種方式保證任何人都不能超越授權的支出限額。所有的支付都通過美國快遞公司（American Express Co.）的採購卡來進行，麻省理工學院還與兩家主要的供應商——辦公用品倉儲式銷售有限公司（Office Depot, Inc. s）和 VWR 公司簽署了協議，在一兩天內就能將絕大多貨物直接送到購買者的辦公桌上，而不僅僅送到辦公樓的存貨間。

在企業物流管理中，採購與供應佔有非常重要的地位。這不僅是因為採購與供應是企業物流系統的重要一環，也是因為採購與供應物流成本在企業營運成本中佔有很大的比重（通常占企業銷售收入的 40%~60%）。更為重要的是，加強採購與供應管理，能給企業帶來競爭優勢。目前採購與供應已發展為企業的供應物流，是生產物流和銷售物流的起點和重要保障。

（一）採購管理概述

1. 採購的概念

採購是指在市場經濟條件下，在商品流通過程中，企業或個人為獲得商品，對獲取商品的渠道、方式、質量、價格和時間等進行預測、抉擇，把貨幣資金轉化為商品的交易過程。採購有明顯的商業性，它包括購買、儲存、運輸、接收、檢驗及廢料處理等活動。採購既是一項商流活動，又是一項物流活動。

狹義的採購是指購買物品，即通過商品交換和物流手段從資源市場獲取資源的過程。對企業而言，即是根據需求提出採購計劃、審核計劃，選擇供應商，通過談判商定價格以及交貨的時間、地點、方式等條件，雙方簽約並按合同條款收貨付款的過程。廣義的採購是指除了以購買方式佔有物品之外，還可以通過租賃、借貸、交換等途徑取得物品的使用權，以達到滿足需求之目的。

採購不僅僅是採購員或採購部門的工作，也是企業供應鏈管理的重要組成部分，還是物流的重要組成部分。

2. 採購的分類

採購有多種分類方法。企業可以根據每種採購方式的特點及本企業的具體需要合

理選擇。

（1）按照採購範圍，可將其劃分為國內採購和國外採購（也稱國際採購或全球採購）兩類；

（2）按照採購時間，可將其劃分為長期合同採購和短期合同採購兩類；

（3）按照採購主體，可將其劃分為個人採購、企業採購和政府採購三類；

（4）按照採購製度，可將其劃分為集中採購、分散採購和混合採購三類；

（5）按照採購輸出的結果（即採購內容），可將其劃分為有形採購和無形採購兩類。

［案例］臺灣統一企業集團是以食品製造、銷售為核心主業的企業集團，集團公司總部考慮到下轄的次集團、子公司所需要的原材料中有許多是相同的，為提高採購的議價能力，降低採購成本，獲取優質的原材料，特以臺灣作為國際平臺進行了兩岸共購嘗試，並獲得成功。具體而言，像香精、香料、調味粉、脫水蔬菜、食品添加劑、塑料包材（塑料包裝物）等，總部將各分公司的需求集中起來在全球範圍內統一採購。像香精、香料等，僅從全球最有名的三家公司——國際香精、芬美意、奇華頓採購。除了集團統購的原材料以外，其餘的原材料需根據各公司的具體情況自行採購。對成都統一企業而言，一些具有地方特色的原料或調味品，像麵粉、棕櫚油、醬油、醋、黃油等必須盡量滿足當地消費者的口味需求，因此，由公司管理部就近進行採購以降低成本。

3. 採購管理的目標

採購管理是指為了實現生產或銷售計劃，從適當的供應商那裡，在確保質量的前提下，在適當的時間，以適當的價格，購入適當數量的商品所採取的一系列管理活動，包括對整個企業的採購活動進行計劃、組織、指揮、協調和控製。

採購管理的總目標是以最低的總成本為企業提供滿足其生產經營所需的物料和服務。為此，就要按照適價、適質、適量、適時、適地的原則做好採購工作，要協調好這些常常相互衝突的分目標之間的關係，以實現採購績效的最大化。

採購管理的具體目標有：

（1）保證供應的連續性，確保企業正常運轉。為企業提供不間斷的物料和服務，確保企業正常運轉，這是採購部門的首要任務。如果原材料和零部件缺貨，由於必須支出的固定成本所帶來的企業營運成本的增加，以及無法向顧客兌現所做出的交貨承諾，必將使企業蒙受巨大的損失。例如：沒有外購的輪胎，汽車製造商不可能製造出完整的汽車；沒有外購的燃料，航空公司不可能保證其航班按航空時刻表飛行；沒有外購的手術器械，醫院也不可能進行手術。

（2）使存貨及其損失降到最低限度。通常，庫存成本（包括購置成本、訂購成本、儲存成本、缺貨成本）占庫存物價值的 20%～50%。通過強化重點管理，改善庫存結構，降低庫存量，可減少庫存資金占用，降低企業成本。例如，若採購部門通過採取科學的採購策略使企業降低了 1,000 萬元的庫存，這不僅意味著此舉為企業節省了 1,000 萬元的流動資金，而且還為企業節省了 200 萬～500 萬元的存貨費用。採購的利潤槓桿作用可見一斑。

(3) 維護並提高採購物品的品質。為了生產產品或提供服務，企業投入的每一種物料都要達到一定的質量要求，否則最終的產品或服務將達不到期望的質量要求，或者其生產成本將遠遠超過企業可以接受的程度。例如，將一個質量較低的彈簧安裝到柴油機的煞車系統上，其成本僅為 10 元。但是，如果在這臺機車使用過程中，這個有缺陷的彈簧出了毛病，那麼必須進行拆卸來重裝彈簧，再考慮到機車再訂貨的費用，總成本可能上萬元。

此外，採購管理的具體目標還包括發展有競爭力的供應商、建立供應商夥伴關係等。通過加強供應商關係管理，促使供應商不斷降低成本，提高產品質量。

[案例] 作為全球最大的家居商品零售商，宜家公司的基本思想就是低價位，使設計精良、實用性強的家居產品能夠為人人所有。宜家必須從供應商那裡採購到低成本、高質量、符合顧客要求而且環保的產品。為了實現這一目標，同供應商的關係就顯得非常重要。目前，宜家的供應商有 1,800 家，分布在世界上 55 個國家。宜家認為同供應商的密切接觸是理性和長期合作的關鍵，它在 33 個國家設立了 42 個貿易公司來專門負責採購以及發展同供應商的合作關係。這些貿易公司的員工經常造訪供應商，從而監督生產、測試新方案、商談價格和進行質量檢查，負責向供應商傳授知識。例如，在效率、質量和環保工作問題上對他們進行培訓，他們還負責制定並檢查供應商的工作條件、社會保障和環保工作等重要任務。

4. 採購管理策略

要實現採購管理的上述目標，就需要正確地運用採購管理策略。採購管理策略具體包括以下四項：

(1) 通過選擇可靠的供應商來確保供應質量；
(2) 實施 AB 角制[①]，使企業與供應商保持適度的競爭與合作關係；
(3) 科學確定訂購批量與訂購時間，降低採購成本；
(4) 靈活運用 ABC 分類法，加強重點管理。

具體而言，企業應加強對 A 類物資的管理，多頻次小批量採購，提高其庫存週轉率，降低庫存資金的占用。對於不同類型供應商，應採取分類管理策略。企業應加強與重點（關鍵）供應商的合作，建立戰略夥伴關係（供應商夥伴關係）；對於普通供應商，宜保持一般的合作關係。對於製造企業而言，原材料和零部件的採購最為頻繁，要加強對原材料供應商的日常管理；對於設備類物資採購，一次性投資大，在設備的維修方面需要與供應商建立良好的溝通與合作，所以選擇能提供優質服務的供應商十分重要；對於辦公用品採購，一般盡可能選擇少數供應商，保持長期的合作關係，以獲得批量優惠。

---

① AB 角制是指企業的供應任務由 AB 兩家供應商承擔，A 供應商的產品質量高、價格低，多採購一些，B 供應商的產品則相應少採購一些，但要讓 B 供應商體會到企業這樣做的理由及相應的評價標準。

(二) 採購流程及其變革

1. 採購業務流程

一般而言，採購業務包括以下程序：

(1) 確認需求，制訂採購計劃。首先由企業內部需求部門提出採購申請，計劃部門審核通過後，授權採購部門採購。採購部門在此基礎上制訂採購計劃。

(2) 供應源搜尋與分析。接下來，採購部門要瞭解供應市場以及供應商的情況。為此，需要開展供應源調查，包括調查瞭解資源市場的規模、容量、性質和環境。並在此基礎上，根據需要有選擇地進行供應商初步調查和深入調查。

(3) 供應商評估與選擇。採購部門從供應商的產品質量、供應價格、交貨期（前置期）、技術水平、供應能力、地理位置、信譽、可靠性、交貨準確率、售後服務、快速響應能力等方面對供應商進行綜合評估，並在評估的基礎上選擇符合企業需要的供應商。

(4) 談判與簽約。由採購部門負責與供應商進行談判。要求能正確地運用談判策略，在滿足質量要求的前提下，盡量從供應商處獲得優惠的價格和交付條件。在雙方達成一致的基礎上，與供應商簽訂採購合同。採購合同是一份經濟文件，一旦生效後即具有法律效力，將會約束供購雙方的行為；同時，它也是日後解決糾紛的依據。因此，議價、定價、談判、簽約這一環節非常重要。

(5) 簽發採購訂單。若供購雙方已在採購合同中明確規定了採購的頻次與方式，則無須再向供應商簽發採購訂單。但在一般情況下，買方需要根據企業生產計劃或銷售計劃動態地調整採購信息（如物料需要的時間與數量等），因此，這一環節一般也不能缺少。

(6) 訂單跟蹤與跟催。為了確保貨物符合買方要求並按時送達，採購部門應監督供應商按時送貨，防止違約，保證訂單的順利執行。

(7) 驗貨收貨。由收貨部門按照採購合同或訂單的要求，對收到的貨物進行驗收，以確保貨品的質量、數量與採購要求相符。

(8) 開票付款。核對供應商支付的發票並劃撥貨款。收到供應商的發票時，須將採購訂單、貨物驗收單、發票三種憑證進行核對。對於確認已履行的訂單進行結算並劃撥款項。

(9) 記錄維護。即由採購部門把與訂單有關的文件副本進行匯集歸檔，並把需保存的信息轉化為相關記錄。

(10) 績效評估。定期或不定期地對採購績效進行評估，目的是發現企業在採購及採購管理中存在的問題，以便進一步改善。同時，評估結果也是對採購部門及相關人員進行獎懲的依據。

上述採購業務流程如圖 3.5 所示。

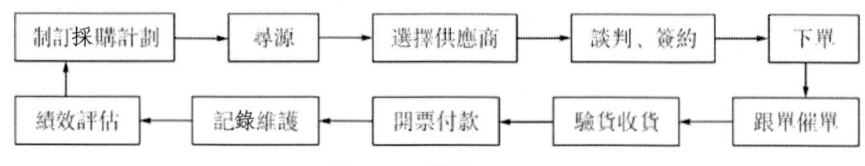

制訂採購計劃 → 尋源 → 選擇供應商 → 談判、簽約 → 下單
績效評估 ← 記錄維護 ← 開票付款 ← 驗貨收貨 ← 跟單催單

圖3.5 採購業務流程

以上是傳統意義上的採購業務流程。在目前電子採購、準時採購、全球採購等新的採購方式不斷出現，新型供應商夥伴關係初見端倪的情況下，企業的採購業務流程已悄然變革，流程環節減少，流程效率不斷提高。

需要說明的是，一個完善的採購流程應滿足所需物料在價格與質量、數量、區域之間的綜合平衡。即能滿足物料價格在供應商中的合理性，物料質量在製造所允許的極限範圍內，物料數量能夠保證滿足生產的連續性，以及物料採購區域的經濟性等要求。此外，採購流程通常會跨越企業內幾個職能部門（生產、物流、質檢、財務等），而一個有效的採購流程通常是這些部門協調一致的產物。

2. 採購流程的變革

[案例] 惠普公司在採購方面一貫是放權給下面的，50多個製造單位在採購上完全自主，因為他們最清楚自己需要什麼，這種安排具有較強的能動性，對於變化著的市場需求有較快的反應速度。但是對於總公司來說，這樣可能損失採購時的數量折扣優惠。現在運用信息技術，惠普公司重建其採購流程，總公司與各製造單位使用一個共同的採購軟件系統，各部門依然是訂自己的貨，但必須使用標準採購系統。總部據此掌握全公司的需求狀況，並派出採購部與供應商談判，簽訂總合同。在執行合同時，各單位根據數據庫，向供應商發出各自的訂單。這一流程重構的結果是驚人的，公司的發貨及時率提高150%，交貨期縮短50%，潛在顧客丟失率降低75%，並且由於折扣，使所購產品的成本也大為降低。

(1) 傳統採購流程的弊端。從效率和有效性來審視，傳統採購流程存在諸多弊端。主要表現在：第一，信息私有化、不能共享。即供需雙方都盡量隱瞞本企業的信息，不能實現信息共享。第二，缺乏有效合作。即供需雙方是臨時或短期的合作，這種關係造成了競爭多於合作，增大了採購中的不確定性，加大了採購的風險。第三，不能快速響應市場需求的變化。由於供需雙方缺乏有效的信息溝通，在市場需求變化的情況下，採購方不能改變與供應商簽訂的訂貨合同，導致在市場需求減少時庫存增加，而在市場需求增加時又出現供不應求的局面。第四，傳統採購質量控製難度大。對質量和交貨期進行事後把關，使採購一方很難參與供應商的生產過程和有關質量控製活動。

(2) 採購流程變革的驅動因素。經濟發展的三大趨勢影響和推動著採購流程的變革。第一，全球經濟一體化趨勢日益明顯，跨國公司的全球戰略正逐步推行，全球採購已成為跨國公司全球戰略的重要組成部分；第二，隨著電子商務的發展，電子採購應運而升，B2B和B2C正成為眾多公司延伸其採購和行銷業務的重要手段；第三，合作與競爭的思想促使大量的採購行為向「縱向一體化」（如企業與供應商、企業與經銷

商）方向延伸、擴展。

（3）採購流程的變革方向。同傳統的採購流程相比，現在許多企業已經採取供應鏈管理策略來改進與供應商之間的關係，基於信息技術的協同採購理念正成為現代企業採購流程的核心，也稱為基於供應鏈環境下的電子採購流程。它包括企業內部協同、外部協同，強調協同採購的理念。其目標是要實現從「庫存採購」向「訂單採購」轉變，從採購管理向外部資源管理轉變，從一般買賣關係向戰略夥伴關係轉變。通過實施最佳的供應商組合，建立穩定的供應商夥伴關係，力求實現供應鏈價值的最大化。這一策略有助於供需雙方加強合作，消除無效環節，共同降低成本，提高業務流程效率；有助於從源頭上改進產品質量，縮短產品開發週期，改善產品交付性能；有助於為客戶提供更多的增值服務。

(三) 目前企業流行的採購模式

[案例] 德國大眾汽車公司把所需採購的零配件按使用頻率分為高、中、低三個部分，把所需採購的零配件按其價值高低分為高、中、低三個部分，使用頻率和價值都高的為需要即時供應的零配件，這些零配件所占的比例目前為20%。某種需要即時供應的配件在12個月前，供方通過聯網的計算機得到需方的需求量，這個需求量的準確性較差，誤差為正負30%；在三個月前供方又從聯網的計算機得到需方較準確的需求量，誤差為正負10%；在一個月前供方得到更近似的需求量，誤差為正負1%；在需要前一個星期獲得精確的需求量，這批配件在供貨的頭兩天開始生產，成品直接運到大眾汽車公司的生產線上。借助計算機信息網路和高質量的生產，供應商不僅為用戶即時供應所需的配件，而且供應商也得到相應的信息。通過有效的即時供應，能使生產企業庫存下降4%，運輸費用降低15%。

1. 電子採購

電子採購（E-Procurement）是指「利用計算機技術和網路技術與供應商建立聯繫，並完成獲得某種特定產品或服務的商務活動」（GB/T18354-2006）。換言之，電子採購是以計算機技術、網路技術為基礎，以電子商務軟件為依託、互聯網為紐帶、EDI電子商務支付工具以及電子商務安全系統為保障的即時信息交換與在線交易的採購活動。

電子採購也稱網上採購，是一種很有前途的採購模式。其基本原理是，採購人員通過在網上搜尋所需採購的商品、在網上尋找供應商、網上洽談貿易、網上訂貨甚至網上支付貨款，最終實現進貨作業，完成全部採購活動。其特點可歸納為：網上尋源、網上議價、網上訂貨、網上支付、電子物流。

與傳統採購方式相比，電子採購具有以下主要優勢：①利用IT手段提高溝通效率，增進供需雙方的信息交流；②優化採購業務流程，降低採購成本；③延長服務時間，提高服務質量；④提升企業競爭力。

2. 準時採購

準時採購也稱JIT（Just In Time）採購，是一種以滿足用戶需求為目的的採購模式。該採購模式以滿足用戶需求為根本出發點，通過變革採購方法並優化採購業務流

程，使採購與供應業務既能靈敏地響應生產的變化，又使原材料、零部件等生產資源向零庫存趨近。

準時採購的基本思想是：在適當的時間、適當的地點，以適當的方式和適當的成本從上游供應商處採購並使之向企業提供適當數量和質量的產品。

與傳統採購相比，JIT採購具有以下主要特點：①供應商的數量更少；②對供應商的選擇標準更嚴；③對交貨準時性的要求更高；④供需雙方高度信息共享；⑤多頻次小批量採購。

準時採購與傳統意義上企業為補充庫存而進行的採購有著本質上的區別，它是一種直接面向需求的採購模式。換言之，用戶需要什麼（What）、需要多少（Quantity）、何時需要（When）、貨品送到哪裡（Where），完全取決於用戶的需求。該採購模式要求供應商多頻次小批量地供貨，而且直接將貨品送達需求點上，因而優化了採購與供應流程，降低了供需雙方的庫存，是一種科學、理想的採購模式。

3. 全球採購

全球採購也稱國際採購或國外採購，主要是指國內企業直接向國外供應商採購所需要物資的購買行為。

[**案例**] 沃爾瑪的全球採購是指某個國家的沃爾瑪店鋪通過全球採購網路從其他國家的供應商進口商品，而從該國供應商進貨則由沃爾瑪公司的採購部門負責採購。在這個全球採購總部裡，除了四個直接領導採購業務的區域副總裁向總裁匯報以外，總裁還領導著支持性和參謀性的總部職能部門。全球採購總部是沃爾瑪全球採購網路的核心，也是沃爾瑪全球採購的最高機構。沃爾瑪在深圳設立全球採購總部，不僅能在這裡採購到質量、包裝、價格等方面均具有競爭力的優質產品，更重要的是，深圳順暢、便捷的物流系統及發達的海陸空立體運輸網路，特別是華南地區連接全球市場的樞紐港地位，將為沃爾瑪的全球採購贏得更多的時間，帶來更多的便捷。

全球採購有如下一些優點：第一，對採購產品的質量有較高要求的企業，特別是一些大型跨國公司，通過國外採購可擴大供應商的選擇範圍，買方有可能獲得高質量的產品。第二，買方都希望能降低採購成本，國外一些大公司往往能提供更具價格競爭力的產品。第三，全球採購能增強企業參與全球化國際競爭的能力，有利於企業的長遠發展。第四，通過國際採購還可以獲得在國內無法得到的商品，尤其是一些高科技產品，如電腦的芯片等。因此，雖然全球採購具有流程長、環節多、風險高等不足，但仍然不失為一種重要的採購途徑。

（四）供應物流管理

1. 供應物流的內涵

供應物流是指「提供原材料、零部件或其他物料時所發生的物流活動」（GB/T18354-2006）。傳統意義上，供應商或需方將企業採購的物料運送到廠內倉庫被稱為採購物流，而將從本企業內部倉庫取貨搬運到車間、工段、生產線，以滿足各生產工藝階段對原材料、零部件、燃料、輔料等生產資料的製造需求的物流活動被稱為供應物流。隨著採購供應一體化、第三方物流分工專業化等趨勢的產生和發展，採購物流

前向延伸到了車間、工段和生產線，而供應物流則後向擴展到了傳統的採購物流階段，在很多情況下由供應商或第三方物流公司（TPLs）將企業生產所需的物料直接送上生產線，從而實現了採購物流與供應物流的一體化（即採購物流與供應物流合二為一），統稱採購與供應物流或供應物流。如圖3.6所示。

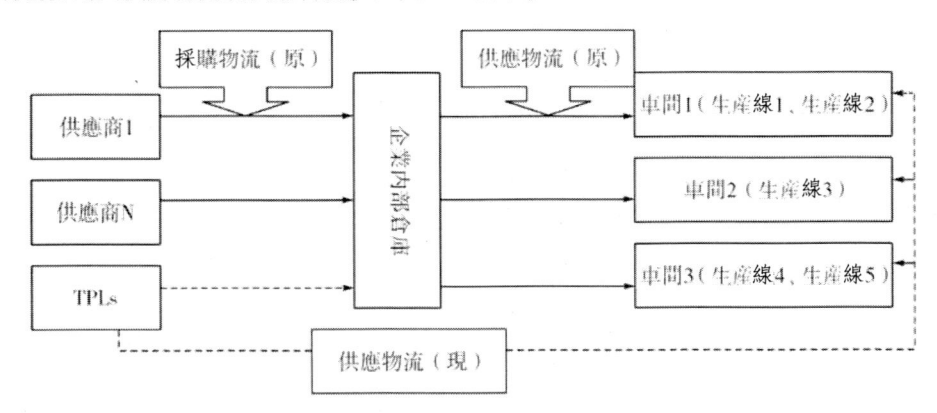

圖 3.6　供應物流的演變

　　可見，採購與供應物流是企業生產經營活動的重要組成部分，是企業生產得以正常進行的重要保障。不僅供應商所供物料的數量、質量、時間直接影響到企業生產的連續性與穩定性，而且採購與供應成本直接影響到產品的生產成本。因此，供應物流對企業正常生產、高效運轉起著重要作用。它不僅對生產能起到供應保證作用，而且還是一項以最低成本、最少消耗、最快的速度來保證生產的企業重要物流活動。

　2. 進貨管理

　　一般地，進貨是將採購訂貨成交的物資由供應商倉庫運輸轉移到採購者倉庫的過程，進貨過程關係到採購成果價值的最終實現，關係到企業的經營成本和採購物資的質量好壞。因此，進貨管理是採購與供應管理中非常重要的一環。

　（1）進貨方式

　　通常，有三種可供企業選擇的進貨方式，即買方自提進貨、供應商送貨、供應物流外包。

　①買方自提進貨。自提進貨，即在供應商的倉庫裡交貨，交貨以後的供應物流活動（如運輸、搬運等）全部由採購一方承擔。對於這種進貨方式，主要應抓好以下五個環節的管理工作：貨物清點（包括品名、規格、數量、質量等）；裝車（包括包裝、裝卸、搬運等）；運輸（包括運輸方式、中轉方式、運輸路線的選擇以及運輸時間和運輸安全等）；中轉（包括不同運輸方式之間的轉接以及不同運輸路段的轉接）；驗收入庫（對貨品更嚴格的數量清點和質量檢驗，是進貨的結束與保管的開始）。

　②供應商送貨。對採購方來說，這是一種比較簡單的進貨方式。它基本上省去了整個進貨管理環節，把整個進貨管理任務以及進貨途中的風險都轉移給了供應商，只參與最後一個環節的入庫驗收工作。而入庫驗收也主要是供應商和保管員之間的交接，進貨員最多只提供一個簡單的協助而已。

③供應物流外包。即進貨外包或委託第三方進貨。採用這種方式，買方把進貨管理的任務和進貨途中的風險轉移給了第三方物流公司。它有利於發揮第三方物流公司的自主處理、聯合處理和系統化處理的作用，有利於降低採購方的供應物流運作成本。對於這種進貨方式，主要應抓好「兩次三方」的交接管理以及合同簽訂與合同履行的管理控製工作。所謂「兩次三方」的交接是指：第一次是供應商與第三方物流公司之間的交接，第二次是第三方物流公司與採購方保管員之間的交接。交接工作主要涉及對貨物數量與質量的檢查驗收。而合同簽訂則包括供應商、第三方物流公司和採購企業三方相互之間的合同簽訂事宜。在具體簽訂合同時，力求條款清楚，各方的責任、權利、義務明確。通過合同治理，規範各方的行為，達到管理控製的目的。

（2）進貨管理的基本原則

進貨是一項環節多、涉及面廣、環境複雜、風險大的工作。因此，加強進貨管理的意義重大。其目標是要提高進貨管理的效率和效果，既要減輕負擔又要降低風險。加強進貨管理，一般應遵循以下基本原則：

①進貨方式選擇的原則。在選擇進貨方式時，要根據進貨難度和風險大小進行選擇。基本原則是要選擇對企業有利的進貨方式。

對於進貨難度和風險大的進貨任務，首選委託第三方物流公司進貨的方式，次選供應商送貨方式，一般不宜選擇用戶自提進貨方式。委託第三方物流公司進貨，可以充分利用其資源優勢、技術優勢和專業化優勢，提高進貨效率和供應物流質量，降低進貨成本，又可以減輕供應商在企業進貨環節的工作量以及企業的進貨風險，對參與各方都有利。

對於進貨難度小和風險小的進貨任務，首選供應商送貨的進貨方式。例如，同城進貨、短距離進貨，可以充分發揮這種方式環節少、效率高、節省採購業務工作量以及風險低的優勢。次選買方自提進貨方式，雖然買方自提效率高、費用省，但風險就落到了採購商的身上。

②安全第一的原則。在進貨管理中，要把安全問題貫穿始終。貨物安全、運輸安全和人身安全，是進貨管理首先要考慮的因素。要把安全工作具體落實到包裝、裝卸、搬運、運輸、儲存各個物流環節中去，制定措施，嚴格管理，保證進貨過程不出現安全事故。

③成本效益統一的原則。在進貨管理中，也要遵循成本和效益相統一的原則。效益包括經濟效益和社會效益，同時也要考慮運輸安全。所謂社會效益，就是要有環保意識，要減少環境污染、維護生態平衡，要減輕社會交通緊張的壓力，不能片面追求成本低而盲目超載，一味追求「短路化」而違反交通規則以及破壞城市公共交通秩序等。

④總成本最低的原則。在進貨管理中，客觀上存在多個環節、多個利益主體。因此，在進貨各個環節都會發生相應的成本費用。若進貨方案發生變化，可能會導致某個環節費用的節省，卻有可能導致另一個環節費用的增加。因而考慮成本，不能孤立地考慮某一個環節、某一個利益主體，而是要綜合考慮各個環節各個利益主體的成本之和，也就是供應物流的總成本。所以，進貨方案的優劣，進貨管理效果的好壞，應

該用總成本最小作為評價的標準。

四、生產物流管理

(一) 生產物流概述

1. 生產物流的概念

生產物流是指「企業生產過程中發生的涉及原材料、在製品、半成品、產成品等所進行的物流活動」(GB/T18354-2006)。它是按照工廠佈局、產品生產過程和工藝流程的要求，實現原材料、配件、半成品等生產資料在工廠內部供應庫與車間、車間與車間、工序與工序、車間與成品庫之間的流轉。換言之，生產物流是從生產企業原材料的購進入庫起，經過加工轉化得到產成品，一直到成品庫止這一全過程的物流活動。生產物流是工業企業所特有的，它和生產流程同步。如果生產物流流程中斷，生產過程也將隨之停止。生產物流合理化對工業企業的生產秩序、生產成本有很大影響。生產物流均衡穩定，可以保證加工對象的順暢流轉，縮短工期。加強生產物流的管理和控製將有利於在製品庫存的減少和設備負荷的均衡化。

2. 生產系統中的物料流與信息流

在生產過程中，各種原材料、在製品、產成品在企業各生產部門之間流動，始終處於運輸或儲存的狀態，該流動過程構成了生產系統的物料流。此外，企業接受客戶的訂單，將其轉化為指導生產的各種生產計劃。在生產計劃的執行過程中，需要對各生產部門的實績信息進行收集、整理，反過來對生產計劃進行調整和對生產過程進行控製。在企業各部門之間流動的各種信息，構成了生產系統的信息流。生產系統中的物料流與信息流如圖3.7所示。

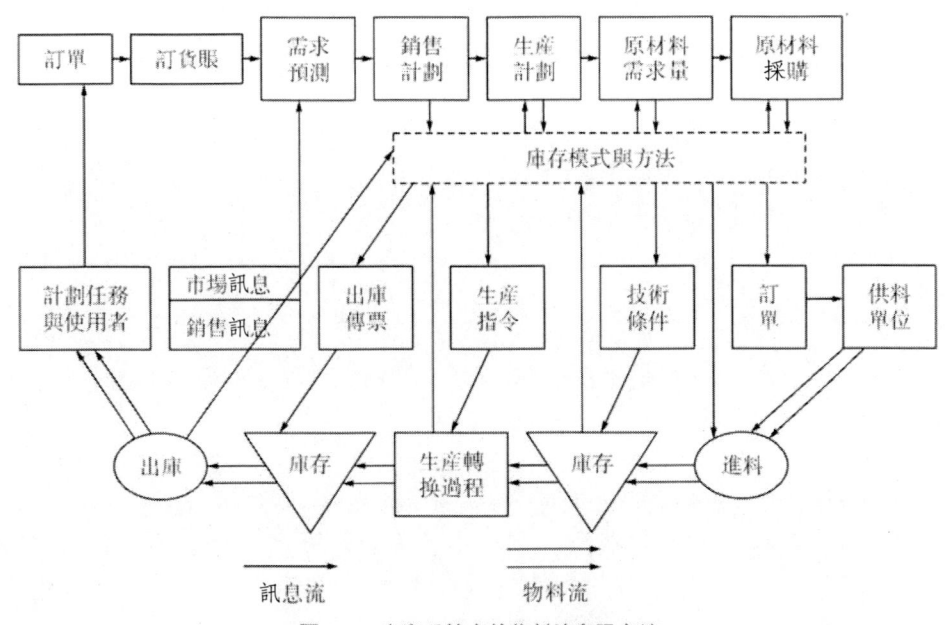

圖3.7　**生產系統中的物料流與訊息流**

3. 生產物流的基本特徵

製造企業的生產過程實質上是每一個生產加工過程「串」起來時出現的物流活動，因此，一個合理的生產物流過程應該具有以下基本特徵，才能保證生產過程始終處於最佳狀態。

（1）連續性、流暢性。它是指物料總是處於不停地流動狀態，包括空間上的連續性和時間上的流暢性。空間上的連續性要求生產過程各個環節在空間布置上合理緊湊，使物料的流程盡可能短，沒有迂迴往返現象。時間上的流暢性要求物料在生產過程各個環節的運動，自始至終處於連續流暢的狀態，沒有或很少有不必要的停滯與等待現象。

（2）平行性。它是指物料在生產過程中應按照平行交叉方式流動。平行是指相同的在製品同時在數道相同的工作地（機床）上加工流動；交叉是指一批在製品在上道工序還未加工完時，將已加工完成的部分在製品轉移到下道工序加工。平行交叉流動可以大大縮短產品的生產週期。

（3）比例性、協調性。它是指生產過程的各個工藝階段之間、各工序之間在生產能力上要保持一定的比例以適應產品製造的要求。比例關係表現在各生產環節的工人數、設備數、生產面積、生產速率和開動班次等因素之間相互協調和適應，所以，比例是相對的、動態的。

（4）均衡性、節奏性。它是指產品從投料到最後完工都能按預定的計劃（一定的節拍、批次）均衡地進行，能夠在相同的時間間隔內（如月、旬、週、日）完成大體相等的工作量或穩定遞增的生產工作量。很少有時鬆時緊、突擊加班的現象出現。

（5）準時性。它是指生產的各階段、各工序都按後續階段和工序的需要生產，即在需要的時候，按需要的數量，生產所需要的零部件。只有保證準時性，才有可能實現上述連續性、平行性、比例性和均衡性。

（6）柔性、適應性。它是指加工製造的靈活性、可變性和可調節性。即在短時間內以最少的資源從一種產品的生產轉換為另一種產品的生產，從而適應市場的多樣化、個性化需求。

4. 生產物流的影響因素

一般而言，企業的生產類型、生產規模、專業化和協作化水平對生產物流有顯著影響。

（1）生產類型。不同的生產類型，其產品品種、結構的複雜程度、精度等級、工藝要求以及設備不盡相同。這些特點影響著生產物流系統的構成以及相互之間的比例關係。

（2）生產規模。生產規模是指單位時間內生產的產品產量，通常以年產量來表示。生產規模越大，物流量越大；反之，生產規模越小，物流量也就越小。

（3）企業的專業化和協作化水平。隨著企業專業化和協作化水平的提高，企業內部生產過程就趨於簡化，物流流程就縮短。某些基本工藝階段的半成品，如毛坯、零件、部件等，就可以由廠外其他企業提供。

5. 生產物流系統的設計原則

企業生產物流系統的設計與企業生產系統的設計密不可分。企業在設計生產系統時，不僅要考慮生產系統的佈局是否滿足企業生產能力的需要，而且像進料、臨時儲存、生產系統中的搬運、裝箱、儲存、運送等物流活動均要考慮到。一般地，生產物流系統設計應遵循以下基本原則：

(1) 功耗最小原則。物流過程中不增加任何附加價值，徒然消耗大量的人力、物力和財力，因此，物流「距離」要短，搬運「量」要小。

(2) 流動性原則。良好的企業生產物流系統應使物料流動順暢，消除無為停滯，力求生產流程的連續性，當物料向成品方向前進時，應盡量避免工序或作業間的逆向、交錯流動或發生與其他物料混雜的情況。

(3) 高活性指數原則。採用高活性指數的搬運系統，減少二次搬運和重複搬運。

(二) 生產物流的類型

通常情況下，企業生產的產量越大，產品的種類就越少，生產的專業化程度就越高，而生產物流過程的穩定性和重複性也就越大。所以，生產物流類型與生產類型之間有著密切的聯繫。在生產系統中，生產作業和物流作業緊密關聯、相互交叉，物料按照工藝流程流動。生產類型決定了與之匹配的生產物流類型，而生產物流的組織、管理狀況又直接影響到企業生產的正常進行。

1. 從物料流向的角度分類

從物料流向的角度，根據物料在生產工藝過程中的特點，可以把生產物流劃分為項目型生產物流、連續型生產物流和離散型生產物流三種類型。

(1) 項目型生產物流。它對應的生產類型是固定式生產。其特徵是物流凝固，即當生產系統需要的物料流入生產場地後，幾乎處於停止的「凝固」狀態，或者說，在生產過程中物料的流動性並不強。從物料流動的特徵來看，有兩種情況：一種是物料流入生產場地後就被凝固在場地中，和生產場地一起形成最終產品，如住宅、廠房、公路、鐵路、機場、大壩等；另一種是物料流入生產場地後，「滯留」很長一段時間，形成最終產品後再流出，如大型的水電設備、冶金設備、輪船、飛機等。對於項目型生產物流，管理的重點是按照項目的生命週期對每階段所需的物料在質量、費用以及時間進度等方面進行嚴格的計劃和控制。

(2) 連續型生產物流。它對應的生產類型是流程式生產（連續流程如煉油，批流程如日用化工）。其特徵是物料均衡、連續地流動，不中斷；生產的產品、使用的設備以及工藝流程都是固定且標準化的；工序之間幾乎沒有在製品儲存。對於連續型生產物流，管理的重點是保證連續供料，確保每一生產環節的正常進行。由於工藝相對穩定，有條件採用自動化裝置實現對生產過程的實時監控。

(3) 離散型生產物流。它對應的生產類型是加工裝配式生產（如汽車製造）。其特徵是生產的產品由許多零部件組成，各個零部件的加工過程相對獨立；零件、部件通過裝配和總裝配成為最終產品；整個產品的生產過程是離散的，各生產環節之間要求有一定的在製品儲備。離散型生產物流管理的重點是，在保證及時供料以及零件、部

件加工質量的基礎上，準確控製零部件的生產進度，縮短工期；既要減少在製品積壓，又要保證生產的成套性。

2. 從物料流經的區域和功能角度分類

從物料流經的區域和功能角度，可以把生產物流劃分為工廠間物流和工序間物流兩類。

（1）工廠間物流。它是指大型企業各專業廠間的運輸物流或獨立工廠與材料、配件供應廠之間的物流。

（2）工序間物流，也稱工位間物流或車間物流。它是指生產過程中車間內部的物流活動，包括：各工序、工位上的物流活動，如接受原材料、零部件後的儲存活動；加工過程中的在製品儲存；成品出廠前的儲存；從倉庫向車間運送原材料、零部件的搬運；各種物料在車間、工藝之間的搬運等活動。

（三）企業生產物流的組織形式

從物料投入到成品出產的生產物流過程，通常包括工藝、檢驗、運輸、等待停歇和自然等過程。為了提高生產效率，一般從空間、時間、人員三個角度組織生產物流。

1. 生產物流的空間組織

生產物流的空間組織是相對於企業生產區域而言的，其目標是如何縮短物料在工藝流程中的移動距離。一般而言，有三種專業化組織形式，即工藝專業化、對象專業化和綜合專業化形式。

（1）工藝專業化形式。工藝專業化也稱工藝原則或功能性生產物流體系。其特點是採取機群式布置，把同類生產設備集中在一起，對企業慾生產的各種產品進行相同工藝的加工。如圖3.8所示。

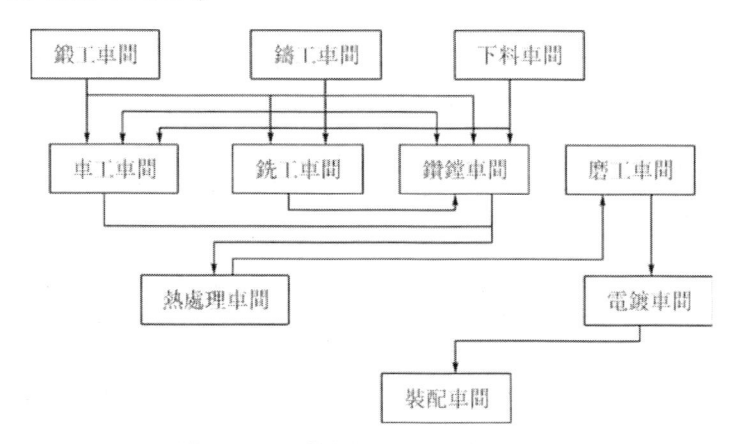

圖 3.8　按工藝專業化形式組織生產物流

採用這種形式，在各生產單元內集中了同類型的加工設備和同工種的工人並對不同加工對象進行相同工藝的加工。即加工對象多樣化，但加工工藝、加工方法雷同。各生產單元只完成部分工序的加工任務，產品的製造需要各單元的協同努力才能完成。如服裝製造過程的裁剪、製作、熨燙就是一例。

工藝專業化形式具有以下優點：①由於加工對象可變，易於轉產，因而適應能力強；②由於將同類設備集中在一起，因而有利於充分利用設備，提高其利用率；③有利於對員工進行作業指導，培養高素質的技術工人，並提高工藝管理水平。

工藝專業化形式存在以下不足：①各工作中心一般採用通用設備，任一生產單元都不能獨立地完成產品的生產加工製造任務；②生產對象輪流在各工作中心進行加工，因而協調困難、計劃管理、在製品管理、質量管理等工作變得複雜化，管理成本上升；③為調節生產節奏，在製品的積壓往往不可避免，因而占用資金，成本上升；④生產中涉及的環節多，物料、零部件等在製品移動線路長，等待的時間久，生產週期長。

綜上所述，工藝專業化形式一般適合品種複雜多變，工藝不穩定的單件小批生產的企業或特殊加工工藝的企業。

（2）對象專業化形式。對象專業化也稱產品專業化或對象原則，是按照產品（或零部件）的不同來設置生產單元的組織形式。採用這種形式，一般圍繞加工對象的全部或大部分工藝來建立工作中心，完成加工對象的全部工藝過程，工藝過程相對封閉。按這種專業化形式建立的車間（工段、班組），被稱為對象專業化車間（工段、班組），也稱為「封閉式」車間（工段、班組），如圖3.9所示。

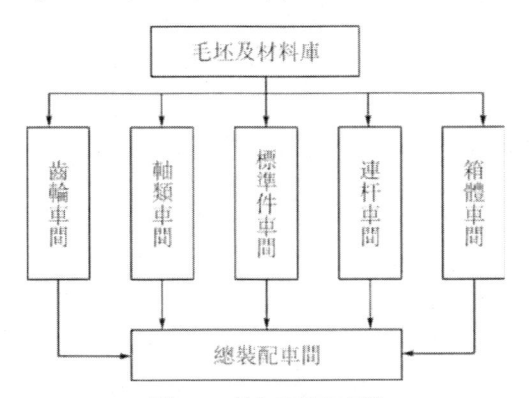

圖3.9　對象專業化車間

在對象專業化的生產單元裡，集中了不同類型的加工設備和不同工種的工人，對相同的加工對象進行不同工藝的加工。即加工對象相同，但加工工藝、加工方法多樣化。如汽車製造廠的發動機車間、底盤車間等均屬此類。其特點是按標準組件組織相關工藝的加工，加工完成後組裝或裝配即可。這種形式適用於大量大批生產、流水線/混合流水線生產以及結構簡單的產品生產，如家用電器、汽車工業、石油化工等。

對象專業化形式具有以下優點：①生產相對集中，減少了加工對象的無效搬運，縮短了生產週期；②強化了各加工環節間的協調，有利於將相關的工序、工藝歸口統一管理，提高了管理效率，降低了管理成本；③減少了在製品的積壓、等待，減少了資金占用，降低了生產成本；④有利於強化各成本中心的責任意識，降低了生產成本，提高了產品質量。

對象專業化形式存在以下不足：①生產物流系統受單獨設備的影響較大；②彈性不足，響應市場需求變化的能力差。一方面，由於是按照加工對象的全部或大部分工

藝來組織生產物流，因而生產單元加工處理的產品或零部件有較強的針對性，一旦市場需求發生變化，很難立即轉產；另一方面，當市場需求大於生產單元的額定能力時，不能滿足市場需求；當市場需求小於生產單元的額定能力時，會導致設施設備以及人力資源的閒置，增大了機會成本。

（3）綜合專業化形式。綜合專業化形式也稱混合原則，即按照成組工藝形式組織生產物流。它綜合了上述兩種形式的優點，按照成組技術原理，把具有相似性的零件分成一個成組生產單元，並根據其加工路線進行設施設備的布點。其主要優點是大大簡化了零件的生產加工流程，減少了物流迂迴路線，在滿足品種變化的基礎上有一定的生產批量，具有較強的柔性和適應性。

2. 生產物流的時間組織

生產物流的時間組織是指一批物料在生產過程中，各生產單位、各道工序之間在時間上的銜接和結合方式。合理組織生產物流，不但要縮短物料的流程，而且要加快物料流動的速度，盡量減少物料的停滯、等待時間，實現物料流的均衡、順暢和連續。

（1）生產物流的時間組織方式。物料在工序間的移動方式是指加工對象從一個工作地到另一個工作地的運送方式，而移動方式與加工對象的數量有關。通常，一批物料有三種典型的移動組織方式，即順序移動、平行移動、平行順序移動。

①順序移動方式。它是指一批物料在上道工序全部加工完畢後才整批地轉移到下道工序繼續加工。

採用順序移動方式，一批物料的加工週期為：

$$T_{順} = n \sum_{i=1}^{m} t_i$$

式中：$T_{順}$——順序移動方式下一批物料的生產週期；

n——物料加工批量；

m——物料加工的工序數；

t_i——第 i 道工序的單件工序時間。

順序移動方式的優點是，一批物料連續加工，設備不停頓，物料整批轉工序，便於組織生產；其缺點是，物料有等待加工的時間和運送的時間，因而生產週期較長。

②平行移動方式。它是指一批物料在加工過程中，當某個物料在前道工序加工完成後，立即送到下道工序繼續加工，形成前後交叉作業。

採用平行移動方式，一批物料的加工週期為：

$$T_{平} = \sum_{i=1}^{m} t_i + (n-1) t_L$$

式中：$T_{平}$——平行移動方式下一批物料的生產週期；

n——物料加工批量；

m——物料加工的工序數；

T_L——物料加工中最長的單件工序時間。

該方式的優點是，不會出現物料成批等待現象，因而整批物料的生產週期最短；其缺點是，當物料在各道工序的加工時間不相等時，會出現人力和設備的停工現象。

只有當各道工序的加工時間相等時,各工作地才可以連續充分負荷地生產。另外,若物料運送頻繁,則會加大運送量。

③ 平行順序移動方式。該方式是指每批物料在每一道工序上連續加工沒有停頓,並且物料在各道工序上的加工盡可能平行。具體做法是:

當 $t_i < t_{i+1}$ 時,物料按平行移動方式轉移;當 $t_i \geq t_{i+1}$ 時,以 i 工序最後一個零件的完工時間為基準,往前推移 $(n-1)t_{i+1}$ 作為零件在 $(i+1)$ 工序的開始加工時間。

採用該方式,既考慮了相鄰工序上的加工時間盡量重合,又保持了該批物料在工序上的順序加工。

採用平行順序移動方式,一批物料的加工週期為:

$$T_{平順} = n \sum_{i=1}^{m} t_i - (n-1) \sum_{j=1}^{m-1} \min(t_j, t_{j+1})$$

式中:$T_{平順}$——平行順序移動方式下一批物料的生產週期;

n——物料加工批量;

m——物料加工的工序數;

t_i——第 i 道工序的單件工序時間。t_j 和 t_{j+1} 代表相鄰兩個工序。

雖然該方式的生產週期比平行移動方式長,但可以保證設備負荷充分。該方式吸取了前兩種移動方式的優點,消除了間歇停頓現象,能使設備工作負荷充分,且工序週期較短,但安排進度時比較複雜。

(2) 生產物流時間組織方式的選擇。以上三種移動方式各有利弊,在安排物料進度計劃時,需要考慮物料大小、物料加工時間長短、批量大小以及生產物流的空間組織形式。一般而言,批量小、物料小或重量輕而加工時間短的物料,適合採用順序移動方式;對生產中的缺件、急件,可以採用平行或平行順序移動方式。如表 3.1 所示。

表 3.1　　　　　　選擇生產物流的時間組織方式需考慮的因素

物料移動方式	物料尺寸	物料加工時間	物料批量大小	物料空間組織形式
順序移動	小	短	小	工藝專業化
平行移動	大	長	大	對象專業化
平行順序移動	小	長	大	對象專業化

對於不同類型的企業,生產物流的時間組織形式是靈活多變的。例如:對於固定式生產企業(項目型生產物流),由於加工對象固定,因而生產物流在時間上的組織方式主要表現在工人按加工工序順序移動;對於流程式生產企業(連續型生產物流),通常都是整批地把物料投入加工,物料整批地按照加工順序在各工序間移動,同一批物料不可能同時在多道工序上加工,因而這類企業的生產物流是按順序移動方式組織的;對於加工裝配型企業(離散型生產物流),一批物料在各工序上加工時,難免會有物料成批等待的現象出現,因此,宜採用平行順序移動方式組織生產物流。應在保證設備充分負荷的前提下,提高物料在各工序間的流動速度,這是這類企業生產物流的時間組織目標。

3. 生產物流的人員組織

生產物流的人員組織主要體現在人員的崗位設計上。要實現生產物流在空間和時間兩個維度的組織形式，必須對工作崗位進行重新設計（即再設計），目的是優化生產物流、確保生產物流的暢通。

（1）崗位設計的基本原則。人力資源管理理論提倡在崗位設計時，應該把技術因素與人的行為和心理因素結合起來考慮。根據生產物流的特點，崗位設計的基本原則是「因物料流向設崗」而不是「因人、因設備、因組織設崗」。為此，需考慮以下幾個問題：①崗位設置是否符合最短物流路徑原則？其目標是設置盡可能少的崗位，完成盡可能多的工作任務；②所有崗位是否實現了各工序間的有效配合？其目標是保證生產總目標、總任務的實現；③每一個崗位是否在物流過程中都發揮了積極作用？其目標是崗位之間的關係應協調統一；④崗位設置是否體現了經濟、科學、合理的系統原則？其目標是實現物流系統優化。

（2）崗位設計的內容。根據人的行為和心理特徵，崗位設計還要符合員工個人的工作動機需要。為此，應從以下三個方面入手進行崗位設計：

①擴大工作範圍，豐富工作內容，合理安排工作任務。其目的在於擴大崗位工作範圍和崗位職責，盡量減少員工對工作產生的單調感和乏味感，使員工的身心健康成熟發展，從而有利於提高生產效率，促進崗位工作任務的完成。這可以從縱橫兩個方向擴大工作範圍。

從橫向看，可將分工很細的作業單元合併，由過去一個員工負責一道工序改為幾個員工共同負責幾道工序；盡量使員工進行不同工序和不同設備的操作，即以多項操作代替單項操作；採取包干負責制，即由一個員工或一個小組負責一項完整的工作任務，使員工看到工作的意義與希望。

從縱向看，可讓生產人員承擔一部分管理人員的職能，如讓其參與生產計劃的制定，自行決定生產目標、作業程序、操作方法和參與績效評估（自我評價）。此外，還可參與產品試驗、產品設計以及工藝管理等工作。

②工作滿負荷。其目的在於制定合理的生產定額，從而確定崗位數目和人員需求。

③優化生產環境。其目的在於改善生產環境中各種不利於生產效率提高的因素，建立人-機-環境的最優系統。

（3）對員工素質與能力的要求。

崗位設計體現在生產物流的三種空間組織形式上；相應地，對員工的素質與能力又有不同的要求。

①對於按工藝專業化形式組織的生產物流，要求員工不僅專業水平高，而且具有多元化的技能和技藝，即體現一專多能、一人多崗；

②對於按對象專業化形式組織的生產物流，要求員工在工作中具有較強的「工作流」協調能力，能自主平衡並消除各工序間的「瓶頸」，確保物流的均衡性、比例性和實時性；

③對於按成組工藝形式組織的生產物流，需要向員工授權，組織要保證給每位員工配備相應的技術資料和工具。相應地，員工要明確工作職責和職權，要改變不利於

物流合理化的工作習慣，要加強對新技術的學習並將其投入使用。

(四) 企業生產物流的計劃與控製

企業要高效率、低成本地組織生產，就必須對生產進行嚴格的計劃與控製，包括生產物流的計劃與控製。

1. 生產物流計劃概述

(1) 生產物流計劃

生產物流計劃是根據計劃期內確定的出產產品的品種、數量、期限，以及發展變化的客觀實際，對物料在各工藝階段的生產進度和生產任務所做的安排。生產物流計劃的核心是生產作業計劃的編制工作。

(2) 生產物流計劃的任務

生產物流計劃的任務包括以下三個方面的內容：

①保證生產計劃的順利完成。為了保證按計劃規定的時間和數量生產各種產品，必須研究物料在生產過程中的運動規律以及在各工藝階段的生產週期，以此來安排物料經過各工藝階段的時間和數量，並使系統內各生產環節的在製品的結構、數量和時間相協調。

②為均衡生產創造條件。均衡生產是指企業及企業內部的車間、工段、工作地等生產環節，在相等的時段內，完成等量或均衡數量的產品。均衡生產的要求包括：①每個生產環節都要均衡地完成所承擔的生產任務；②不僅要在數量上均衡生產和產出，而且各階段的物流要保持一定的比例性；③要盡可能縮短物料流動週期，同時要保持一定的節奏性。

③加強在製品管理，縮短生產週期。保持在製品、半成品的合理儲備是保證生產物流連續進行的必要條件。在製品過少，會使物流中斷而影響生產；反之，又會造成物流不暢，延長生產週期。因此，對在製品的合理控製，既可減少在製品占用量，又能使各生產環節銜接、協調，按物流作業計劃有節奏地、均衡地組織物流活動。

(3) 期量標準

期量標準也稱為作業計劃標準。它是根據加工對象在生產過程中的運動，經過科學的分析和計算，所確定的時間和數量標準。期表示時間，如生產週期、前置期等；量表示數量，如一次同時生產的在製品數量、倉庫的最大存儲量等。期和量是構成生產作業計劃的兩個方面。為了合理地組織生產活動，有必要科學地規定生產過程中各個環節之間在生產時間和生產數量上的內在聯繫。合理的期量標準，為編制生產計劃和生產作業計劃提供了科學依據，有利於提高計劃編制的質量，使它真正能起到指導生產的作用。同時，按期量標準組織生產，有利於建立正常的生產秩序、實現均衡生產。

2. 生產物流控製的內容和程序

在實際的生產物流系統中，由於受內外部各種因素的影響，計劃與實際之間會產生偏差。為了保證計劃的順利完成，必須對生產物流活動進行有效控製。

(1) 生產物流控製的內容

①進度控製。生產物流控製的核心是進度控製，即物料在生產過程中的流入、流

出時間以及物流量的控製。

②在製品管理。在生產過程中對在製品進行靜態、動態控製與佔有量控製。在製品控製包括實物控製和信息控製。有效控製在製品，對及時完成作業計劃和減少在製品積壓均有重要意義。

③偏差的測定和處理。在生產過程中，按預定時間及順序檢測計劃執行的結果，掌握實際量與計劃量的差距，根據偏差的原因、內容及其嚴重程度，採取相應的處理方法。首先，要預測偏差的產生，事先制定消除偏差的措施，如動用庫存、組織外協等，防患於未然；其次，在偏差產生後，傳統的做法是，為了及時調整生產計劃，要及時將偏差信息向生產部門反饋；最後，為了使本期計劃不做或少做修改，要將偏差信息向計劃部門反饋，作為下期計劃調整的依據。而最有效的做法是充分授權於員工，實施目標管理（MBO），讓員工動態地「調適」。在這方面，日本豐田汽車公司取得了極大的成功。

（2）生產物流控製系統的要素

對生產物流進行控製的系統可以採取不同的結構和形式，但都具有一些共同的要素。這些要素包括：

①強制控製和彈性控製。即通過有關期量標準、嚴密監督等手段所進行的強制控製或自覺控製。

②目標控製和程序控製。目標控製通過核查生產實際結果與計劃的差異來實施控製；程序控製則通過對生產程序、生產方式進行核查來實施控製。

③管理控製和作業控製。管理控製的對象是全局，是指為使系統整體達到最佳效益而按照總體計劃來調節各個環節、各個部門的生產活動。作業控製是對某項作業進行控製，是局部的，目的是保證其具體任務或目標的實現。有時，不同作業控製的具體目標之間可能會出現脫節或矛盾的情況，為此，需要通過管理控製進行協調，以使系統達到整體最優。

（3）生產物流的控製程序

對不同類型的生產方式而言，生產物流控製的程序基本相同。與控製的內容相適應，生產物流控製的程序一般包括以下幾個步驟：

①制定期量標準。物流控製從制定期量標準開始，所制定的標準要保持先進與合理的水平，隨著生產條件的變化，標準要定期和不定期地進行修訂。

②制訂計劃。依據生產計劃制訂相應的物流計劃，並保證生產系統能夠正常運轉。

③信息反饋。物流信息的收集、處理、傳輸要及時。

④短期調適。為了保證生產的正常進行，要及時調整偏差，確保計劃順利完成。

⑤長期調整。對生產物流系統的有效性進行評估，根據生產的需要從長期的角度進行調整。

3. 生產物流控製原理

在生產物流系統中，實現物流協調和減少各個環節生產和庫存水平的變化幅度是很重要的。在這樣的系統中，系統的穩定與所採用的控製原理有關。下面介紹兩種典型的控製原理。

（1）推進式物流控製原理

①基本原理。

推進式物流控製的基本原理是，根據最終產品的需求量和需求結構，計算出各生產工序的物料需求量，在考慮各生產工序的生產提前期後，向各工序發布生產（計劃）指令。企業對生產物流實行集中控製，每個階段的物流活動均服從集中控製的指令，各階段沒有考慮本階段的局部庫存因素，因此，不能使各階段的庫存水平都保持在期望水平。廣泛應用的 MRP[①] 系統控製實質上就是推進式控製。如圖 3.10 所示。

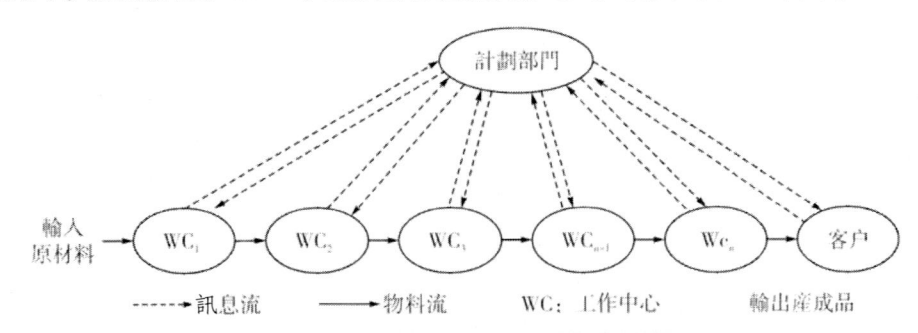

圖 3.10 推進式模式下的訊息與物料流向圖

推進式控製模式是基於美國計算機信息技術的快速發展和美國製造業大批量生產基礎上提出的 MRP Ⅱ[②] 技術為核心的生產物流控製模式。但從實踐結果來看，該模式的長處卻在多品種小批量生產類型的加工裝配企業得到了最有效的發揮。其具體做法是，在計算機、通信技術控製下制定和調節產品需求預測、主生產計劃、物料需求計劃、能力需求計劃、物料採購計劃、生產成本核算等環節。生產物流嚴格按照反工藝順序確定的物料需要數量、需要時間（物料清單所表示的前置期），從前道工序「推進」到後道工序或下游車間，而不管後道工序或下游車間當時是否需要。在整個控製過程中，信息流往返於每道工序、車間，並與生產物流完全分離。其目的是要保證各工序按生產作業計劃的要求按時完成物料加工任務。

②推進式物流控製的特點。

推進式物流控製模式具有以下特點：

第一，在生產物流組織方式上，以零件為中心，強調嚴格執行計劃，維持一定量的在製品庫存。

第二，在管理手段上，大量運用計算機進行管理。

第三，在生產物流計劃編制和控製上，以零件需求為依據，計算機編制主生產計

[①] 物料需求計劃（Material Requirements Planning，MRP）是「製造企業內的物料計劃管理模式。根據產品結構各層次物品的從屬和數量關係，以每個物品為計劃對象，以完工日期為時間基準倒排計劃，按提前期長短區別各個物品下達計劃時間先後順序的管理方法」。——中華人民共和國國家標準《物流術語》（GB/T18354-2006）

[②] 製造資源計劃（Manufacturing Resource Planning，MRP Ⅱ）是「在物料需求計劃（MRP）的基礎上，增加行銷、財務和採購功能，對企業製造資源和生產經營各環節實行合理有效的計劃、組織、協調與控製，達到既能連續均衡生產，又能最大限度地降低各種物品的庫存量，進而提高企業經濟效益的管理方法」。——中華人民共和國國家標準《物流術語》（GB/T18354-2006）

劃、物料需求計劃、生產作業計劃。在執行中以計劃為中心，工作的重點在管理部門，著重處理突發事件。

第四，在對待在製品庫存的態度上，認為「風險」是不可避免的，因此必要的庫存是合理的。換言之，為了防止實際執行與計劃的偏差所帶來的庫存短缺，在編制物料需求計劃時，往往採用較大的安全庫存量和留有餘地的固定前置期，而實際生產時間又往往短於前置期，於是不可避免地會產生在製品庫存。其優點是，這些安全庫存量可以調節生產和需求之間、不同工序之間的平衡；其缺點是，過高的在製品庫存量會降低物料在生產系統中的流動速度，使生產週期延長。

（2）拉動式物流控製原理

①基本原理。

拉動式物流控製的基本原理是，企業從最終市場需求出發，根據最終產品的需求量和需求結構，計算出最後工序的物流需求量，然後向前一工序提出物流供應要求。依此類推，各生產工序都應符合後工序的物流需求。如圖3.11所示。

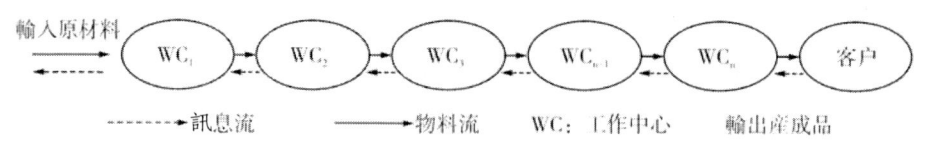

圖3.11　拉動式模式下的訊息與物料流向圖

該模式是以日本製造業提出的JIT技術為核心的生產物流管理模式，稱為基於JIT的精益物流營運模式。其具體表現為，物流始終處於不停滯、不堆積、不超越、按節拍地貫穿從原材料、毛坯地投入到成品出產的全過程。採用從後工序向前工序拉動控製的方法，在拉動控製中，信息流與物流完全結合在一起，但信息流（生產指令）與生產物流方向相反。信息流控製的目的是要保證按後道工序的要求準時完成物料加工任務。

該模式強調物流同步管理，要求在恰當的時間將恰當數量的物料送到恰當的地點；該模式對生產物流實行分散控製，每個階段的物流控製目標都是滿足局部需求，通過這種控製，使局部生產達到最優。但各階段的物流控製目標難以考慮系統總的控製目標，因此，該控製原理不能使總費用水平和庫存水平保持在期望水平。

②拉動式物流控製的特點。

拉動式物流控製的特點主要表現在以下幾個方面：

第一，在生產物流組織方式上，以零件為中心，要求前一道工序加工完成的零件立即進入後一道工序，強調物流均衡而沒有在製品庫存，從而保證物流與市場需求同步。

第二，在管理手段上，把計算機管理與看板管理相結合。看板是前後工序間聯繫的橋樑和紐帶。其功能主要表現在以下七個方面：傳遞領料和物料搬運信息、傳遞生產指令、防止過量生產和搬運、防止不良品的產生、揭示存在的問題、目標管理的工具、庫存管理的工具。為了保證看板功能的實現，須遵循以下規則：①嚴格按照看板

指示信息取料和搬運；②嚴格按照看板指示信息進行生產作業活動；③在沒有看板的情況下，不生產也不搬運；④看板必須與所指示的物料在一起；⑤決不把不良品向下一道工序移送；⑥盡可能減少看板的枚數及物料批量。

[案例] 豐田公司目標管理法（MBO）的實施

　　JIT管理採用拉動的理念，強調生產的均衡化和交貨的準時化。目標管理就是生產現場所有工作人員具有及時發現生產過程中出現的問題，查明原因並加以改善的責任和能力。豐田公司的具體做法是：在生產線的每個工序上安裝了紅黃綠三色指示燈，亮綠燈表示生產線作業正常；亮黃燈表示該工序的作業進度落後，需要支援（亮黃燈後就會有其他員工來支援，以改善作業瓶頸）；亮紅燈表示該工序已出現異常情況，需要停止生產線作業，查明原因並加以改善。當紅燈出現後，整個生產線就自動停下來（生產線上安裝有不良品自動檢測裝置），這樣就不會因其他工序繼續作業而出現大量在製品（庫存）等待的現象。同時，生產線上的員工協同改善瓶頸作業，這樣能賦予員工高度責任心，有利於發揚團隊精神。

　　第三，在生產物流計劃編制和控製上，以零件為中心，採用計算機編制生產物流計劃，並運用看板系統執行和控制，工作的重點在製造現場。

　　第四，在對待庫存的態度上，認為整個生產系統的「風險」不僅來自企業外部，而且來自企業內部（在製品庫存）。正是庫存掩蓋了生產系統中的各種缺陷，應將生產系統中的一切庫存視為「浪費」予以消滅。其庫存管理思想表現在，既要強調供應對生產的保障作用，又要積極追求「零庫存」終極目標。即要不斷降低庫存，暴露問題，加以改進，最終消滅庫存。

五、銷售物流管理

　　銷售物流是企業物流系統的最後一個環節，是企業物流與社會物流的又一個銜接點。它與企業銷售系統配合，共同完成產成品的銷售任務。

（一）銷售物流的概念與意義

　　銷售物流（Distribution Logistics）是「企業在出售商品過程中所發生的物流活動」（GB/T18354-2006），具體包括訂單處理、包裝、裝卸搬運、運輸、配送、流通加工以及送達服務等功能活動。

　　銷售物流是伴隨著銷售活動，將產品實體轉移給用戶的物流活動。在買方市場環境下，產品銷售已成為企業能否實現可持續發展的關鍵。而當客戶向企業發出訂單或企業與客戶簽訂了銷售合同，還需要通過銷售物流活動將產品送達用戶並經過售後服務才算完結。因此，銷售物流的組織及其合理化對企業市場行銷活動的成功開展起著十分重要的作用。它不僅是企業盈利的關鍵環節（第三利潤源泉），而且關係到客戶對企業的滿意度與忠誠度，關係到企業的競爭力。特別是在產品同質化的今天，優質的銷售物流服務成了提升企業競爭力的關鍵。

(二) 銷售物流渠道①

在傳統銷售渠道中，商品所有權轉移（商流）與商品實體流經的環節（物流）在很大程度上是一致的。在網路經濟時代，電子商務發展迅猛，對電子物流的需求強勁，按照「商物分流」的原則來處理商流活動與物流活動，必然使商品所有權轉移與商品實體流經的途徑或環節發生分離。在線下單，網上支付，貨物集中配送，商流活動與物流活動的效率極大地提高。銷售物流系統的構築與優化成為提升企業競爭力的關鍵。

在供應鏈下游，製造商一般根據銷售需要設立成品庫，對下線產品實行集中儲存。根據目標客戶群體的地域分布，本著客戶相對集中的原則，充分考慮交通運輸條件，建立區域分撥中心（Regional Distribution Center, RDC）②或配送中心（Distribution Center, DC），在客戶訂單或需求信息的驅動下，由成品庫向 RDC，進而由 RDC 向 DC 實施補貨，最後通過 DC 向零售商或用戶進行配送。成品庫、RDC、DC、門店等物流據點以及運輸路線共同構成銷售物流實體網路，而倉庫管理系統（WMS）、運輸管理系統（TMS）、銷售時點系統（POS）等信息系統集成為銷售物流信息系統，銷售物流實體網路與銷售物流信息系統共同構成銷售物流系統。如圖 3.12 所示。

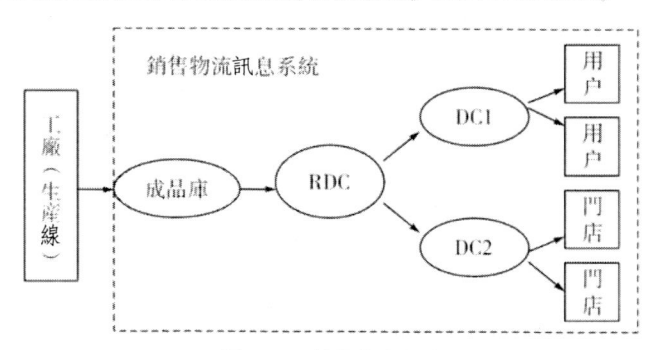

圖 3.12　銷售物流系統

[**案例**] 義大利 A 公司精品鞋業（以下簡稱 A 公司）於 2004 年進入中國市場，經過兩年多的精心佈局後，業務遍及全國。在產品銷售過程中，客戶服務需求不斷增長，對公司的供應鏈管理提出了更高的要求。A 公司加大了新產品研發的力度，不斷創新。服裝鞋帽類企業有其特殊的行業特性，其產品的款式、顏色、尺碼組合的特點決定了其單品數量隨款式的增加而呈幾何級增長，品種變化很快。為此，過季的品種要很快清出櫃臺，換上新的品種。存貨不能積壓，否則會給企業帶來很大的資金壓力。為更有效地解決存貨積壓問題，加快庫存週轉，更有效地響應市場需求，高效地管理其日益龐大的供應商隊伍及客戶，優化公司的物流配送網路，A 公司在供應商集中的華南和華東地區成立了廣州區域分撥中心（RDC）和上海 RDC，用於向北京配送中心（DC）、瀋陽 DC 及成都 DC 進行產品分撥並向客戶直接配送。廣州 RDC 坐落於白雲區

---
① 胡建波，陳敏. 供應鏈庫存管理策略 [J]. 企業管理，2013（4）.
② RDC 的設置一般需考慮物流時效和成本，在中國大陸地區，一般以 5~9 個為宜。企業通常選擇華東、華南、華北、華中、西部等大區交通條件較好的中心城市設置 RDC。

物流中心，是一座面積約 4,000 平方米的現代化倉庫。庫內分為倉儲好貨區、倉儲壞貨區、倉儲擱置區、入庫緩衝區、出庫緩衝區等儲存區，倉儲區布置了四層的立體貨架，每個貨位按排列層規則編號並貼有相應的條形碼，共有 13,000 多個貨位。

(三) 銷售物流服務

1. 銷售物流服務及其構成要素

銷售物流服務即銷售物流中的客戶服務。它包括時間、可靠性、溝通和方便性四個要素。這些要素無論對賣方或買方的成本都會有影響。

(1) 時間。時間要素通常指訂貨週期。訂貨週期（Order Cycle Time）通常也稱訂貨提前期或訂貨前置期（Lead Time，LT），是指「從客戶發出訂單到客戶收到貨物的時間」（GB/T18354-2006）。時間要素主要受訂單傳輸時間、訂單處理時間、備貨配貨時間以及訂貨裝運時間等幾個變量的影響。客戶訂貨週期的縮短標誌著企業銷售物流管理水平的提高。而企業只有有效地管理和控製這些活動，才能保證訂貨週期的合理性和可靠性，提高客戶服務水平。

(2) 可靠性。可靠性是指根據客戶訂單的要求，按照預定的提前期，安全地將貨物送達客戶指定的地點。它包括提前期的可靠性、安全交貨的可靠性、正確供貨的可靠性等內容。可靠的提前期可降低客戶供應的不確定性，能使客戶的庫存、缺貨、訂單處理和生產計劃的總成本最小化。安全準時交貨可以降低客戶的庫存量，減少缺貨損失，降低庫存成本。正確供貨則可以避免給客戶造成脫銷或停工待料的損失。在銷售物流領域，訂貨信息的傳送和貨物揀選會影響正確供貨的可靠性。在訂單傳輸時，使用電子數據交換（EDI）可以大大降低出錯率，產品標示及條形碼的標準化可以降低貨物揀選的差錯率；EDI 與條形碼相結合，可以提高庫存週轉率，降低成本，提高銷售物流系統的服務水平。管理者必須連續監控上述三個方面的可靠性，包括：認真做好信息反饋工作，瞭解客戶的反應與要求，提高客戶服務系統的可靠性。

(3) 信息溝通。與客戶溝通是監控客戶服務可靠性的關鍵手段。設計客戶服務水平必須包括與客戶的信息溝通。信息溝通渠道應該對所有客戶開放，因為這是銷售物流外部約束的信息來源。如果沒有與客戶及時有效的溝通與聯繫，企業就不可能向客戶提供滿意的服務。而且溝通是雙向的，賣方必須把關鍵的服務信息傳遞給客戶，而客戶也需要瞭解與銷售物流服務有關的跟蹤裝運信息。

(4) 方便性。方便性是指企業的服務水平和服務方式應該靈活多樣，應能滿足不同客戶的不同需求。換言之，企業應根據客戶的不同要求，為他們設計適宜的服務水平。只有這樣，企業才能以最經濟的方式滿足客戶多元化、個性化的需求。為此，管理者必須重視銷售物流服務的方便性，但銷售物流功能可能會由於過多的服務水平政策而難以實現最優化，因而，服務水平政策也應該具有靈活性，但必須以客戶群為基礎，因為政策的制定與實施也必須考慮服務與成本之間的平衡。

2. 提升銷售物流服務水平的意義

銷售物流服務的重要性表現在以下三個方面：

(1) 增加企業銷售收入。銷售物流服務是企業物流的重要組成部分，它直接關係

到企業市場行銷的成敗。服務還是形成產品差異化的重要手段，搞好銷售物流服務可以「區別」在客戶印象裡本沒有區別的產品。一般而言，提高客戶服務水平可以增加企業的銷售收入，提高企業的市場佔有率。

（2）提高客戶滿意度。客戶服務是企業向購買其產品或服務的組織或個人提供的一系列服務活動。對消費者而言，他關心的是所購買的全部產品，即不僅僅是產品的實體本身，還包括產品的附加價值。而銷售物流服務就是提供產品附加價值的活動，它能增加購買者所獲得的效用。良好的銷售物流服務可以提高產品的價值和客戶滿意度，因此，許多企業都將銷售物流服務作為企業物流的一項重要功能加以重視。

（3）留住客戶。研究表明，同開發新客戶相比，留住現有客戶的成本更低。一般地，對企業忠誠度較高的客戶會提供仲介服務（即介紹新客戶）並且願意支付溢價（即願意支付更高的價格）。相反，一個對服務提供者感到不滿的客戶往往會轉向競爭對手。留住客戶目前已成為許多企業戰略管理關注的焦點。在物流領域，高水平的客戶服務是吸引並留住客戶的重要手段。

總之，提高銷售物流服務水平是增強企業競爭優勢的重要手段，企業銷售物流服務水平與企業產品質量同等重要，需要引起企業管理者的高度重視。

（四）訂單管理

在許多行業，與訂單管理有關的各項活動占據了整個訂貨週期 50%~70% 的時間。如果要通過短暫而穩定的訂貨週期來實現高水平的物流服務，關鍵是要認真管理訂單處理過程中的各項活動。

訂單處理過程是指包含客戶訂貨週期中的諸多活動，具體包括訂單準備、訂單傳輸、訂單錄入、訂單履行、訂單狀況報告等要素，如圖 3.13 所示。通常，完成每項活動需要的時間取決於所選擇的訂貨方式。

圖 3.13 訂單管理的一般過程要素

1. 訂單準備

訂單準備是指客戶收集所需產品或服務的必要信息，正式提出購買要求的各項活動，包括確定供應商、由客戶或銷售人員填制訂單、決定庫存的可得性、與銷售人員打電話通報訂單信息或在計算機菜單中進行選擇等。物流信息技術的使用，使訂單準備的效率大大提高。利用 POS 系統，客戶搜尋商品信息的過程變得無紙化、快速化；計算機技術和因特網技術使電子採購成為現實；借助於 ERP 系統，一些工業企業的採購訂單常常是根據庫存消耗情況直接由計算機生成；語音感應性電腦和 RFID 等新技術縮短了訂單準備時間；利用 EDI 技術，無紙貿易成為可能，訂單準備成本降低，補貨次數減少。

2. 訂單傳輸

訂單傳輸是指訂貨請求從發出地點到訂單錄入地點的傳輸過程。訂單傳輸分為人工傳輸和電子傳輸兩種方式。前者可以是郵寄訂單或由銷售人員親自將訂單送到錄入地點，後者則包括電話/傳真傳輸和網路傳輸兩種方式。上述三種方式各有優劣，詳見表 3.2。

表 3.2　　　　　　　　　　訂單傳輸方式比較

傳輸方式	速度	費用	可靠性	準確性
手工傳輸	慢	低	差	低
電話/傳真傳輸	中	中	一般	一般
網路傳輸	快	投資高、運行費用低	好	高

3. 訂單錄入

訂單錄入是指在訂單實際履行前所進行的各項工作，包括：①核對訂貨信息（如商品名稱與編號、數量、價格等）的準確性；②檢查所需商品是否可得；③如有必要，準備相關文件（補交貨訂單或取消訂單的文件）；④審查客戶信用；⑤必要時，轉錄訂單信息；⑥開具帳單。

進行上述工作很有必要，因為客戶的訂貨信息往往與要求的格式不完全吻合（如表述不夠準確），因此在交給訂單履行部門執行之前還需做一些處理工作，這樣就會延誤訂單的傳遞時間。

訂單錄入可以由人工完成，也可以進行全自動處理。條形碼、光學掃描儀以及計算機的使用極大地提高了該項活動的效率。其中，條形碼和掃描技術對於準確、快速、低成本地錄入訂單信息尤為重要。與利用計算機鍵盤錄入數據相比，條碼掃描技術有錄入速度快、出錯率低、信息讀取成本低等顯著的優越性（見表 3.3），已經在零售、製造和服務行業廣泛應用。

表 3.3　　　　　　　　　　　數據錄入技術的比較

數據錄入方式 特點	鍵盤錄入	條形碼掃描
速度	6 秒	0.3~2 秒
替換的錯誤率	每錄入 300 個字符有 1 個錯誤字符	每錄入 1.5 萬億~36 萬億字符有 1 個錯誤字符
編碼成本	高	低
訊息讀取成本	低	低
優勢	人工錄入	出錯率低，成本低，速度快，能夠遠距離讀取訊息
劣勢	人工錄入，成本高，出錯率高，速度慢	要求操作人員受過一定的教育，產生設備成本，需要處理條碼圖像遺失或破損的問題

從物流管理的角度來看，在訂單錄入階段應注意訂單規模，要有一個最小訂貨量，對低於最小訂貨量的訂單可以拒絕接受。這樣，可以確保企業不會產生高昂的運輸成本，在由供應商支付運費的情況下更是如此。通過整合訂單可以使運輸調度更加有效，使揀貨與裝運模式更加優化。

4. 訂單履行

[案例] 某造紙廠生產供食品連鎖店使用的食品袋和包裝紙，該廠在處理訂單時沒有明確的順序要求。然而，在實際處理時，卻有訂單處理的先後次序。當訂單處理工作繁重的時候，訂單處理人員會先處理訂貨量小、相對簡單的訂單，而那些訂貨量較大的訂單則被壓到最後才處理，但這些大訂單往往能為公司帶來更多的利潤。

訂單履行是由與實物有關的活動組成的，包括：①通過提取存貨（或生產、採購）來獲取所訂購的貨物；②對貨物進行運輸包裝；③安排送貨；④準備運輸單證。其中，有些活動可能會與訂單錄入同時進行，目的是縮短訂單處理週期。

訂單處理的先後次序及相關程序可能會影響所有訂單的處理速度，也可能會影響較重要訂單的處理週期。例如，一些企業的訂單處理人員在忙得不可開交時，就可能會先處理那些不太複雜的訂單，但這樣就可能導致公司重要客戶的訂單履行時間拖延過久。在實務中，很多企業並未就訂單履行（即訂單錄入和處理）的方法做出正式規定。

以下是一些可供選擇的優先權法則：①先收到，先處理；②使處理時間最短；③預先確定順序號；④優先處理訂貨量較小、相對簡單的訂單；⑤優先處理承諾交貨日期最早的訂單；⑥優先處理距約定交貨日期最近的訂單。

在實際運作中，有些企業在接到訂單後並不立即履行，而是壓後一段時間，以集中貨物的運量再發運，目的是提高車輛的實載率，降低單位貨物的運輸成本，這種決策確實需要制定更為周詳的訂單處理程序。這樣做增加了問題的複雜性，因為這些程序必須與送貨計劃妥善協調，才能全面提高訂單處理、交貨作業的效率。

5. 訂單狀況報告

訂單管理的最後一個環節是不斷向客戶報告訂單處理或貨物交付過程中的任何延遲，以確保優質的客戶服務水平。訂單狀況報告的內容包括：①訂單跟蹤，即在整個訂單處理過程中跟蹤訂單；②信息溝通，即與客戶交換訂單處理進度、訂貨交付時間等方面的信息。

訂單狀況報告是一種監控活動，並不影響訂單處理的一般時間。

[案例] 技術在報告訂單狀況中扮演著重要角色。聯邦快遞（FedEx）和聯合包裹（UPS）等公司在這方面走在了前列，他們都能夠隨時告訴客戶他們的貨物在起運地與目的地之間的具體位置。推動其跟蹤系統發展的關鍵技術有條碼技術、計算機網路以及專門設計的軟件等。這些公司的系統相當先進，能夠報告何人、何時、何地收到了貨物。托運人只需知道貨物裝運的批號，就能通過互聯網隨時跟蹤其在國內外貨物的狀況。

(五) 配送需求計劃

1. 基本概念

配送需求計劃（Distribution Requirements Planning，DRP）是「一種既保證有效地滿足市場需求，又使得物流資源配置費用最省的計劃方法，是物料需求計劃（MRP）原理與方法在物品配送中的運用」（GB/T18354-2006）。具體而言，DRP 是應用 MRP 原理，在配送環境下從數量和提前期等方面確定物料配送需求的一種動態方法。它可用於規劃原材料的進貨補貨安排，也可用於企業產成品的分銷計劃。例如，運載工具的選擇、運輸線路的規劃等。

從邏輯上看，DRP 是 MRP 的擴展，但兩者之間存在根本的差異。MRP 通常是在相關需求環境下運作的，由企業制訂和控製的生產計劃所確定；而 DRP 則是在獨立需求環境下運作的，由不確定的顧客需求直接確定存貨需求。例如：協調同一供應商提供的多項物料的補貨需求與安排；選擇更有效的運輸方式以及運載工具的容量規模；預先做好運輸和接貨、卸貨人員及設備的安排工作；從最終的顧客需求出發，利用分銷需求條件影響物料需求計劃。

2. DRP 的結構原理

DRP 的結構原理如圖 3.14 所示，它有三個輸入文件、兩個輸出計劃。

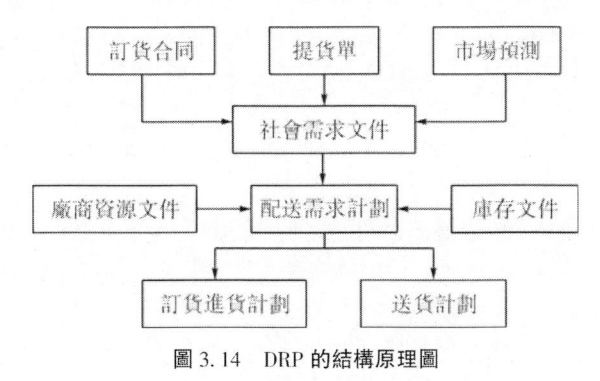

圖 3.14　DRP 的結構原理圖

輸入文件包括：

（1）社會需求文件。它包括所有用戶的訂貨單、提貨單和供貨合同，以及公司下屬分支機構（如子公司）的訂貨單、提貨單和供貨合同。此外，它還包括在市場調查基礎上預測的社會需求量。所有需求信息要按貨物品種和需求時間進行統計，最終整理成社會需求文件。

（2）庫存文件。它指企業目前擁有的庫存信息，需要對庫存數據進行統計列表，以便針對社會需求量確定必要的進貨量。

（3）廠商資源文件。它包括供應（廠）商的地理位置及其可以供應的產品品種等信息，其中地理位置影響到訂貨提前期的長短。

輸出文件包括：

（1）送貨計劃。它是指用戶的送貨計劃。為了保證貨物能按時送達，需要考慮作業時間及運程遠近，應合理設置前置期。對於大批量需求可以直送，而對於數量眾多的小批量需求則可以進行配送。

（2）訂貨進貨計劃。它是指向供應（廠）商訂貨進貨的計劃。對於有需求的貨物，若庫存不足，也需要向供應商訂貨。當然，這也要考慮適宜的訂貨提前期。

這兩個文件是 DRP 的輸出結果，是組織物流的指導文件。

3. DRP 的優點與局限性

（1）DRP 的優點。DRP 系統為管理部門提供了一系列好處，主要表現在行銷和物流兩個方面。在行銷方面，DRP 的優點主要表現為：

①改善了服務水平，保證了準時遞送，減少了客戶的抱怨；
②更有效地改善了促銷計劃和新產品引入計劃；
③提高了預計短缺的能力，使行銷努力不花費在低儲備的產品上；
④改善了與其他企業的協調功能，因為 DRP 有助於共用一套計劃數字；
⑤提高了向顧客提供存貨管理服務的能力。

在物流方面，DRP 的優點主要表現為：

①由於實行了協調裝運，降低了配送中心的運輸費用；
②能準確確定何時需要何種產品，降低了存貨水平和倉庫空間需求；
③減少了延遲供貨現象，降低了客戶的運輸費用；
④改善了物流與製造之間的存貨可視性與協調性；
⑤能有效地模擬存貨和運輸需求，提高了企業的預算能力。

（2）DRP 的局限性。儘管 DRP 有許多優點，但是還會受到一些因素的制約，在實際應用時要加以注意。

①DRP 系統需要每一個配送中心具有精確的、經過協調的預測數，但在實際運作中，預測的誤差是不可避免的；

②DRP 系統要求配送設施之間的運輸具有固定而又可靠的完成週期，雖然完成週期可以通過各種安全的前置時間加以調整，但完成週期的不確定因素則會降低 DRP 系統的效率；

③由於生產故障或遞送延遲，綜合計劃經常會受系統故障或頻繁改動的影響，尤

其是補貨運輸週期和供方遞送的可靠性等不確定因素可能會使 DRP 系統在實際應用中有一定的局限性。

4. DRP 的適用範圍

DRP 在兩類企業中得到了應用。一類是流通企業。其基本特徵是不一定要從事銷售業務，但必須要有儲存和運輸等物流業務，其目標是在滿足用戶需求的前提下，追求物流資源配置最優、費用最省。另一類是大型生產企業。它們擁有自己的銷售網路和銷售物流系統，具體組織儲、運、銷活動。這兩類企業的共同之處是：

（1）以滿足社會需求為宗旨；
（2）依靠一定的物流能力來滿足社會需求；
（3）從製造企業或資源市場組織商品資源。

5. DRP 的應用

DRP 應用的潛在經濟效益很大，一些企業實施 DRP 以後，客戶服務水平從 85% 提高到 97%，物流系統庫存量減少 25%，物流成本降低 15%，庫存積壓物資減少 80%。更為重要的是，實施 DRP 還能為企業帶來難以量化的、更為廣泛的潛在效益。

在實際運作中，通常將 DRP 與 MRP 結合起來，形成 DRP/MRP 聯合系統，從而綜合了原材料、在製品和產成品的計劃安排，總體協調庫存水平，計劃存貨運輸。綜合的 DRP/MRP 系統功能模型如圖 3.15 所示。

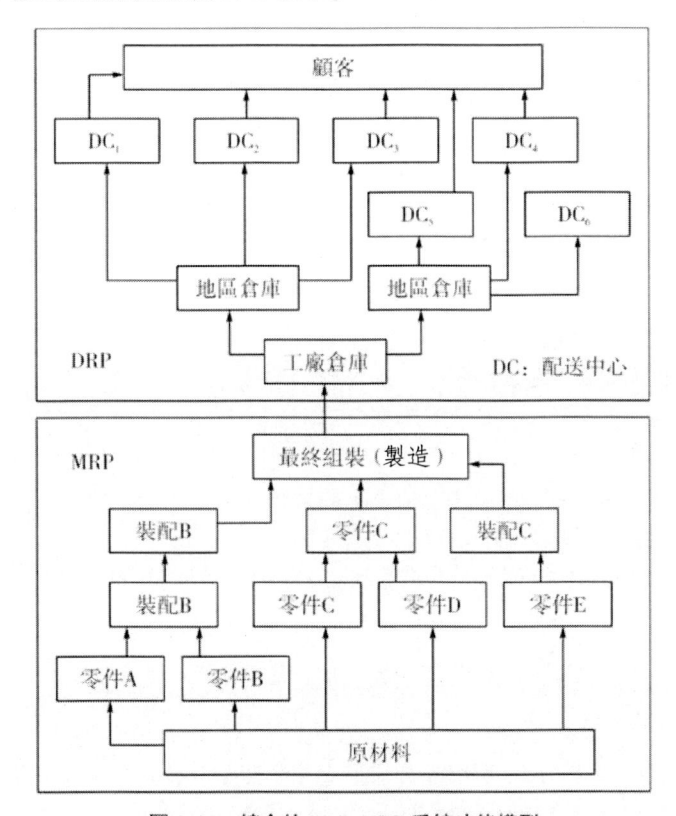

圖 3.15　綜合的 DRP/MRP 系統功能模型

6. DRP 的發展——DRP Ⅱ

DRP 和 MRP 一樣，只提出了需求，而沒有考慮執行計劃的能力問題。因此，在 DRP 的基礎上，又產生了 DRP Ⅱ。

（1）DRP Ⅱ 的概念與原理

配送資源計劃（Distribution Resource Planning，DRP Ⅱ）是「在配送需求計劃（DRP）的基礎上提高配送各環節的物流能力，達到系統優化運行目的的企業內物品配送計劃管理方法」（GB/T18354-2006）。

較之於 DRP，DRP Ⅱ 增加了物流能力計劃，形成了一個集成、閉環的物流資源配置系統，其結構原理如圖 3.16 所示。

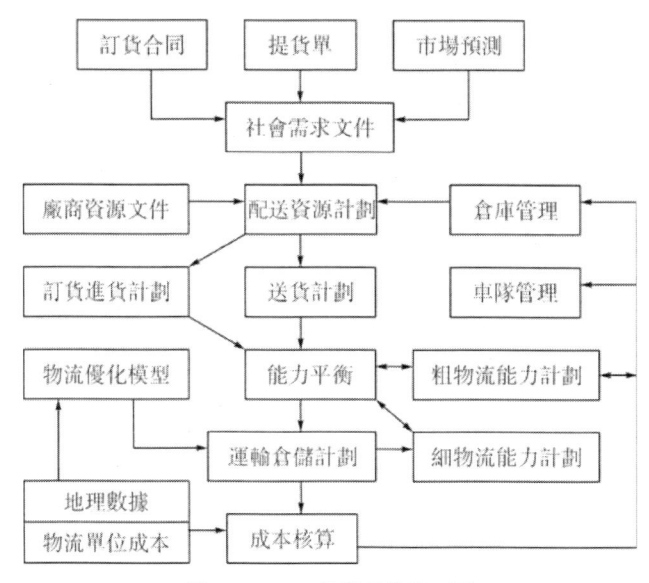

圖 3.16　DRP Ⅱ 的結構原理圖

（2）DRP Ⅱ 的特點

DRP Ⅱ 具有以下主要特點：

①在功能方面，DRP Ⅱ 除了對進貨、供貨以及庫存進行管理外，還具有物流資源的配置利用功能、成本利潤的核算功能以及物流優化與管理決策等功能；

②在具體內容上，DRP Ⅱ 增加了車輛管理、倉庫管理、物流能力計劃、物流優化輔助決策系統以及成本核算系統等功能模塊；

③具有閉環性。DRP Ⅱ 是一個自我適應、自我發展的閉環系統。

3.2　流通企業物流管理

企業物流包括生產企業物流和流通企業物流兩類。流通企業物流是指從事商品流通的企業在其經營範圍內所發生的物流活動。商品流通企業包括商業企業和物流企業

兩類。前者參與商品流通中的商流活動，在物流自營的情況下也參與商品流通中的物流活動；後者則主要從事實物流通，即商品流通中的物流活動。商業企業的物流活動主要包括供應物流、企業內部物流和銷售物流三種形式。供應物流是商業企業組織貨源，將商品從生產廠家集中到商業企業所發生的物流活動。商業企業內部的物流活動則包括商業企業內部的儲存、保管、裝卸、運送、加工等各項物流活動。而銷售物流則是商業企業將商品轉移到消費者手中所發生的物流活動。

一、批發企業物流管理

（一）批發商的概念與作用

1. 批發商的概念與類型

批發商是指向製造商購進產品，然後轉售給零售商、產業用戶或各種非營利組織，不直接服務於個人消費者的商業機構，包括普通商品批發商、大類商品批發商和專業批發商等類型。普通商品批發商經營的商品範圍較廣、種類較多，批發對象主要是中小零售企業，在產業市場上則主要面對產業用戶。大類商品批發商專營某大類商品，經營的品牌、品種、規格、花色齊全。通常按行業劃分商品類別，如酒類批發商、服裝批發商、汽車配件批發商等。專業批發商的專業化程度高，專營某類商品中的某個品牌商品，雖然經營範圍窄，但市場覆蓋面較廣，一般是全國性的，如糧食批發商、食品油批發商、木材批發商、化工原料批發商等。

2. 批發商的作用

[案例] 弗萊明公司與零售商的合作

弗萊明公司是全美第一大食品批發商，成立於1915年，起初只是一家很小的針對食品零售店的批發公司。1927年，成立了「獨立雜貨商聯盟」（IGA），它的成立使不少零售企業在交易中獲得了更多的利益，不僅減少了成本，而且增強了相互之間的認同感。通過這種形式，弗萊明公司與廣大中小零售企業結成戰略聯盟，並利用自己在進貨渠道、倉儲設施、配送網路方面的優勢更有力地控製零售終端，從而鞏固其在供應鏈中的主導地位。經過幾十年的發展，到了20世紀80年代末，它已經成為美國最大的食品批發企業，它不僅利用技術手段來改進自身的庫存與運輸，而且還為零售商們提供各種支持性服務，由此鞏固了雙方之間的合作關係。

批發商具有調節供求、溝通產需、穩定市場等作用。具體體現在以下幾方面：

（1）減少交易次數，降低交易費用。由於批發商的存在，可以減少製造商與零售商或消費者之間的交易次數，從而降低交易費用。

（2）有效集散商品。一方面，批發商與多家製造商有業務聯繫；另一方面，批發商又擁有比較成熟的渠道資源，能夠高效率地採購、配置多種產品，為零售商或產業用戶提供儲存保障，並提供快速供貨服務。

（3）提供融資服務。多數批發商的資金雄厚，能夠向客戶賒銷商品，從而減輕中小零售商的融資壓力。

（4）承擔市場風險。批發商購進商品後，承擔了一定的市場風險，如供求及價格

變動帶來的經濟風險、儲運風險、預購和賒銷帶來的財務風險等。

(5) 其他作用。例如，向供應商和客戶提供競爭者的產品、服務及價格變化等信息，幫助零售商改進經營管理（如培訓銷售人員、幫助建立會計和庫存控製系統等）。

[案例] 香港利豐集團的分銷業務

香港利豐集團是一家具有百年歷史的企業，其主營業務包括出口貿易、經銷和零售。很多企業已體會到它的綜合分銷服務所帶來的好處，包括家樂福、星巴克、屈臣氏等大型連鎖零售企業，涵蓋吉列、卡夫、強生、歐萊雅、耐克等世界知名品牌產品。

(二) 批發商面臨的壓力與挑戰

目前，中國批發業萎縮，工業品的自銷比例逐漸上升，批發商面臨著嚴峻的挑戰。

(1) 顧客越來越挑剔。隨著市場轉型，消費者不僅感受到自選商品的樂趣，也對經營者的商品、價格、服務等提出了更高的要求。「出廠價」「特價」「無中間環節」等更多地迎合了顧客的求廉心理，經營者需要對消費者的需求做出快速反應。

(2) 零售業態及商業組織形式不斷創新。一方面，各種倉儲式商場、購物中心、超級市場、大型綜合超市、專賣店、便利店等零售業態不斷湧現，迅速分割了傳統百貨商場主導的零售市場；另一方面，零售商業組織形式也在悄然發生變革，一些實力雄厚的零售企業實施「後向一體化戰略」，依託眾多的連鎖門店，實行批零一體、連鎖經營，從廠家集中採購，逐步形成了自身的批零網路，部分取代了傳統批發商的功能。

(3) 製造商參與零售終端的競爭。製造商受傳統流通體制下流通利潤豐厚利益的驅使，紛紛實施「前向一體化戰略」，開展自銷業務，不僅從事產品批發，有的還實施選擇性分銷，發展專賣店零售，甚至開展網上或上門直銷業務。特別地，一些實力雄厚的廠商直接與零售集團建立起戰略夥伴關係，直接供應產品，並實行片區管理，重構分銷渠道，形成了一體化的銷售服務體系。

(4) 外資加劇競爭。由於批發業關係到商品流通乃至國民經濟的控製力問題，中國政府一度限制外資進入批發領域。然而，一些跨國公司卻繞開種種限制，採取各種手段和方式，已經涉足中國批發市場，並取得了不菲的業績。

[案例] 麥德龍公司登陸中國

來自德國的麥德龍公司在上海、成都、無錫、寧波等地建立起多家連鎖倉儲式大賣場，每個賣場經營面積達1.6萬平方米，現已吸納10多萬個會員制客戶，有百分之六七十的客戶是團體購買，實現批發銷售。

上述幾種力量使批發商面臨著嚴峻的挑戰。但在一些與人們生活緊密相關的產品（如農產品以及服裝等輕工業品）市場上，批發商仍然具有獨特的優勢。

(三) 批發企業物流運作的基本特點

批發企業物流是指以批發據點為核心，由批發經營活動所派生的物流活動。一般而言，批發商從事專業批發業務，其物流作業具有大進大出、快進快出的特點。它強調的是批量採購、大量儲存、大量運輸的能力。大型的批發商還需要具備大型的倉儲設施、運輸設備。另外，分銷商屬於中間商，需要與上、下游企業進行頻繁的信息交換，因此，需要具備高效的信息網路。

（四）批發企業的物流管理策略

在新形勢下，批發企業應弱化流通仲介功能、強化物流服務和信息服務功能，為零售企業或產業用戶提供更優質的服務乃至增值服務，才能在激烈的市場競爭中求得生存和發展。

（1）構築完善的物流系統。實踐證明，消費品製造商和一些規模不大的零售終端仍然比較依賴批發商。批發企業的物流系統擔負著確保庫存、整合運輸，以實現商品流通的快進快出，並在一吞一吐之間實現產銷聯盟的功能。從本質上講，它完成了從製造商到零售商的物流控制，實現了分銷渠道的整合。特別是面對多品種、小批量的買方市場，批發商要實現訂單處理的及時化、商品包裝的快速化、物流配送的準時化，要為客戶提供增值物流服務，而這些離不開完善的物流系統作為保障。

（2）備貨多樣化，配送快速化。批發商能夠部分代替中小零售企業進行物流作業，承擔備貨、分揀等物流職能，通過商品進貨的廣泛性和多樣化來加快零售商的補貨速度，滿足其多樣化的產品需求，同時縮減相關經營運作費用。特別是隨著便民連鎖店的發展，零售商往往要求供應商能夠實現店鋪直送。而對於多數中小型製造企業來說，或者是因為物流能力不足，或者是因為難以實現規模經濟，店鋪直送幾乎無法實現。這無疑給批發商提供了契機。批發商可以通過擴大備貨的範圍，備齊相關產品的品類、規格和花色，為零售商提供多頻次、小批量的準時配送服務。特別地，滿足在地域上相對分散的零售店鋪的配送需求，是批發商未來發展的一個方向。

［案例］超值公司的服務理念

超值公司是美國第二大食品批發企業，僅次於弗萊明公司，它向全美48個州的4,100家超市（多為獨立所有、獨立經營）供應食品和非食品，借助於超值公司，這些獨立的超級市場可以和其他連鎖零售商一樣獲得規模經濟效益，從而更好地參與競爭。超值公司認為，批發商成長的一條途徑是「促使其顧客成長」。為此，它也為零售企業提供一系列能提高其行銷能力的服務，包括自有品牌方案、成本削減、銷售幫助、選址等。通過這些舉措，超值公司培養了客戶忠誠，鞏固了雙方的合作夥伴關係。

（3）構築物流聯盟，實行共同配送。批發商要對中小零售企業提供服務支持，成為「零售支持型服務提供商」，就需要打破產業界限，加強不同產業批發商之間的合作，實行共同配送。為此，需要將不同產業批發商和零售商的信息系統實施集成，確保批發商對零售商的POS數據和庫存信息實時共享，在需求信息的驅動下，為零售商提供快速、高效的物流配送服務，最大限度地提高客戶的滿意度，提升產業聯盟的競爭力。

［案例］弗萊明公司的經營理念

弗萊明公司的成功源自其服務零售企業與消費者的經營理念。作為一家批發企業，它把從零售商那裡獲得的消費者信息加以分析，從中把握消費需求的變化，並努力滿足這些需求。正是以顧客需求為導向的經營創新，促進了弗萊明公司的成功。

二、零售企業物流管理

(一) 零售商的概念與類型

1. 零售商的概念

零售商是指將商品直接銷售給最終消費者的中間商。零售商的基本任務是直接為消費者服務，其職能包括購、銷、調、存、加工、拆零、分包、傳遞信息、提供銷售服務等。它是聯繫製造商、批發商和消費者的橋樑，在分銷渠道中具有重要作用。

2. 零售企業的類型

零售企業包括百貨商店、超級市場、大型綜合超市、專賣店、便利店、折扣商店、倉儲式商場、購物中心等多種類型。

（1）百貨商店。百貨商店是經營日用百貨的零售商店，經營的商品品種較齊全。

（2）專賣店。專賣店是經營某一類商品或某類商品中某一品牌商品的零售商店，突出「專賣」的特點。如品牌服裝專賣店、家用電器專賣店、酒類專賣店等。

（3）超級市場。超級市場是以主、副食品及家用商品為主要經營對象，實行敞開式售貨，顧客自我服務的零售商店。其特點是：薄利多銷，商品週轉快；商品包裝規格化、條碼化，並標註有商品的質量和重量等信息；明碼標價。

（4）便利店。便利店是位於居民生活區附近的小型商店。其特點是：以經營方便品、應急品等週轉快的商品為主；營業時間較長，並提供優質服務（如送貨上門）；商品品種有限，價格較高。但因方便，仍受消費者歡迎。

（5）折扣商店。折扣商店是以薄利多銷的方式銷售商品，給顧客提供折扣的商店。其特點是：經營的商品品種齊全，多為知名度較高的品牌商品；設施投資少；實行自助式售貨；提供的服務少。

（6）倉儲商店。倉儲商店是 20 世紀 90 年代後期在中國出現的一種折扣商店。其特點是：賣場裝修簡單，貨倉面積較大（一般不低於 1 萬平方米）；以零售的方式運作批發業務，又稱量販店。

(二) 零售企業物流運作的特點與管理策略

零售企業物流是以零售商業據點為核心組織的物流活動，具有訂貨頻率高、商品需拆零、退換貨頻繁、對商品保質期的管理嚴格等特點。

對於一般的零售企業，其供應物流多由供應商（製造商或批發商）承擔，抑或是從批發市場進貨，委託第三方承運人（或閒散社會運力）完成。其對所銷售的大件商品多提供送貨及其他售後服務，小件商品的物流活動則由用戶自己來完成。

對於連鎖零售企業，需要建立配送中心來支持企業的經營活動，需要配送中心提供訂單處理、採購、分揀、配送、包裝、加工、退貨等全方位服務，要求配送中心具有健全的配送功能。

直銷企業的物流活動主要集中於銷售物流領域，目前這類企業經營的品種還比較少。對於大型製造商（如海爾），其直銷業務可借助公司先進、完善的物流系統來完成，公司可提供及時、優質的配送服務。對未構築完善銷售物流系統的生產企業，其

直銷業務一般借助物流企業來完成。

近年來，電子商務發展迅猛，電子商務企業對電子物流的需求越來越強勁。物流業務是電子商務企業的核心業務與關鍵成功要素（KSF/CSF），物流服務水平和物流成本關係到電子商務企業的興衰。實力雄厚的電子商務企業（如亞馬遜公司、京東商城等）一般會構築先進的企業物流系統，為客戶提供高效率、低成本的物流服務，並以此為企業創造核心競爭優勢。而中小型電子商務企業，由於實力所限，無法構築完善的企業物流系統，一般借助快遞公司來完成貨物遞送。但目前國內第三方物流發育還不成熟，配送成本高、效率低、服務水平遠達不到消費者的期望、消費者體驗不佳等因素制約著這些中小型電子商務企業的發展。因此，加快物流產業的發展，盡快提升第三方物流企業的服務能力是解決這些問題的關鍵。

［案例］　亞馬遜書店的總部位於美國西雅圖，原本只在當地設有一座倉庫，用於商品的儲存與配送。隨著公司業務向全美各地高速拓展，倉儲設施匱乏成為公司發展的瓶頸，於是亞馬遜公司在全美各主要市場新建了一系列配送倉庫。並且每當新建一座倉庫，公司都要對全部設施重新做需求供給分析。

想一想　亞馬遜公司為什麼要這樣做?

3.3　物流中心與配送中心管理

物流中心是隨著生產的發展和社會分工的細化而產生的，是主要面向社會提供服務的物流活動場所或組織。物流中心作為物流活動的據點，在物流的綜合管理中發揮著重要作用。配送中心是物流中心的一種典型形態。

一、物流中心

（一）物流中心的概念

物流中心（Logistics Center）是「從事物流活動且具有完善信息網路的場所或組織。應基本符合下列要求：①主要面向社會提供公共物流服務；②物流功能健全；③集聚輻射範圍大；④存儲、吞吐能力強；⑤對下游配送中心客戶提供物流服務」（GB/T18354-2006）。換言之，物流中心是組織、銜接、調節、管理物流的較大的物流據點，其主要功能是大規模集結、吞吐貨物，因此必須具備運輸、儲存、保管、分揀、裝卸、搬運、配載、包裝、加工、單證處理、信息傳遞、結算等主要功能，以及貿易、展示、貨運代理、報關、檢驗、物流方案設計等一系列延伸功能。

（二）物流中心的分類

物流中心有多種類型。一般地，可以按照物流中心的功能、處理的商品種類、服務範圍與服務對象等標準進行劃分。

1. 按照功能分類

根據物流中心功能側重點的不同，可將其劃分為以下幾種類型：

（1）儲存型物流中心。這類物流中心擁有較大規模的倉儲設施，具有很強的儲存功能，從而把下游批發商、零售商的商品儲存時間和空間降至最低程度，實現有效的庫存調度。這類物流中心多起源於傳統的倉庫。如瑞士 GIBA-GEIGY 公司屬下的物流中心，以及美國福來明公司的儀器配送中心，就是儲存型物流中心的典型。而中國物資儲運總公司天津儲運公司唐家口倉庫即是儲存型物流中心的雛形。

（2）流通型物流中心。在一般情況下，流通型物流中心主要以隨進隨出的方式實現貨物的分揀、組配和遞送，其典型方式是整進零出，商品在物流中心停留時間較短。近年來，在中國一些大中城市建立或正在建立的商品流通中心多屬於這種類型的物流中心。

（3）加工型物流中心。這類物流中心的主要功能是對產品進行再生產或再加工，以強化服務為主要目的，提高服務質量和服務水平，為消費者提供更多的便利。如食品或農副產品的深加工、木材或平板玻璃的再加工、水泥混凝土及預制件的加工等。中國上海地區六家造船廠共同組建的鋼板配送中心就屬於這種類型的物流中心。

（4）配送中心。這類物流中心專門從事配送業務，是物流中心中數量較多的一種。

（5）轉運中心。這類物流中心也稱轉運站或轉運終端，主要承擔貨物轉運，也可以承擔載貨汽車到載貨汽車、載貨汽車到火車、載貨汽車到輪船、載貨汽車到飛機、火車到輪船等不同運輸方式的轉運任務。轉運中心可以是兩種運輸方式間的轉運點，也可以是多種運輸方式的終點。

2. 按照商品分類

按照物流中心可處理的商品種類的多少，可將其劃分為綜合性物流中心和專業性物流中心兩種類型。

（1）綜合性物流中心。它是指那些儲存、加工、分揀與配送多種商品的物流中心。這種物流中心的加工、配送品種多、規模大，適合各種不同需求用戶的服務要求，應變能力較強。

（2）專業性物流中心。它是指專門服務於某些特定用戶或專門從事某大類商品（如煤炭、鋼材、建材等）服務（如食品冷藏）的物流中心。

3. 按照服務範圍與服務對象分類

按照物流中心的服務範圍與服務對象，可將其劃分為區域性物流中心和城市型物流中心兩種類型。

（1）區域性物流中心。這類物流中心的輻射能力較強，可以在省際、全國乃至國際範圍內向用戶提供服務。其物流設施齊全，庫存規模較大，用戶較多，配送業務量也較大，而且往往是配送給下一級城市的物流中心，也可以配送給批發商和大企業用戶。這種物流中心在國外十分普遍，如荷蘭的 Nedlloyd 集團所屬的國際配送中心，就是這種性質的物流組織，這種物流中心是物流網路中的主要據點。

（2）城市型物流中心。這是以所在城市區域為配送範圍的物流中心。由於城市區域一般處於汽車運輸的經濟裡程範圍內，因此，這類物流中心一般採用機動性強、調

度靈活的汽車進行運輸，直接配送到最終用戶，實現「門到門」的配送服務。例如，北京食品配送中心、無錫物資配送中心就屬於城市型物流中心。

上述物流中心類型的劃分，在理論上簡單明了，而在實踐中卻要複雜得多，甚至上述劃分有時無法實現。現代物流中心有可能是多功能、多種類商品的綜合物流中心，也可能是區域性的綜合性多功能區域物流中心。從現代物流發展的趨勢來看，為加快商品的流通，更好地滿足終端用戶不斷變化的需求，必須根據市場需求變化特點和物流發展的具體要求對現代物流中心進行具體分類。

(三) 物流中心的作用

物流中心是綜合性、地域性、大批量的物品物理位移集中地，它把商流、物流、信息流、資金流融為一體，成為產銷企業之間的仲介、企業或組織。在現代物流條件下，物流中心是物流系統的樞紐，對物流過程的優化起著十分重要的作用。

(1) 有利於節約商品流通時間，提高生產企業的經濟效益。物流中心以自身優勢承擔了生產企業某些流通性活動，有利於生產企業減少商品流通時間，節約成本，加快資金週轉，提高經濟效益。

(2) 集中儲備，提高物流調節水平。由於物流中心都有一定的儲存能力，由物流中心集中儲備，既可提高儲存設施的利用率，降低儲存成本，又便於進行產、供、銷的調節，從而提高物流的經濟效益和社會效益。

(3) 實現有效銜接，加快物流速度。一是銜接不同的運輸方式。通過散裝整車轉運、集裝箱運輸等方式，減少裝卸次數，縮短暫存時間，既可加快物流速度又可降低貨物破損率。二是銜接不同的包裝。物流中心根據運輸和銷售的需要變換包裝重量、方式，可以免除用戶大量接貨增加庫存和反覆倒裝之苦。三是銜接產、需數量差異。生產者和需求者之間不僅有時間和空間的差異，而且有數量的差異。物流中心既可以通過集貨，積少成多，大批量供貨。還可分貨，以大分小，分散供應。解決產需數量上的矛盾，有利於資源開發利用，活躍市場，滿足各種形式的生產和需求。

(4) 有利於物流信息的收集、處理和反饋。物流中心不僅是實物的集聚中心，而且是信息的匯集中心。由於物流中心連接產、供、銷，輻射面廣，具有很強的信息匯集功能，通過大量信息的收集、整理、快速反饋，為商品的流通提供決策依據，對物流起到指揮監測作用。

(5) 有利於提高物流現代化水平。物流中心是人、財、物的聚集實體，資金雄厚，有利於進一步改善物流設施，提高物流技術與管理水平，加快物流的現代化建設。

(四) 物流中心網路佈局

單獨的物流中心只能在局部範圍內起作用，其作用範圍是有限的，對於大範圍甚至全國的經濟區域來講，多個物流中心進行合理佈局才能滿足組織物流的需要，這種多個物流中心的合理佈局及合理分工、合理銜接，就是物流中心網路，簡稱物流網路（Logistics Network），實質上是物流過程中相互聯繫的組織和實施的集合。

1. 建立物流中心網路的原則

物流網路設計需要根據其地理位置，原材料和零部件來源、銷售渠道、物流對象

等確定承擔某地區、某範圍物流工作所需的各類結點的數量和地點，進而確定每一種結點的作業性質及服務內容。物流網路基於物流業務的結構，融入信息和運輸能力，包括與訂貨處理、維持存貨以及材料搬運等有關的具體工作。典型的物流結點是製造工廠、倉庫、碼頭以及零售商店等。

物流效率直接依賴和受制於物流系統的網路結構。在動態的、競爭性的環境中，產品的分類、客戶的供應量以及生產製造需求等都在不停地變化，所以必須不斷地調整物流網路以適應供求基本結構的變化。隨著時間的推移，還應該對所有的設施重新進行評估。所以，物流網路設計的定位決策是一個相當複雜的問題。

建立物流中心網路，就是要確定各個物流中心的宏觀佈局以及據以確定的具體物流中心的任務規模。

建立物流中心網路，必須遵循以下原則：

（1）按經濟區域建立物流中心。經濟區域是在經濟上有較密切聯繫的地區，在中國尤其是指交通聯繫便利的區域，這種區域往往是跨行政區域的。按經濟區域建立物流中心，能借助物流中心將區域內的企業密切聯繫起來，物流中心的工作可以和區域發展相結合；同時，在具體組織物流活動時可以避免不合理運輸，實現物流活動的優化。

（2）以城市為中心組織物流。城市是貨物的集中生產地與集中消費地，因此，物流中心的設置，必須首先滿足城市生產及消費的需要，要以城市為中心考慮其佈局問題。另外，城市的周圍地區尤其是中心城市的周圍地區，即受城市經濟影響和輻射的區域，其交通網路也是以城市為中心的，所以，從一個區域來看，城市也必然是該區域的物流中心。在建立物流中心網路時，應當充分考慮到物流中心和城市的結合。

（3）物流中心網路應在商物分離的基礎上形成。商物分離是物流合理化的一個核心問題，商業交易中心和物流中心在性質上、作用上和功能上有很大區別，但又有密切聯繫。商業交易中心往往需要處於市區繁華地帶，以利於聯繫客戶及談判交易；而物流中心應主要考慮物流過程本身的合理化，物流中心源源不斷地為商業提供貨源，但與商業交易中心不是合一的，而是分離的。不能將物流中心（場址）和貿易中心混設在一起。物流中心的設置原則是：宜建在城市範圍內，但不宜建在繁華商業區；宜建在交通樞紐處，但不宜建在繁華市區的交通要道；應有足夠容量的停車和裝卸場地。

（4）物流中心網路應是高效的信息網路。現代物流水平在很大程度上取決於信息管理水平，在建立物流網路時，必須同時或率先考慮信息網路的建設問題。每一個物流中心，都應是信息網路的一個分支或終端。

（5）用比較分析方法分析物流中心的建立。建立物流中心是一項投資比較大的經濟行為，建立前要進行科學的分析論證，判斷其投資效益。物流中心作為服務企業，判斷其投資的合理性，一般運用比較分析方法，即把建立物流中心的投資費用與提供滿足用戶需求的經常性物流費用之和同各個用戶採用物流自給服務成本之和進行比較，只有前者小於後者時才算是經濟合理的。

2. 物流中心的佈局類型

物流中心是某一專業範疇的綜合性大型物流結點或其物流設施，可以與干線運輸

相銜接，也可以從物流基地轉運。按物流中心所發揮作用的範圍與模式可以分為以下幾種佈局方式：

（1）輻射型物流中心。如圖3.17所示，該類物流中心位於許多用戶的一個居中位置，產品從此中心向各方向用戶運送，形成輻射。如果用戶較為固定，則此物流中心所處位置與各用戶距離之和應為各待選位置與各用戶距離之和中的最低值。輻射型物流中心適合在以下幾種條件下採用：

①物流中心附近是用戶相對集中的經濟區域，而輻射所達用戶只起吸收作用。這種形式對於所輻射之產品來講，形成單向物流。

②物流中心是主幹輸送線路的一個轉運站，通過幹線輸送的貨物到達物流中心後，從物流中心開始，採取終端輸送或配送形式將貨物分送至各個用戶。

（2）吸收型物流中心。如圖3.18所示，該類物流中心位於許多貨主的某一居中位置，貨物從各個產點向此中心運送，形成吸收。同樣，此物流中心所處位置與各貨主位置通行距離之和，也應為各待選位置中的最低者。這種物流中心大多屬於集貨中心。

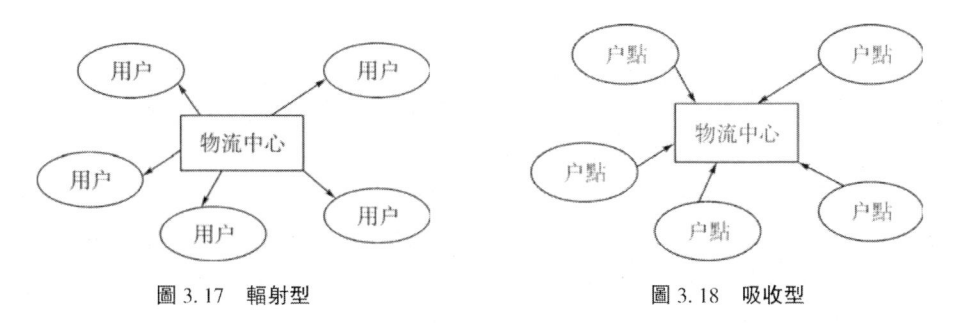

圖3.17　輻射型　　　　　　　　　　圖3.18　吸收型

（3）聚集型物流中心。如圖3.19所示，該類物流中心的佈局形式類似吸收型，但處於中心位置的不是物流中心，而是一個生產企業密集的經濟區域，四周分散的是物流中心而不是貨主或用戶。

這種形式的佈局，往往是因為經濟區域內生產企業十分密集，不可能設置若干物流中心，或是交通條件所限，無法在生產企業密集區域內再設物流中心，這樣，在周圍地區，盡可能靠近生產企業集中的地區設置若干個物流中心。如果這一經濟區域所輻射的範圍較廣，則可考慮各物流中心的最優供應區域，實行合理的專業分工。

（4）扇型物流中心。如圖3.20所示，產品從物流中心向一方向運送，這種單向輻射稱為扇型結構。這種佈局形成的特點，是產品有一定的流向，物流中心可能位於幹線中途或終端，物流中心的輻射方向與產品在幹線上的運動方向一致。

在運輸主幹線上，物流中心距離較近，下一物流中心的上風向區域，恰好是上一物流中心合理運送區域時，適合採取這種佈局形式。

圖 3.19　聚集型　　　　　　　　圖 3.20　扇型

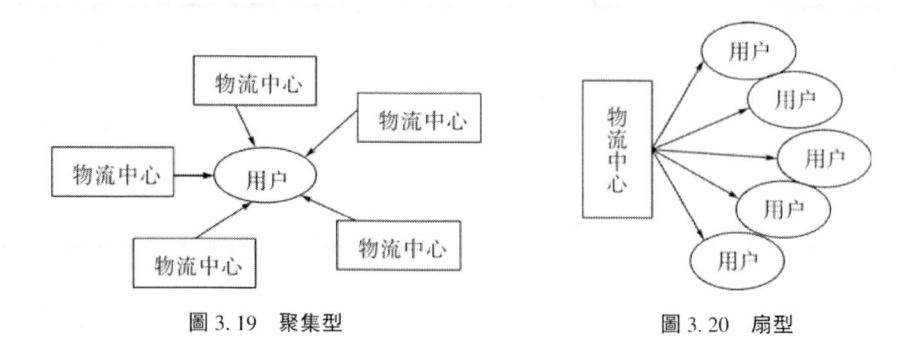

二、物流園區

[**案例**] 青島在推進「企業物流」向「物流企業」轉化、推動物流社會化進程、爭取在全國率先培育出一批第三方物流企業的同時，不失時機地提出，要建設六個各具特色的物流園區，最終形成多層次、社會化、專業化、國際化的現代物流服務網路體系。青島物流園區的規劃和建設引起了業內人士的廣泛關注。這六大物流園區是：一是依託前灣港的集裝箱、礦石、煤炭、原油四大貨種及鐵路、公路集疏運網路，建設前灣港物流園區；二是依託海爾、海信、澳柯瑪等大企業集團千口開發區的優勢，建設開發區綜合物流園區；三是依託糧食、化肥、純鹼等貨種建設老港物流園區；四是依託青島航站，建設為航空物流提供各種服務的航空物流園區；五是按照公路主樞紐規劃，建設為公路運輸提供倉儲、配載、信息等服務的綜合物流園區；六是在高科技園建設為城市服務的貨物配送物流園區。

物流園區是中國物流發展中一個重要組成部分，物流園區及其配套設施建設是物流領域最重要的投資，因此，是物流熱中的熱點。

1. 物流園區的概念

物流園區（Logistics Park）是「為了實現物流設施集約化和物流運作共同化，或者出於城市物流設施空間佈局合理化的目的而在城市周邊等各區域，集中建設的物流設施群與眾多物流業者在地域上的物理集結地」（GB/T18354-2006）。

物流園區也稱物流園地，是一家或多家物流中心在空間上集中佈局的場所，是具有一定規模和綜合服務功能的物流集結點。它最早出現在日本東京，近幾年來在中國也開始出現，它是政府從城市整體利益出發，為解決城市功能紊亂，緩解城市交通擁擠，減輕環境壓力，順應物流業發展趨勢，實現「貨暢其流」，在郊區或城鄉接合部主要交通干道附近專闢用地，通過逐步配套完善各項基礎設施、服務設施，提供各種優惠政策，吸引大型物流（配送）中心在此聚集，使其獲得規模效益，降低物流成本，同時減輕大型配送中心在市中心分布所帶來的種種不利影響。簡言之，物流園區是對物流組織管理節點進行相對集中建設與發展的，具有經濟開發性質的城市物流功能區域；同時，也是依託相關物流服務設施降低物流成本，提高物流運作效率，改善企業服務有關的流通加工、原材料採購、便於與消費地直接聯繫的生產等活動，具有產業

發展性質的經濟功能區。

物流園區本身主要是一個空間概念，與工業園區、科技園區等概念一樣，是具有產業一致性或相關性，且集中連片的物流用地空間。物流園區與物流中心這兩個概念既有區別又有聯繫。物流園區是物流中心的空間載體，與從空間角度所指的物流中心往往是一致的。但是，它不是物流的管理和經營實體，而是數個物流管理和經營企業的集中地。

2. 物流園區的作用

作為城市物流功能區，物流園區包括物流中心、配送中心、運輸樞紐設施、運輸組織及管理中心和物流信息中心，以及適應城市物流管理與運作需要的物流基礎設施；作為經濟功能區，其主要作用是開展滿足城市居民消費、就近生產、區域生產組織所需要的企業生產和經營活動。

物流園區有以下主要作用：

（1）集約作用。一是量的集約，即將過去許多個貨站、貨場集約在一處；二是貨物處理的集約，主要表現在將過去多處分散進行的貨物處理活動集約在一處；三是技術的集約，表現為物流園區中採用類似生產方式的流程和大規模貨物處理設備；四是管理的集約，即可以利用現代化手段進行有效的組織和管理。

（2）有效銜接作用。主要表現在實現了公路、鐵路、航空、水路等不同運輸方式的有效銜接。

（3）對聯合運輸的支撐作用。主要表現在對已經應用的集裝、散裝等聯合運輸形式，通過物流園區使這種聯合運輸形式獲得更大的發展。

（4）對聯合運輸的擴展作用。過去由於受條件的限制，聯合運輸僅僅只在集裝系統等領域才獲得了穩固的發展，其他散雜和分散接運的貨物很難進入聯合運輸的領域。採用物流園區之後，可以通過物流園區之間的干線運輸和與之銜接的配送、集貨運輸使聯合運輸的對象大為擴展。

（5）對提高物流水平的作用。主要表現在縮短了物流時間，提高了物流速度，減少了多次搬運、裝卸、儲存環節。提高了準時服務水平，減少了物流損失，降低了物流費用。

（6）對改善城市環境的作用。主要表現在減少了線路、貨站、貨場、相關設施在城市內的占地，減少了車輛出行次數，集中進行車輛出行前的清潔處理，從而起到了減少噪聲、尾氣、貨物對城市環境的污染作用。

（7）對促進城市經濟發展的作用。主要表現在，由於降低物流成本，導致降低企業生產經營成本，從而促進經濟發展的作用，以及完善物流系統在保證供給、降低庫存，從而解決企業後顧之憂等方面的作用。

3. 國內外物流園區的發展

由於物流園區在經濟規模、地理分布、建設運作方式和政府發揮作用等方面具有明顯的發展物流的開發效應和宣傳效應，中國政府及企業都將其作為推動地區、區域和城市物流發展的重點工程，給予大力支持。目前，基本上形成了全國從南到北、從東到西的物流園區建設發展局面，特別是以深圳為代表的珠江三角洲地區以及上海、

北京等經濟發達地區，城市的物流園區建設步伐更快。

物流園區的發展歷史要比物流發展歷史短許多，在西方物流較為發達的國家，物流園區也屬於近10餘年發展起來的新事物。因此，物流園區作為現代物流業發展的一個新趨勢，目前仍處於迅速發展的過程中，其建設與經營經驗並不多且不是很成熟。

在經濟發達國家中，日本建設物流園區的歷史稍長，建設較早的日本東京物流園區是以緩解城市交通壓力為主要目的而興建的，在建設中累積了一定的經驗，表現在重視規劃、優惠的土地使用和政府投資政策、良好的市政設施配套及投資環境等方面。

德國政府在物流園區的規劃和建設上與日本存在一定區別，也是近幾年國內較為推崇的物流園區發展經驗。德國一般採取聯邦政府統籌規劃，州政府、市政府扶持建設，公司化經營管理，入駐企業自主經營的發展模式。

三、配送中心

(一) 配送中心的概念

配送中心（Distribution Center）是「從事配送業務且具有完善信息網路的場所或組織。應基本符合下列要求：①主要為特定客戶或末端客戶提供服務；②配送功能健全；③輻射範圍小；④提供高頻率、小批量、多批次配送服務」(GB/T18354-2006)。換言之，配送中心是集多種流通功能（商品分揀、加工、配裝、運送等）於一體的物流組織，是利用先進的物流技術和物流設施開展業務活動的大型物流基地。配送中心實際上是集貨中心、分貨中心、加工中心功能的綜合，應具備集貨、儲存、分揀配貨、配載、配送運輸、送達服務、流通加工和信息處理等綜合物流服務功能。建立配送中心的主要目的在於加快貨物流通速度並避免不必要的配送成本，以滿足客戶的需求，為企業贏得市場。其主要特點表現為管理系統、作業自動化和信息網路化。配送中心是銷售物流系統的重要組成部分，是目前連鎖經營得到迅速發展的一個重要前提條件。

(二) 配送中心的分類

[**案例**] 沃爾瑪公司共有六種形式的配送中心。第一種是普通配送中心，也稱「干貨」配送中心，目前這種配送中心的數量最多。第二種是食品配送中心，可以配送的商品包括不易變質的飲料等食品，以及易變質的生鮮食品等，需要有專門的冷藏倉庫和運輸設備，直接送貨到店。第三種是山姆會員店配送中心，這種業態批零結合，有1/3的會員是小零售商，配送商品的內容和方式同其他業態不同，使用獨立的配送中心。由於這種商店1983年才開始建立，數量不多，有些商店使用第三方配送中心的服務。考慮到第三方配送中心的服務費用較高，沃爾瑪公司已決定在合作期滿後，用自行建立的山姆會員店配送中心取代之。第四種是服裝配送中心，不直接送貨到店，而是分送到其他配送中心。第五種是進口商品配送中心，為整個公司服務，主要作用是大量進口以降低進價，再根據要貨情況送往其他配送中心。第六種是退貨配送中心，接收店鋪因各種原因退回的商品，其中一部分退還給供應商、一部分送往折扣商店、一部分就地處理，其收益主要來自出售包裝箱的收入和供應商支付的手續費。

一般地，可以按照配送中心的經濟功能、權屬性質、輻射範圍、營運主體等標準進行分類。

1. 按照經濟功能分類

按照配送中心的經濟功能，可將其劃分為供應型、銷售型、儲存型和流通加工型四種類型。

（1）供應型配送中心。供應型配送中心是專門向某個或某些用戶供應貨物，充當供應商角色的配送中心。供應型配送中心對用戶起後勤保障作用。服務對象主要是生產企業和大型商業組織（超市或聯營商店），所配送的貨物有原料、元器件、半成品和其他商品。例如，為大型連鎖超市供貨的配送中心，代替零件加工廠對零件裝配廠送貨的零件配送中心。又如，上海六家造船廠共同組建的鋼板配送中心，也屬於供應型配送中心。

[案例] 日本7-11的配送體系

在日本，最活躍的零售商是7-11便利店。據統計，一個日本人在其下班的路上，平均可以看到3家7-11便利店。這充分說明了7-11便利店的「便利性」。7-11便利店的特點是：門店小——平均只有100平方米左右；品種多——有3,000種左右的商品；每種商品的貨架存放量少，送貨頻繁，商品無存儲場地。7-11採取了一種全新的配送模式，即自己不建立配送中心，而由批發商共同建設。批發商是配送中心的管理者，7-11每天的銷售數據傳送到配送中心，由配送中心進行處理，對其庫存情況進行分析，產生需要補貨的品種及數量，安排卡車及配送路線。商品的配送單位為SKU（Stock Keeping Unit，每個庫存單位），可能是2瓶洗髮水或30瓶可樂等。由於簡化了進貨流程，7-11只專注於選擇合理的地點開店以及創造更加方便顧客的環境即可，這就是7-11在日本發展得好的原因之一。在互聯網時代，大批電子商務企業由於看好7-11的發展，紛紛與其建立合作關係，原因也在於此。

（2）銷售型配送中心。銷售型配送中心是以銷售商品為主要目的，以開展配送為手段而組建的配送中心。銷售型配送中心完全是圍繞著市場行銷（銷售商品）而開展配送業務的。商品生產者和商品經營者通過採取降低流通成本和完善其服務的辦法和措施，來提高商品的市場佔有率。銷售型配送中心在國內外普遍存在，如中國近年來由商業和物資部門改組重建的生產資料和生活資料配送中心均為這種類型的配送中心。總體而言，無論是國內還是國外，銷售型配送中心都是未來的發展方向。

（3）儲存型配送中心。儲存型配送中心是充分強化商品的儲備和儲存功能，在充分發揮儲存作用的基礎上開展配送活動的配送中心。實踐證明，儲存一定數量的物質乃是生產和流通得以正常進行的基本保障。例如，美國福來明公司的食品配送中心，是典型的儲存型配送中心。該配送中心有7萬多平方米的儲備倉庫，經營商品達8萬多種，具有較大規模的倉庫和儲存場地。在中國，儲存型配送中心多起源於傳統的倉儲企業，如中國物資儲運總公司天津物資儲運公司唐家港倉庫即是國內儲存型配送中心的雛形。這種配送中心在物資緊缺的條件下，能形成豐富的貨源優勢。

（4）流通加工型配送中心。該類配送中心的主要功能是對商品進行清洗、下料、分解、集裝等加工活動，以流通加工為核心開展配送活動。在對生產資料和生活資料

進行配送的配送中心中，有許多屬於加工型配送中心。例如，深圳市菜籃子配送中心，就是以肉類加工為核心開展配送業務的加工型配送中心。再如，以水泥等建築材料以及煤炭等商品的加工配送為主的配送中心也屬於這類配送中心。

[案例] 聯華生鮮食品加工配送中心是中國國內目前設備最先進、規模最大的生鮮食品加工配送中心，總投資6,000萬元，建築面積3.5萬平方米，年生產能力2萬噸。其中肉製品1.5萬噸，生鮮盆菜、調理半成品3千噸，西式熟食製品2千噸，產品結構分為15大類約1,200種生鮮食品。在生產加工的同時，配送中心還從事水果、冷凍品以及南北貨的配送任務。

2. 按照配送中心的權屬性質分類

按照配送中心的權屬性質，可將其劃分為自有型、公共型和合作型三種類型。

(1) 自有型配送中心。這類配送中心是指隸屬於某一個企業或企業集團，通常只為本企業服務，不對本企業或企業集團以外的客戶開展配送業務的配送中心。配送中心內的各種物流設施和設備歸一家企業或企業集團所有，是企業或企業集團的一個有機組成部分。例如，美國沃爾瑪公司的配送中心，即為該公司獨資建立，專門為本公司所屬的零售門店配送商品。隨著經濟的發展，大多數自有型配送中心均可轉化為公共型配送中心。

(2) 公共型配送中心。這類配送中心是以贏利為目的的，面向社會提供服務的配送組織，其主要特點是服務範圍不局限於某一企業或企業集團內部。只要支付服務費，任何用戶都可以使用這種配送中心。

隨著物流業的發展，物流服務將逐步分化獨立出來，向社會化方向發展，公用型配送中心作為社會化物流的一種組織形式在國內外迅速普及。

(3) 合作型配送中心。這類配送中心是由幾家企業合作興建、共同管理的物流設施，多為區域性配送中心，可以是系統內企業之間的合作（如北京糧食局系統的八百佳物流中心），也可以是區域內的聯合（如上海市政府、流通主管部門所規劃發展的百貨、糧食、副食品等四大配送中心）。

3. 按照配送中心的輻射範圍分類

按照配送中心的輻射範圍，可將其劃分為城市配送中心和區域配送中心兩種類型。

(1) 城市配送中心。城市配送中心的配送範圍以城市為中心，其配送運輸距離通常在汽車運輸的經濟里程之內，可以採用汽車作為運輸工具，將商品直接配送到最終用戶，運輸距離較短，反應能力強，其服務對象多為連鎖零售商業的門店或最終消費者。城市配送中心適於多品種、小批量、多用戶的配送。中國一些城市（如上海、北京等）所建立的配送中心絕大多數屬於城市配送中心。

(2) 區域配送中心。區域配送中心的庫存商品儲備量大，輻射能力強，因而其配送範圍廣，可以跨省市甚至跨國開展配送業務，經營規模較大，配送批量也較大，其服務對象往往是配送給下一級城市的配送中心、零售商或生產企業用戶。雖然也從事零星的配送，但不是主體形式。這種類型的配送中心在國外十分普遍。例如：美國沃爾瑪公司的配送中心，每天可為分布在六個州的100家連鎖店配送商品；荷蘭的國際配送中心其業務活動範圍更廣，該中心在接到訂（貨）單之後，24小時之內即可將貨

物裝好，僅用三四天的時間就可以把貨物運到歐洲共同體成員國的客戶手中。

4. 按照營運主體分類

按照配送中心的營運主體，可將其劃分為以下四種類型。

（1）以製造商為主體的配送中心。這種配送中心處理的商品100%是製造商自己生產的。這樣可以降低流通費用，提高售後服務質量，及時將預先配齊的成組元器件運送到指定的加工和裝配工位。從產品製造到條碼印製以及包裝組合等都比較容易控製，所以按照現代化、自動化的配送中心設計比較容易，但不具備社會化的要求。

（2）以批發商為主體的配送中心。這種配送中心一般是按部門或商品種類的不同，把每個製造廠的商品集中起來，然後以單一品種或搭配形式向消費地的零售商進行配送。因其商品來自各個製造商，所以配送中心進行的一項重要活動是對商品進行匯總和再分撥，而其全部進貨和出貨都是社會配送的，所以社會化程度高。

（3）以零售商為主體的配送中心。零售商發展到一定規模後，就可以考慮建立自己的配送中心，為專業商品零售店、超級市場、百貨商店、建材商場、糧油食品商店、賓館飯店等服務，其社會化程度介於前兩者之間。

（4）以物流商為主體的配送中心。這種配送中心最強的是運輸配送能力，而且地理位置優越（如港口、鐵路和公路樞紐），可迅速將到達的貨物配送給用戶。它提供倉儲貨位給製造商或供應商，而配送中心的貨物仍屬於製造商或供應商所有，配送中心只是提供倉儲管理和運輸配送服務。這種配送中心的現代化程度往往較高。

(三)配送中心的營運模式

配送中心由於產權不同，貨物所有權不同，經營方式不同，其營運模式也不盡相同。儘管如此，作為一種特殊的經濟實體，其基本要素及其運作規律卻有著共同特徵，由此構成了配送中心的營運模式。

1. 基於銷售的配送中心模式

這是一種集商流和物流為一體的配送中心模式。其行為主體是生產企業或銷售企業，配送僅作為一種促銷手段而與商流融合在一起。事實上，無論是在國內還是國外，往往從事某種貨物配送活動的配送中心，恰恰就是這種貨物的生產者或經銷者，甚至有的配送中心本身就是某個企業或企業集團附屬的一個機構。

［案例］中國海爾集團的物流推進本部所管轄的自有型成品庫負責向全國42個配送中心準時供應製成品。建庫之後，庫存占壓資金由1999年的15億元降至2000年的7億元，2001年的目標為3億元。海爾的配送體制建立以後，已經實現了中心城市6~8小時配送到位，區域銷售店24小時配送到位，全國主幹線分撥配送平均3.5天到位。

上述這種模式的配送中心，從表象上看是在獨立地從事貨物的大批量進貨、存儲、保管、分揀和小批量、多批次的運送活動，但這些活動只是產品銷售活動的延伸。其實質是企業的一種行銷手段或行銷策略。就這類配送中心的運作而言，在流通實踐中，它們既參與商品交易活動、向用戶讓渡其產品的所有權，又向用戶提供諸如貨物分揀、加工、配貨和送達等一系列物流服務。在這裡，商品的銷售和配送是合二為一的。不難看出，這種商流物流合二為一的配送，主要是圍繞著企業的產品銷售，增加市場份

額的根本目的而展開的。

2. 基於供應的配送中心模式

採用該營運模式的行為主體是擁有一定規模的庫房、站場、車輛等物流設施和設備以及具備專業管理經驗和操作技能的物流企業。其本身並不直接參與商品交易活動，而是專門為用戶提供諸如貨物的保管、分揀、加工、運送等系列化服務。這類配送中心的職能通常是從工廠或轉運站接收所有權屬於用戶的貨物，然後代客戶存儲，並按客戶的要求分揀貨物，即時或定時，小批量、多批次地將貨物分揀配送至指定的地點。

[案例] 中國儲運總公司唐家口配送中心的用戶天津通訊廣播器材公司把從日本進口的電視機元器件直接送到唐家口配送中心保管。配送中心負責按用戶的要求進行分類、配貨、裝車並直接送到生產廠的生產流水線上。每天配送20車次。在配送元器件的同時，又將成品電視機運回，由配送中心負責保管並代理發運。

很明顯，這類配送中心所從事的配送活動是一種純粹的物流活動，其業務屬於交貨代理服務。從運作形式來看，其活動是與商流活動相分離的，只不過是物流企業服務項目的增加和服務內容的拓展而已。

3. 基於資源集成的配送中心模式

這是一種以資源集成為基礎，集商流、物流、信息流和資金流四流合一的配送中心模式。這類配送中心的行為主體是虛擬物流企業，其服務對象是大中型生產企業或企業集團，其運作形式是由虛擬物流企業和供應鏈上游的生產、加工企業（供方）建立廣泛的代理或買斷關係，並和下游的大中型生產企業（需方或用戶）形成較穩定的契約關係。虛擬物流企業的配送中心依據供方的交貨通知完成運輸、報關和檢驗、檢疫並入庫，而後按照需方的要求，經過揀選、加工、配料、裝車、運輸並送達需方，完成配送作業。

上述從供應商到用戶的所有信息都是由企業的物流信息系統來管理的，而作業活動都是由其組織、調度和控制的。高效、及時的信息交換和處理，為配送中心作業的順利完成提供了保證。信息技術的支撐是這類配送中心的突出特點。作業完畢之後，依照物流狀況和配送中心與供、需雙方的合同，各種費用就會在電腦中自動生成，並各流其向。

小結

本學習情境的主要內容包括：物流系統是為達成物流目標而按計劃設計的要素統一體。物流系統具有較強的二律背反性。企業物流是生產和流通企業圍繞其經營活動所發生的物流活動。目前企業流行的採購模式包括電子採購、準時採購、全球採購等。基於供應鏈管理環境下的電子化協同採購是採購流程的主要變革方向。生產物流可以從空間、時間、人員三個維度進行組織。典型的生產物流控制原理有推式和拉式兩種。銷售物流服務包括時間性、可靠性、溝通性和方便性四個要素，縮短客戶訂貨週期對提高顧客滿意度具有重要意義。DRP可用於規劃原材料的進貨補貨安排，也可用於企

業產成品的分銷計劃。流通企業物流是以商業據點為核心組織的物流活動，具有訂貨頻率高、商品需拆零、退換貨頻繁、對商品保質期的管理嚴格等特點。物流中心是從事物流活動且具有完善信息網路的場所或組織，配送中心是物流中心的一種典型形態。物流園區是一家或多家物流中心在空間上集中佈局的場所，是具有一定規模和綜合服務功能的物流集結點。

同步測試

一、判斷題

1. 物流據點是物流中心的一種形式，具體包括港灣、鐵路車站、中轉倉庫等。（   ）
2. 物流成本效益背反的根本原因是因為物流系統具有（   ）。
　　A. 獨立性　　　B. 目的性　　　C. 相關性　　　D. 整體性
3. 對於進貨難度和風險大的進貨任務，首選供應商送貨的進貨方式。（   ）
4. 總成本最低的原則是進貨管理中貫穿始終的原則。（   ）
5. 由於市場是千變萬化的，商品的需求量也在不斷地變化，配送中心只有將商品儲存量無限放大，才能以不變應萬變，極大地滿足顧客的需求。（   ）

二、單項選擇題

1. 企業採購一般應包括：（   ）。
　　A. 製造商採購和供應商採購　　　B. 原材料採購和零部件採購
　　C. 原材料採購和最終產品採購　　D. 生產企業採購和流通企業採購
2. 海爾配送中心已實現中心城市 6~8 小時配送到位，區域銷售 24 小時配送到位，全國主幹線分撥配送平均 3.5 天到位。這種配送中心屬於（   ）的配送中心模式。
　　A. 基於供應　B. 基於資源集成　C. 基於銷售　D. 基於生產
3. 配送中心的選址首要能保證在一定的物流服務水平下滿足顧客的訂貨要求，必須在充分考慮配送距離、配送時間和配送成本的基礎上，確定（   ）。
　　A. 配送圈　　B. 配送路線　　C. 配送對象　　D. 配送數量
4. 物流中心在供應鏈上所處的位置，主要是針對（   ）而言的。物流中心在供應鏈上的位置不同，其服務的內容也截然不同。
　　A. 製造商　　B. 批發商　　C. 零售商　　D. 消費者
5. 由專業物流公司根據用戶的要求進行貨物的分類、配貨、裝車，並定時將貨物送到生產廠的生產流水線上。這種配送方式屬於（   ）的配送中心模式。
　　A. 基於供應　B. 基於銷售　C. 基於資源集成　D. 基於生產

三、多項選擇題

1. 物流中心是從事物流活動且具有完善信息網路的場所或組織。它應基本符合下列要求（   ）
　　A. 主要面向社會提供公共物流服務　B. 對下游配送中心客戶提供物流服務
　　C. 物流功能健全　　　　　　　　　D. 集聚輻射範圍

E. 存儲、吞吐能力強
2. 物流園區的作用包括（　　）
　　A. 集約　　　　　　　　　　B. 有效銜接
　　C. 對聯運的支撐和擴展　　　D. 改善城市環境
　　E. 促進城市經濟發展
3. 配送中心是從事配送業務且具有完善信息網路的場所或組織。它應基本符合下列要求（　　）
　　A. 主要為特定客戶或末端客戶提供服務
　　B. 配送功能健全
　　C. 輻射範圍小
　　D. 輻射範圍大
　　E. 提供高頻率、小批量、多批次配送服務
4. 海爾的配送中心屬於（　　）配送中心。
　　A. 批發商主導型　　　　　　B. 零售商主導型
　　C. 廠商主導型　　　　　　　D. 公共
　　E. 個別企業
5. 按照配送中心的功能，可將其劃分為（　　）等類型。
　　A. 共同型　　B. 批發型　　C. 通過型　　D. 集中庫存型
　　E. 流通加工型

四、計算題

1. 一批物料在加工過程中按順序移動方式進行，已知 $n=4$，$t_1=10$ 分鐘，$t_2=5$ 分鐘，$T_3=15$ 分鐘，$t_4=10$ 分鐘，求 $T_{順}$。

2. 一批物料在加工過程中按平行移動方式進行，已知 $n=4$，$t_1=10$ 分鐘，$t_2=5$ 分鐘，$T_3=15$ 分鐘，$t_4=10$ 分鐘，求 $T_{平}$。

3. 一批物料在加工過程中按平行順序移動方式進行，已知 $n=4$，$t_1=10$ 分鐘，$t_2=5$ 分鐘，$T_3=15$ 分鐘，$t_4=10$ 分鐘，求 $T_{平順}$。

4. 某企業在計劃期需要採購某種鋼材 500 噸，有 A、B 兩家供應商的貨物質量均符合企業的要求，信譽也較好。A 供應商相距企業 2.5 千米，其報價為 4,100 元/噸，運費是 3.6 元/噸·千米，訂購費用支出為 180 元；B 供應商相距企業 12 千米，其報價為 3,500 元/噸，運費是 1.5 元/噸·千米，訂購費用支出為 360 元。請通過計算確定應該選擇哪家供應商。

五、簡答題

1. 何為物流系統？物流系統有哪些主要特徵？
2. 舉例說明什麼是物流系統的二律背反性。
3. 目前企業流行的採購模式有哪些？
4. 準時採購有哪些主要特點？
5. 訂單管理包括哪些過程要素？
6. 生產企業應如何建立銷售物流體系？

7. 流通企業物流有哪些主要特點？
8. 傳統批發企業怎樣才能在激烈的市場競爭中求得生存和發展？

六、簡述題
1. 簡述企業物流的內涵與結構。
2. 簡述採購的分類。
3. 簡述採購管理的目標與策略。
4. 簡述採購流程及其變革。
5. 簡述進貨管理的基本原則。
6. 簡述生產物流的特徵。
7. 簡述企業生產物流的組織形式。
8. 簡述生產物流控製原理。
9. 簡述銷售物流服務的構成要素及其重要性。

七、情境問答題

1. 在一次企業物流經理的座談會上，來自不同企業的物流經理們相互交流工作經驗和體會。某生產企業的物流經理說，他們日常工作中很重要的一項就是與供應商打交道，並管理供應商，包括採購訂單的下達、產品的接收與檢驗以及負責審核貨款的支付等。與會的很多物流經理都覺得很驚訝：這難道不是企業採購部門的事情嗎？怎麼會是物流部門的工作呢？物流部門應該只管理運輸、倉儲以及生產線配送等業務就可以了。怎麼會管理供應商呢？請你對這些疑問給予合理的解釋。

2. 香港某諮詢公司A與一家醫療器械生產企業B達成了銷售物流優化諮詢項目。出於項目前期調研需要，A需向B提供一份「所需資料清單」，由B據此提供方案設計所需的數據及其他資料。你認為A向B提供的「所需資料清單」應該包括哪些內容？

3. 上海某連鎖超市投資6,000萬元建立了一個生鮮食品加工配送中心。對此，有人認為，這些加工作業完全可以在產地進行，投資建立加工配送中心是浪費，沒有必要，你是否同意該觀點？請闡述理由。

4. 某鋼材加工貿易企業擬在全國設立一級配送中心。起初為了靠近市場，公司選擇了在接近北京、上海、廣州三大城市中心城區的倉庫為一級配送中心，然而並未達到預想的快速配送效果，而且物流成本飆升。物流部研究人員經過討論，決定將一級配送中心重新設置在三大城市邊緣，並在成都新增一個一級配送中心。請問物流部研究人員做出的選址修改方案是否合理？為什麼？

八、實訓題

1. 學生以小組為單位，課餘尋找一家大型生產企業或連鎖商業企業，對其物流系統進行調研，並完成一篇不低於1,000字的調查報告。

2. 學生以小組為單位，課餘尋找一家大型生產企業，對其生產物流的運行情況進行調研，分析生產物流與生產的關係，並完成一篇不低於1,000字的調查報告。

3. 學生以小組為單位，課餘對學校所在地的物流園區規劃、建設及發展現狀進行調研，並分析其對城市經濟發展的影響，撰寫一份不低於1,000字的調查報告。

九、案例分析題
案例1：高效物流系統——海爾生命線

作為世界著名的家電跨國公司，海爾的產品每天要通過全球5.8萬個行銷網點，銷往世界160多個國家和地區，每月採購26萬種物料、製造1萬多種產品，每月接到6萬個銷售訂單。對於海爾集團來說，高效率的現代物流系統就意味著企業內部運作的生命線，為此，海爾開始了與SAP的合作。

根據海爾的實際情況，SAP先與其合作夥伴EDS為海爾物流本部完成了家用空調事業部的MM（物料管理）模塊和WM（倉庫管理）模塊的硬件改造。2000年3月開始為海爾設計實施基於協同化電子商務解決方案mySAP.com的BBP（電子採購平臺）項目。經過雙方七個月的艱苦工作，使mySAP.com系統下的MM（物料管理）、PP（生產計劃與控制）、FI（財務管理）和BBP（電子採購平臺）正式上線營運。

至此，海爾的後臺ERP系統已經覆蓋了整個集團原材料的集中採購、原材料庫存及立體倉庫的管理與19個事業部PP模塊中的生產計劃、事業部生產線上工位的原材料配送、事業部成品下線的原材料消耗衝倒以及物流本部零部件採購公司的財務等業務，構建了海爾集團的內部供應鏈。由於海爾物流管理系統的成功實施和完善，構建和理順了企業內部的供應鏈，為海爾集團帶來了顯著的經濟效益：採購成本大幅度降低，倉儲面積減少了一半，降低庫存資金約7億元，庫存資金週轉期從30天降到了12天以下。

實施和完善後的海爾物流管理系統，可以用「一流三網」來概括。「一流」是指以訂單信息流為中心；「三網」分別是全球供應鏈資源網路、全球用戶資源網路和計算機信息網路。圍繞訂單信息流這一中心，將海爾遍布全球的分支機構整合在統一的物流平臺之上，從而使供應商和客戶、企業內部信息網路這「三網」同時開始執行，同步運作，為訂單信息流的增值提供了強有力的支持。

「一流三網」的同步模式實現了四個目標：為訂單而採購，消滅庫存；通過整合內部資源、優化外部資源，使原來的2,336家供應商優化到了840家，建立了更加強大的全球供應鏈網路，有力地保障了海爾產品的質量和交貨期；實現了JIT採購、JIT配送和JIT分撥物流的同步流程；實現了與用戶的零距離。目前，海爾100%的採購訂單由網上下達，使採購週期由原來的平均10天降低到了三天；網上支付已達到總支付額的20%。

根據案例提供的信息，請回答以下問題：
1. 海爾為什麼要與SAP公司合作？
2. 你認為海爾成功的關鍵是什麼？
3. 海爾物流系統的高效體現在哪些地方？
4. 談談你對「一流三網」的理解。

案例2：PS公司的配送體系

PS公司是一家大型跨國電器製造企業，1987年在中國成立了合資公司，主要經營家用空調、洗衣機、通信設備、音響、半導體等生產器材。經營的產品有35種，年銷售量達到200萬臺，年銷售額達1.6億元，產品毛利率為15%。

由於客戶對服務水平的要求逐漸提高，PS 公司在全國 30 多個省市建立了配送中心並組建了良好的銷售團隊。其銷售物流業務流程為：產品從工廠下線以後，根據補貨計劃向 30 多個異地配送中心進行補貨。目前的物流成本占到了銷售額的 1.3%。

　　經過一段時間的運作，物流經理發現交貨期仍然無法滿足部分客戶的要求，於是建議增加 5 個配送中心，從而會大大提高客戶服務水平。預計銷售額會增加 5%，但物流成本也要增加 200 萬元。

　　另外，隨著銷售業務量的不斷增加，配送中心的部分產品經常出現斷貨和積壓，單個配送中心各型號產品的月度斷貨次數為 5 次，而積壓的滯銷品占到了銷售數量的 9.8%，大大影響了 S 公司的銷售利潤。

　　根據案例提供的信息，請回答以下問題：

　　1. 請解釋物流成本與服務水平之間的關係。(參見學習情境五)

　　2. 如果按照物流經理新增配送中心的建議，物流成本占銷售額的比例是多少？

　　3. 如果你是公司的主管，從利潤的角度，你是否同意增加配送中心的要求，為什麼？(請列出計算過程)

　　4. 如何合理控製庫存，從而最大限度地避免斷貨，並降低公司的物流成本？(參見學習情境五)

學習情境四　物流外包與第三方物流運作管理

【知識目標】

1. 理解第三方物流的概念
2. 掌握第三方物流的特徵
3. 理解第三方物流的優勢
4. 瞭解第三方物流的產生與發展
5. 瞭解第三方物流企業的分類
6. 瞭解物流企業分類與評估指標體系
7. 掌握物流外包的驅動因素

【能力目標】

1. 能正確進行物流自營與外包決策
2. 能辨識物流外包風險的種類
3. 能分析物流外包風險的成因
4. 能採取有效措施弱化物流外包風險
5. 會制定企業物流外包方案
6. 能對第三方物流服務商進行評估與選擇
7. 能正確選擇第三方物流的運作模式

【引例】

京東商城物流自營引爭議

　　2012 年，電子商務企業的價格戰一波勝於一波，直至 8 月 15 日，京東 CEO 劉強東將新一輪價格戰推向高潮。有人說，京東發起的這場「戰爭」，意味著中國商業正式進入「電子商務時代」。熱鬧的價格戰背後，反應出的是網上購物市場的火爆。2010 年，中國電子商務市場交易額達到 4.5 萬億元，同比增長 22%；2011 年，中國電子商務市場交易額達 6 萬億元，同比增長 33%。2012 年僅第二季度，中國網上購物市場規模達 2,683.7 億元，較上一季度增長 17.6%，較上一年同期增長 51.6%。未來兩年，中國網上零售交易規模有望突破 1 萬億元（占全年社會商品零售總額的 5% 以上）。作為國內一家知名的電子商務企業，京東當然也是生意火爆。然而，在生意變得火爆、

訂單急速增長的同時，成長的腳步卻被物流環節所拖累。網上購物從產生的那一天起，就依靠國內大大小小的快遞企業來完成貨物的配送。配送成本高、效率低、服務水平遠不能達到消費者期望、消費者體驗不佳等困擾著電子商務企業。京東的一位高管表示，「2009年前京東收到的投訴，70%都來自於第三方配送環節」。

面對物流環節的困擾，京東組織國內專家對物流體系如何建設進行了討論，學院派人士幾乎都認為電子商務企業應借助第三方物流，而實戰派則多數認同自建。京東在爭議中確定要投入巨資自建物流體系。劉強東稱：「無論是過去還是現在，物流都是我們最大的挑戰。公司能不能繼續平穩地發展，就在於物流體系建設的成功與否。」因而，自2009年起，京東便在物流方面做出了一系列的計劃和舉動。除了宣布多達百億元的物流投資計劃，還根據業務發展情況，陸續在北京、廣州、武漢、成都等地自建物流中心。如今，京東商城70%以上的業務可以實現自主配送，「京東商城在信息、技術、網路方面的大規模投入已經使其物流配送水平領先於多數快遞企業」。

【引導問題】

1. 為什麼學院派人士主張物流外包？
2. 為什麼實戰派人士主張物流自營？
3. 什麼是物流外包？企業應如何正確地進行物流自營與外包決策？
4. 什麼是第三方物流？典型的第三方物流的運作模式有哪些？

4.1 第三方物流的認知

物流產業的發展水平是衡量一個國家或地區的產業結構是否合理以及經濟發展水平高低的重要指標之一。而第三方物流的發展水平又是衡量一國物流產業發展水平的重要標誌。

一、第三方物流的概念

第三方物流（Third Party Logistics，TPL或3PL）是「獨立於供需雙方，為客戶提供專項或全面的物流系統設計或系統營運的物流服務模式」（GB/T18354-2006）。

第三方物流也稱綜合物流（Integrated Logistics）。它是相對於第一方發貨人（Shipper）和第二方收貨人（Consignee）而言的第三方專業物流公司承擔企業物流活動的一種物流形態。物流服務商通過與第一方和第二方的合作來提供其專業化的物流服務，它不擁有商品，不參與商品買賣，而是為顧客提供以合同為約束、以結盟為基礎的、系列化、個性化、信息化的物流代理服務，包括設計物流系統、提供EDI服務、報表管理、貨物集運、選擇承運人、貨運代理、海關代理、信息管理、倉儲、諮詢、運費支付和談判等。

由於物流服務商一般是通過與貨主企業簽訂一定期限的合同來提供物流服務的，所以有人將第三方物流稱為「合同物流」（Contract Logistics）。

需要指出的是，第三方物流是一種物流服務模式，它與第三方物流企業或者說第三方物流服務商（Third Party Logistics Service Provider，TPLs）是兩個相關但不相同的概念，不能混淆。

二、第三方物流的特徵

從歐美以及日本等發達國家的物流業發展狀況來分析，第三方物流已在發展中形成了功能專業化、服務個性化綜合化、關係契約化、合作聯盟化、信息網路化等特徵。

（一）功能專業化

第三方物流公司是專業化的物流企業，它除了具有運輸、倉儲、包裝、裝卸搬運、配送、流通加工以及物流信息處理等基本功能以外，還具有諸如物流系統規劃與設計等增值功能。第三方物流公司無論是物流系統的規劃與設計，還是物流業務的運作，抑或物流技術工具、物流設施設備，乃至物流管理，都必須體現專業化特點，這既是客戶的要求也是第三方物流企業自身發展的需要。

（二）服務個性化、綜合化

一方面，不同的客戶存在不同的物流服務需求，第三方物流企業應根據客戶的不同需求而在企業形象、業務流程、產品包裝、配送頻率、服務的及時性等方面滿足客戶的個性化需求。另一方面，經濟全球化進程加快，特別是從2004年12月以來，隨著中國物流行業逐步對外開放，越來越多的外資物流企業已進入中國，物流企業之間的競爭日益激烈。為此，第三方物流企業亟須實施差異化戰略，建立獨特的物流資源和能力，構築核心業務，打造核心競爭力，向客戶提供特色鮮明、針對性強的個性化服務，甚至是多功能、全方位、一體化的綜合物流服務。唯有如此，才能贏得客戶的青睞，並持久領先。

一般而言，第三方物流企業除了能提供倉儲、運輸、包裝、流通加工、配送等基本服務外，還能提供貨物的分裝、集運、訂單分揀、存貨控製、貨物跟蹤、車輛維護、托盤化、質量控製、物流系統設計、市場調查與預測、採購及訂單處理、代收貨款及結算、教育培訓、物流諮詢、報表管理、貨運代理、海關代理、談判等增值服務。

（三）關係契約化

第三方物流企業與客戶之間是現代經濟關係，需要以合同這一調整和約束雙方行為的法律手段來進行治理。合同明確規定了雙方的責、權、利關係，可規範物流服務活動與過程。有了合同約束，可確保合作關係的順利開展，並對衝突的解決提供了依據。

（四）合作聯盟化

[**案例**] 從2003年6月起，海信集團有限公司與中國遠洋物流有限公司進行為期10年以上的長期合作，中遠物流每年為海信集團配送300萬臺家電，約占海信集團總產量的60%，估計雙方的合作每年可為中遠物流帶來2億元人民幣收入。

國際上，很多第三方物流企業與其客戶之間建立了長期的合作關係，甚至戰略聯

盟。雙方實時信息共享，打破傳統業務束縛，將買賣關係轉變為戰略夥伴關係。雙方的長期合作，可在服務供需方面達成默契；可有效降低搜尋交易對象、討價還價、達成協議、監督履約的交易費用；可有效規避雙方的短視行為，並有利於雙方或多方建立長期合作夥伴關係。

5. 信息網路化

[**案例**] 美國橡膠公司（USCO）的物流分公司設立了信息處理中心，接受世界各地的訂單，通常在幾小時內便可將貨物送到客戶手中。良好的技術裝備與管理能力大大提高了公司的服務水平，贏得了客戶的尊敬與信賴。

信息技術是第三方物流發展的基礎，具體表現為物流信息的商品化、物流信息收集的數據化和代碼化、物流信息處理的電子化和自動化、物流信息傳遞的標準化和實時化、物流信息儲存的數字化等。信息化能更好地協調生產與銷售、運輸、倉儲等環節的聯繫。常用的信息技術主要有 EDI 技術、EFT（電子資金轉帳）、條形碼技術、電子商務技術以及 GPS 等。信息技術在物流服務與活動中的應用，實現了實時信息共享，極大地提高了物流流程的效率，提高了物流管理的效率和效益。

三、第三方物流的優勢

[**案例**] 天地快遞（TNT）與惠普的合作。從 1999 年開始，TNT 物流公司就成為惠普的第三方物流（3PL）管理商，負責管理零部件倉庫和來自世界各地供應商貨品的進口運輸業務。

現在 TNT 做的所有工作，過去都是惠普自己做的；與使用惠普自己的員工相比，與 TNT 合作，開支要節省 40%，而且，TNT 更多地使用臨時工和兼職人員，運作更有柔性。

TNT 管理著惠普的 11 座倉庫，每年的營業額約 2,600 萬美元，羅斯韋爾在其中佔有大部分。位於羅斯韋爾的工廠占地 80 萬平方英尺（1 英尺≈0.304,8 米）。由於倉庫和生產線是在同一處，所以這種經營又被稱為「同址」營運。目前在其他許多公司，零部件還需要在倉庫和工廠間運來運去，既耗時又費錢。而在羅斯韋爾，配送零件通常只需一輛叉車跑一個來回。接到提取某一零部件的提貨單後，一名 TNT 員工就會在排滿了 8,000 種庫存產品的巨大貨架上找到所要的零部件，然後更改庫存記錄，最後把零件送到組裝線上。通常這只需要 30 分鐘。但在過去，由於倉庫和廠房遍布羅斯韋爾全城，運送一趟通常需要兩三個小時。節省的不僅是時間，而且是產品的損耗和破壞。

TNT 物流公司除了管理上千萬美元的庫存，還從惠普員工手中接過了運輸管理業務，這在惠普公司的歷史上尚屬首次。在 TNT 管理運輸之前，惠普產品的國際空運通常耗時 17 天，國內空運需要七八天，供應商為了趕上配送時間，通常要加夜班。如今，TNT 保證在美國境內的運送時間是 1～4 天，國外的運送時間是 4 天，99% 的產品運送都能按時送達。如果中間出了岔子，惠普將和 TNT 一起來解決，保證零部件按時送達。

TNT 的運輸經理就像是溝通惠普採購經理和公司供應商的橋樑。TNT 從惠普手中

拿到訂單後，聯繫供應商，確保零部件能及時送到惠普的工廠，中間具體的運輸過程就是承運商的事了。每週TNT都對每一條產品線上的國內和國際運輸費用開出清單，這在惠普歷史上也是從未有過的。僅僅是在與惠普合作的頭6個月，TNT就通過減少加急運輸，為惠普節省了250萬美元。另外，TNT還通過減少運輸商的使用、改變運輸方式，幫惠普省下了400萬美元。同時，TNT還利用舊墊板，而不是像原來租用帶墊板的麵包車，這又為惠普在半年內省下了50萬美元。過去，惠普要租賃大量飛機保證及時運輸，但現在TNT只在為了保證生產線繼續運轉的緊急情況下才使用空運，其餘情況下都通過公路運輸。

與企業自營物流相比，第三方物流可以在作業利益、經濟利益和管理利益三個方面帶來優勢。

（一）作業利益

作業利益是指物流作業改善而產生的利益。在工商企業自營物流的條件下，一般而言，由於物流業務並非工商企業的核心主業，其物流資源並不豐富，物流設施設備並不夠先進，物流能力並不夠強大，物流人才也比較匱乏，因而物流作業效率比較低下，難以滿足客戶的需求。例如，在買方市場環境下，零售商往往要求廠商多頻次、小批量地供貨，以降低其庫存成本，廠商或是由於自身物流能力及條件所限，或是因為JIT配送成本太高，一般很難做到。於是，商機轉瞬即逝。第三方物流公司是專業物流企業，擁有人才、技術、工具、設施設備、從業經驗等多方面的優勢，因而，可改善物流作業，提供專業物流服務，從而為客戶帶來利益。

（二）經濟利益

經濟利益是指可直接用貨幣來衡量的利益。首先，第三方物流公司是專門為貨主提供物流服務的專業企業，可通過向多個客戶提供服務，實現物流經營的規模經濟性，從而降低物流作業成本。例如，整合運輸、集中配送、大量倉儲、流通加工中的批量處理以及集中客戶需求而進行的大量採購等，均可發揮第三方物流服務供應商在物流運作中的規模優勢，進而降低物流成本，獲取經濟利益。在供應鏈管理的背景下，第三方物流企業還可整合供應鏈各節點的物流業務，統一科學管理，消除庫存的重複設置，降低供應鏈總成本，從而為所有的成員企業以及終端的消費者帶來經濟利益，實現多邊共贏。其次，實施第三方物流，可降低工商企業自營物流的機會成本。貨主企業可將物流資源占用的資金釋放，並轉投資於核心業務，必將獲得更大的產出，在所擅長的業務領域內實現規模經營，降低經營成本，提高經營效率，獲取更大的利潤。再次，工商企業與第三方物流公司合作，不必再進行物流設施設備的投資，而只需按照外包物流業務量的大小支付相應的費用，於是，物流費用從「固定成本」變為「可變成本」，貨主將從中受益。最後，實施第三方物流，工商企業的物流費用將變得更加明晰，從「隱性成本」變為「顯性成本」。一般而言，在一個企業內部，某一環節的成本費用往往很難與其他環節區分開來，因而物流費用實質上難於計量。但物流外包第三方後，由於物流費用變得明晰，實質上將一個企業的「隱性成本」變成了「顯性成本」，增加了「會計成本」，產生「稅盾」，使公司受益。

(三) 管理利益

　　物流外包第三方後，工商企業的物流部門虛化，組織結構扁平化，可降低管理費用。隨著物流業務的外包，工商企業的物流管理部門將進一步弱化，實現虛擬經營。這必然降低公司的物流管理費用，且使組織結構呈現扁平化特徵，使組織更具有柔性、更靈活、更能適應經營環境的變化。與此同時，工商企業可將人力資源集中於核心業務，進一步提高本公司業務的管理效益。另外，工商企業與第三方物流公司合作，可獲得其專業物流能力，實現資源的外向配置。

　　總之，第三方物流企業憑藉先進的物流設施設備、先進的物流信息系統和先進的物流管理技術為客戶提供跟蹤裝運、貨物配送、海關報關、代收貨款等基本服務和增值服務；通過導入多客戶運作，實現規模經營；通過整合供應鏈各環節的物流業務，減少不必要的庫存，降低不必要的成本，為消費者創造更多的價值，增強供應鏈競爭力。因而，工商企業將物流業務外包，可享受到第三方物流企業帶來的作業利益、經濟利益和管理利益。

四、第三方物流的產生

　　全球經濟一體化、國內競爭國際化、信息網路化、經營虛擬化等新經濟時代的重大變化促進了物流服務的社會化趨勢。物流供需雙方的推動，促使第三方物流應運而生。

　　第三方物流的產生，首先源於工商企業對物流服務有需求。早期，許多工商企業既從事核心業務（生產製造和分銷），又自營物流，擁有自己的車隊、倉庫等儲運設施，自行從事運輸、倉儲、包裝等物流作業。隨著市場競爭的日益激烈，以及社會分工的進一步細化，許多企業經營管理者逐漸意識到自營物流成本太高，效率太低，且服務質量低下，顧客不滿意，企業缺乏競爭優勢。為了提升企業競爭力，許多企業實施歸核化戰略，將資源和能力集中於核心業務，而將本企業不擅長的業務，諸如運輸、倉儲等物流業務外包給專業運輸企業和倉儲企業來營運。在社會需求的驅動下，物流產業崛起。

　　另外，WTO倡導貿易自由，促進了資源在全球範圍內流動，加速了全球經濟一體化的進程。為了搶占更大的市場份額，獲取更大的利潤，許多企業國內成熟、國外拓展，多國公司、國際公司、跨國公司、全球公司越來越多。跨國經營，面臨的是全球用戶、全球供應商、全球分銷商、全球化的市場，原材料採購、產成品運輸、配送乃至整個物流活動在地域上跨度極大，因而導致管理複雜，協調難，費用高。一般而言，工商企業並非專業物流公司，物流資源和能力相當有限，物流系統規劃與設計、線路規劃等能力比較薄弱，物流信息系統尚不完善，不能提供跟蹤裝運服務，貨損貨差難免，導致物流作業與管理成本上升。工商企業對高水平物流服務的需求，進一步促進了提供專業化物流服務的第三方物流企業的產生。

　　此外，隨著物流產業的崛起，物流企業間的競爭也日趨激烈。還在20世紀90年代，中國傳統物流企業（儲運企業）的經營者就已經意識到，僅靠單一的倉儲、運輸

服務，獲利較低。他們逐漸明白，只有實施差異化戰略，為客戶提供增值服務，才能獲取更多的利潤。於是，很多傳統儲運企業在原來經營業務的基礎上逐漸拓展服務的範圍，增加特色功能，強化增值服務，逐漸改造成現代意義上的第三方物流企業。

綜上所述，第三方物流的產生是經濟社會發展的必然趨勢，更是物流供需雙方推動的必然結果。歸根究柢，市場需求是其產生的根本原因。

五、第三方物流的發展階段

物流發展的核心是為供應鏈企業群體提供最優的物流服務，具備實現產品鏈或產業鏈整體優化的物流能力。在這一能力的實現過程中，第三方物流的發展包括了簡單物流、綜合物流、綜合集成、全面擴大、全面優化等階段。如表 4.1 所示。

表 4.1　　　　　　　　　　第三方物流的發展階段

階段	描述	標誌	能力	特徵
簡單物流階段	簡單的基於客戶的運輸、倉儲等功能運作	2PL	資源能力（車隊、倉庫、其他物流工具）	物流運作主體眾多，但方數[1]單一，管理關係簡單
綜合物流階段	基於合同的物流優化和運作	3PL	資源能力、管理能力、訊息能力	物流運作主體減少，方數增加，管理關係簡單
綜合集成階段	基於供應鏈的整合與優化	4PL	集成優化能力、統籌能力	運作主體減少，方數增加，管理關係複雜
全面擴大階段	基於供應鏈的網路化運作	5PL	擴大的價值支持能力，如訊息平臺、培訓平臺等	運作主體減少，方數增加，管理關係複雜
全面優化階段	基於產品鏈或產業鏈的集約化物流再造與運作	6PL	技術能力、高度集約的整合與運作能力	運作主體減少，方數減少，管理關係簡單

2PL~6PL 的運作方式都是為了實現物流的最優運作和實現產品鏈或產業鏈整體優化的物流能力所使用的重要手段，最終還是要歸結到如何充分利用各種方式和手段，實現物流的最優運作（包括 1PL 在內）。因此，第三方物流發展的最高階段是所謂的 6PL 階段。在這一階段，物流運作的基礎信息平臺和物流專業培訓等服務平臺均已建立並完善，物流企業具備先進的物流技術能力、高度集約的整合與運作能力。大型和超大型物流企業（或聯盟）出現，它們真正具備物流運作能力、物流系統優化能力、物流信息服務能力以及人才培訓等能力，可以為供應鏈企業群體提供真正的一體化物流服務。

---

[1] 物流業務中涉及的業務各方數量。

4.2 中國第三方物流企業的分類

一般地，可以按照第三方物流企業所提供的服務功能主要特徵、第三方物流企業的來源構成、第三方物流企業的權屬性質以及第三方物流企業是否擁有物流資產等標準進行分類。

一、按照第三方物流企業所提供的服務功能主要特徵分類

根據中國國家標準《物流企業分類與評估指標》（GB/T 19680-2005）[①]，物流企業可以劃分為運輸型、倉儲型以及綜合服務型三種類型。

1. 運輸型物流企業

運輸型物流企業是指以從事貨物運輸服務為主，包含其他物流服務活動，具備一定規模的實體企業。這類企業經營業務的範圍主要是運輸服務領域，以從事貨物運輸業務為主，包括貨物快遞或運輸代理服務，具備一定的規模；可以為客戶提供門到門、門到站、站到門、站到站運輸服務以及其他物流服務；企業自有一定數量的運輸設備；具備網路化信息服務功能，應用信息系統可對貨物進行狀態查詢、監控。運輸型物流企業評估指標（GB/T 19680-2005）見表4.2。

表4.2　　　　運輸型物流企業評估指標（GB/T 19680-2005）

	評估指標	AAAAA級	AAAA級	AAA級	AA級	A級
經營狀況	年貨運營業收入/元	15億以上	3億以上	6,000萬以上	1,000萬以上	300萬以上
	營業時間*	3年以上	2年以上		1年以上	
資產	資產總額/元	10億以上	2億以上	4,000萬以上	800萬以上	300萬以上
	資產負債率	不高於70%				
設備設施	自有貨運車輛/輛（或總載重量 It）*	1,500以上（7,500以上）	400以上（2,000以上）	150以上（750以上）	80以上（400以上）	30以上（150以上）
	營運網點/個	50以上	30以上	15以上	10以上	5以上
管理及服務	管理製度	有健全的經營、財務、統計、安全、技術等機構和相應的管理製度				
	質量管理*	通過ISO 9001：2000 質量管理體系認證				
	業務輻射面*	國際範圍	全國範圍	跨省區		省內範圍
	顧客投訴率（或顧客滿意度）	≤0.05%（≥98%）	≤0.1%（≥95%）		≤0.5%（≥90%）	

[①] 中華人民共和國國家質量監督檢驗檢疫總局、國家標準化管理委員會2005年3月24日頒布，2005年5月1日起執行。該標準適用於中國各類物流企業的界定、物流市場對物流企業的評估與選擇，也可作為對物流企業進行規範與管理的依據。

表4.2(續)

	評估指標	AAAAA 級	AAAA 級	AAA 級	AA 級	A 級
人員素質	中高層管理人員*	80%以上具有大專以上學歷或行業組織物流師認證	60%以上具有大專以上學歷或行業組織物流師認證		30%以上具有大專以上學歷或行業組織物流師認證	
	業務人員	60%以上具有中等以上學歷或專業資格	50%以上具有中等以上學歷或專業資格		30%以上具有中等以上學歷或專業資格	
訊息化水平	網路系統*	貨運經營業務訊息全部網路化管理			物流經營業務訊息部分網路化管理	
	電子單證管理	90%以上	70%以上		50%以上	
	貨物跟蹤*	90%以上	70%以上		50%以上	
	客戶查詢	建立自動查詢和人工查詢系統			建立人工查詢系統	

註1：標註*的指標為企業達到評估等級的必備指標項目，其他為參考指標項目。
註2：貨營運業收入包括貨物運輸收入、運輸代理收入、貨物快遞收入。
註3：營運網點是指在經營覆蓋範圍內，由本企業自行設立、可以承接並完成企業基本業務的分支機構。
註4：顧客投訴率是指在年度週期內客戶對不滿意業務的投訴總量與企業業務總量的比率。
註5：顧客滿意度是指在年度週期內企業對顧客滿意情況的調查統計。

2. 倉儲型物流企業

倉儲型物流企業是指以從事倉儲服務為主，包含其他物流服務活動，具備一定規模的實體企業。這類企業經營業務的範圍主要是倉儲業務領域，以從事倉儲業務為主，為客戶提供貨物儲存、保管、中轉等倉儲服務，具備一定的規模；企業能為客戶提供配送服務以及商品經銷、流通加工等其他服務；企業自有一定規模的倉儲設施、設備，自有或租用必要的貨運車輛；具備網路化信息服務功能，應用信息系統可對貨物進行狀態查詢、監控。倉儲型物流企業評估指標（GB/T 19680—2005）見表4.3。

表 4.3　　倉儲型物流企業評估指標（GB/T 19680—2005）

	評估指標	AAAAA 級	AAAA 級	AAA 級	AA 級	A 級
經營狀況	年倉儲營業收入/元*	6 億以上	1.2 億以上	2,500 萬以上	500 萬以上	200 萬以上
	營業時間*	3 年以上	2 年以上		1 年以上	
資產	資產總額/元*	10 億以上	2 億以上	4,000 萬以上	800 萬以上	200 萬以上
	資產負債率*	不高於 70%				
設備設施	自有倉儲面積/平方米*	20 萬以上	8 萬以上	3 萬以上	1 萬以上	4,000 以上
	自有/租用貨運車輛/輛	500 以上	200 以上	100 以上	50 以上	30 以上
	配送客戶點/個	400 以上	300 以上	200 以上	100 以上	50 以上
管理及服務	管理製度	有健全的經營、財務、統計、安全、技術等機構和相應的管理製度				
	質量管理*	通過 ISO 9001：2000 質量管理體系認證				
	顧客投訴率（或顧客滿意度）	≤0.05%（≥98%）	≤0.1%（≥95%）		≤0.5%（≥90%）	

表4.3(續)

	評估指標	AAAAA級	AAAA級	AAA級	AA級	A級
人員素質	中高層管理人員*	80%以上具有大專以上學歷或行業組織物流師認證	80%以上具有大專以上學歷或行業組織物流師認證		30%以上具有大專以上學歷或行業組織物流師認證	
	業務人員	50%以上具有中等以上學歷或專業資格	50%以上具有中等以上學歷或專業資格		30%以上具有中等以上學歷或專業資格	
訊息化水平	網路系統*	倉儲經營業務訊息全部網路化管理			物流經營業務訊息部分網路化管理	
	電子單證管理*	90%以上	70%以上		50%以上	
	貨物跟蹤	90%以上	70%以上		50%以上	
	客戶查詢*	建立自動查詢和人工查詢系統			建立人工查詢系統	

註1：標註*的指標為企業達到評估等級的必備指標項目，其他為參考指標項目。
註2：倉儲營業收入指企業完成貨物倉儲業務、配送業務所取得的收入。
註3：顧客投訴率是指在年度週期內客戶對不滿意業務的投訴總量與企業業務總量的比率。
註4：顧客滿意度是指在年度週期內企業對顧客滿意情況的調查統計。
註5：配送客戶點是指企業當前的、提供一定時期內配送服務的、具有一定業務規模的、客戶所屬的固定網點。
註6：租用貨運車輛是指企業通過契約合同等方式可進行調配、利用的貨運專用車輛。

3. 綜合服務型物流企業

綜合服務型物流企業是指從事多種物流服務活動，能根據客戶的要求提供物流一體化服務，具備一定規模的實體企業。這類企業經營業務的範圍是物流服務領域，從事多種物流業務，可以為客戶提供運輸、貨運代理、倉儲、配送等多種物流服務，具備一定的規模；能根據客戶需求，為客戶制定整合物流資源的運作方案，為客戶提供契約性的綜合物流服務；按照業務要求，企業自有或租用必要的運輸設備、倉儲設施及設備；企業需配置專門的機構和人員，建立完備的客戶服務體系，能及時、有效地提供客戶服務；具備網路化信息服務功能，應用信息系統可對物流服務全過程進行狀態查詢、監控。綜合服務型物流企業評估指標（GB/T 19680—2005）見表4.4。

表4.4　　綜合服務型物流企業評估指標（GB/T 19680-2005）

	評估指標	AAAAA級	AAAA級	AAA級	AA級	A級
經營狀況	年綜合物流營業收入/元*	15億以上	2億以上	4,000萬以上	800萬以上	300萬以上
	營業時間*	3年以上	2年以上		1年以上	
資產	資產總額/元*	5億以上	1億以上	2,000萬以上	500萬以上	200萬以上
	資產負債率*			不高於75%		

表4.4(續)

評估指標		AAAAA級	AAAA級	AAA級	AA級	A級
設備設施	自有/租用倉儲面積/平方米	10萬以上	3萬以上	1萬以上	3,000以上	1,000以上
	自有/租用貨運車輛/輛	1,500以上	500以上	300以上	200以上	100以上
	營運網點/個*	100以上	50以上	30以上	10以上	5以上
管理及服務	管理製度	有健全的經營、財務、統計、安全、技術等機構和相應的管理製度				
	質量管理*	通過ISO 9001：2000質量管理體系認證				
	業務輻射面	國際範圍	全國範圍	跨省區		省內範圍
	物流服務方案與實施*	提供物流規劃、資源整合、方案設計、業務流程重組、供應鏈優化、物流訊息化等方面服務			提供整合物流資源、方案設計方面的諮詢服務	
	顧客投訴率（或顧客滿意度）	≤0.05%（≥98%）	≤0.1%（≥95%）		≤0.5%（≥90%）	
人員素質	中高層管理人員*	80%以上具有大專以上學歷或行業組織物流師認證	70%以上具有大專以上學歷或行業組織物流師認證		50%以上具有大專以上學歷或行業組織物流師認證	
	業務人員	60%以上具有中等以上學歷或專業資格	50%以上具有中等以上學歷或專業資格		40%以上具有中等以上學歷或專業資格	
訊息化水平	網路系統*	物流經營業務訊息全部網路化管理			物流經營業務訊息部分網路化管理	
	電子單證管理*	100%以上	80%以上		60%以上	
	貨物跟蹤	90%以上	70%以上		50%以上	
	客戶查詢*	建立自動查詢和人工查詢系統			建立人工查詢系統	

註1：標註*的指標為企業達到評估等級的必備指標項目，其他為參考指標項目。

註2：綜合物流營業收入指企業通過物流業務活動所取得的收入，包括運輸、儲存、裝卸、搬運、包裝、流通加工、配送等業務取得的收入總量。

註3：營運網點是指在經營覆蓋範圍內，由本企業自行設立、可以承接並完成企業基本業務的分支機構。

註4：顧客投訴率是指在年度週期內客戶對不滿意業務的投訴總數與企業業務總量的比率。

註5：顧客滿意度是指在年度週期內企業對顧客滿意情況的調查統計。

註6：租用貨運車輛是指企業通過契約合同等方式可進行調配、利用的貨運專用車輛。

註7：租用倉儲面積是指企業通過契約合同等方式可進行調配、利用的倉儲總面積。

二、按照中國第三方物流企業的來源構成分類

隨著物流熱的升溫，很多企業或者轉型或者新建或者從其他行業直接轉變業務進入物流領域。其中，由傳統倉儲、運輸、貨運代理企業轉型而來的占了較大的比例。

（一）由傳統儲運、貨代等類型企業經改造轉型而來的第三方物流企業

由傳統倉儲、運輸、貨運代理等類型企業經改造轉型而來的第三方物流企業目前占據主導地位，擁有較大的市場份額。同時，這類企業也是中國成立較早的第三方物流企業。

由傳統倉儲和運輸企業轉型而來的第三方物流企業,如上海友誼集團物流有限公司。

[案例] 上海友誼集團物流有限公司是由原上海商業儲運公司經過分離和改制後組建的,20世紀90年代初便為國際上最大的日用消費品公司——聯合利華提供專業物流服務,業務由最初的倉儲和運輸服務,發展到今天提供運輸、倉儲、配送、流通加工、信息處理等多功能、個性化服務,雙方建立了良好的戰略夥伴關係。

由傳統運輸企業轉型而來的第三方物流企業,如中遠國際貨運有限公司、中國對外貿易運輸(集團)總公司(簡稱中外運)、中國儲運總公司、中國海運總公司等。

[案例] 中遠集團成立於1993年,該集團公司於1995年對陸上貨運企業進行整合,成立了中遠國際貨運有限公司,建立起全國統一的貨運網路,2001年又通過合資方式,與廣東科龍公司、無錫小天鵝公司成立安泰達物流公司。

由傳統倉儲企業轉型而來的第三方物流企業,如中海物流公司。

[案例] 中海物流公司成立於1993年11月,從倉儲開始發展物流業務,現發展成能為國際大型知名跨國公司提供包括倉儲、運輸、配送、報關等多功能物流服務的第三方物流企業。

由傳統貨運代理企業轉型而來的第三方物流企業,如成立於1990年的錦程國際物流集團股份有限公司和華潤物流有限公司。

[案例] 錦程國際物流集團股份有限公司是由大連錦聯進出口貨運代理公司轉型而來,目前已成為中國最大的國際物流公司之一,主要為客戶提供門到門的全程國際物流服務。華潤物流有限公司是華夏企業有限公司在歷經50多年貨運代理經營的基礎上發展起來的第三方物流企業。

這類由傳統儲運、貨代等類型企業經改造轉型而來的第三方物流企業,往往擁有比較穩定的客戶群、健全的物流服務網路,憑藉原有的物流業務基礎和在市場、經營網路、設施、企業規模等方面的優勢,不斷拓展和延伸其他物流服務,逐步向現代物流企業轉型。

(二) 由工商企業的物流部門發展起來的第三方物流企業

傳統工商企業的物流運作模式是自營物流,企業經營呈現典型的「大而全」「小而全」的特徵。隨著競爭的加劇,很多企業實施「歸核化」戰略,將資源和能力集中於核心業務,並將企業的輔助職能弱化,相應業務外包。在社會分工進一步細化的基礎上,一些傳統工商企業的物流部門逐步發展成為第三方物流企業。如青島啤酒集團以原有運輸公司為基礎,註冊成立具有獨立法人資格的物流有限公司。再如,科健集團將原手機行銷體系中的售後服務人員、業務及相關資產剝離並組建獨立的物流服務公司。

這類第三方物流企業充分利用原有的物流資源網路以及既有的客戶資源,運用現代經營理念,逐步走向專業化和現代化。

(三) 新創建的第三方物流企業

近年來,隨著中國經濟的發展以及物流熱的升溫,出現了大量新創建的第三方物

流企業。例如，深圳市奇速快運有限公司即是近年註冊成立的專業速遞公司。

三、按照第三方物流企業的所有權權屬性質分類

按照第三方物流企業的所有權權屬來分類，可將其分為國有或國家控股的物流企業、外資和港資物流企業以及民營物流企業三種類型。

(一) 國有或國家控股的物流企業

中國多數國有或國家控股的第三方物流企業，是推行現代企業製度的產物，管理機制比較完善，發展比較快。近年來，也產生了一些新的第三方物流企業，如浙江杭鋼物流有限公司。

［案例］浙江杭鋼物流有限公司是由杭鋼集團公司、浙江杭鋼國貿有限公司等 8 家單位聯合出資成立的物流企業。目前，該公司已擁有全國性的物流網路和相當數量的物流資源，正處於不斷發展和完善中。

(二) 外資和港資物流企業

隨著中國經濟體制改革的深化和更大程度的對外開放，國外物流公司首先以合資的方式進入中國，然後逐步向中國物流市場滲透。外資和港資物流企業，一方面為原有客戶——跨國公司進入中國市場提供延伸服務；另一方面用它們的經營理念、經營模式和優質服務吸引中國企業，如丹麥有利物流公司主要為馬士基船運公司及其貨主企業提供物流服務、深圳的日本近鐵物流公司主要為日本在華的企業服務。自 2005 年初以來，外資第三方物流企業在華數量與日俱增，像頂通物流有限公司、聯合包裹 (UPS) 等已將物流網路延伸到了中國西部，並已成功地與中國一些知名工商企業建立了合作夥伴關係。

(三) 民營物流企業

這類企業多產生於 20 世紀 90 年代以後，是中國物流行業中最具朝氣的第三方物流企業。它們由於機制靈活，發展迅速，且目標客戶群比較集中，因此其管理效率較高、管理費用相對較低，如廣州寶供物流集團。

［案例］廣州寶供物流集團從 1992 年承包鐵路貨物轉運站開始，1994 年成立廣東寶供儲運公司，當年便承接世界上最大的日用消費品生產企業——美國寶潔公司在中國市場的物流業務。經過幾年的開拓創新，現已發展成為在澳洲、泰國、中國香港及內地主要城市設有 40 多個分公司或辦事處，為 40 多個跨國公司和一批國內企業提供國際性物流服務的物流集團公司。

此外，遠成物流、南方物流、天津大田物流、保運物流、上海炎黃在線物流、珠海九川物流等均屬於這類第三方物流企業。

［案例］遠成集團有限公司的前身是廣東遠成儲運貿易有限公司，創建於 1988 年，現已發展成以鐵路行包快運、特快行郵專列、五定班列、集裝箱班列、公路快運、倉儲、配送物流方案策劃等物流業為主導，集實業投資、國際貿易為一體的多元化綜合性企業集團。現已形成以鐵路幹線運輸為基礎、公路快運為延伸、區域配送為深度滲

透的多層次物流網路服務體系。集團固定資產達13億元，擁有3對鐵路特快行郵專列、6條鐵路行包快運專線、10對集裝箱五定班列、15萬平方米的倉儲基地、1,000多個營業網點、1,000臺車輛、6,000餘名員工、6萬多個長期合作夥伴。公司的宗旨是「一諾千金，急速必達」，經營理念是「管理出效益，開拓求發展」，企業精神是「遠成為家，團結為上，開拓為志，信譽為本」。公司現已通過了ISO 9000質量認證體系認證，並在2004年11月榮獲2004年度中國最具競爭力的物流企業的光榮稱號。

四、按照第三方物流企業是否擁有物流資產來進行分類

按照第三方物流企業是否擁有物流資產來分類，可將其分為以資產為基礎的第三方物流企業和不以資產為基礎的第三方物流企業兩類。

(一) 資產基礎型第三方物流企業（Assets-based TPLs）

這類以資產為基礎的第三方物流企業擁有自己的倉儲、運輸設施，如倉庫、貨運車輛等，主要通過使用本企業的物流資源來向客戶提供專業化的物流服務。因此，這些物流公司實質上直接承擔著客戶的物流服務活動。像基於倉儲服務的第三方物流企業（Warehouse-based TPLs），基於運輸服務的第三方物流企業（Carrier-based TPLs）等均屬此類。

(二) 非資產基礎型第三方物流企業（Non-assets-based TPLs）

這類企業一般不擁有物流資產，如儲運設施、裝卸搬運工具等，抑或通過租賃等方式取得這些資產，主要利用本公司員工的物流專業知識和管理信息系統，提供物流管理諮詢以及設計物流系統，為客戶提供物流解決方案，或者以承包人的身分承擔部分或全部物流業務。這類企業實質上是以管理為基礎的第三方物流企業，目前在國內還比較少，但在發達國家卻很多。

[案例] 華運通公司是一家非資產基礎型的第三方物流公司。該公司擁有一個覆蓋全國、完善的物流配送網路，致力於為大中型企業提供原材料供應、產成品轉移以及供應鏈管理和物流服務。華運通公司總部設在上海，擁有7個分公司、20家配送中心和2個辦事處，擁有可隨時調動的5,000輛車源、超過50萬平方米的倉儲資源，並有極優越的物流資源整合優勢，其業務遍及全國。

4.3 物流外包管理

近年來，隨著縱向一體化戰略弊端的日益顯露，國際上許多大公司紛紛實施「歸核化」戰略，將資源和能力集中於核心業務，而將非核心業務外包，與上下游企業建立戰略夥伴關係。相應地，企業間的競爭逐漸演變為供應鏈與供應鏈的競爭。對多數工商企業而言，物流是輔助性的活動，為使企業有限資源發揮最大效力，自然將其外包。

一、物流外包概述

1. 物流外包的含義

物流外包（Logistics Outsourcing）是指「企業將其部分或全部物流的業務合同交由合作企業完成的物流運作模式」（GB/T18354-2006）。換言之，物流外包是一個業務實體將原來由本企業完成的物流業務，轉移到企業外部由其他業務實體來完成。物流外包是企業業務外包的一種典型形態。

據美國《財富》雜誌刊載，目前全球年收入在5,000萬美元以上的公司，都普遍開展了業務外包。例如，Dell公司將物流業務外包給聯邦快遞（FedEx）、HP公司將物流業務外包給聯合包裹（UPS）、宜家居將物流業務外包給馬士基（MAERSK）、廣州寶潔公司將物流業務外包給廣州寶供、通用汽車（GM）公司將物流業務外包給理斯維公司。

2. 物流外包的類型與形式

物流外包作為企業業務外包的常見形式之一，主要有以下三種類型：

（1）零散外包。零散外包指由外部物流服務商承擔企業較小的、離散的物流業務。

（2）業務委託。業務委託指企業在操作層面上將自己的物流業務委託給外部物流服務商。

（3）戰略外包。戰略外包強調與企業的總體戰略發展相協調，從戰略高度全面規劃和實施物流外包。

從零散外包到業務委託，再到戰略性外包，這三種外包類型是從低級到高級，從離散到連續，從簡單到複雜，從不規範到規範，不斷升級演進、深化發展的。

具體而言，目前企業物流外包主要有以下幾種形式：物流業務完全外包、物流業務部分外包、物流管理外包、物流系統剝離。

3. 物流外包的驅動因素

企業或是沒有能力在物流方面進行投資，或是不能夠建立起高效的物流配送機制，抑或自營物流缺乏競爭力，因而實施物流業務外包。

[案例10-13] Amazon公司雖然擁有完善的物流設施，但對於「門到門」的配送業務，始終堅持外包，因為這種「最後一千米配送」不但繁瑣，而且不經濟，自營不如外包。

[案例10-14] 2004年7月，廣東志高空調為加速拓展海外市場，與美國最大的大件貨物物流企業伯靈頓公司簽訂了貨運量達3億元的合作協議。根據雙方協議，志高今後將年貨營運業額3億元的空調器委託伯靈頓公司運往全球200多個國家和地區。對志高而言，這即是物流業務外包。

2002年，美智（Mercer）管理諮詢公司和中國物流與採購聯合會對中國第三方物流市場進行了為期3個月的調查，發布了《中國第三方物流市場——2002年中國第三方物流市場調查的主要發現》報告。調查結果顯示，工商企業實施物流外包首先是為了降低物流費用，其次是為了強化核心業務，最後是為了改善提高物流服務水平和質量。企業通過資源的外向配置來提升核心能力是市場經濟發展的必然趨勢，物流外包

是企業提高自我適應能力的必然選擇。

4. 物流外包的障礙

目前，中國企業在物流外包問題上主要遇到了以下障礙：

（1）經營理念的束縛。一方面，很多企業管理者對「第三利潤源泉」缺乏正確認識；另一方面，傳統「大而全」「小而全」的觀念根深蒂固，以及受「肥水不流外人田」等狹隘思想的影響，不願將物流業務外包。

（2）傳統經營模式遺留的問題。中國大中型工業企業與商品流通企業受過去「大而全」「小而全」經營模式的影響，一般擁有儲運設施，如倉庫、貨運車輛等，一旦實施物流外包，必然面臨物流資產的處置以及員工的安置等問題，給物流外包帶來障礙。

（3）中國第三方物流企業本身的問題。中國第三方物流企業普遍服務質量不高，而收取的服務費用又昂貴，致使工商企業傾向於自營物流。

二、物流外包的風險與規避

近年來，隨著物流產業的快速發展，第三方物流企業的實力顯著提升，工商企業實施物流外包的力度進一步加大。然而，物流業務外包在給企業帶來利益的同時，也隱含著巨大的潛在風險，需要企業管理者理性分析，並採取有效措施加以規避。

（一）物流外包風險的類型[①]

物流外包風險是指企業物流外包過程及其結果的不確定性，包括決策、運作等風險，具有隨機性（偶然性）、突發性、隱含性和關聯性等特徵。一般而言，實施物流業務外包，有利於工商企業強化核心業務，培育核心能力，獲取競爭優勢。但物流外包也可能產生負面效應，給企業帶來風險。

1. 決策風險

決策階段的風險主要涉及物流自營與外包決策、部分外包與完全外包決策、抑或物流系統剝離等決策的風險。甚至涉及企業在確定物流業務外包後，如何正確選擇物流服務商、業務流程是否再造、組織結構是否變革、企業文化是否重塑、人力資源是否調整等問題，一旦決策失誤，極有可能導致物流外包失敗。

2. 運作風險

在物流外包實施階段，主要存在以下風險：

（1）物流服務商的違約風險。在工商企業實施物流外包後，或者是因為物流服務商的能力有限，或者是由於交通運輸狀況的限制，抑或其他的一些因素，都有可能導致物流服務商違約，如貨物損壞或滅失、延遲交貨、錯運錯發等。此外，由於企業資源有限，為使有限資源發揮最大效力，獲取最大化的利潤，物流服務商往往會對客戶實施 ABC 分類，進行重點管理（分級分層管理）。對於非 A 類客戶，一般不會實施準時配送（JIT 配送），這樣，從物流服務商的服務策略來看，本身就隱含著巨大的潛在風險。具體而言，對於 B 類客戶，物流服務商的服務策略一般是實施貨物批量正常配

[①] 胡建波. 探析物流外包的風險與對策 [J]. 企業導報，2012（4）.

送，允許有一定的延遲交貨期；對於 C 類客戶，則允許更長的延遲交貨期，在提供配送服務時，往往將客戶委託運送的貨物做臨時配車之用（目的是提高車輛實載率以降低配送成本）或再度外包，從而給貨主企業（委託方）帶來巨大的潛在風險。而在實際運作中，為了有效降低成本，物流服務商往往會實施整合運輸，即將多個客戶的貨物搭配裝載，按照最優的運輸路線進行配送，這往往會導致 A 類客戶的貨物誤點交貨，造成違約。

(2) 物流失控風險。工商企業實施物流外包後，物流服務商必然會介入委託企業的供應物流、銷售物流、逆向物流（包括退貨物流與回收物流）以及廢棄物流等若干環節，成為委託企業的物流營運管理者。相應地，貨主企業對物流業務的控製力大大減弱。從某種意義上講，委託方可能會因此受制於物流服務商，這是許多工商企業不願意將物流業務外包的主要原因之一。特別地，當委託方與代理方在信息溝通、業務協調出現障礙時，貨主企業必然會面臨物流失控的風險。換言之，物流服務商可能因未能完全理解委託方的意願而無法按照其要求去運作，從而可能會影響貨主企業生產經營活動的正常開展。例如，由於物流服務商未按時將原材料、零配件等生產資料供應到位，企業可能會因此而停工待料，為規避這一風險，企業必然會增大安全庫存量，而這又必然以高成本為代價。而當物流服務商未按時將產成品送達客戶，抑或出現較高的貨損率或貨差率時，必然會大大降低顧客滿意度。在市場轉型、競爭激烈的今天，這意味著客戶流失、市場份額萎縮。長此以往，企業將無法生存，更談不上發展。

(3) 客戶關係管理風險。工商企業實施物流外包後，由物流企業代其完成產品的遞送，開展售後服務，傾聽客戶的意見。由於物流服務商直接與客戶打交道，必然會減少工商企業與客戶直接接觸的機會，這在一定程度上會弱化委託方與客戶之間的關係，從而帶來客戶關係管理風險。換言之，由於在第一方（賣方）與第二方（買方）之間增加了第三方（物流企業），客戶的要求、意見、建議等反饋信息可能無法及時、直接傳遞給委託方。因為根據外包協議，可能事先約定由物流服務商代為收集客戶反饋意見和信息，或者客戶理所當然地將物流服務商視為委託方的代理者，從而直接向其反饋。但物流服務商往往會有意識地將對自己不利的客戶信息過濾，或者是因為其他原因未能向委託方反饋或全部反饋客戶的意見和信息，這極有可能導致委託方的客戶信息系統不能完全發揮作用（不能完全捕捉到客戶的反饋信息）。而一些比較重視企業形象、品牌聲譽的第三方物流企業，則往往會通過公司形象識別系統（CIS），採用統一的標誌與著裝等，強化其在客戶心中的地位。久而久之，委託方在客戶心中的地位就有可能被物流服務商所取代。

(4) 商業秘密洩露風險。工商企業實施物流外包後，由於貨主企業與第三方物流企業的信息系統要實現對接，因此，物流服務商將會擁有甚至掌握工商企業經營運作的相關信息。例如，實施準時生產（JIT 生產）的企業，需要借助第三方物流服務商高效的物流配送來實現生產資料的準時供應（JIT 供應），第三方物流企業必然會掌握製造商的採購與供應計劃以及生產計劃等信息（如需要什麼、需要多少、何時供應等）。此外，多數工商企業需要借助第三方物流服務商高效的物流配送來實現產成品的分撥與配送，因此，物流服務商必然會掌握企業的產品種類、客戶分布、產品銷售等相關

信息。由於第三方物流企業是提供社會化物流服務的經濟組織，一般會同時與多家互為競爭對手的同類型貨主企業合作（特別是那些專業化程度高的行業，如危險化學品等特殊物流行業），在運作中，可能會有意（如在客戶的「公關」下，利益驅使）或在無意中將客戶的商業秘密洩露給競爭對手，從而可能會給委託方帶來無法挽回的損失。

(5) 連帶經營風險。工商企業物流外包第三方後，物流企業成為貨主企業的合法物流代理者。在物流運作中，一旦物流服務商違約，對買方造成損失，賣方必然要承擔直接的經濟責任。雖然賣方在完成對其客戶（買方）的賠償之後，也會對物流企業進行追償，但由於買賣雙方簽訂的合同與貨主企業和物流服務商簽訂的合同是兩個完全不同的合同，其訴訟時效、賠償限額、責任豁免等條款也存在差異，因此，這極有可能會導致賣方得不到足額賠償。另外，即使是「賣方」得到了足額經濟賠償，但物流服務商因違約給貨主企業（賣方）帶來的企業形象受損、商譽下滑等無形資產損失將是無法用貨幣來衡量的。特別地，物流業務外包一般基於長期的合同，如果物流服務商在經營運作中出現重大問題，必然會給貨主企業的生產經營活動帶來不良影響。若重新評估、選擇新的物流服務商，必然會帶來供應商的轉換成本，而與之解除合同關係，貨主企業往往也會付出沉重的代價。

除了上述風險外，物流外包還可能給企業帶來其他風險，如人力資源管理風險。因為隨著物流業務外包的不斷深入，物流部門的員工必然會擔心自己的工作被物流服務商所取代。相應地，員工對企業的忠誠度會下降，工作績效會下滑。此外，由於物流市場價格波動、遇到不可抗力、企業未有效控製物流外包成本抑或過分打壓物流服務商的利潤空間等，都可能引起相應的風險（市場、財務、管理等風險）。

(二) 物流外包風險的成因[①]

工商企業在物流外包中之所以會面臨風險，原因是多方面的。有決策的有限理性，有信息非對稱的原因，也有代理者的敗德行為。

1. 決策的有限理性

這主要體現在物流自營與外包決策以及物流服務商的選擇階段。一般而言，由於受到主、客觀條件的限制，工商企業在物流外包時，所能獲取的物流服務商的信息是有限的，既不可能找出所有的物流服務商，也不可能獲取每個物流服務商完全的信息。有限的信息，對信息的有限的利用能力，雙重有限性決定了工商企業在選擇物流服務商時的決策方案數量有限。在對物流外包結果判定不明確的情況下，工商企業極有可能會做出錯誤的決策，即選錯合作夥伴，從而給企業帶來風險。

2. 信息非對稱

無論是在物流外包協議簽訂前還是簽訂後，簽約雙方均存在嚴重的信息非對稱。總體而言，物流服務商擁有信息優勢，而貨主企業處於信息劣勢。這無疑給委託方帶來了潛在的信息風險。

[①] 胡建波. 物流外包的風險成因與對策 [J]. 中國物流與採購, 2011 (17).

(1) 簽約前，由於信息非對稱導致逆向選擇

在簽約前，為了獲取訂單，成功地與客戶簽約，物流服務商往往會隱瞞自身的一些信息（私有信息），而過分誇大物流能力與服務水平，甚至會做出一些未必能實現的承諾（如隨時提供優質的物流服務、提供 JIT 配送等）。而委託方在不瞭解物流服務商的服務水平與物流能力的情況下，很難明辨真偽。即使是貨主對物流服務商進行了實地考察與調研，也未必能做到「明察秋毫」，完全、準確、全面地掌握物流服務商真實的物流能力與服務水平。特別是當委託方的物流服務需求比較迫切而又找不到合適的物流服務商時，極有可能會輕信物流服務商的承諾，從而做出「逆向選擇」（即選錯合作夥伴），這無疑給貨主企業埋下了風險隱患。

(2) 簽約後，由於信息非對稱引發道德風險

在簽約後，根據雙方的協定，貨主企業的物流業務自然交給物流服務商去營運。在物流運作中，委託方仍然處於信息劣勢，這將使其面臨著物流服務商的道德風險。因為委託方很難能對物流服務商的運作情況進行實時監控，包括貨物的集配載、裝卸搬運、運輸線路的規劃與選擇、貨物的運送及送達服務等。這一方面是因為實時監控的成本太高，另一方面是一些業務根本無法監控。因此，貨主企業一般傾向於選擇事後控製，即根據準時交貨率、貨損率、發運錯誤率等關鍵績效指標（KPI）對物流服務商的服務績效進行事後評估。然而，這只能是「亡羊補牢」，因為損失已經鑄成，只能採取措施進行彌補。而對物流服務商來說，股東或公司所有者與經理層乃至作業人員之間也存在委託−代理關係，這無疑會進一步加劇貨主與物流服務商之間的委託−代理風險。因為在通常情況下，物流公司所有者會要求經理層與物流作業人員提高服務質量，但因為委託−代理關係的存在，經理層可能會放鬆對物流作業人員的監管，從而可能會使物流運作處於失控狀態，於是野蠻裝卸、偷盜或調換貨主貨物等現象自然就會出現（甚至一些物流公司的管理者連貨損或貨物滅失發生在哪個環節都不知道），而一旦貨主事後發現並要求索賠時，很多物流服務商往往會採取「大事化小，小事化了」的手段來應對。在目前信用體系尚未健全、法治環境尚需完善的情況下，貨主往往會權衡利弊，在考慮到高昂的訴訟成本（包括貨幣成本、時間與精力等非貨幣成本，以及因訴訟而導致的機會成本等損失）後，一些理性的貨主會放棄訴訟而選擇協商，但由於雙方的利益不一致，最終貨主可能會蒙受巨大的損失。

而之所以代理人會產生敗德行為，歸根究柢是因為委託方和代理方是兩個完全不同的企業，在合作中有著不同的利益，雙方都為追求利潤最大化的企業經營目標，難免一方會產生短期行為。特別是當物流外包合同存在不完全性時，這在一定程度上給物流服務商帶來了可乘之機。委託−代理風險可以通過建立代理人激勵機制和企業間的信任機制加以解決，以減弱其對供應鏈績效的影響。

(三) 物流外包風險的對策[①]

針對企業在物流外包中存在的風險，筆者提出以下應對策略與舉措：

[①] 胡建波. 物流外包的風險成因與對策 [J]. 中國物流與採購, 2011 (17).

1. 正確進行物流自營與外包決策

一般可以採用綜合評價法或二維決策矩陣法等方法科學地進行物流自營與外包決策。

2. 科學選擇物流服務商

選擇優秀的物流服務商並與之合作，可以起到防患於未然、事前規避風險的作用。按照現行物流企業評價指標體系，可以從經營狀況、資產、設備設施、管理及服務、人員素質、信息化水平（包括網路系統、電子單證、貨物跟蹤、客戶查詢）六個方面對物流企業進行評級（A級～AAAAA級）。因此，通過行業主管部門的認證、評級，獲得相應稱號的物流企業，一般具備相應的物流能力與服務水平。從業已通過行業認證、評級的物流企業中選擇合作夥伴，貨主企業的選擇成本與風險相對較低。此外，在選擇物流服務商時，還應考慮其服務區域（包括物流網路與輻射範圍）、商譽、行業服務經驗、業務集中控製的能力、核心業務是否與貨主企業的物流需求相一致，能否促進貨主企業改善經營管理，以及雙方的企業文化、組織結構、管理風格等是否兼容。特別地，對於潛在（有簽約意向）的物流服務商，還需要對其進行實地考察、論證；同時，通過走訪物流服務商的客戶，傾聽客戶的評價，均有助於降低風險並成功地選擇物流服務商。而在具體選擇時，可綜合、靈活地運用招標法、協商法、層次分析法等多種方法。

3. 審慎簽訂物流外包合同

物流外包合同是貨主企業與物流服務商協商一致的產物，是約束雙方行為的經濟文件，是指導雙方後續合作並處理糾紛的重要依據，因此，必須審慎簽訂。為此，可諮詢物流糾紛處理經驗豐富的律師，加強對簽約人員的培訓，建立相應的製度，完善物流服務商的信用審查、會簽、審批、登記、備案等程序。加強合同文本管理，明確雙方的責、權、利。完善合同條款，避免疏漏，以免留下風險隱患。特別地，為有效防止物流服務商洩露企業的商業秘密，合同中應有相應的保密條款（或另外簽訂保密協議）。此外，為避免物流市場價格波動給委託方帶來損失，物流外包合同中的價格條款應有彈性，應與當期市場價格一致。為此，可由合作雙方定期或不定期對服務價格進行評估並做出調整。

4. 加強對物流服務商的評估與管理

在實施物流外包合同時，委託-代理雙方應加強溝通，促進信息共享，避免因溝通不良而導致物流服務商錯誤地理解委託方的意願，出現業務協調障礙乃至業務失控。同時，委託方還應加強對物流服務商合同執行情況的考核，對發現的問題及時處理（如賠償、限期整改等），以免留下後患。具體而言，委託方應定期或不定期地對物流服務商的服務績效進行評估，以確保合約的嚴格執行，從而有效控製物流外包成本，同時提高物流服務質量。為此，委託方需建立一整套績效評價指標體系，客觀、公正地對物流服務商的績效進行評估。評價指標應科學、合理，既要充分考慮到本企業的物流服務需求，又要參考行業平均水平。指標的設置不能脫離實際，要體現「跳一跳，摸得著」的原則。換言之，物流服務商經努力後能夠達到，目的是使其潛能得到充分發揮。此外，績效評價指標還應具有可操作性。通常，績效評價指標應包括準時交貨

率（或誤點交貨率/延遲交貨率）、貨損率（或商品完好率）、貨差率、配送率、發運錯誤率、客戶投訴率、物流成本率、物流效用增長率等。鑒於事後評估的弊端（亡羊補牢），工商企業可以派員常駐重要物流服務商的公司所在地，既充當合作雙方溝通的橋樑和紐帶，又可對物流服務商實施有效的監督與控製，實現事前、事中、事後控製的有機結合。

5. 把握好競爭與合作的度，切實激勵物流服務商

工商企業與物流服務商之間本質上是一種「競合」關係，把握好競爭與合作的「度」非常重要。一方面，既要「借力」，實現物流資源的外向配置，提升本企業的物流客戶服務能力（由代理者執行）；另一方面，又不能完全依賴、受制於某個物流服務商，這樣會增大委託-代理風險。因此，採用 AB 角制，與少數幾家主要的物流服務商保持適度的競爭與合作關係（當然，也可以某一家主要的物流服務商為主，其餘一兩家為輔），加強對物流服務商的動態評估，及時反饋信息，根據服務質量，調整委託物流業務量，在物流服務商之間建立起有效的競爭機制，切實激勵物流服務商提高服務質量，降低委託-代理風險。

除了上述策略外，委託方及時辦理物流貨物保險，將風險轉嫁；設置物流外包風險管理經理，加強風險管理專項工作；合作雙方建立戰略聯盟，以預期的長遠利益來規避物流服務商的短期行為；給物流服務商足夠的利潤空間；建立「雙贏」合作機制等，均可有效降低物流外包風險。

三、物流外包決策

工商企業物流自營還是外包，首先應考慮能否給企業帶來戰略業績，換言之，是否支持企業的競爭戰略，對企業核心能力的形成或提升有無影響；其次，應考慮能否給企業帶來財務業績，換言之，能否降低企業經營成本，同時提高服務水平。總的原則是，應該在成本與服務之間尋求平衡。通常，企業物流自營與外包決策主要應綜合權衡以下兩個因素：物流對企業經營成功的重要性程度，以及企業自營物流的能力，如圖 4.1 所示。

物流對企業成功的重要性		
強	尋求強有力的合作夥伴（戰略外包）	自營
弱	外包/外協/外購	實施共同物流提供物流服務
	弱　　　　　　　　　　　　　　強	
	企業自營物流的能力	

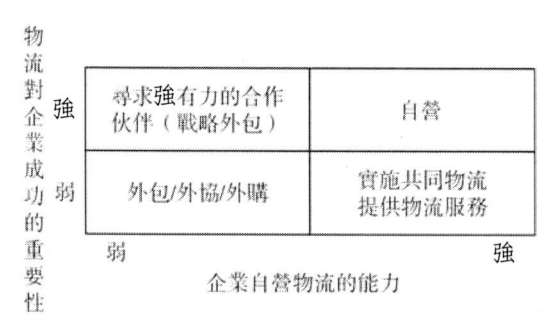

圖 4.1　企業物流自營與外包決策矩陣

由圖 4.1 可知，若物流對企業很重要，如物流是企業核心能力的關鍵構成要素；而企業自營物流的能力也很強，比如，企業已經擁有了相當數量的、先進的物流設施

設備，且已經擁有高素質的物流管理人員和作業人員，物流運作效率高，成本低，且服務水平高，則企業就應該自營物流，而不應當將其外包。像美國零售巨頭沃爾瑪、中國著名企業海爾集團等，都是自營物流的典範。

若物流對企業不太重要，而企業自營物流的能力也較弱，則企業就應該將物流業務外包，而不應當將其自營。例如，軟件企業的外購物流服務。

若物流對本企業的重要性相對較低，而企業自營物流的能力又很強，則企業不但應該自營物流，而且應積極拓展物流市場，實施共同物流，為其他工商企業提供物流服務。

[**案例**] 花王公司是日本一流的日用品企業，一直致力於組織以花王公司為核心的綜合流通和物流體系，長期以來在物流體系上進行投資，因而其物流能力較強，後為此專門成立了花王系統物流分公司，在自營物流的基礎上，實施共同物流，為其他企業提供物流服務。

若物流對企業很重要，而企業自營物流的能力又比較弱，則企業也應該將物流業務外包。因考慮到物流對本企業極為重要，故企業在實施物流外包時，應非常謹慎，盡量選擇滿意的第三方物流公司，並與之建立戰略夥伴關係，進行長期合作。例如，Dell 公司，物流並非其核心業務，Dell 運作、管理物流的能力也比較弱，但電腦零配件及成品的配送對其非常重要，因此，該公司傾向於戰略性外包。

綜上所述，工商企業在物流自營與外包決策時，應充分考慮顧客的需求、本公司發展戰略的需要、本公司的核心業務及核心能力、本公司的物流能力以及物流自營與外包成本的高低，綜合權衡，在總成本（包括顯性成本、隱性成本）與總服務水平之間尋求平衡。

四、第三方物流服務商的評估與選擇

[**案例**] 義大利 A 公司精品鞋業在選擇物流合作夥伴時特別注重服務商的綜合服務能力，他們除了要求物流商擁有最完善的物流服務網路、最先進的物流管理手段和最豐富的物流管理經驗外，還針對其產品的特點，對物流服務商的倉庫管理系統提出了嚴格的要求：①物流服務商的 WMS 同 A 公司的 ERP 間的信息流全程 EDI 交換；②強大成熟的 Barcode 解決方案；③對系統的執行效率、並發、可靠性、穩定性要求極高；④具有管理多點多倉的能力；⑤靈活的上架及揀貨策略；⑥可以追蹤貨品的多種屬性和狀態；⑦靈活的報表及報告系統；⑧靈活的第三方物流費用結算系統；⑨方便快捷的配送系統；⑩強大的網上查詢系統。

物流服務商 T 公司有著同國際跨國公司多次合作的經歷，有著豐富的中國當地物流市場經驗，有著強大的倉儲和運輸網路，更因其採用的國內領先的 Power WMS TM 倉庫管理系統（上海科箭軟件科技有限公司產品），完全符合 A 公司對物流服務商倉庫管理系統的嚴格要求而一舉贏得了客戶的青睞，成為管理 A 公司精品鞋業兩個 RDC 和三個 DC 的第三方物流公司。

工商企業在做出了物流外包決策後，接下來就要搜尋第三方物流服務商的信息，對其進行評估，並做出選擇。

（一）制訂企業物流外包方案

工商企業在實施物流外包之前，首先應制訂可行的物流外包方案。這是選擇滿意的物流服務商的前提。一般地，物流外包方案應包含以下內容：

（1）對本企業的物流服務需求及第三方物流企業的物流服務水平進行準確的界定；

（2）界定物流外包應解決的主要問題；

（3）描述物流外包預期應達成的目標；

（4）描述本企業所需要的第三方物流企業的類型。

（二）第三方物流服務商的評估

一般而言，工商企業可從以下幾個方面對第三方物流服務商進行評估：

（1）第三方物流服務商的物流系統規劃與設計能力；

（2）第三方物流服務商的物流網路是否完善，分布是否合理；

（3）第三方物流服務商的關鍵物流活動（如倉儲、運輸）的營運能力，包括基本的運輸模式、多式聯運、倉儲作業能力及其增值服務等；

（4）第三方物流服務商的信息服務能力，如是否有完善的物流信息系統、能否提供跟蹤裝運及貨物狀態查詢等服務；

（5）第三方物流服務商的管理水平，如管理人員的管理能力、業務流程是否標準、是否通過了ISO質量認證體系認證、是否健全了績效評價體系等；

（6）第三方物流服務商的總體物流服務水平的高低，如目標客戶群的多少及其分布、客戶對第三方物流服務商的歷史性評估等。

需要強調的是，物流外包的重點在於物流服務整體價值的實現上，即除了第三方物流服務商能保證物流作業的實現之外，還應側重對其在物流時間、速度、效率、服務水平、延伸能力等方面的綜合測評。具體包括：①有效的物流時間是多少；②與自營物流相比，物流流速提高了多少；③同等貨物量下的裝卸搬運頻次、時間和人力消耗量；④儲存空間的負荷量及倉庫的有效利用率；⑤準時服務的質量及保障；⑥貨損失貨差。

（三）第三方物流服務商的選擇

工商企業對第三方物流服務商進行了考察與評估之後，可根據服務商的物流能力、戰略導向、雙方企業文化及組織結構的兼容性等對物流商進行選擇。具體而言，應遵循以下十條原則：

（1）第三方物流服務商應能最大限度地支持貨主企業的競爭戰略；

（2）第三方物流服務商應具有業務集中控製的能力；

（3）第三方物流服務商應具有行業服務經驗；

（4）第三方物流服務商應具有適應貨主企業發展的物流技術能力；

（5）第三方物流服務商的核心業務應與貨主企業的物流需求相一致；

（6）第三方物流服務商應具有為貨主企業服務的實力；

（7）雙方應能相互信任；

（8）雙方的企業文化、組織結構兼容；

(9) 第三方物流服務商要能夠促進貨主企業改善經營管理；

(10) 不能過分強調成本低。

美智（Mercer）管理諮詢公司與中國物流與採購聯合會聯合發布的《中國第三方物流市場——2002年中國第三方物流市場調查的主要發現》報告指出，客戶在選擇第三方物流企業時，首先看重的是其物流服務能力（包含行業營運經驗），其次是品牌聲譽，再次是物流網路覆蓋率，最後才是較低的價格。

4.4　第三方物流運作模式的選擇

第三方物流的運作模式可分為基於單個第三方物流企業的運作模式和基於合作關係的第三方物流運作模式，後者主要有垂直一體化物流、第三方物流企業戰略聯盟以及物流企業連鎖經營等幾種情形。

一、基於單個第三方物流企業的運作模式

該模式主要是從單個第三方物流企業的角度出發進行物流業務運作。如圖4.2所示，第三方物流企業的業務運作首先源於用戶的物流需求。在明確了客戶的需求之後，首先應進行物流（系統）方案的規劃與設計，為客戶提供完整的物流解決方案，在此基礎上開展物流業務活動，並進行相關的運作管理，包括倉儲管理、運輸管理、包裝、裝卸搬運、訂單分揀、流通加工等活動的管理。為更好地滿足客戶的需求，並提高物流運作的效率，還必須進行相應的信息管理，包括物流信息系統的規劃與設計、信息技術的開發與信息系統的維護以及具體的物流信息管理等活動。尤其是隨著信息時代的來臨，競爭日益激烈，顧客越來越挑剔，第三方物流企業應能提供跟蹤裝運服務，應盡量滿足客戶的個性化需求；同時，有了完善的物流信息系統，可深化物流信息管理，可及時獲取物流運作的信息，可根據反饋信息及時調整物流活動，確保向客戶提供高質量的物流服務。

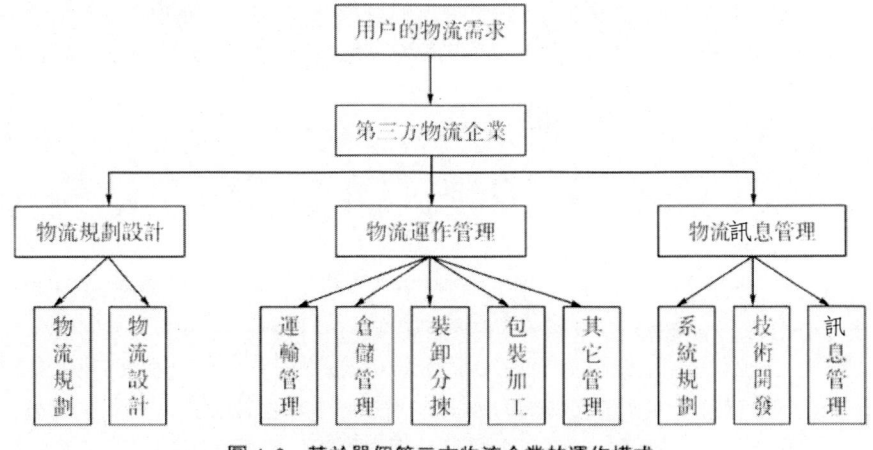

圖4.2　基於單個第三方物流企業的運作模式

二、基於合作關係的第三方物流運作模式

20世紀90年代以後，信息技術的飛速發展推動了管理理念和管理技術的創新，促使物流管理向專業化合作經營方向發展。在此背景下，物流一體化應運而升，而垂直一體化則是其典型形態。

(一) 垂直一體化物流

物流一體化是物流產業最有影響力的發展趨勢之一，但它必須以第三方物流的充分發育和完善為基礎。物流一體化有三種形式：垂直一體化、水平一體化和物流網路。其中，研究最多、應用最廣的是垂直一體化物流。

所謂垂直一體化物流（Vertical Integrated Logistics），就是為了更好地滿足顧客的價值需求，核心企業加強與上下游企業及第三方物流企業的合作，由第三方物流企業整合供應鏈物流業務，實現從原材料的供應、生產、分銷，一直到消費者的整個物流活動的一體化、系統化和整合化。它通過對分散的、跨越企業和部門的物流活動進行集成，整合物流活動各環節，形成客戶服務的綜合能力，提高流通的效率和效益，為工商企業及其客戶降低物流成本，創造第三利潤源泉。簡言之，垂直一體化物流是第三方物流企業與上下游企業進行合作的一種物流運作模式。

垂直一體化物流要求企業將產品或運輸服務的供應商和用戶納入管理範疇，並作為物流管理的一項中心內容。具體而言，要求企業從原材料的供應到產品送達用戶實現全程物流管理，要求企業建立和發展與供應商和用戶的合作關係，建立戰略聯盟，獲取競爭優勢。垂直一體化物流為解決複雜的物流問題提供了方便，而先進的管理思想、方法和手段，物流技術以及信息技術則為其提供了強大的支持。目前，垂直一體化物流已經發展到了供應鏈管理階段，而且已經成為供應鏈管理的一個重要組成部分。

(二) 第三方物流企業戰略聯盟

第三方物流企業戰略聯盟是第三方物流企業之間加強合作，組建戰略聯盟，建立基於合作關係的一種物流運作模式。它屬於物流聯盟的一種情形。具體而言，它是指兩個或多個第三方物流企業為了實現特定的目標，取得單獨從事物流運作所不能達到的績效，而形成的相互信任、互惠互利並以結盟為基礎的物流戰略夥伴關係。從本質上講，這是一種「雙贏」。

[案例] 中電物流公司在西北地區與新疆鐵路物資總公司倉儲中心、青海百立儲運有限責任公司、甘肅省供銷合作儲運總公司、寧夏回族自治區商業儲運總公司、銀川市騰利達物資運輸有限公司通過橫向聯合，自發成立了西部物流聯盟組織，構建了西北地區物流網路平臺。

按照聯盟內各企業的業務構成，可將第三方物流企業戰略聯盟分為縱向合作經營、橫向合作經營和網路化合作經營三種類型。縱向合作經營是指第三方物流企業與上游或下游其他第三方物流企業之間形成的分工與協作關係，其最典型的形態是運輸型物流企業與倉儲型物流企業之間的合作。該模式通過整合社會物流資源，使第三方物流企業的分工更加專業化。橫向合作經營是指從事相同物流業務的第三方物流企業間的

合作。網路化合作經營則兼具以上兩種模式的特點，是最常見的合作經營模式。一般地，不完全資產型第三方物流企業都採用這種合作方式。

(三) 物流企業連鎖經營

連鎖經營是現代工業化大生產原理在流通領域中的運用。連鎖經營有三種形式：直營連鎖經營、自由連鎖經營和特許連鎖經營。在物流管理中引入後兩種模式，可實現第三方物流企業經營的社會化和網路化，這比較適合中國國情，也是第三方物流運作的一大創新。利用特許連鎖經營理論，在核心企業的主導下，把組織化程度較低的、分散的物流企業連接起來，以總部的名義統一組織拓展市場，加盟企業分散運作，以達到物流集約化經營的目的。

1. 物流連鎖網路

物流連鎖網路是指物流加盟企業相互合作，共同管理、控製和改進從供應商到用戶的物流和信息流，所形成的相互依賴的「經濟利益共同體」網路。這個網路作為一個整體與其他物流企業或物流網路競爭。

建立物流連鎖網路的核心是合作與信任，通過合作來降低風險，提高物流流程的效率，消除空駛浪費和重複努力；同時，合作能帶來更多的機會，能改善經營業績，能為網路成員和貨主帶來更多的利益。採取連鎖形式開展物流經營活動，需要注意連鎖經營的地域範圍、經營實力、服務水平以及連鎖經營的規模效益等。

2. 物流連鎖網路的共贏機制

以供應鏈理論和特許連鎖經營理論作為指導物流連鎖網路建設的理論基礎，以行業核心企業（主要投資者、集約管理者）為主導，以資本為紐帶，與各主要經營區域（或城市）的骨幹公路運輸企業（微量投資者）按現代企業製度聯合組建有共同戰略目標的物流連鎖企業實體（集團公司即連鎖總部），並在各地成立集團公司的子公司，子公司由當地的加盟企業運作；集團公司負責提供統一的物流服務商標、商號、標誌，統一的運作模式和服務規範，特別是負責提供統一的基於 Internet 的物流信息平臺，總部、子公司和貨主都在一個統一的信息平臺上進行物流運作。建立物流連鎖網路共贏機制的目標是通過合作促進雙贏乃至多邊共贏。

共贏機制的核心有三點：

（1）利用社會零散物流資源，通過物流連鎖經營以提高物流整體運作能力及效率，這也是物流連鎖網路的驅動力。

（2）建立總部、加盟企業、貨主共同受益的利益分配機制，使多方都有動力維護合作，共同建立緊密型戰略合作夥伴關係。例如，各子公司以集團公司的名義開展攬貨，並將所攬貨源的至少 1/3 優先分配給加盟企業的返程車輛，總部對返程車輛的運費提取 30%，由總部、加盟企業、貨主企業共同受益。

（3）建立新的事故處理機制和責任追究製度，由總部統一對貨主承擔事故責任，而本質上仍是事故車輛所屬加盟企業承擔責任，這既沒有增加也沒有減少加盟企業的現有責任。但總部的對外承諾是提高信譽和攬貨的基礎，沒有這一承諾，網路就沒有可信度。

物流連鎖經營能夠適應社會化大生產和現代物流發展對物流集約化程度的客觀要求，通過規模化經營、科學化管理和標準化服務，兼顧物流供需各方的利益，實現效益最大化。物流連鎖網路為貨主提供更高質量、更高水平、更低成本的物流服務，使貨主能獲取「第三利潤源泉」達到增加利潤的目的。

［案例］錦程國際物流集團的業務以國際海運業務為基礎。1999年，錦程國際物流集團開始在國際貨運代理行業引入加盟連鎖的商業模式，通過重組內部業務流程，整合外部運輸資源，向全程國際物流服務延伸。截至2004年5月，錦程的國內分支機構已達到71家。

3. 第三方物流連鎖網路建設原則

第三方物流連鎖網路的建設按照「有統有分，統分結合」的原則，統一規劃、統一章程、統一名稱、統一徽標、統一編碼、統一軟件、統一格式、統一廣告；分段實施、分片建站、分戶經營、分點擴網、分區競爭、分月結算、分級培訓、分批投入。在全國總規劃及佈局完成後，選擇條件比較成熟的地區，優先進行建設，即一次規劃，分級實施。

4. 第三方物流連鎖網路的發展步驟

物流連鎖網路初期以運輸為基礎，以降低運輸成本為競爭手段，以回程配載為切入點，通過利益機制鞏固網路，並與貨主形成戰略夥伴關係，在此基礎上尋求機會，進一步為貨主提供綜合物流服務。具體而言，物流連鎖網路的發展可分為三個階段。

（1）初級階段。初期以構造公路運輸網路為主，在現有的物流資源的基礎上，以「軟件」起步，通過核心企業先進的物流信息平臺，整合各地骨幹公路運輸企業，建立分布在全國主要經濟區域的運輸網路。初期要注意控製規模，逐步發展，防止失控，一旦失控就會失去信譽，毀掉網路。若當地「物流諸侯企業」不願加盟，總部可採用直營連鎖模式，在當地建立直營子公司，通過向貨主提供更高的回程運費折扣率來爭取貨源，通過採購當地運力來滿足貨主的及時運輸，並最大限度地將貨源提供給回程運輸的車輛。

（2）發展階段。以連鎖物流企業為核心，在全國主要經濟區域建立（或整合）大型的、信息化的區域物流中心（或配送中心），提高物流作業的標準化程度，採用國際標準的托盤、貨車、貨架、集裝箱，使用GPS系統、物流條形碼技術和存貨管理系統，為企業提供產品的運輸、倉儲、裝卸、加工、庫存控制、共同配送、信息處理等一體化的綜合物流服務。

（3）成熟階段。採用先進的運輸方式，開展國內普通貨物的集裝化運輸，實施多式聯運，為廠商的JIT生產提供JIT物料配送，為商業企業提供最後一千米JIT銷售配送。開展國際物流，進一步拓展物流業務，為其他工商企業提供全方位、一體化的綜合物流服務，最終形成覆蓋全國、輻射全球的現代物流網路。

綜上所述，加強第三方物流企業之間，以及第三方物流企業與工商企業之間的合作，構築基於合作關係的第三方物流運作模式，是未來中國第三方物流的發展方向。

小結

　　第三方物流是獨立於供需雙方，為客戶提供專項或全面的物流系統設計或系統營運的物流服務模式。第三方物流具有功能專業化、服務個性化綜合化、關係契約化、合作聯盟化、信息網路化等特徵。第三方物流可以在作業利益、經濟利益和管理利益等幾方面帶來優勢。第三方物流的發展包括2PL~6PL等階段。物流外包是企業將其部分或全部物流業務合同交由合作企業完成的物流運作模式。物流外包有利於工商企業強化核心業務，培育核心能力，獲取競爭優勢，但也面臨著決策和運作等風險，具有隨機性、突發性、隱含性和關聯性等特徵。物流外包決策方法主要有綜合評價法和二維決策矩陣法。第三方物流的運作模式包括基於單個第三方物流企業的運作模式和基於合作關係的第三方物流運作模式，後者主要有垂直一體化物流、第三方物流企業戰略聯盟以及物流企業連鎖經營等幾種形式。這是中國第三方物流的未來發展方向。

同步測試

一、判斷題

1. 雖然第三方物流企業不參與商品的買賣活動，但它擁有商品。　　　　（　　）
2. 貨主企業的營運成本和費用是物流企業物流成本的轉移。　　　　　（　　）
3. 製造業物流是物流業發展的原動力，而流通業是連接製造業和最終客戶的紐帶。
　　　　　　　　　　　　　　　　　　　　　　　　　　　　　　　　（　　）
4. 第三方物流企業在經營運作中可實現規模經濟和範圍經濟。　　　　　（　　）
5. 第三方物流是提供第三方物流服務的企業，其前身一般是運輸業、倉儲業等從事物流活動及相關的行業。　　　　　　　　　　　　　　　　　　　　　（　　）

二、單項選擇題

1. 第三方物流企業如果要實現優質、高效的物流服務並取得豐厚的利潤，必須具備物流目標系統化、物流信息電子化、物流作業規範化、物流業務市場化、（　　）等基本條件。
　　A. 物流組織網路化　　　　　　　B. 物流經營全球化
　　C. 物流企業規模化　　　　　　　D. 物流服務一體化
2. 具有經營管理機構，能獨立簽發物流服務單證，具有與經營能力相適應的自有資金和具有承擔物流服務合同義務的能力，是（　　）應具備的條件。
　　A. 流通經營企業　B. 物流委託企業　C. 物流服務商　　D. 傳統物流業
3. 物流企業通過（　　）的物流服務，降低貨主企業物流營運成本，從中獲得利潤。
　　A. 網路化　　　　B. 智能化　　　　C. 專業化　　　　D. 系統化
4. 下列項目中，不屬於物流業務外包風險的是（　　）
　　A. 物流失控風險　B. 財務風險　　　C. CRM風險　　　D. 連帶經營風險

5. 下列項目中，不屬於第三方物流特徵的是（　　）
　　A. 市場買方化　　B. 服務個性化、綜合化　　C. 合作聯盟化　　D. 信息網路化

三、計算題

目前，許多貨主企業已紛紛實施物流業務外包。以下是 CC 公司 M5 廠成品庫到 SC2 營業所的產品調撥噸位及第三方運輸成本數據。假如你是該公司的物流經理，請以 1 月份的運量為例，通過計算說明如何確定第三方物流公司的報價是否合理。

表 1　　CC 公司 M5 廠 SC2 營業所產品調撥噸位及第三方運輸成本數據

月份	運量（噸）		
1	837.38	M5 到 SC2 的里程（單位：千米）	100
2	504.1	一般運輸車輛噸位（單位：噸）	15
3	736.57	營運規費（單位：元/噸·月，全年只繳 10 個月）	47
4	784.95	保險費（單位：元，含交通強制險和第三者責任險）	12,000
5	723.11	二級維護與年審（單位：元/年，含排污、車船使用稅等）	1,500
6	987.98	車輛購置費（單位：元）	200,000
7	735.45	車輛折舊期（單位：年，按直線折舊法①計算）	8
8	658.04	車輛油耗（單位：升/100 千米）	30
9	1,086.05	目前平均油價（單位：元/升）	7.88
10	436.98	司機工資（正負駕駛，單位：元/月）	1,800
11	219.83	車輛平均維修費（單位：元/千米）	0.25
12	412.93	高速公路收費（此噸位車輛，單位：元/輛）	190
合計	8,195.38	普通公路收費（此噸位車輛，單位：元/輛）	80

備註：貨運車輛的通行費按載重噸位計收。這裡為簡化計算，往返都按上表所列費用計算。

四、簡答題

1. 什麼是第三方物流？怎樣理解「第三方」？
2. 第三方物流有哪些主要特徵？有哪些主要優勢？
3. 第三方物流的發展包括哪幾個階段？
4. 中國物流企業有哪幾種類型？分別可以提供哪些服務？
5. 物流外包的驅動因素有哪些？
6. 物流外包有哪些利弊？
7. 物流外包有哪些風險？風險產生的原因有哪些？如何規避？
8. 如何正確進行物流自營與外包決策？
9. 如何對第三方物流服務商進行評估與選擇？
10. 典型的第三方物流的運作模式有哪些？

五、情境問答題

華運物流公司為鹿牌和雨露牌兩大知名品牌啤酒在武漢地區的銷售物流服務商，承擔兩大品牌多個品種啤酒產品在武漢地區的倉儲及配送業務。期初，華運公司騰出

---

① 根據國家有關規定，營運車輛按行駛里程法進行折舊。這裡為簡化計算，變通處理，車輛折舊期按直線折舊法計算。

了一棟 5,000 平方米的普通平面倉庫，除了基本的照明和消防設備外，並無其他設備。在人員方面，配備了 2 名保管員和 8 名工人，負責倉儲保管、入庫出庫、裝卸搬運等具體業務。運作一段時間後，公司發現貨損率高、差錯率高、效率低、工人勞動強度也很大。尤其在夏季啤酒銷售旺季，這些問題就更加突出。客戶滿意度低也就理所當然了。你認為應該採取哪些措施才能改變公司目前的狀況？

六、實訓題

學生以小組為單位，對學校所在地的第三方物流的發展現狀進行調研，並撰寫一份不低於 1,000 字的調查報告。

七、案例分析題

大眾包餐公司的困惑

大眾包餐是一家提供全方位包餐服務的公司，由上海某大飯店的下崗工人李楊夫婦於 1994 年創辦，如今已經發展成為蘇錫常和杭嘉湖地區小有名氣的餐飲服務企業之一。大眾包餐的服務分為兩類：遞送盒飯和套餐服務。盒飯主要由葷菜、素菜、鹵菜、大眾湯和普通水果組成。可供顧客選擇的菜單有：葷菜 6 種、素菜 10 種、鹵菜 4 種、大眾湯 3 種和普通水果 3 種，還可以定做飲料佐餐。儘管菜單的變化不大，但從年度報表上來看，這項服務的總體需求水平相當穩定，老顧客通常每天會打電話來訂購。但由於設施設備的緣故，大眾包餐會要求顧客們在上午 10 點前電話預訂，以便確保當天遞送到位。在套餐服務方面，該公司的核心能力是為企事業單位提供冷餐會、大型聚會，以及一般家庭的家宴和喜慶宴會。客戶所需的各種菜肴和服務可以事先預約，但由於這項服務的季節性很強，又與各種社會節日和國定假日相關，需求量忽高忽低，有旺季和淡季之分，因此要求顧客提前幾週甚至 1 個月前來預定。大眾包餐公司內的設施佈局類似於一個加工車間。主要有五個工作區域：熱製食品工作區、冷菜工作區、鹵菜準備區、湯類與水果準備區以及一個配餐工作區，專為裝盒飯和預訂的套菜裝盆共享。此外，還有三間小冷庫供儲存冷凍食品，一間大型干貨間供儲藏不易變質的物料。由於設施設備的限制以及食品變質的風險制約了大眾包餐公司的發展規模。雖然飲料和水果可以外購，有些店家願意送貨上門，但總體上限制了大眾包餐公司提供柔性化服務。李楊夫婦聘用了 10 名員工：兩名廚師和 8 名食品準備工，旺季時另外雇傭一些兼職服務員。

包餐行業的競爭是十分激烈的，高質量的食品、可靠的遞送、靈活的服務以及低成本的營運等都是這一行求生存謀發展的根本。近來，大眾包餐公司已經開始感覺到來自愈來愈挑剔的顧客和幾位新來的專業包餐商的競爭壓力。顧客們愈來愈需要菜單的多樣化、服務的柔性化，以及響應的及時化。李楊夫婦最近參加了現代物流知識培訓班，對準時化運作和第三方物流服務的概念印象很深，這些理念正是大眾包餐公司要保持其競爭能力所需要的東西。但是他們感到疑惑，大眾包餐公司能否借助於第三方的物流服務。

根據案例提供的信息，請回答以下問題：
1. 大眾包餐公司的經營活動可否引入第三方物流服務，請說明理由。
2. 大眾包餐公司實施準時化服務有無困難，請加以解釋。
3. 如果要引入第三方物流服務，你對此有何建議？

學習情境五　物流組織與管理

【知識目標】

1. 掌握物流組織的設計原則
2. 理解物流服務對企業經營的重要意義
3. 掌握物流服務的關鍵績效指標
4. 掌握物流質量管理方法
5. 理解庫存的作用與弊端
6. 理解庫存管理的目標
7. 理解「零庫存」的內涵與意義
8. 瞭解物流標準化

【能力目標】

1. 能正確選擇物流組織結構形式
2. 會確定物流服務水平
3. 會設計物流服務水平調查問卷
4. 能評價庫存管理績效
5. 會進行庫存 ABC 分析
6. 能合理進行庫存控制
7. 會計算物流成本

【引例】

某物流企業鮮花配送競標項目的提案

某物流企業擬競標世博會鮮花物流項目，由於該公司的主營業務並不是生鮮產品配送，在鮮花運輸方面也沒有經驗，因此公司組建了一個項目組專門負責該競標項目的策劃與實施。為了提高競標的成功率，項目經理提出以下方案：購買 10 臺特種車輛，專門負責鮮花的配送；同時，設置固定崗位、配備人員負責項目的運行與實施。

【引導問題】

1. 如果你是公司的總經理，你是否同意該項目經理的提案？為什麼？
2. 如果不同意該提案，請提出一個可行的方案。

物流管理是對物流活動進行計劃、組織、協調與控制。實施有效的物流管理可以降低物流成本，提高客戶服務水平和顧客滿意度，提升企業競爭力。

5.1　物流組織機構設計

組織是進行有效管理的手段，建立健全合理的物流組織是實現物流合理化的基礎和保證。

一、物流組織機構設計的原則

物流組織形成的基本條件在於如何明確業務範圍，如何進行業務分工以及如何實施物流管理的統一化。基於這一條件，設計物流組織首先要有系統觀念。物流管理系統有五個必不可少的組織要素：人員、職位、職責、關係和信息。物流組織的系統觀念就是要立足於物流任務的整體，綜合考慮各要素、各部門的關係，圍繞共同的目的建立組織機構，對組織機構中的全體成員指定職位，明確職責，交流信息，並協調其工作，達到物流組織的合理化，使該組織在實現既定目標中獲得最大效率。具體來說，建立與健全物流組織必須遵循下述基本原則：

(一) 有效性原則

有效性原則要求物流組織必須是有效率的。這裡所講的效率，包括管理的效率、工作的效率和信息傳遞的效率。物流組織的效率表現為組織內各部門均有明確的職責範圍，節約人力、時間，有利於發揮管理人員和業務人員的積極性，使物流企業能夠以最少的費用支出實現目標，使每個物流工作者都能在實現目標過程中做出貢獻。

有效性原則要貫穿在物流組織的動態過程中。在物流組織的運行中，組織機構要反應物流管理的目標和規劃，要能適應企業內部條件和外部環境的變化，並隨之選擇最有利的目標，保證目標實現。物流組織的結構形式、機構的設置及其改善，都要以是否有利於推進物流合理化這一目標的實現為衡量標準。

(二) 統一指揮原則

統一指揮原則是建立物流管理指揮系統的原則，其實質在於建立物流組織的合理縱向分工，設計合理的垂直機構。

物流組織機構是企業、公司以及社會的物流管理部門，是負責不同範圍的物流合理化使命的部門。為了使物流部門內部協調一致，更好地完成物流管理任務，必須遵循統一指揮的原則，實現「頭腦與手腳的一體化」、責任和權限的體系化，使物流組織成為有指揮命令權的組織。

(三) 管理層次扁平化原則

在統一指揮原則下，一般形成三級物流管理層次，即最高決策層、執行監督層和物流作業層。高層管理者的任務是根據企業或社會經濟的總體發展戰略，制定長期物

流規劃，決定物流組織機構的設置及變更，進行財務監督，決定物流管理人員的調配等；中層管理者的任務是組織和保證實現最高決策的目標，包括制訂各項物流業務計劃、預測物流量、分析設計和改善物流體系、檢查服務水平、編制物流預算草案、分析物流費用、實施活動管理、進行物流思想宣傳等；基層管理者的主要任務是合理組織物流作業，對物流從業者進行鼓勵和獎勵，協調人員的矛盾和業務聯繫的矛盾，做好思想工作。

(四) 職責與職權對等原則

無論是管理組織的縱向環節還是橫向環節，都必須貫徹職責與職權對等原則。職責即職位的責任。職位是組織中的位置，是組織中縱向分工與橫向分工的結合點。職位的工作責任是職務。在組織中，職責是單位之間的連接環，把組織機構的職責連接起來，就是組織的責任體系。如果一個組織沒有明確的職責，這個組織就不牢固。

職權是指在一定職位上，在其職務範圍內為完成其責任所應具有的權力。職責與職權應是相應的。高層領導擔負決策責任，就必須有較大的物流決策權；中層管理者承擔執行任務的監督責任，就要有監督和執行的權力。職責與職權的相適應叫權限，即權力限定在責任範圍內，權力的授予要受職務和職責的限制。不能有職無權，或有權無職，這兩種情況都不利於調動積極性，影響工作責任心，降低工作效率。要貫徹權責對等的原則，就應在分配任務的同時，授予相應的職權，以便有效率、有效益地實現目標。

(五) 協調原則

物流管理的協調原則，是指對管理組織中的一定職位的職責與具體任務要協調，不同職位的職能要協調，不同職位的任務要協調。具體地講，就是物流管理各層次之間的縱向協調、物流系統各職能要素的橫向協調和部門之間的橫向協調。在這裡，橫向協調更為重要。改善物流組織的橫向協調關係可以採取下述措施：建立職能管理橫向工作流程，使業務管理工作標準化；將職能相近的部門組織成系統，如供、運、需一體化；建立橫向綜合管理機構。

二、物流組織機構的基本形式

組織機構要體現組織各部分之間的關係，它是由組織的目標和任務以及環境因素決定的。合理的組織機構是實現組織目標、提高組織效率的保證。經過長期的實踐和發展，組織機構已經形成了多種形式。結合物流營運的特點，物流營運組織機構的規劃主要可以參考以下幾種基本形式：

(一) 直線職能制組織結構形式

直線職能制組織結構形式的主要特點是設置兩套系統：一套是直接參與和負責組織物流經營業務的業務執行機構，包括從事物流活動的各個業務經營機構，擔負著整個物流活動過程的作業實現。例如，直接從事商品及有關物資的採購與供應、倉儲、運輸、流通加工、品質檢驗、配送等部門。另一套是按照專業管理的職責和權限設置

的職能管理機構。它是專門為物流經營業務活動服務的管理工作機構，直接擔負著物流活動的計劃、指導、信息服務、監督調節及其他配套管理服務，如計劃統計、財務會計、勞動工資、信息支持、市場開發、行政管理、客戶關係管理等部門。

物流營運的業務執行機構是物流組織機構的主體，它們的主要任務、職責和職權是直接從事物流業務的營運，其機構的規模和分工程度直接影響著其他部門的設置以及職能的劃分。而物流營運的職能管理機構則可以不直接參與物流作業，而作為物流營運的參謀和保障機構。典型的直線職能制物流組織結構形式如圖 5.1 所示。

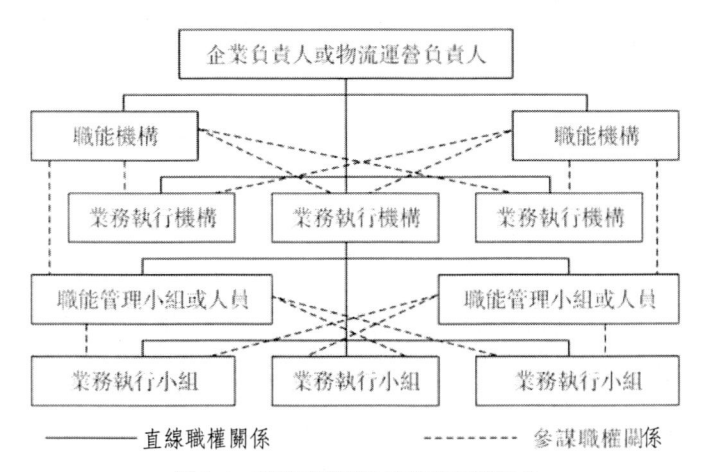

圖 5.1　直線職能制物流組織結構形式

直線職能制組織機構設置既能保證集中統一指揮管理，又能充分發揮專業人員的才能、智慧和積極性，比較適應現代企業生產經營管理的特點和要求，所以，國內外許多企業都採用這種類型的組織結構形式。基於物流營運的特點和物流管理發展的現狀，中國大中型物流企業的營運組織機構設置也主要採用這種形式。

直線職能制組織結構形式的缺點是過於正規化，權力集中於高層，機構不夠靈活，橫向協調性較差，特別是物流營運的業務執行部門缺乏自主性，很難有效地調動業務執行部門的主觀能動性。因此，這種形式在企業規模不是很大，物流服務業務範圍相對穩定，以及市場不確定性相對較小的情況下，更加能夠顯示出其優點。隨著企業規模的擴大，市場的不確定性逐漸增加，這種組織形式有時不能完全適應環境的變化。近年來，有些企業，其中也包括一些物流企業，為了充分發揮職能機構的作用以及業務執行部門的主觀能動性，已經適當地進行了一定的集權和分權模式的調整，特別是對獨立經營權、調度、質量檢查等權力進行了一定的分權化處理。但是，直線職能制組織機構仍然是中國企業（包括物流企業）的主要組織結構形式。

(二) 事業部制組織結構形式

事業部制組織結構又稱分權制或部門化結構。其特點是「集中政策，分散經營」。一般是按產品類別、地區或者經營部門分別成立若干個事業部。這些事業部具有相對獨立的市場、相對獨立的利益和相對獨立的自主權。各事業部在公司的統一領導下實

行獨立經營、單獨核算、自負盈虧。各事業部具有相對獨立的充分自主權，高層管理部門則實行有限的控制，以便其擺脫行政管理事務，集中力量研究和制定經營方針，並通過規定的經營方針，控製績效並統一調度資金，對各事業部進行協調管理。

事業部制組織機構是國內外許多大型企業採用的組織結構形式。國內一些大型的分銷企業和物流企業也採用這種組織形式。其主要特點在於，在公司內部按地域或產品類別（對於物流企業來說，就是指物流服務類別）設立相對獨立的事業部或分公司，各事業部或分公司擁有相對較大的自主權，有利於事業部或分公司及時根據市場變化和業務環境進行經營業務的調整。事業部制物流組織結構形式如圖5.2所示。

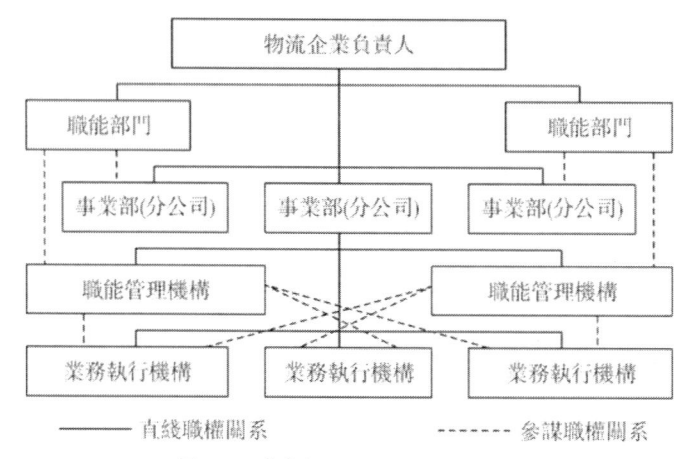

圖5.2　事業部制物流組織結構形式

事業部制組織機構的設置是直線職能制組織機構中分權趨勢的一種體現。實際上，隨著企業規模的擴大，直線職能制組織機構過分集權的劣勢就會體現出來。事業部制組織機構顯然可以彌補這種缺陷，同時又有利於提高各個事業部（分公司）的主觀能動性。因此，事業部制組織結構形式正被越來越多的大中型企業所採用。更進一步看，事業部制組織結構形式與直線職能制組織結構形式並不矛盾。實際上，事業部制物流組織模式是對直線職能制物流組織模式適當分權要求的具體體現。而從圖5.2中也可以看到，在事業部制組織機構的每一個事業部中，往往實施的也是直線職能制的組織管理模式。

事業部制組織結構形式的主要優點在於，各事業部或分公司職權明確，擁有相當的自主權，有權及時調整策略應對市場或內部環境的變化，積極、靈活地開展物流經營業務活動。而公司總部也可以擺脫事務性的行政管理，專心致力於公司重大的經營方針和重大決策的制定。但是，這種方式也存在一定的缺點，主要體現在當各個事業部或分公司是一個利潤中心時，往往會只考慮到自己的利益而影響相互協作；同時，由於各事業部或分公司權力的加大，如果經理不適當地運用權力，就有可能導致整個公司職能機構的作用有所削弱，不利於公司的統一決策和領導。在物流企業和分銷企業中，結合物流業務和物流一體化運行的特點，在實施事業部制物流營運模式時，會有更多的基礎工作需要完成，包括內部結算、業務交接、貨損貨差責任由誰承擔等。

也就是說，對於需要一體化物流運作的物流企業或分銷企業，由於產品的特殊性，事業部的設立也具有一定自身特點，必須在明確各事業部之間的業務合作、業務結算、業務責任等的前提下，才能很好地貫徹實施事業部管理模式。

(三) 其他組織結構形式

除了直線職能制和事業部制組織結構形式以外，企業的組織機構形式還有很多種。如直線制組織結構形式和矩陣制組織結構形式。這些組織結構形式在物流業務的營運管理中，也可以借鑑和使用。

1. 直線制組織結構形式

直線制組織結構形式又稱單線制或軍隊式結構。這是一種早期的組織結構形式，如圖 5.3 所示。

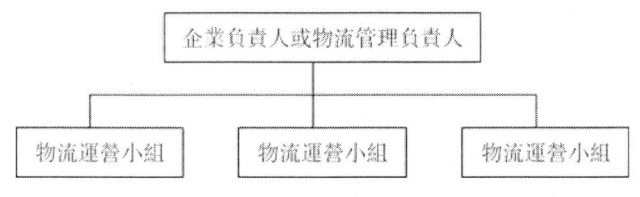

圖 5.3　直線制組織結構形式

這種組織機構的特點是組織的各級行政單位，從上到下進行垂直領導，各級領導者直接行使對下級的統一指揮與管理職能，對所屬單位的一切問題負責，一般由一人承擔或者配備若干職能管理人員協助工作，不另設單獨的職能管理機構。這種組織結構形式對各級管理者在管理知識、能力及專業技巧等方面都有較高的要求。其優點是，簡單靈活，職權明確，決策迅速，指揮統一；其缺點是，領導需要處理的事情太多，精力受牽制，不利於提高企業的經營管理水平。這種組織機構形式適用於經營規模小、經營對象比較簡單、業務複雜程度低的生產或流通企業的供應和銷售物流管理部門，也適用於業務相對簡單、規模相對較小或者新創建的小型貸代企業、貨運企業、倉儲服務企業和小型物流企業。當前，這種組織結構形式在許多企業的物流管理部門以及許多小型物流企業中也普遍存在。但是，這種結構比較脆弱，如果組織規模擴大，管理任務繁重複雜，這種模式顯然不能適應。

2. 矩陣制組織結構形式

矩陣制結構又稱規劃目標結構，它是在縱向職能系統的基礎上，增加一種橫向的目標系統，構成管理網路，如圖 5.4 所示。

這種結構一般是為了達到一定的目標或完成一個項目，在已有的直線職能結構中，從各個職能部門抽調專業人員，組成臨時的專門機構，這種專門機構的領導者（項目經理）有權指揮項目組織的成員，並同有關部門進行橫向聯繫和協調。參與專門機構的成員同自己原來的部門保持隸屬關係，即各部門既同垂直的指揮系統保持聯繫，又與按產品或服務項目劃分的小組保持橫向聯繫，形成一個矩陣形式，借用數學上的術語，稱之為矩陣制組織結構。這種結構的優點在於，把不同部門、不同專業背景的人員匯集在一起，密切協作，互相配合，有利於解決問題。同時，集權和分權的有機結

物流基礎

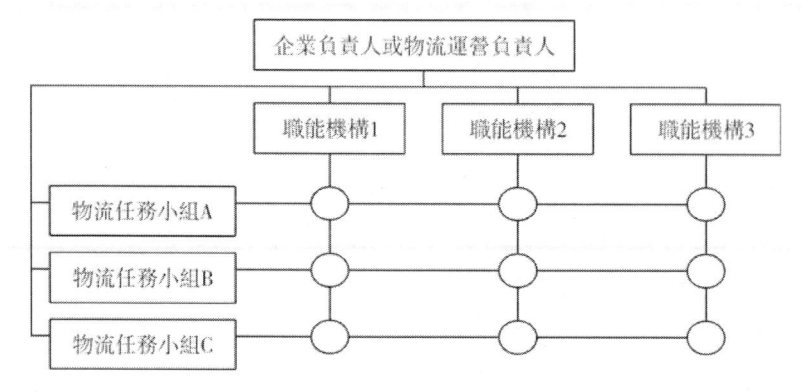

圖 5.4　矩陣制組織結構形式

合，增強了組織的機動性和適用性，使之能適應競爭所帶來的產品或服務市場的不穩定性，以及組織規模龐大、產品或服務複雜、技術要求高的物流服務業務。其缺點是：如果縱向和橫向的關係處理不當，就會造成意見分歧、工作扯皮，工作上出現問題也難以分清責任，而且人員的不斷流動使得管理工作出現困難。

在物流營運中，這種組織機構形式往往適用於貨代企業承接大型貨代服務業務，物流企業承接臨時性重要物流業務的營運組織，以及工商企業物流部門組織臨時性的重大採購供應或銷售物流業務。如果物流企業的業務受市場變化的影響而很不確定，也可以採用這種組織結構形式。

以上介紹的幾種組織機構形式是在實踐中逐步形成並發展起來的，也是比較典型的組織結構形態。在實際應用中，它們也常常是相互交叉的。例如，在一個物流系統中，可能同時存在事業部制和職能制，或職能制與矩陣制等。各種組織結構形式各有優劣，不存在適應一切環境條件的最佳組織形式。為了適應複雜多變的企業內外部環境，應根據需要組織自身的物流營運組織體系，也可以在這些基本形式的基礎上，創造出更好的適合自身需要的組織結構形式。當然，物流組織機構的形式一旦確定，也不是一成不變的，隨著市場環境的變化以及組織內部營運的發展，要對已有的組織機構進行適時的調整，這對於物流的營運管理來說，也是非常重要的。

[案例] 上海某民營物流企業的區域性物流公司點式經營組織機構設計

對於區域性物流公司來說，物流的營運一般集中在某一個區域內進行。在物流網路化、全球化運作的今天，這種區域性點式經營的物流公司大量存在。在中國，由於第三方物流的發展尚處在初級階段，很多企業尚沒有形成網路化經營的能力。因此，這些企業目前都在致力於區域範圍內的物流服務業務，累積經驗，然後再逐漸擴展自己的業務覆蓋範圍。

上海某民營物流企業的組織機構如圖 5.5 所示。

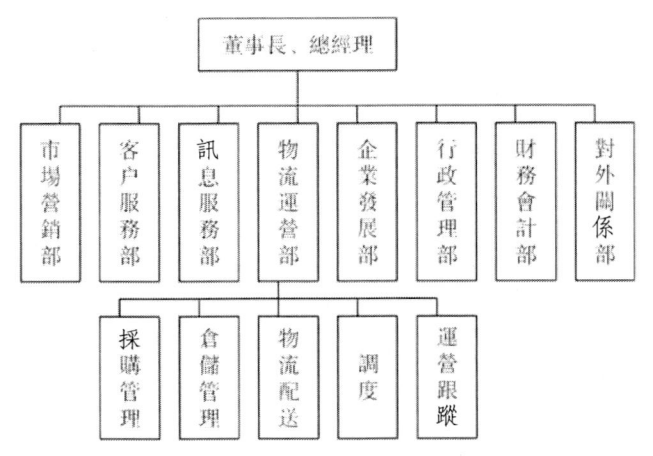

```
                    ┌─────────────────┐
                    │ 董事長、總經理  │
                    └─────────────────┘
   ┌────┬────┬────┬────┼────┬────┬────┬────┐
 市場 客戶 訊息 物流 企業 行政 財務 對外
 營銷 服務 服務 運營 發展 管理 會計 關係
  部   部   部   部   部   部   部   部
                    │
         ┌────┬─────┼─────┬────┐
        採購 倉儲 物流  調度 運營
        管理 管理 配送       跟蹤
```

圖 5.5 區域性物流公司點式經營組織機構

圖 5.5 反應了公司的機構設置情況。從圖 5.5 中可以看出，該公司共設有八個部門，即企業發展部、對外關係部、市場行銷部、物流營運部、信息服務部、客戶服務部、財務會計部以及行政管理部。其中，市場行銷部、物流營運部、客戶服務部和信息服務部是主要的物流市場開發、物流營運作業以及售後服務機構，而企業發展部、行政管理部、財務會計部和對外關係部是企業的職能管理機構。

市場行銷部：主要負責市場開發和客戶關係維護。

物流營運部：物流營運部是公司的主要物流作業部門，包括採購、倉儲管理、根據客戶需求進行物流配送以及物流作業的調度和物流運作的跟蹤，實際上是完成了物流全過程的作業。

客戶服務部：這是公司的售後服務機構，主要負責客戶的投訴處理、運作的監控以及給予物流運作部一定的業務協助。通過對客戶的投訴處理，可以對突發事件或意外情況與客戶進行有效的溝通。

信息服務部：這是公司的信息中心，主要負責信息系統的開發與維護，為整個物流的運作以及企業的管理提供保障。

財務會計部：負責公司的會計核算及財務管理工作，為物流運作與企業管理提供依據。

行政管理部：主要負責公司人力資源管理、行政後勤以及質量監控職能。需要指出的是，在許多中小型物流企業中，質量管理往往是由公司的行政管理部門（或辦公室）來負責完成的，一般在行政管理部門內部設置專門的質量管理人員。但是，對於規模較大的公司，一般還是應該考慮設置專門的質量管理部門，以適應 ISO 質量認證的要求。若物流企業要進一步得到發展，應該考慮通過 ISO 質量認證。

企業發展部：主要執行兩項職能：一項是為客戶設計制訂物流解決方案，為市場開發和物流運作服務；另一項是關注物流業發展動態，為企業的總體發展提出建議。

對外關係部：主要負責公司與媒體、地方政府以及重要客戶之間的關係。由於物流業在中國興起的時間不長，物流企業要快速發展，離不開地方政府在資金、土地、

物流基礎

稅收減免以及當地大客戶開發等問題上的支持，因此，該公司專門成立了對外關係部，負責處理與政府的關係。另外，該部門也與媒體廣泛接觸，通過廣告、新聞報導、專訪等形式，提高企業的知名度和信譽度。

企業發展部和對外關係部的專門設置，顯示出公司管理層對現代物流的認識是比較深刻的。現代物流要求能為客戶提供專業化的一體化物流解決方案，並且物流企業要進一步發展，管理層必須對現代物流有充分的認識，隨時關注物流業的發展和變化，及時調整企業的發展方向。

5.2 物流服務管理

[案例] 美國物流企業服務範圍有時會擴大到售後退貨管理、貨物回收銷毀、因特網訂單執行和電腦裝配等其他的增值服務領域。美國雷茲集團公司（APC）就是一個以運輸和配送為主的大公司。優質和系統的服務使物流企業與貨主企業結成戰略夥伴關係，一方面有助於貨主企業的產品迅速進入市場，提高競爭力；另一方面則使物流企業有穩定的資源。雷茲集團公司與戰略夥伴的物流服務，就包括了售後退貨管理、貨物回收銷毀等逆向物流的增值服務部分。

面對日益激烈的國際、國內競爭以及消費者價值取向的多元化，很多企業管理者已經發現，加強物流管理、提高物流服務水平是企業創造持久競爭優勢的有效手段。

一、物流服務的概念與內涵

物流服務（Logistics Service）是「為滿足客戶需求所實施的一系列物流活動過程及其產生的結果」（GB/T18354-2006）。站在不同經營實體的角度，物流服務有著不同的內涵和要求。

（一）物流客戶服務

從貨主企業（工商企業）的角度出發，物流服務屬於企業客戶服務的範疇，即物流客戶服務。所謂客戶服務，是指為支持企業的核心產品（或服務）而提供的服務。顧客在購買商品時，不僅僅是購買實體產品本身，而是購買由有形產品、無形的服務、信息及其他要素所組成的「產品服務組合」。其中，物流服務是這個「產品服務組合」的重要組成部分。因此，工商企業的物流服務是用來支持其產品行銷活動而向客戶提供的一種服務，是顧客對「商品利用可能性」[1]的物流保障。它包含以下三個要素：

(1) 備貨保障，即擁有客戶所期望的商品；
(2) 輸送保障，即在客戶期望的時間內遞送商品；

---

[1] 按照日本物流學者阿保榮司教授的觀點，應該用「到達理論」代替「距離理論」。「到達理論」強調物流服務的本質是將商品送達用戶手中，使其獲得商品的「利用可能性」。商品的「利用可能性」等於「存貨服務率」與「配送服務率」之積，前者由「庫存保有率」來衡量，後者由「配送率」來衡量。

(3) 質量保障，即符合客戶所期望的質量，包括商品質量與服務質量。

物流客戶服務就是圍繞上述三個要素展開的，如圖5.6所示。

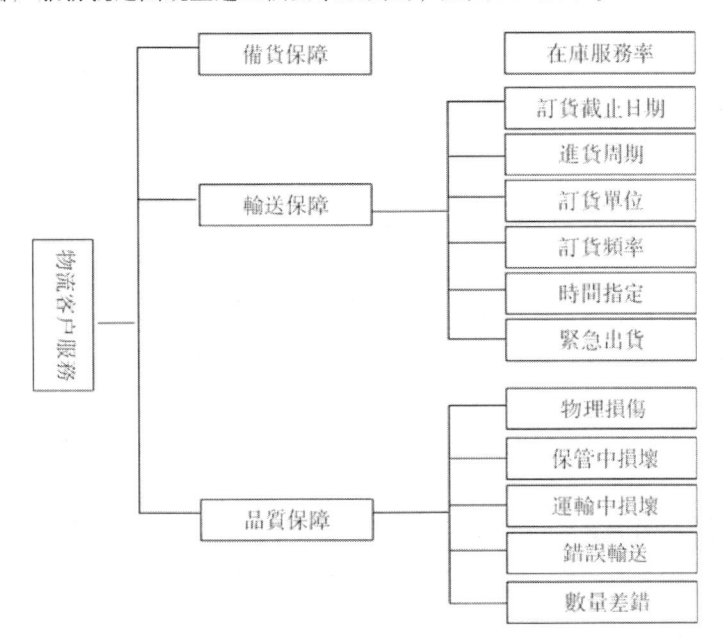

```
                    ┌─ 備貨保障 ─── 在庫服務率
                    │
                    │              ┌─ 訂貨截止日期
                    │              ├─ 進貨周期
                    ├─ 輸送保障 ───┼─ 訂貨單位
  物流客戶服務 ─────┤              ├─ 訂貨頻率
                    │              ├─ 時間指定
                    │              └─ 緊急出貨
                    │
                    │              ┌─ 物理損傷
                    │              ├─ 保管中損壞
                    └─ 品質保障 ───┼─ 運輸中損壞
                                   ├─ 錯誤輸送
                                   └─ 數量差錯
```

圖5.6 物流客戶服務的構成要素

物流客戶服務的表現形式有多種，它可以是具體的物流活動，如訂單處理、揀選、分類理貨、配送、流通加工等；也可以表現為一種執行標準或績效水平，即通過供應提前期、庫存保有率、缺貨率、商品完好率[1]、貨損率、配送率、訂單滿足率[2]等指標來衡量；還可以表現為一種經營理念，即通過物流服務水平與成本的平衡，找到企業經營效益與顧客需求的最佳結合點，使之成為「顧客導向」的企業行銷理念。

2. 物流商品

從物流企業的角度出發，物流服務是一種特殊的商品——「物流商品」。當工商企業將物流業務外包給物流企業去運作時，物流企業提供的物流服務就構成了工商企業物流服務的一部分。為此，物流企業必須緊緊圍繞貨主企業的物流需求開展經營活動，必須把握貨主企業的物流需求特點，將物流服務融入貨主企業的物流系統中去。根據需求分析，開發新的服務項目（產品），做好物流服務（產品）的市場行銷和客戶服務工作。同時，物流企業要充分發揮其技術優勢、成本優勢和網路優勢，不但能為客戶提供運輸、儲存、包裝、裝卸搬運等基本物流服務，而且還要能提供海關代理、跟蹤裝運（全程可視化）、物流系統設計以及一體化物流服務等增值物流服務。

---

[1] 商品完好率（Rate of the Goods in Good Condition）是指「交貨時完好的物品量與應交付物品總量的比率」。——中華人民共和國國家標準《物流術語》（GB/T18354-2006）

[2] 訂單滿足率（Fulfillment Rate）是指「衡量訂貨實現程度及其影響的指標，用實際交貨數量與訂單需求數量的比率表示」。——中華人民共和國國家標準《物流術語》（GB/T18354-2006）

二、物流服務的特徵

(一) 物流客戶服務的基本特點

從貨主企業（工商企業）的角度來看，物流客戶服務具有以下基本特點：

(1) 產品的可得性。產品的可得性是指當客戶需要產品時，企業具有可以向客戶提供足夠產品的庫存能力。企業傳統的做法是，通過預測需求來儲存產品，即在預測的基礎上，根據產品消費的流行性、產品的盈利能力、產品的價值、特點，以及產品在整個產品序列中的重要性，採取不同的儲存策略。事實上，要實現高水平的產品可得性，關鍵是要在盡量降低對庫存及其設施的總體投入的同時，有選擇地對重要客戶提供高水平的產品可得性。產品可得性可以通過缺貨率或缺貨頻率、訂單滿足率以及反應訂單完成情況的指標（如貨損率或商品完好率、準時交貨率等）來衡量。

(2) 運作績效。運作績效反應企業提供物流客戶服務的能力與效果，可以通過對供應前置期（與客戶訂貨週期相對應）、準時交貨率、柔性服務能力、應急服務能力的考核來衡量。

[案例] 某著名的辦公複印設備製造商位於美國西海岸的倉庫在某個星期五的下午付之一炬。該倉庫存有辦公複印機替換部件和一般辦公用品，供應美國西海岸絕大部分地區的客戶。由於業務的競爭性，大火可能帶來的不良後果是銷售損失，企業的一部分分撥系統也因此癱瘓。

幸運的是，企業的分撥管理人員已經預見到這種可能性，並制定了針對此類事件的應急方案。到星期一，該公司就已空運了足量的存貨到某個準備就緒的公共倉庫。客戶服務與以前的水平幾無二至，竟使客戶對失火事件毫不知曉。

(3) 服務的可靠性。服務的可靠性體現了物流的綜合特徵，反應了企業是否具備提供物流客戶服務的能力。它不僅表現在產品的可得性和運作績效上，還表現在貨物發運準確、準時送達、商品完好、結算準確、數量符合訂單要求以及與客戶及時、有效溝通等方面。

(二) 物流服務的主要特性

從物流企業的角度來看，物流服務具有以下主要特性：

(1) 從屬性。由於貨主企業的物流需求是以商流為基礎的，它伴隨著商流的變化而變化，因此，物流服務必須從屬於貨主企業的物流系統。這表現在遞送的貨物品種、送貨的時間、方式等都由貨主決定，物流企業只是按照貨主的要求，提供相應的物流服務。

(2) 即時性。物流服務屬於非物質形態的勞動，它不是有形的商品，而是一種伴隨銷售和消費同時發生的即時性服務。因而，物流服務與其他類型的服務都具有非儲存性、生產與消費同時進行的特點。

(3) 移動性和分散性。物流服務以分布廣泛且多數不固定的客戶為對象，因而具有移動性和分散性的特點。這一特點容易導致物流需求在局部上的供需不平衡，給經營管理帶來一定的難度。

(4) 需求波動性。由於物流服務以數量眾多且不固定的客戶為對象，他們的需求方式以及運送或保管的貨物數量往往多變，因而具有較強的波動性。就是哪些有固定客戶群體的物流企業，由於客戶所在行業的季節性波動，也會導致物流需求隨之波動。因此，國際航運中的「十年一山」「冬高夏低」等規律就不難於理解了。

(5) 可替代性。物流服務的可替代性主要表現在兩個方面：其一，若物流企業的服務水平達不到客戶的要求，就很有可能被貨主企業的自營物流所替代，特別是自營物流的普遍存在，使物流經營者從數量和質量上調整物流服務的供給變得相當困難；其二，物流行業內不同運輸方式之間存在著替代競爭，這無疑加大了物流企業尤其是運輸型企業經營的難度。

三、物流服務對企業經營的重要意義

無論是貨主企業還是物流企業，優質的物流服務能使企業脫穎而出，獲取強大競爭優勢。特別是隨著網路技術的發展，企業間的競爭已突破了地域限制，競爭的焦點將是物流服務的競爭。物流服務對企業經營的重要性主要表現在以下幾個方面：

(一) 物流服務已成為企業經營差異化的重要手段

隨著市場轉型，競爭日益激烈，顧客需求越來越呈現出多元化的特點。面對不同層次、不同類型的市場需求，企業只有快速、有效地滿足，才能在激烈的市場競爭中求得生存和發展。為此，企業需實施差異化戰略，為客戶提供與競爭對手不同的產品或服務。而在競爭日益激烈的今天，企業產品的同質化越來越嚴重，通過物流服務來創造差異化就成了提升企業競爭力的關鍵。

(二) 物流服務水平的確立對經營績效具有重大影響

制定適宜的物流服務水平是構築物流系統的前提，在物流逐漸成為企業經營戰略的重要組成部分的過程中，物流服務越來越具有經濟性的特徵，即物流服務有隨市場機制和價格機制變化的傾向，或者說，市場機制和價格機制通過供求關係既確定了物流服務的價值，又決定了在一定服務水平下的物流成本。因此，物流服務的供給不可能是無限制的，過高的服務水平必然會導致高成本，從而影響企業的經營業績。

(三) 物流服務方式的選擇對降低流通成本具有重要影響

合理的物流服務方式不僅能夠滿足企業和客戶的物流服務需求，降低物流營運成本，而且能夠從本源上推動企業的發展，成為企業的第三利潤源泉。特別是隨著第三方物流、JIT供應、共同配送、越庫配送等新的物流服務方式的產生和發展，商品流通環節減少，流通成本降低，最終實現企業和顧客的雙贏。

(四) 物流服務起著連接供應鏈各節點的紐帶作用

物流服務是在合理分工的前提下，緊密聯繫供應商、製造商、批發商、零售商與消費者的橋樑和紐帶。隨著經濟全球化、信息網路化的發展，企業的競爭逐漸演變為供應鏈與供應鏈的競爭。物流服務成為構造企業經營網路的重要內容之一。一方面，通過商品的實體流動，將上下游企業和消費者連為一體；另一方面，借助物流信息技

術手段，不斷將商品銷售、在庫保管、貨物運輸等重要信息反饋給供應鏈中的所有企業，並通過知識、訣竅等經營資源的累積，使企業經營涉及的各個環節不斷地協調以適應市場的變化，進而創造出超越單個企業的供應鏈價值。

四、物流服務水平的確定

確定物流服務水平的一種比較流行的方法，是將競爭對手的服務水平作為標杆。但僅僅參照競爭對手的水平是不夠的，因為這很難斷定競爭對手是否很好地把握了顧客的需求並集中力量於正確的物流服務要素。這方面的不足可以通過結合詳盡的顧客調查來彌補，後者能夠揭示各種物流服務要素的重要性，有助於消除顧客需求與企業營運狀況之間的差距。

有多種方法可用於確定物流服務水平，相對而言，以下四種方法比較實用。

(一) 根據顧客對缺貨的反應來確定物流服務水平

製造商的顧客包括中間商和產品的最終用戶，而產品通常是從零售商處轉銷到顧客手中的。因此，製造商往往難於判斷缺貨對最終顧客的影響有多大。例如，製造商的成品倉庫裡有某種產品缺貨，這並不一定意味著零售商也同時缺貨。通常，零售環節的物流服務水平對銷售有很大影響，為此，必須明確最終顧客對缺貨的反應模式。一般地，當某種產品缺貨時，顧客可能購買同種品牌但不同規格的產品，也可能購買另一品牌的同類產品，或者換一家商店看看。在產品同質化傾向日益明顯的今天，顧客「非買它不可」的現象已經越來越罕見，除非顧客堅定地認為該種產品在質量或價格上明顯優於替代品。

對於製造商而言，其物流服務戰略很重要的一點是，保證最終顧客能方便、及時地瞭解和購買到所需要的商品。製造商對零售環節的關注使其考慮如何調整訂貨週期、訂單滿足率和運輸方式等策略，盡量避免零售環節缺貨現象的發生。

此外，顧客對不同產品的購買在時間要求上也有所不同。對絕大多數產品，顧客希望在做出購買決策時就能夠拿到，但也有特殊的情況，比如選購大型家具，顧客在展示廳選中樣品並訂購以後，往往願意等待一段時間在家中收貨。

[**案例**] 1970年，美國的西爾斯百貨公司與惠爾浦家電公司進行的一項顧客調查發現，當時的顧客對大型家電並不要求在訂貨的當天就將商品運回家，除非有特別緊急的情況，否則他們願意等上5~7天的時間。這一調查結果對西爾斯與惠爾浦的物流系統影響很大。西爾斯公司只需在營業廳裡擺放樣品供顧客挑選，其配送中心的存貨也不多。惠爾浦公司的產成品被運至位於俄亥俄州馬利恩的大型倉庫。西爾斯公司將收到的顧客訂單發送給惠爾浦公司，相應的產品隨即從馬利恩倉庫分送到西爾斯位於各地的配送中心，然後從配送中心直接用卡車將產品分送到顧客家中。從顧客下訂單到送貨上門的時間控製在48~72小時。

在採用該法確定物流服務水平時要注意以下幾點：

(1) 不應站在供方的角度考慮物流服務水平，而應當把握顧客的需求，視覺應由賣方轉向買方；

(2) 針對不同的顧客，物流服務的內容應有所不同，重要的客戶應得到優先照顧，因此首先應確定核心服務；

(3) 物流服務應與顧客的特點、層次相符；

(4) 在確定物流服務水平時，應考慮如何創造自己的特色，以便超過競爭對手，換言之，要採納「相對」的物流服務的觀點；

(5) 運作一段時間後，要對企業的物流服務水平進行評估並改進。

(二) 通過權衡成本與收益來確定物流服務水平

物流總成本，包括庫存持有成本、運輸費用、訂單處理費用等，可以視為企業在物流服務上的支出。實施集成的物流管理時的成本權衡，其目標是在市場組合要素之間合理分配資源以獲得最大的長期收益，也就是以最低的物流總成本實現既定的物流服務水平。

[**案例**] 某百貨連鎖集團希望將零售供貨率提高到98%的水平，需要獲取每個商店及每種商品的實時銷售數據（POS）。為此，需在各分店配置條形碼掃描器及其他軟、硬件設施；同時，為盡可能地利用這些數據，集團還希望投資建設EDI系統，以便與供應商進行快速雙向的信息交流。估計平均每家分店需投入20萬元。於是，管理層面臨著成本與收益的權衡，對信息技術的投入能提高物流服務水平，但同時也會增加成本。假設該公司的銷售毛利率是20%，每家分店為收回20萬元的新增投資，至少要增加100萬元的銷售額。如果實際的銷售增長超過了100萬元，則企業在提高物流服務水平的同時也增加了淨收益。對這一決策的評估還需考慮各分店當前的銷售額水平。若各分店當前的年銷售額是1,000萬元，則收回這筆投資比年銷售額只有400萬元要快得多。

儘管存在成本與收益的權衡和費用的預算分配問題，但這種權衡只是針對短期。若是長期，仍有可能在多個環節上同時得到改善，企業在降低總成本的同時亦能提高物流服務水平。

(三) 借助 ABC 分析與帕累托定律來確定物流服務水平

帕累托定律指出，樣本總體中的大多數事件的發生源於為數不多的幾個關鍵因素。例如，80%的物流系統中的瓶頸現象可能僅僅是由一輛送貨卡車的不良運作造成的。

ABC 分析是 80/20 定律在物流管理中的應用，它是物流管理中的常用工具之一。通過 ABC 分析，可將各種產品和顧客按其對企業的重要性程度進行分類。那些對企業的重要度較高的顧客和產品，應受到企業管理者的特別關注。因此，那些對企業最重要的「顧客-產品組合」，應配以最高的物流服務水平。

該方法的具體步驟如下：

1. 繪制「顧客-產品貢獻矩陣」

首先繪制「顧客-產品貢獻矩陣」，如表5.1所示。借助該矩陣，我們將不同顧客的重要性與不同產品的重要性聯繫起來考慮，以便確定能給企業帶來最大收益的物流服務水平。在這裡，我們將盈利能力（以利潤率反應）作為度量顧客和產品重要性的指標（指標的選擇應結合企業的具體情況而定）。

表 5.1　　　　　　　　　　顧客-產品貢獻矩陣（例）

產品分類 顧客分類	A	B	C	D
Ⅰ	1	3	5	10
Ⅱ	2	4	7	13
Ⅲ	6	9	12	16
Ⅳ	8	14	15	19
Ⅴ	11	17	18	20

表 5.1 中的產品是按照利潤率來分類的，A 類產品利潤率最高，B、C、D 類產品的利潤率依次遞減。在整個產品線中，A 類產品通常只占很小的比例，而 D 類產品所占的比例則可能達到 80%。而顧客也是按照對企業的重要度來分類的，Ⅰ類至Ⅴ類顧客的重要度依次遞減。Ⅰ類顧客對企業最重要，他們能產生比較穩定的需求，對價格不太敏感，在交易中發生的費用也比較少，但這類顧客通常很少，可能只占 5%～10%；Ⅴ類顧客為企業創造的利潤最少，但其數量卻占了企業顧客的絕大部分。

2. 確定物流服務水平

由表 5.1 可知，對企業最有價值的「顧客-產品組合」是Ⅰ-A，即Ⅰ類顧客購買 A 類產品，再往下是Ⅱ-A 或Ⅰ-B，依此類推。管理人員可以使用一些方法對「顧客-產品組合」進行打分並進一步排序，以此來確定服務的優先等級，並在此基礎上制定相應的物流服務水平標準。如表 5.2 所示。

表 5.2　　　　　　　　物流服務水平標準的確定（例）

服務水平標準 優先等級	存貨可供率（%）	訂貨週期（小時）	訂單滿足率（%）
1~5	100	48	99
6~10	95	72	97
11~15	90	96	95
16~20	85	120	93

在該例中，對排序在 1~5 的「顧客-產品組合」應給予 100% 的存貨可供率，低於 48 小時的訂貨週期，以及 99% 的訂單滿足率。

值得注意的是，較低的服務水平並不意味著所提供的服務缺乏穩定性。企業無論提供什麼水平的服務，都要盡可能保持 100% 的穩定性，這是顧客所期望的；而且，企業以高穩定性提供較低水平的物流服務（如送貨時間），其費用通常低於以低穩定性提供高水平的物流服務。例如，高度穩定的 72 小時訂貨週期比不穩定的 48 小時訂貨週期更節省費用，也更令顧客滿意。編制能良好反應顧客與企業真實情況的「顧客-產品貢獻矩陣」的關鍵，在於切實瞭解顧客對服務的要求，並從中識別出最為重要的服務要素以及確定要提供多高的服務水平。上述信息可通過物流服務審計獲取。

(四) 通過物流服務審計來確定或評估物流服務水平

物流服務審計是評估企業物流服務水平的一種方法，也是企業對其物流服務策略進行調整時所產生影響的評價標尺。物流服務審計的目標是：①識別關鍵的物流服務要素；②識別這些要素的控制機制；③評估內部信息系統的質量和能力。物流服務審計包括四個階段：外部物流服務審計、內部物流服務審計、識別潛在的改進方法和機會、確定物流服務水平。如圖 5.7 所示。

```
┌─────────────────────┐      ┌─────────────────────┐
│ 1.外部物流服務審計  │ ────▶│ 2.內部物流服務審計  │
└─────────────────────┘      └─────────────────────┘
          ▲                             │
          │                             ▼
┌─────────────────────┐      ┌─────────────────────────────┐
│ 4.確定物流服務水平  │◀─────│ 3.識別潛在的改進方法和機會  │
└─────────────────────┘      └─────────────────────────────┘
```

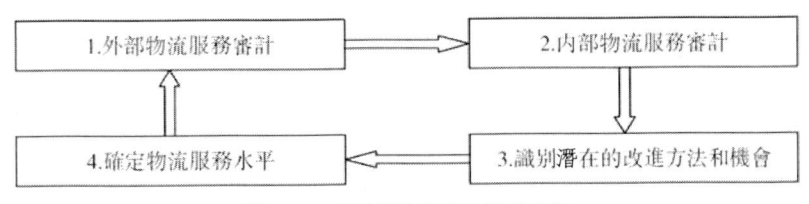

圖 5.7　物流服務審計的四個階段

1. 外部物流服務審計

外部物流服務審計是整個物流服務審計的起點，其主要目標是：①識別顧客在做購買決策時認為重要的物流服務要素；②確定本企業與主要競爭對手為顧客提供服務的市場比例。

(1) 確定顧客認同的物流服務要素

即確定哪些物流服務要素是顧客真正重視的。其主要工作是對顧客進行調查與訪談。例如，某種普通消費品的零售商在衡量其供應商的服務水平時主要考慮了以下物流服務要素：訂貨週期的穩定性，訂貨週期的絕對時間，是否使用 EDI，訂單滿足率，延期訂貨策略，單據處理程序，回收政策等。

在外部物流服務審計階段，有必要邀請市場部門的人員參與這項工作，這樣做的好處有三點：其一，物流服務從屬於整個市場組合，而市場部門在市場組合的費用預算決策中是最有權威和最有發言權的部門；其二，市場行銷部門的研究人員是調查問卷設計和分析的專家，而這些工作是外部物流服務審計的重要一環；其三，這樣做可以提高調查結果的可信度，從而有利於物流服務戰略的成功實施。

(2) 對企業有代表性的和統計有效的顧客群體進行問卷調查

在確定了重要的物流服務因素之後，下一步就是對企業有代表性的和統計有效的顧客群體進行問卷調查（表5.3 是某企業物流服務水平的調查表）。通過問卷調查，可以確定物流服務要素及其他市場組合要素的相對重要性，可以評估顧客對本企業及主要競爭對手各方面服務績效的滿意度以及顧客的購買傾向。依據調查的結果，企業應加強對顧客認同的服務要素的重視。

借助問卷，企業還能瞭解競爭對手的強勢和不足，並在此基礎上發展相應的顧客分類策略。此外，問卷還能反應出顧客對關鍵服務要素的服務水平的期望值。

表 5.3 ×××企業物流服務水平調查表

調查項目	好 (90~100)	較好 (75~89)	一般 (55~74)	差 (40~54)	很差 (0~40)
總體物流管理水平					
訂單處理速度					
臨時訂單和緊急發貨服務					
貨損貨差					
庫存管理服務					
物流訊息提供及時、準確					
能提供足夠的物流訊息服務					
員工服務態度					

2. 內部物流服務審計

內部物流服務審計是審查企業當前的物流服務狀況，為評估物流服務水平發生變化時所產生的影響確立一個衡量標尺。內部物流服務審計的主要目的是檢查企業的服務現狀與顧客需求之間的差距。顧客實際接收到的企業物流服務水平也有必要測定，因為顧客的評價有時會偏離企業的實際運作狀況。如果企業確實已經做得很出色，則應當注意通過引導和促銷來改變顧客的看法，而不是進一步調整企業的服務水平。

內部物流服務審計的另一項重要內容是考察顧客與企業以及企業內部的溝通渠道，甚至包括服務業績的評估和報告體系。溝通是理解與物流服務有關的問題的重要基礎。缺乏良好的溝通，物流服務就會流於事後的控制和不斷地處理隨時發生的問題，而難以實現良好的事前控制。

3. 識別潛在的改進方法

外部物流服務審計明確了企業在物流服務和市場行銷戰略方面的問題，結合內部審計，可以幫助管理層針對各個服務要素和細分市場調整上述戰略，提高企業的盈利能力。管理層在借助內、外部物流服務審計提供的信息制定新的物流服務和市場行銷戰略時，需針對競爭對手進行詳細的對比分析。當顧客對本企業和各主要競爭對手的服務業績進行比較、評價並相互交流時，競爭性的標尺（Benchmarking）就顯得更為重要了。

4. 確定物流服務水平

物流服務審計的最後一步是制定服務業績標準和考核方法。管理層必須為各個細分領域（如不同的顧客類型、不同的地理區域、不同的分銷渠道以及產品）詳細制定目標服務水平，並將之切實傳達到所有的相關部門及員工，同時輔之以必要的激勵政策以激勵員工努力實現企業的物流服務目標。此外，還要有一套正式的業務報告文本格式。

管理層必須定期按上述步驟進行物流服務審計，以確保企業的物流服務政策與運作滿足當前顧客的需求。

五、物流服務的關鍵績效指標

物流服務水平可以通過一些關鍵績效指標（Key Performance Indicators，KPI）來描述。但企業及其客戶的類型不同，要求的物流服務內容、形式及水平也有所不同。表 5.4 所列的是一些常見的關鍵績效指標。

表 5.4　　　　　　　　物流服務水平關鍵績效指標（KPI）

指標名稱	計算方法	說明
缺貨率	缺貨次數/客戶訂貨次數	衡量缺貨程度及其影響的指標
商品完好率	交貨時完好的物品量/應交付的物品總量	衡量商品完好程度的指標
貨損率	交貨時損失的物品量/應交付的物品總量	衡量貨物損失程度及其影響的指標
訂單滿足率	實際交貨數量/訂單需求數量	衡量訂貨實現程度及其影響的指標
準時交貨率	準時交貨次數/總交貨次數	衡量準時交貨程度的指標
誤點交貨率（延遲交貨率）	誤點交貨次數/總交貨次數（延遲交貨次數/總交貨次數）	衡量誤點（延遲）交貨程度及其影響的指標
配送率	實際配送次數/客戶要求配送次數	衡量滿足客戶配送需求（次數）程度及其影響的指標
發運錯誤率	錯誤發運次數/貨物發運總次數	衡量貨物錯誤發運程度及其影響的指標
訂單準確率	準確履行訂單次數/訂單履行總次數	衡量訂單履行準確程度的指標
客戶投訴率	客戶投訴次數/服務總次數	衡量客戶不滿意程度及其影響的指標

5.3　物流質量管理

隨著多品種、小批量消費需求時代的來臨，物流質量管理變得越來越重要。這是因為物流系統的複雜程度在不斷提高，顧客對物流服務的期望也越來越高。企業要充分發揮物流在促進生產、銷售與提升企業競爭力的作用，必須做好物流質量管理工作。

一、基本概念

質量管理一般包括質量保證和質量控製兩個方面的內容。前者是指企業對用戶的質量保證，即為了維護用戶的利益，使用戶滿意，取得用戶信譽的一系列有計劃、有組織的活動。質量保證是企業質量管理的核心。而質量控製是針對企業內部而言的，是為了保證工作過程或服務質量所採取的作業技術標準及有關活動。質量控製的過程是將質量評估結果與質量標準進行對比，發現偏差並對偏差採取矯正措施的調節管理過程。質量控製是質量保證的基礎。

物流質量是一個整體概念。一方面，物流活動過程需要的各種資源和技術是完全可以控制的，很容易確定其質量規格和操作標準；另一方面，物流是為客戶提供時間

效用和空間效用的服務活動，需要根據顧客的不同需求提供個性化的服務（物流服務質量是由顧客根據其期望來評價的）。因此，物流質量是企業根據物流運動規律所確定的物流工作量化標準與顧客期望滿足程度的有機結合。

物流質量管理是為了滿足客戶的物流服務需求，根據物流系統運動的客觀規律，制定科學、合理的質量標準，運用經濟手段對物流質量及有關工作進行計劃、組織、協調和控製的過程。企業物流質量管理必須滿足兩個方面的要求：一是滿足生產者的要求，即必須保證生產者的產品能保質保量地轉移給用戶；二是滿足用戶的要求，即必須按照用戶的要求將其所需的商品按時並完整無缺地遞交用戶。

二、物流質量管理的內容

物流質量管理是企業全面質量管理（TQM）的重要一環，其核心是物流服務質量管理。物流服務是物流系統的輸出，物流服務水平的高低取決於物流系統的結構與功能。但是，一定服務水平下的物流服務質量與物流系統運行過程中每一項物流工作的質量，以及物流工程的質量密切相關；物流質量不僅體現在服務保障上，還體現在物流對象——貨物在物流過程中的質量保證和改善等方面。因此，物流質量涵蓋了以下四個方面的內容：

（一）貨物的質量保證及改善

物流的對象是具有一定質量的實體，具有合乎要求的等級、尺寸、規格、性質與外觀。這些質量是在生產過程中形成的，物流過程在於轉移和保護這些質量，最後實現對用戶的質量保證。因此，對用戶的質量保證既依賴於生產又依賴於流通。現代物流過程不只是消極地保護和轉移物流對象，還可以採用流通加工等手段改善和提高貨物的質量，因此，物流過程在一定程度上也是貨物質量的「形成過程」。

（二）物流服務質量

物流活動具有服務的本質特性，可以說，物流管理的質量目標就是要提供顧客滿意的物流服務，該服務質量要能符合併超越顧客的期望。服務質量因不同用戶的要求而異，因此要瞭解並把握用戶的需求，包括：①商品狹義質量的保持程度；②流通加工對商品質量的提高程度；③批量及數量的滿足程度；④配送額度、間隔期及交貨期的保證程度；⑤配送、運輸方式的滿足程度；⑥成本水平及物流費用的滿足程度；⑦相關服務（如信息提供、索賠及糾紛處理）的滿足程度等。

（三）物流工作質量

物流工作質量是指物流活動各環節、各工種、各崗位的具體工作質量。工作質量和物流服務質量是兩個相關但又不相同的概念，物流服務質量水平取決於物流活動各環節工作質量的總和。所以，工作質量是物流服務質量的基礎和保證。重點抓好工作質量，物流服務質量也就有了一定程度的保證。同時，需要強化物流管理，建立科學合理的管理製度，充分調動員工的工作積極性，不斷提高物流工作質量。

由於物流系統非常龐雜，不同環節的物流活動其工作質量的側重點也有所不同。

以倉庫工作質量為例，可以歸納為商品損壞、變質、揮發等影響商品質量因素的控製及管理，商品丟失、錯發、破損等影響商品數量因素的控製及管理，商品維護、保養，商品入庫、出庫檢查及驗收，商品入庫、出庫計劃管理，商品標籤標示、貨位、帳目管理等。

4. 物流工程質量

物流質量不但取決於工作質量，還取決於工程質量。在物流過程中，將對產品質量產生影響的各因素統稱「工程」。這些因素包括：人的因素、體制的因素、設備因素、工藝方法因素、計量與測試因素、環境因素等。顯然，提高工程質量是進行物流質量管理的基礎工作。提高工程質量，就能起到以「預防為主」的作用，從而有利於實施前饋控製，提高質量管理的效能。

綜上所述，加強物流質量管理，就要從以上幾個方面入手，抓好服務質量、工作質量、工程質量，並做好商品質量的保障及改善工作；否則，物流質量管理就只是一句空話。

三、物流質量管理的特點

物流活動具有其內在的客觀規律性，在質量管理方面也同樣如此。歸納起來，物流質量管理具有以下基本特點：

（一）全員參與

要保證物流質量，就涉及物流活動的相關環節、相關部門和相關人員，需要依靠各個環節、各部門和廣大員工的共同努力。物流管理的全員性，正是物流的綜合性、物流質量問題的重要性和複雜性所決定的，它反應了企業質量管理的客觀要求。

（二）全程控製

現代企業物流質量管理對商品的包裝、儲存、運輸、配送、流通加工等功能活動進行全過程的質量管理；同時，物流質量管理也是對產品在社會再生產過程中進行全面質量管理的重要一環。

（三）全面管理

影響物流質量的因素具有綜合性、複雜性和多變性，因此加強物流質量管理就必須全面分析有關的各種因素，把握其內在規律性。加強物流質量管理，不僅需要對物流對象本身進行管理，而且還要對物流工作質量和工程質量進行管理，最終要對物流成本及物流服務水平進行控製。

（四）整體發展

物流是一個系統，任何一個環節的問題都會影響到物流服務的質量。因此，加強物流質量管理就必須從系統的各個環節、各種資源以及整個物流活動的相互協調和配合做起，通過強化整個物流系統的質量素質來促進物流質量的整體發展。唯有如此，才能實現現代企業物流管理的目標。

四、物流質量管理的方法

物流質量管理的方法包括質量目標管理、PDCA 循環、QC 小組活動等。

(一) 質量目標管理

目標管理（Management by Objectives，MBO）也稱成果管理，俗稱責任制，它是以目標為導向，以人為中心，以成果為標準，使組織和個人取得最佳業績的現代管理方法。換言之，目標管理是在企業員工的積極參與下，自上而下地確定工作目標，並在工作中實行「自我控製」，自下而上地保證目標實現的一種管理辦法。

實施質量目標管理的一般程序是：

(1) 制定企業的質量總目標。該目標應定性與定量相結合，並盡量具體化、量化，且目標在一定時期（多數企業以一年為目標週期）內經過全員努力能夠達成。

(2) 將總目標層層分解落實。自上而下將質量總目標展開，落實到每個部門和員工，做到「千斤重擔大家挑，人人肩上有指標」。部門和個人的分目標就是企業對他們的要求，同時，也是部門和個人對單位應盡的責任和預期的貢獻。這樣做，有利於貫徹質量責任制與經濟責任制。在制定各級分目標時，應制訂相應的實施計劃並明確管理重點，以便檢查和考核。

(3) 實施企業質量總目標。根據企業質量方針和分目標，建立質量目標管理體系，充分運用各種質量管理的方法和工具，加大實施力度，確保企業質量目標的實現。

(4) 評價企業質量總目標。通過定期檢查、診斷、考評、獎懲，不斷改進，必要時對目標進行調整、優化。定期或不定期對質量總目標的實施效果進行評價，將不足之處與遺留問題置於下一個新的質量目標的循環系統中，加以改進和完善。

(二) PDCA 循環

PDCA 循環的概念最早是由美國質量管理專家戴明博士提出來的，所以又稱戴明循環，簡稱「戴明環」。它是全面質量管理應遵循的科學程序。全面質量管理活動的全部過程，就是質量計劃的制訂和組織實現的過程。該過程是按照 PDCA 循環，不停頓地、周而復始地運轉的。

1. PDCA 循環的含義

PDCA 循環反應了以下四階段的基本工作內容，如圖 5.8 所示。

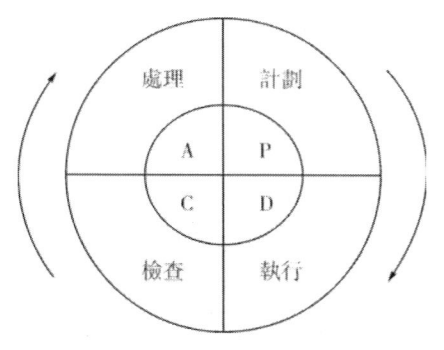

圖 5.8　PDCA 循環的四個階段

（1）計劃（Plan）階段。即為了滿足顧客需求，研究、設計質量目標，制定技術經濟指標，並確定相應的實施辦法和舉措的階段。

（2）執行（Do）階段。按照已制訂的計劃實施，以實現預定的質量目標的過程。

（3）檢查（Check）階段。對照計劃和目標，檢查實施的情況與結果，以便及時發現問題。

（4）處理（Act）階段。對檢查的結果進行處理，對成功的經驗加以肯定並積極推廣，使之標準化；對失敗的教訓加以總結，避免日後再犯同樣的錯誤，將遺留問題放到下一個PDCA循環來解決。

2. PDCA循環的步驟

PDCA循環的四個階段又可以進一步細分為以下八個步驟，如圖5.9所示。

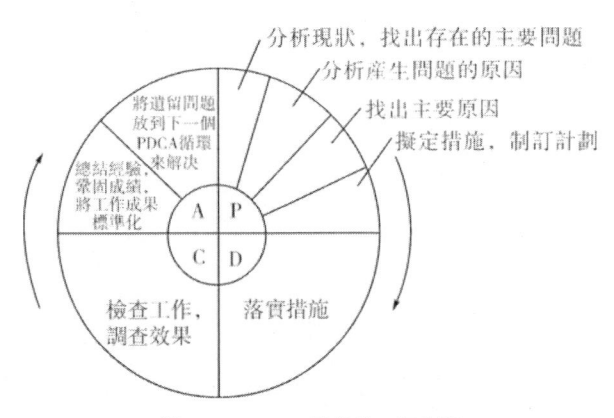

圖5.9 PDCA循環的八個步驟

（1）分析現狀，找出存在的主要問題；
（2）分析產生問題的原因；
（3）找出主要原因；
（4）擬定措施，制訂計劃；
（5）落實措施；
（6）檢查工作，調查效果；
（7）總結經驗，鞏固成績，將工作成果標準化；
（8）將遺留問題放到下一個PDCA循環來解決。

3. PDCA循環的特點

PDCA循環具有以下幾個特點：

（1）大環套小環。企業的各級質量管理都有一個PDCA循環，形成大環套小環，一環扣一環，相互制約，相互補充，相互促進的有機整體。如圖5.10所示。

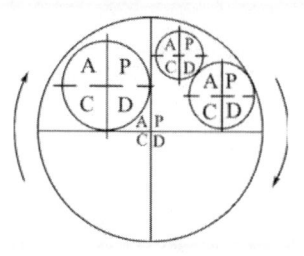

图 5.10　多層次的 PDCA 循環

在 PDCA 循環中，上一級的循環是下一級循環的依據，下一級的循環是上一級循環的落實和具體化。通過 PDCA 循環，使企業各個環節的質量管理工作形成一個統一的質量體系，進而實現總的質量目標。

（2）螺旋式上升。PDCA 循環是螺旋式上升的，因此有人形象地稱其為「爬樓梯」，如圖 5.11 所示。

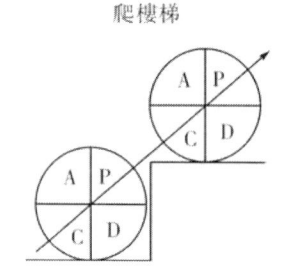

圖 5.11　螺旋式上升的 PDCA 循環（爬樓梯）

PDCA 四個階段周而復始地循環，每次循環都有新的內容和目標，都解決了一些質量問題。每循環一次，質量水平就上升一個臺階。

（3）PDCA 循環是綜合性循環。PDCA 循環四階段的劃分是相對的，各階段之間並不是截然分開的，而是緊密銜接而成的有機整體。有時甚至是邊計劃邊執行，邊執行邊總結，邊總結邊改進，交叉進行的。質量管理的目標就是在這樣的循環往復中，從實踐到認識，再從認識到實踐的飛躍中達成的。

（4）處理階段是關鍵。對質量管理而言，經驗和教訓都是寶貴的。通過總結經驗教訓，形成一定的標準和製度，使日後的工作做得更好，才能促進質量水平的不斷提高。

需要說明的是，按照 PDCA 循環的四個階段、八個步驟加強質量管理，提高質量水平，還要善於運用各種統計方法、工具和技術對質量數據、資料進行收集和整理，才能對質量狀況做出科學的判斷。常用的質量統計方法包括排列圖法、因果分析圖法、相關圖法、調查表法、直方圖法、分層法以及控製圖法等。

（三）QC 小組活動

1. QC 的含義

QC 是英文 Quality Control 的簡稱，即質量控製。它是「為達到品質要求所採取的

作業技術和活動」（ISO8402：1994）。作業技術是控製方法和手段的總稱，活動則是人們對這些作業技術有計劃、有組織的系統運用。前者偏重方法、工具，後者偏重活動過程。質量控製的目的是預防為主，管因素保結果，確保達到規定的質量要求，從而實現企業的經濟效益。QC 是一種科學的質量管理方法。

QC 的主要功能是通過一系列作業技術和活動將各種質量變異和波動減小到最低程度。它貫穿質量產生、形成和實現的全過程中。質量控製部門除了控製產品或服務質量的差異外，還要參與企業管理決策活動以確定質量水平。

在國際上，根據質量控製對象的重要程度和監督控製的不同要求，可以設置「見證點」或「停止點」。「見證點」和「停止點」都是質量控製點，由於它們的重要性或質量後果的影響程度不同，其運作程序和監督要求也不同。

2. QC 小組

QC 小組是指企業的員工，圍繞企業的質量方針和目標，運用質量管理的理論和方法，以改進質量、改進管理、提高企業經濟效益和人員素質為目的，自覺組織起來開展質量管理活動的小組。QC 小組是企業群眾性質量管理活動的一種有效組織形式，是員工參與民主管理的經驗同現代科學的管理方法相結合的產物。它具有明顯的自主性、廣泛的群眾性、高度的民主性和嚴密的科學性等特點。QC 小組的宗旨是：提高員工素質，激發員工的積極性、主動性和創造性；改進質量、降低消耗，提高企業的經濟效益；構建員工心情舒暢、文明的生產、服務工作現場。QC 小組的建立，有利於開發智力資源，發揮員工的潛能，提高員工的素質；有利於預防質量問題並改進質量；有利於實現全員參加民主管理；有利於改善員工之間的人際關係，增強團結協作精神；有利於改善和加強管理，提高管理水平；有助於提高員工的科學思維能力、組織協調能力以及分析問題與解決問題的能力；有利於提高顧客的滿意度。

開展 QC 小組活動，是一種有效的物流質量管理的措施和手段。但只有加強管理，才能使 QC 小組活動取得滿意的成效。通常應從以下六個方面著手加強管理：組建 QC 小組、QC 小組的登記註冊、QC 小組活動的開展、QC 小組活動成果的發表、QC 小組活動成果的評價、優秀 QC 小組的評選和獎勵。

小貼士

QC 人員

在一些推行 ISO 9000 的組織中，會設置這樣的部門或崗位，負責 ISO 9000 標準所要求的有關品質控製的職能，擔任這類工作的人員就叫做 QC 人員，相當於一般企業中的產品檢驗員，包括進貨檢驗員（IQC）、制程檢驗員（IPQC）和最終檢驗員（FQC）。

五、提升物流質量管理水平的策略與舉措

提升物流質量管理水平的策略與舉措主要包括：

(一) 建立協作型領導體制

從國內物流的運作來看，多數物流過程是被分割的。當前，國內只有極少數企業的物流過程實現了全過程由單一的領導機構來領導，大部分仍處於分割狀態。而就國

外的情況來看，由於物流過程長、環節多、涉及的範圍大，導致許多物流過程不可能實現由單一的機構來領導，而必須是多部門、多企業、多環節的協作。因此，有必要建立有效的協作型領導體制。協作型物流領導體制主要有以下兩種形式：

1. 建立物流企業參與的聯合領導機構

某一物流過程所涉及的各個部門，可以委派專人共同組建對物流全過程起領導作用的聯合領導機構，同時，由其中的主要責任承擔單位擔任該機構的主席。聯合領導機構是一種臨時性機構，當某項物流工作完成後即可解散。這種聯合領導機構所承擔的任務是，全權處理所指派的某項物流過程的領導工作。該機構對所有協作單位負責，對各協作單位所承擔的義務，則可以通過事先擬訂有關協議來確定。該機構的參加者具有雙重身分，既是該機構的領導者之一，又是原單位委派的代表，要代表原單位的利益並起著物流過程中與本單位管理的那些（個）物流環節之間的協調作用。

2. 採用委託、承（轉）包方式，建立以貨主為中心的協作領導體制

這裡所說的貨主，是指物流對象在物流過程中的歸屬者。在送貨制的流通體制中，貨主是進行銷售送貨的生產廠商或批發商等企業；在取貨制的流通體制中，貨主則是購買貨物的使用者。總之，貨主是指擁有該貨物權屬的企業或個體。以貨主為中心，採用責任委託方式，由某些物流企業根據委託協議具體組織物流，或由其中主要物流業者實行承包，具體工作再採用轉包方式，實行再委託，使物流過程的全部工作都以委託、承包或轉包形式落實到具體執行企業，這些企業共同協作，實現全面物流質量管理。採用這種方式的關鍵，是在委託、承包或轉包時，訂立嚴格的合同，明確各方的責任、權利和義務，明確經濟收益的分配，規定物流的質量標準和成本等。所以，無須建立新的協作組織。參與物流的各部門只依照合同行事即可。

很明顯，這種方式在執行過程中不如前一種方式易於協調，但可避免聯合領導機構決策緩慢、意見分歧的弊端。無論是建立聯合領導機構還是採取委託形式，合作者的質量管理基礎和水平是其他合作者事前必須瞭解的，並要對其質量管理水平進行分析和判斷，確認能滿足物流質量要求，才能實施這種聯合。真正的質量管理水平固然和領導機制有關，但更重要的還是取決於各基礎領域的素質。

(二) 增強質量意識，加強質量管理，做好信息管理工作

增強物流質量意識，加強物流質量管理，做好物流信息管理工作的策略與舉措具體包括：

1. 增強全員的質量意識，加強質量管理

與質量管理的全面性和全員性相對應，必須加強對全體員工的教育培訓，使全體人員增強質量意識，進而提高企業的質量管理水平。為此，在進行全員培訓時，需要將質量意識與技術、技能並重，因為僅有意識但無能力或僅有能力但無責任心都是搞不好質量管理的。此外，還應建立必要的質量管理組織，通過組織來保證質量管理製度的實施。質量管理組織包括領導機構與群眾組織兩個方面。物流過程的質量管理必須有相應的領導機構，同時還應進行分工管理。領導機構的職責是進行宣傳、教育、培訓以及計劃、實施和檢查。為了體現全面及全員性，要求每個環節、每個崗位都要

落實責任人，一定要嚴把質量關，為此，建立質量管理小組是很有必要的。該小組既是群眾性質量研究和學習的組織，也是各個崗位、各個業務環節的質量管理執行機構，對強化物流質量管理有著十分重要的作用。

2. 做好物流質量管理的信息工作

物流質量管理與一般產品生產過程質量管理的一個區別是，物流質量管理涉及的範圍更廣，產生質量信息的源點之間的距離更遠，因此，信息的收集存在難度大、滯後性明顯等特點，信息反饋的及時性也較差。為了解決這些問題，需要建立有效的質量信息系統，據此對物流過程實施動態監控與管理。同時，為了提高質量保障程度，還應借助物流管理信息系統加強物流科技等信息的收集以及同用戶、生產廠商的信息溝通等工作，以及時掌握製造商、用戶的質量動態，用以指導物流質量管理工作。

5.4 庫存管理

[案例] 沃爾瑪的低成本庫存管理

沃爾瑪為了滿足零售店的需求，不斷提高公司的經營能力。零售店可以從多種交付計劃中選擇最佳的交付方式。例如，如果零售店需要緊急補貨，就可以選擇特定區域內的特快交付系統 ADS（Accelerated Delivery System），在1天之內便可收到補貨。為了跟蹤美國所有零售店的銷售和庫存狀況，早在1983年沃爾瑪就建立了自己的衛星通信系統。在衛星通信監控中心，技術人員坐在電腦屏幕前，通過電話與零售店就各種系統問題進行溝通。通過電腦屏幕可以快速掌握沃爾瑪每天的營運狀況。沃爾瑪允許零售店管理自己的庫存、縮減產品的包裝尺碼甚至及時地進行價格調整，從而減少那些沒有利潤空間的庫存。借助IT手段，沃爾瑪提高了暢銷品項的庫存可用性，而不是為了縮減成本而全面降低所有品項的庫存水平。零售店的員工配備了手持式計算機，它們通過無線射頻網路與店內的計算機終端連接在一起。這些手持式計算機能幫助員工監控零售店的庫存水平，以及瞭解配送中心的庫存狀況。訂單管理和補貨工作全部通過POS系統和計算機來完成。有了POS系統的支持，監控銷售和貨架上的庫存狀況便成為可能。沃爾瑪運用了複雜的運算系統，並根據每個零售店的庫存狀況來預測準確的交付數量。此外，沃爾瑪還應用一種集中式庫存數據系統。零售店的作業人員通過這個系統就能確定特定時間內所有產品的庫存水平和存放位置。與此同時，作業人員也可以知道這些產品在配送中心是否有存貨或在途中。貨物一旦在零售店卸完，零售店就立即更新庫存數據系統中的庫存信息。沃爾瑪還應用了條形碼技術（Bar-Coding）和射頻識別（RFID）技術來管理庫存。使用條形碼和固定閱讀器，貨物能被引導到正確的作業臺，隨後被裝載到卡車上以備發貨。條形碼技術使貨物的分揀、收貨和庫存控製變得更加有效率，同時訂貨包裝和庫存盤點也變得更加容易。

庫存控製是物流管理的重要一環。合理確定庫存的最佳數量，用最少的人力、物力、財力把庫存管理好，提供最大的供給保障支持是物流管理的目標之一，也是企業贏得競爭優勢的重要手段。

一、庫存的概念與分類

(一) 庫存的定義

庫存（Stock）是指「儲存作為今後按預定的目的使用而處於閒置或非生產狀態的物品。廣義的庫存還包括處於製造加工狀態和運輸狀態的物品」（GB/T18354-2006）。通俗地說，庫存是企業在生產經營過程中為現在和將來的耗用或銷售而儲備的資源。

(二) 庫存的分類

庫存有多種分類方法，可以從不同的角度對庫存進行分類。

1. 按照庫存的目的或作用分類

按照庫存的目的或作用，可將其劃分為週轉庫存、安全庫存和調節庫存三類。

(1) 週轉庫存（Cycle Inventory）。週轉庫存也稱經常庫存或循環庫存，是指在前後兩批貨物正常到達期間，企業為滿足正常的生產經營需要而持有的庫存。週轉庫存的大小與訂購批量直接相關。

(2) 安全庫存（Safety Stock）。安全庫存也稱保險庫存，是指「用於應對不確定因素（如大量突發性訂貨、交貨期突然延期等）而準備的緩衝庫存」（GB/T18354-2006）。換言之，設置安全庫存是為了滿足不可預知的突發需求。安全庫存的大小與庫存安全系數及與庫存服務水平等因素有關。

(3) 季節性庫存（Seasonal Inventory）。季節性庫存是指企業為滿足可預知的需求而持有的庫存。例如，重大節假日來臨時，需求急增，零售商提前備貨以應對這個期間需求的變化，這種庫存即為季節性庫存。

2. 按照庫存在企業中的用途分類

按照庫存在企業中的用途，可將其劃分為原材料庫存、在製品庫存、產成品庫存、維護/維修/運行用品庫存、包裝物和低值易耗品庫存五類。

(1) 原材料庫存（Raw Material Inventory）。它是指企業通過採購或其他方式取得的用於製造產品並構成產品實體的物品（如原料或配件等），以及供生產耗用但不構成產品實體的輔料、燃料等，是用於支持企業內部製造或裝配過程的庫存。

(2) 在製品庫存（WIP Inventory）。WIP 是 Work in Process 的縮寫，WIP 庫存是指經過部分加工，但尚未完成的半成品存貨。WIP 之所以存在，是因為生產一件產品需要一定的循環時間。

(3) 產成品庫存（Product Inventory）。它是指已經製造完成並等待裝運，可以對外銷售的製成品庫存。產成品需要以庫存的形式存在的原因是，用戶在某一特定時期的需求是未知的。

(4) 維護/維修/運行用品庫存（MRO Inventory）。MRO 是英文 Maintenance, Repair & Operations 的縮寫，它是非生產原料性質的工業用品，通常指在實際的生產過程中不直接構成產品，只是用於維護、維修、運行設備的物料（如配件、零件、材料等）。MRO 的存在是因為維護和維修某些設備的需求及其所花費的時間往往具有不確定性，對 MRO 存貨的需求常常是維護計劃的內容之一。

（5）包裝物和低值易耗品庫存。這類庫存是指企業為了包裝本企業產品而儲備的各種包裝容器以及由於價值低、易損耗等原因而不能作為固定資產的各種勞動資料的儲備。

3. 按照用戶對庫存的需求特性分類

按照用戶對庫存的需求特性或者庫存需求的相關性，可將其劃分為獨立需求庫存和相關需求庫存兩類。

（1）獨立需求庫存（Independent Inventory）。它是指用戶對某一物品的庫存需求與對其他物品的庫存需求沒有直接關係，表現出對該物品庫存需求的獨立性特徵。例如，用戶對汽車的需求與對冰箱的需求無直接關係。獨立需求一般是隨機的、企業不能控製而由市場決定的需求。

（2）相關需求庫存（Dependent Inventory）。相關需求庫存也稱非獨立需求庫存，是指對某種物品的庫存需求與對某些物品的庫存需求存在內在相關性（即存在量與時間的對應關係）。根據這種關係，企業可以精確地計算出它的需求量和需求時間。例如，對汽車的需求與對輪胎的需求就存在對應關係。一旦獨立需求確定，相關需求也隨之而定。

此外，按照庫存在再生產過程中所處的領域，可將其劃分為生產庫存和流通庫存；根據庫存物品的價值等標準，可對其進行 ABC 分類等。

二、庫存的作用與弊端

自從有了生產，就有了庫存物品的存在。庫存對市場的發展、企業的正常運作能起到非常重要的作用。

（一）庫存的作用

庫存具有以下幾個方面的作用：

（1）維持產品銷售的穩定。對銷售預測型企業（按照 MTS，即備貨方式生產的企業）而言，必須保持一定數量的產成品庫存，其目的是為了成功地應對市場需求的變化（如市場需求旺盛，銷量不可預見地增長）。在這種營運方式下，企業事先並不知道市場真正需要什麼，而只能根據對市場需求的預測進行生產，因而產生一定數量的庫存是必要的。但隨著供應鏈管理模式的形成，這種庫存也在減少甚至消失。從另一個角度來說，企業持有一定數量的庫存，以適當的庫存保有率來維持甚至提高庫存服務水平，這對擴大產品銷售、應對激烈的競爭也是很有必要的。

（2）維持生產的穩定。企業根據客戶訂單及銷售預測安排生產計劃，並制訂採購計劃，進而向供應商下達採購訂單。由於物料採購需要一定的前置期，該提前期是根據統計數據或根據供應商在穩定生產的前提下制定的，因而存在一定的風險性，供應商可能會延遲交貨，最終影響企業的正常生產，造成生產的不穩定。為了降低這種供應風險，企業就必然會增加原材料的庫存量。

（3）平衡企業物流。企業在採購原料、生產用料、在製品搬運及銷售產品的各物流環節中，庫存起著重要的平衡作用。在採購原材料時，一般會根據庫存能力（資金

占用等）協調來料收貨入庫。同時，對於生產部門的領料也應考慮庫存能力、生產線物流情況（場地、人力等）平衡物料發放，並協調在製品的庫存管理。另外，在銷售產品時也要視情況對產成品庫存進行協調（各個分支倉庫的調度及進出貨速度等）。

（4）平衡企業流動資金的占用。庫存的原材料、半成品、在製品及產成品等是企業流動資金的主要占用部分，因而庫存量的控製實際上也是進行流動資金的平衡。例如，加大訂貨批量會降低企業的訂貨費用，保持一定的在製品庫存與生產物料會減少生產交換次數、提高工作效率，但這都要尋找最佳控製點才能實現。

(二) 庫存的弊端

庫存的作用是相對的。從主觀上講，任何企業的管理者都不希望存在任何形式的庫存，無論是原材料、在製品還是產成品，企業都會想方法降低其庫存。這是因為庫存是有弊端的。庫存的弊端主要體現在以下幾個方面：

（1）庫存占用企業大量流動資金。通常情況下，庫存占企業總資產的比重為20%~40%，而庫存持有成本一般占庫存物品價值的20%~50%。庫存管理不當會形成大量的資金沉澱。

（2）庫存使企業的產品成本與管理成本上升。原材料、在製品、產成品的庫存成本直接導致企業產品成本上升，而與庫存有關的設施設備以及管理人員的增加也會加大企業的管理成本。

（3）庫存還會掩蓋眾多企業管理的問題。如計劃不周、採購不力、生產不均衡、產品質量不穩定以及市場銷售不力等。打個形象的比喻，企業好比一艘航船，在漆黑的夜裡在海洋上航行。海洋裡有許多暗礁，但都被海水淹沒，這是非常危險的，因為不經意就可能觸礁船沉。這些海水就好比庫存。如果要解決企業管理中存在的問題，只有不斷減少庫存、暴露問題，才能消除弊端、優化管理。如圖 5.12 所示。

正是因為庫存存在諸多弊端，有企業老總稱其為「萬惡之源」。

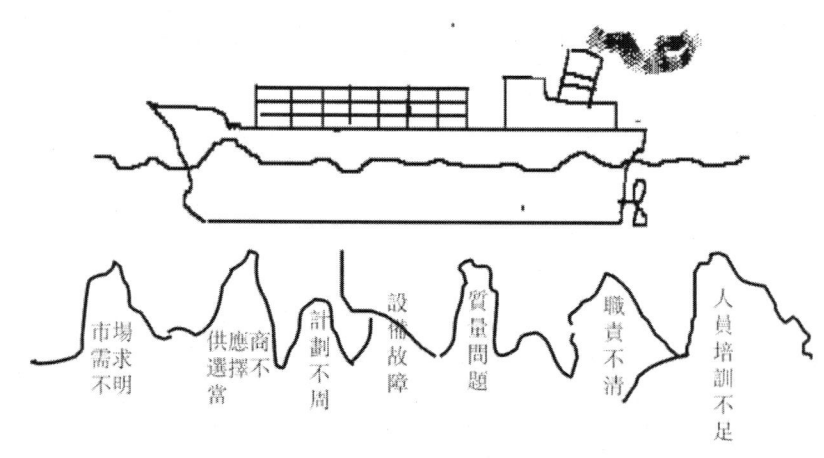

圖 5.12　庫存掩蓋了大量企業管理的問題

三、庫存成本

持有一定的庫存，就必然要占用資金。一般而言，年庫存總成本＝購入成本＋訂貨成本＋儲存成本＋缺貨成本。

（一）購入成本

購入成本即商品的購買成本，包括支付的貨款、運輸費用（含裝卸搬運費用及運輸保險費用）以及在物流過程中發生的商品損耗等。

（二）訂貨成本

一般地，訂貨成本是指每訂購一次貨物所發生的費用，主要包括差旅費、通信費以及跟蹤訂單所發生的費用。在年度總需求量一定的情況下，訂貨次數越多，總的訂貨成本越高。

（三）儲存成本

儲存成本是指為保管存儲物品所發生的費用，包括庫存資金占用成本[①]、倉庫設施設備的投資成本、倉庫設施設備的資金占用成本、倉庫的營運成本（如保管費、管理費、商品養護費、保險費、設施設備的維護費以及損耗等）。這些費用隨著庫存量的增加而增大。

（四）缺貨成本

缺貨成本是指由於缺貨而產生的損失，包括不能為顧客服務而仍然要支付的費用，由於緊急訂貨等支付的特別費用，失去了對顧客的銷售而沒有得到的預定收益，以及由於一些難以把握的因素造成商譽受損，由此而產生的不良後果等。

四、庫存管理

（一）庫存管理的概念與內涵

庫存管理（Inventory Management）是指為了滿足企業生產經營的需要而對計劃存儲、流通的有關物料進行管理的活動。其主要內容包括庫存信息管理及在此基礎上所進行的決策與分析工作。庫存管理是物流管理的重要內容之一。其核心問題是如何保證在滿足用戶或企業對庫存需要的前提下，保持合理的庫存水平，即在防止缺貨的情況下，控製合理的庫存總成本。

庫存的存在主要是為了防範「缺貨成本」的發生。一般而言，在防止缺貨成本發生的同時，庫存的存在也帶來了資金的占用及其機會成本（即資金占用成本）的產生，同時也增加了存儲管理成本。因此，這裡就有一個悖論，當庫存增加時，缺貨成本發生的概率減小，而庫存的資金占用成本和管理成本增加；當庫存減少時，雖然庫存的資金占用成本及管理成本減小，但是缺貨成本發生的概率卻增大了。庫存管理就是要

[①] 包括融資成本和機會成本。

解決這個悖論問題。

庫存管理與儲存保管的不同。前者是從物流管理的角度出發強調庫存管理的經濟性和合理化，後者則是從物流作業的角度出發強調儲存保管的效率化。

庫存管理與倉庫管理的區別。倉庫管理主要針對倉庫或庫房的布置、物料運輸與搬運以及存儲自動化等要素進行管理；而庫存管理的主要功能是在供應與需求之間建立緩衝區，達到緩和用戶需求與企業生產能力之間、最終裝配需求與零配件之間、零件加工工序之間、製造商需求與原材料供應商之間的矛盾。庫存管理的對象是庫存項目，即企業中的所有物料，包括原材料、零部件、在製品、半成品、產成品，以及輔助物料。

(二) 庫存管理的目標

庫存好比一把雙刃劍，庫存水平過高會增加企業的庫存持有成本，庫存水平過低又會使缺貨成本上升。因此，庫存管理的目的是，在保證滿足顧客需求的前提下，通過對企業的庫存水平進行合理控制，達到降低庫存總成本、提高服務水平、增強企業競爭力的目的。

庫存管理的總目標是「通過適量的庫存達到合理的供應，使得總成本最低」。具體包括以下幾個分目標：

(1) 合理控制庫存，有效運用資金；
(2) 以最低的庫存量保證企業生產經營活動的正常進行；
(3) 及時把握庫存狀況，維持適當的庫存水平；
(4) 減少不良庫存，節約庫存費用。

總之，通過有效的庫存管理，應使物流均衡順暢，既能保障生產經營活動的正常進行，又能合理壓縮庫存資金，取得良好的經濟效益。

(三) 庫存管理的評價指標

庫存管理的評價指標主要有平均庫存值、可供應時間和庫存週轉率。

1. 平均庫存值

平均庫存值是指某時段範圍內全部庫存物品價值之和的平均值。一般以期初和期末庫存物品價值之和的算術平均值來表示。通過該指標，可以讓企業管理者瞭解企業庫存資金的占用狀況。

2. 可供應時間

可供應時間是指現有庫存能夠滿足多長時間的需求。其計算公式如下：

可供應時間＝平均庫存值/需求率

3. 庫存週轉率

庫存週轉率是指在一定期間庫存週轉的速度。其計算公式如下：

庫存週轉率＝一定期間銷售額/一定期間平均庫存值

提高庫存週轉率對於加快資金週轉、提高資金利用率和變現能力具有積極的作用。通過重點控制耗用金額高的物品、及時處理過剩物料、合理確定進貨批量和削減滯銷存貨等方式來提高庫存週轉率。但是庫存週轉率過高將可能發生缺貨現象，並且由於

採購次數增加會使採購費用上升。

(四) 庫存管理方法

要對庫存進行有效的管理和控制，首先要對庫存進行分類。常見的庫存分類方法有 ABC 分類法和 CVA 分類法。

1. ABC 分類法

（1）基本概念

ABC 分類法（ABC Classification）是指「將庫存物品按照設定的分類標準和要求分為特別重要的庫存（A 類）、一般重要的庫存（B 類）和不重要的庫存（C 類）三個等級，然後針對不同等級分別進行控制的管理方法」（GB/T18354-2006）。ABC 分類法一般也稱 ABC 分類管理法、ABC 分析方法或重點管理法，其核心思想是「抓住重點，分清主次」，以收到事半功倍的效果。

[**案例**] 1879 年，義大利經濟學家帕累托提出，80%的社會財富掌握在 20%的人手中，而其餘 80%的人只擁有 20%的社會財富。這種「關鍵的少數和次要的多數」的理論逐漸被廣泛應用到社會學和經濟學中，並被稱為帕累托原則，即 80/20 原則。

[**案例**] 1951 年，美國通用電器公司的迪克在對公司的庫存產品進行分類時，首次提出根據產品銷量、現金流量、前置時間或缺貨成本將產品分為 ABC 三類：A 類庫存為重要的產品，B 類庫存為次重要的產品、C 類庫存為不重要的產品。

（2）庫存分類與管理策略

ABC 分類管理法實際上是 80/20 原則在物流管理中的運用。一般來說，庫存與資金占用之間存在這種規律：少數庫存物品價值昂貴，占用大部分的庫存資金；相反，大多數庫存物品價格便宜，僅占用很小部分的庫存資金。因此，可以根據庫存種類數量及所占用資金比重之間的關係，將庫存分為 ABC 三類，並根據其特點分別採取不同的管理方法。

通常，企業將庫存物品按照年度貨幣占用量分為三類，如表 5.5 所示。

表 5.5　　　　　　　　　　　庫存 ABC 分類

庫存類別	庫存物品價值占庫存金額總數的百分比(%)	庫存品種數占庫存品種總數的百分比(%)
A	70~80	15~20
B	15~20	30~40
C	5~10	30~40

其中，A 類物品的庫存品種數量占庫存品種總數的 15%~20%，價值占庫存金額總數的 70%~80%；B 類物品的庫存品種數占庫存品種總數的 15%~20%，價值占庫存金額總數的 30%~40%；C 類物品的庫存品種數占庫存品種總數的 60%~70%，價值僅占庫存金額總數的 5%~10%。

對上述不同類別的貨物應採取不同的管理策略，如表 5.6 所示。

表 5.6　　　　　　　　　　不同類型庫存物品的管理策略

管理策略＼庫存類別	A	B	C
控制程度	嚴格控製	一般控製	簡單控製
庫存量計算	依庫存模型詳細計算	一般計算	簡單計算或不計算
進出記錄	詳細記錄	一般記錄	簡單記錄
存貨檢查頻度	密集	一般	很低
安全庫存量	較低	較高	高

其中，A 類物品屬重點庫存控製對象，要求庫存記錄準確，嚴格按照物品的盤點週期進行盤點，檢查其數量與質量狀況，並要制定不定期檢查製度，密切監控該類物品的使用與保管情況。另外，A 類物品還應盡量降低庫存量，採取合理的訂貨週期與訂貨量，杜絕浪費與呆滯庫存。C 類物品無須進行太多的管理投入，庫存記錄可以允許適當的偏差，盤點週期也可以適當地延長。B 類物品介於 A 類與 B 類物品之間，使用、保管與控製的程度也介於其間。

有兩點需要說明：

①關於分類標準。除了可以按照庫存物品價值來劃分外，在實務中，企業還可以按照銷量、銷售額、訂貨提前期、缺貨成本等指標進行分類，其實質是按照對企業的重要度來分類。

②關於類別數量。ABC 分類法並不局限於將庫存物品分為三類，類別數量可以增加。但實踐經驗表明，一般最多不要超過五類，否則，過多的類別反而會增加控製成本。

(3) ABC 分析法的實施步驟

①收集數據。首先要收集有關庫存物品的年度總需求量、單價以及重要度的信息。

②處理數據。計算出各種庫存物品的年度耗用總金額（年度耗用總金額＝年度總需求量×單價）。

③編制 ABC 分析表。根據已計算出的各種庫存物品的年度耗用總金額，把庫存物品按照年度耗用總金額從大到小進行排列，並計算累計百分比。

④確定分類。根據已計算出的年度耗用總金額的累計百分比，按照 ABC 分類法的基本原理，對庫存物品進行分類。

⑤繪製 ABC 分析圖。把上述的分類結果在曲線圖上表現出來。

例 1　某企業全部庫存商品共計 3,424 種，按每一品種年度銷售額從大到小的順序排成如表 11.7 所列的七檔，統計每檔的品種數和銷售金額。要求：用 ABC 分析法確定分類並繪製 ABC 分析圖。

解：庫存物資 ABC 分類可分為數據收集、統計匯總、製作 ABC 分析表、確定 ABC 類別、繪製 ABC 分析圖等幾個步驟。

第一步：數據收集，如表 5.7 所示。

表 5.7　　　　　　　　　　　根據年度銷售額統計的品種數和銷售額

每種商品年度銷售額X（萬元）	品種數	銷售額（萬元）
X>6	260	5,800
5<X≤6	68	500
4<X≤5	55	250
3<X≤4	95	340
2<X≤3	170	420
1<X≤2	352	410
X≤1	2,424	670

第二步：統計匯總，根據題目給定數據編制匯總表，見表 5.8。

表 5.8　　　　　　　　　　　ABC 分類匯總表

每種商品年度銷售額X（萬元）(1)	品種數(2)	占全部品種數的百分比(%)(3)	品種數累計(4)	占全部品種數的累計百分比(%)(5)	銷售額（萬元）(6)	占銷售總額的百分比(%)(7)	銷售額累計（萬元）(8)	占銷售總額的累計百分比(%)(9)
X>6	260	7.59	260	7.59	5,800	69.13	5,800	69.13
5<X≤6	68	1.99	328	9.58	500	5.96	6,300	75.09
4<X≤5	55	1.61	383	11.19	250	2.98	6,550	78.07
3<X≤4	95	2.78	478	13.97	340	4.05	6,890	82.12
2<X≤3	170	4.96	648	18.93	420	5.01	7,310	87.13
1<X≤2	352	10.28	1,000	29.21	410	4.89	7,720	92.02
X≤1	2,424	70.79	3,424	100.00	670	7.99	8,390	100.00
合計	3,424	100			8,390	100		

第三步：根據 ABC 分類標準製作 ABC 分析表，見表 5.9。

表 5.9　　　　　　　　　　　ABC 分析表

分類	品種數	占全部品種數的百分比(%)	占全部品種數的累計百分比(%)	銷售額（萬元）	占銷售總額的百分比(%)	占銷售總額的累計百分比(%)
A	328	9.6	9.6	6,300	75.1	75.1
B	672	19.6	29.2	1,420	16.9	92.0
C	2,421	70.8	100	670	8	100

分類方法：X>5 為 A 類；1<X≤5 為 B 類，X≤1 為 C 類。

第四步：根據 ABC 分析表繪製 ABC 分析圖，如圖 5.13 所示。

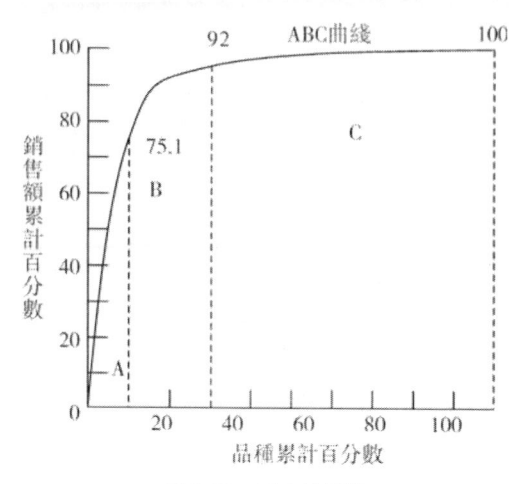

圖 5.13　ABC 分析圖

2. CVA 管理法

儘管 ABC 分類法在庫存管理實踐中取得了一定的成效，如使企業庫存總量降低，庫存資金佔用減少，庫存結構得以優化，管理資源得到節約等，但 ABC 分類管理法也有不足，通常表現為 C 類物質得不到應有的重視，而 C 類物質往往也會導致整個裝配線的停工。為此，人們開發出了關鍵因素分析法（Critical Value Analysis，CVA），並在一些企業中成功應用。

CVA 管理法把庫存物品按照關鍵性分為 3~5 類，分別給予不同的優先級，並採取不同的管理策略。如表 5.10 所示。

表 5.10　　　　　　　　　　CVA 法庫存種類及其管理策略

庫存類型	特點	管理策略
最高優先級	經營管理中的關鍵物品，或 A 類客戶的存貨	不允許缺貨
較高優先級	生產經營中的基礎性物品，或 B 類客戶的存貨	允許偶爾缺貨
中等優先級	生產經營中較重要的物品，或 C 類客戶的存貨	允許在合理範圍內缺貨
較低優先級	生產經營中需要但可替代的物品	允許缺貨

CVA 管理法比 ABC 分類管理法有更強的目的性。但在使用時要注意，人們往往傾向於制定較高的優先級，結果高優先級的物質種類很多，最終哪種物質也得不到應有的重視。在實務中，將上述兩種方法結合使用，可以達到分清主次、抓住關鍵環節的目的。在對成千上萬種物質進行優先級分類時，也不得不借助 ABC 分類法進行歸類。

（五）零庫存管理

1. 基本概念

「零庫存」是一種特殊的庫存概念，零庫存並不是不要儲備和沒有儲備。所謂的零庫存，是指物料（包括原材料、半成品和產成品等）在採購、生產、銷售、配送等一個或幾個經營環節中，不以倉庫存儲的形式存在，而均處於週轉的狀態。換言之，零

庫存並非指以倉庫儲存形式的某種或某些物品的儲存數量真正為零，而是通過實施特定的庫存控製策略，實現庫存量的最小化。所以，零庫存管理的內涵是以倉庫儲存形式的某些物品數量為「零」，即不保存經常性庫存，它是在物資有充分社會儲備保證的前提下，所採取的一種特殊供給方式。

2. 零庫存管理的意義

實現零庫存管理的目的是為了減少庫存資金占用量，減少倉儲設施設備的資金占用量，減少勞動消耗量，提高物流營運的經濟效益。如果把零庫存僅僅看成是倉庫中存儲物的數量減少而忽視其他物質要素的變化，上述目的就很難能實現。因為在庫存結構、庫存佈局不盡合理的狀況下，即使某些企業的庫存貨物數量趨於零或等於零，但是，從全社會來看，由於倉儲設施的重複設置，用於倉庫投資和維護的資金占用量並沒有減少。因此，從物流營運合理化的角度來說，零庫存管理應當包含以下兩層意義：一是庫存貨物的數量趨於零或等於零，二是庫存設施、設備的數量及庫存勞動耗費同時趨於零或等於零。後者實際上是社會庫存結構的合理調整和庫存集中化的表現。

3. 零庫存管理的實現方式

零庫存管理可以通過實施「準時制」庫存、「供應商管理庫存」以及寄銷庫存等方式來實現。

（1）準時制（Just In Time，JIT）庫存。即維持系統完整運行所需的最小庫存。有了「準時制」庫存，所需的商品就能按時按量到位，分秒不差。

（2）供應商管理庫存（Vendor Managed Inventory，VMI）。它是指「按照雙方達成的協議，由供應鏈的上游企業根據下游企業的物料需求計劃、銷售信息和庫存量，主動對下游企業的庫存進行管理和控製的庫存管理方式」（GB/T18354-2006）。

［案例］2004年北京富士通系統工程有限公司在對中國汽車整車和零部件行業進行深入細緻的調查之後，結合富士通多年為日本汽車行業的服務經驗，推出了應用於汽車行業基於VMI供應商管理庫存模式的富華恒通綜合物流管理系統。採用VMI庫存管理模式，可以使企業降低庫存成本、加快反應速度。據測算，實施VMI可以實現在提高顧客滿意度的同時降低50%的庫存成本，庫存降低近30%，平均庫存週轉率提高1倍，缺貨損失降低20%，庫存積壓減少23%。

（3）寄銷庫存。這是企業實現「零庫存資金占用」的一種有效方式，即供應商將產品直接存放在用戶的倉庫裡，並擁有對庫存商品的所有權，用戶只在領用這些產品後才與供應商進行貨款結算。顯然，採用這種方式，供需雙方可實現「雙贏」。

五、庫存控製技術

庫存控製即存貨控製（Inventory Control），是指「在保證供應的前提下，使庫存品的數量合理所進行的有效管理的技術經濟措施」（GB/T18354-2006）。

下面分獨立需求庫存控製與相關需求庫存控製兩種情況來討論。

（一）獨立需求庫存控製

獨立需求物品是指物品的需求量之間沒有直接的聯繫，也就是說沒有量的傳遞關

係。對於這類庫存物品的控制，主要是確定訂貨點、訂貨量以及訂貨週期等參數。一般採用訂貨點法確定何時訂貨，採用經濟訂貨批量法確定每次訂貨的最佳批量，然後發出訂單並催貨。獨立需求物品的庫存控製模型一般分為定量庫存控製模型和定期庫存控製模型兩種。

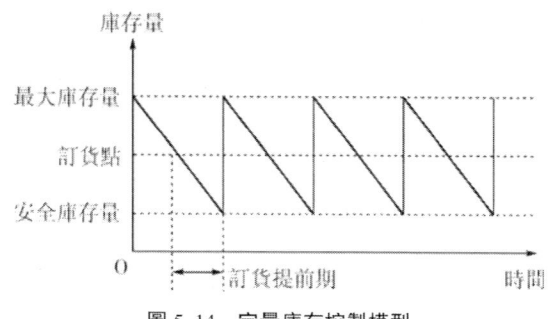

1. 定量庫存控製模型

定量庫存控製也稱訂購點控製，這種訂貨方法也稱定量訂貨法。該模型是在下述前提條件下建立的：

● 產品訂貨批量是固定的
● 訂貨提前期是固定的
● 單位產品的價格是固定的
● 產品的需求是基本固定的

定量庫存控製方法具有兩個基本特點：一是「雙定」，即訂貨點和訂貨批量都是固定的，二是「定量不定期」。由於物料的消耗是不均衡的，因此，若每次訂購的貨物批量都相同，則訂貨間隔期往往不同。按照該模型進行庫存控製，就需要連續不斷地檢查庫存物料的數量，當庫存下降到一定水平（訂貨點）時，按固定的訂貨數量向供應商訂貨（見圖5.14）。因此，該模型也稱連續檢查庫存控製模型。

圖 5.14　定量庫存控製模型

顯然，按該模型進行庫存控製必須確定兩個參數：補充庫存的訂貨點（有時也稱報警點）和訂貨批量。

（1）訂貨點的確定

訂貨點即訂購點，也稱再訂貨點或再訂購點，是指當庫存物品的數量下降到必須再次訂貨的時點時，倉庫所擁有的庫存量。

訂貨點的計算公式為：

訂貨點 = 日平均消耗量 × 訂貨提前期 + 安全庫存量

即

$$ROP = \frac{D}{365} \times L_t + SS$$

式中：ROP ——（再）訂貨點；

　　　D ——庫存物品的年需求量或年需求率（件/年）；

　　　L_t ——訂貨提前期（天）；

　　　SS ——安全庫存量（件）。

需要說明的是，安全庫存量（SS）的設定，要考慮庫存物品的需求特性以及訂貨提前期等因素。可根據客戶的重要程度、產品特性手工設置安全系數（安全系數與庫存服務水平有關）。

對於定量訂貨法，安全庫存量可以根據需求量變化、提前期固定，提前期變化、需求量固定，需求量和提前期同時變化三種情況，分別通過計算來確定。

（2）訂貨批量的確定

定量庫存控製模型中的訂貨批量是指經濟訂貨批量。所謂經濟訂貨批量（Economic Order Quantity，EOQ）是指「通過平衡採購進貨成本和保管倉儲成本核算，以實現總庫存成本最低的最佳訂貨量」（GB/T18354-2006）。如圖5.15所示。

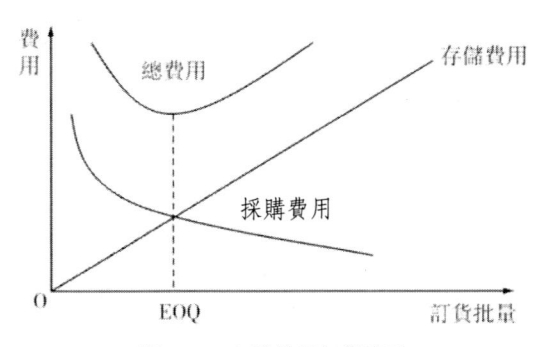

圖5.15 經濟批量訂貨模型

理想的經濟訂貨批量是指不考慮缺貨，也不考慮數量折扣以及其他問題的經濟訂貨批量。在既不允許缺貨也沒有數量折扣等因素影響的情況下，庫存物品的年庫存總成本（TC）＝購進成本+訂購成本+儲存成本，即：

$$TC = DP + \frac{DC_r}{Q} + \frac{QH}{2}$$

若使TC最小，將上式對Q求導後令其等於0，得到經濟訂貨批量Q^*的計算公式：

$$EOQ = Q^* = \sqrt{\frac{2DC_r}{H}}$$

式中：D——庫存物品的年需求量或年需求率（件/年）

P——單位購進成本（元/件）

C_r——單次訂購費用（元/次）

H——單位庫存保管費（元/件·年）

例2　A公司對B物品的年需求量為1,200單位，單價為10元/單位，單位物品年平均儲存成本為單位物品單價的20%，每次訂購成本為300元。求經濟訂貨批量和庫存總成本。

解：$D=1,200$單位　$P=10$元　$C_r=300$元　$H=20\% P=10\times20\%=2$（元）

$$EOQ = Q^* = \sqrt{\frac{2DC_r}{H}} = \sqrt{\frac{2 \times 1,200 \times 300}{10 \times 20\%}} = 600 \text{（單位）}$$

庫存總成本 $TC = DP + \dfrac{DC_r}{Q} + \dfrac{QH}{2}$

$= 1,200 \times 10 + \dfrac{1,200 \times 300}{600} + \dfrac{600 \times 10 \times 20\%}{2}$

$= 13,200(元)$

即在每次訂購數量為 600 單位時，庫存總費用最小，為 13,200 元。

(3) 定量庫存控製法的適用範圍

訂貨點法主要適用於需求量大、需求波動性大、缺貨損失較大的庫存物品的控製。具體而言，主要適於以下物品：

①消費金額高、需要實施嚴格管理的重要物品；
②根據市場的狀況和經營方針，需要經常調整生產或採購數量的物品；
③需求預測困難的物品等。

2. 定期庫存控製模型

定期庫存控製也稱固定訂購週期控製，以這種方式進行訂貨的方法稱定期訂貨法。採用該法控製庫存也具有兩個基本特點：一是「雙定」，即預先確定訂貨週期和最大庫存水平，二是「定期不定量」。由於物料消耗不均衡，若訂貨間隔期相同，則每次訂貨的數量往往不同。按照該模型進行庫存控製，就需要週期性地檢查庫存水平，將庫存補充到最大。因此，該模型也稱週期性檢查庫存控製模型。採用該模型進行庫存控製，不存在固定的訂貨點，但也要設立安全庫存量。如圖 5.16 所示。

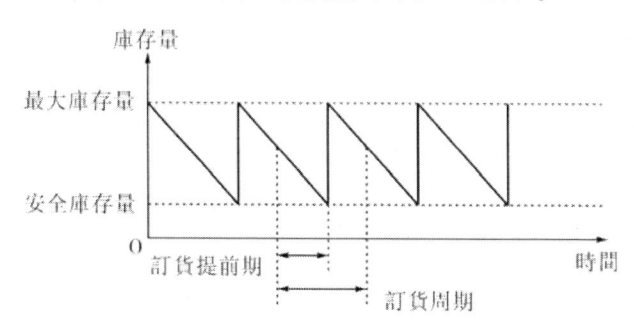

圖 5.16　定期庫存控製模型

顯然，按該模型進行庫存控製必須確定三個參數：訂貨週期、最大庫存量與訂貨量。

(1) 訂貨週期的確定

訂貨週期即訂貨間隔期，是指相鄰兩次訂貨的時間間隔。一般按照經濟訂貨週期求解。所謂經濟訂貨週期（Economic Order Interval，EOI），是指通過平衡採購進貨成本和保管倉儲成本核算，以實現總庫存成本最低的最佳訂貨週期。

其計算公式為：

$$EOI = T^* = \sqrt{\dfrac{2C_r}{HD}}$$

其中：C_r——單次訂貨費用（元/次）；

H——單位庫存保管費（元/件·年）；

D——庫存貨物的年需求量或年需求率（件/年）。

（2）最大庫存量的確定

最大庫存量一般是通過對庫存物品需求的預測來確定的，應該滿足訂貨週期、訂貨提前期和安全庫存三個方面的要求。其計算公式為：

$$Q_{max} = \bar{R}_d(T + \bar{L}_t) + SS$$

其中：Q_{max}——最大庫存量（件）；

$\bar{R}_d$——$(T + \bar{L}_t)$ 期間對庫存物品的平均日需求量（件/天）；

T——訂貨週期（天）；

$\bar{L}_t$——平均訂貨提前期（天）；

SS——安全庫存量（件）。

對於定期訂貨法，安全庫存量的設定及計算方法與定量訂貨法類似。但要注意，該法與定量訂貨法的區別是，需要在訂貨週期（訂貨間隔期）內備有一定的安全庫存。

（3）訂貨量的確定

訂貨量即庫存補充量。其計算公式為：

$$Q_i = Q_{max} - Q_{Ni} - Q_{Ki} + Q_{Mi}$$

其中：Q_i——第 i 次訂貨的訂貨量（件）；

Q_{max}——最高庫存量（件）；

Q_{Ni}——第 i 次訂貨點的在途到貨量（件）；

Q_{Ki}——第 i 次訂貨點的實際庫存量（件）；

Q_{Mi}——第 i 次訂貨點已售待出庫貨物數量（件）。

例3 某商業企業的 X 型彩電年銷售量為 10,000 臺，訂貨費用為 100 元/次，每臺彩電年平均儲存成本為 10 元/臺，訂貨提前期為 7 天，訂貨間隔期為 15 天，其間，平均每天的銷售量為 25 臺，安全庫存量為 100 臺。求經濟訂貨週期和最大庫存量。

解：已知 $D = 10,000$ 臺　$C_r = 100$ 元/次　$H = 10$ 元/臺　$L_t = 7$ 天　$T = 15$ 天

$\bar{R}_d = 25$ 臺/天　$SS = 100$ 臺，則

$$EOI = T^* = \sqrt{\frac{2C_r}{HD}} = \sqrt{\frac{2 \times 100}{10 \times 10,000}} = 0.047\,2 \text{（年）}$$

$$Q_{max} = \bar{R}_d(T + \bar{L}_t) + SS = 25 \times (15+7) + 100 = 650 \text{（臺）}$$

即經濟訂貨週期為 0.0472 年（約 18 天），最大庫存量為 650 臺。

（4）定期庫存控製方法的適用範圍

定期庫存控製方法可以簡化庫存控製的工作量，但由於庫存消耗的不均衡，缺貨風險高於定量庫存控製方法，因此該方法主要適用於需求較穩定或需求量不大、缺貨損失較小的庫存物品的控製。具體而言，主要適於以下物品：

①單價較低，不便於少量訂購的貨物，如螺栓、螺母等；

②需求量變動幅度大，但變動有週期性、可以正確判斷的物品；

③品種數量繁多、庫房管理事務量較大的物品；
④通用性強、需求總量比較穩定的產品等；
⑤受交易習慣的影響，需要定期採購的物品；
⑥消費量計算複雜的產品；
⑦聯合採購可以節省運輸費用的商品；
⑧同一品種物品分散保管、同一品種物品向多家供貨商訂購、批量訂購分期入庫等訂購、保管和入庫不規則的物品；
⑨建築工程、出口等時間可以確定的物品；
⑩定期製造的物品等。

3. 庫存補給策略

在定量訂貨和定期訂貨庫存控制模型的基礎上，產生了一系列庫存補給策略（訂貨策略），最基本的有四種：

（1）（Q，R）策略，即連續檢查、固定訂貨點（R）和訂貨量（Q）的訂貨策略。該策略適用於需求量大、缺貨成本較高、需求波動性很大的庫存物品的補給。

（2）（R，S）策略，即連續檢查、固定訂貨點（R）和最大庫存量（S）的訂貨策略。該策略的適用條件與（Q，R）策略相似。

（3）（T，S）策略，即週期性檢查（固定檢查週期T）、固定最大庫存量（S）的庫存補給策略。該策略適用於一些不很重要或使用量不大的貨品的補給。

（4）（T，R，S）策略。該策略是（T，S）策略和（R，S）策略的綜合。其特點是T、R、S三個參數都是固定的。在實施該策略時，隔一段時間（T）檢查一次庫存，若庫存量低於或等於訂貨點（R），則發出訂單，訂貨量（Q）等於最大庫存量（S）與檢查時的庫存量（I）之差；若庫存量還未下降到訂貨點（R），則無須訂貨。

（二）相關需求庫存控制

以上策略適用於獨立性需求環境下的庫存控制系統，它是以經常性地補充庫存並維持一定的庫存水平為特徵的。連續檢查和定期檢查就是這種系統的兩種基本控制策略。對於相關需求的庫存控制系統有 MRP 和 JIT 系統，參見本書學習情境三，在此不再贅述。

5.5 物流成本管理

物流成本佔企業經營成本的比重很大，物流成本的高低直接關係到企業競爭力的強弱，因而物流成本管理已成為企業物流管理的一個核心內容，而降低物流成本則成為物流管理的首要任務。

一、物流成本的概念與內涵

物流成本（Logistics Cost）是指「物流活動中所消耗的物化勞動和活勞動的貨幣表

現」（GB/T18354-2006）。物流成本是物品在物流活動中所支出的人力、物力和財力的總和，包括：物品在實物運動（如運輸、包裝、裝卸搬運、配送、流通加工等）過程中所發生的費用，以及從事這些活動所必需的設施設備費用；完成物流信息處理所發生的費用及相應的設施設備費用；對上述活動進行綜合管理所發生的費用。簡言之，物流成本是完成物流活動的全部成本和費用。

從物流成本管理的角度，可將物流成本分為社會物流成本、貨主企業（即工商企業）的物流成本以及物流企業的物流成本三種類型。其中，社會物流成本也稱宏觀物流成本，它是一個國家在一定時期內發生的物流總成本，是不同性質的企業物流成本（即微觀物流成本）之和[①]。通常用物流成本占 GDP 的比重來衡量一國物理管理水平的高低。國家和地方政府可以通過制定物流相關政策、進行區域物流規劃、建設物流園區等舉措來推動物流產業的發展，從而降低宏觀物流成本。

製造企業物流是物流業發展的原動力，而商業企業是連接工業企業和最終用戶的橋樑和紐帶，工商企業是物流服務的需求主體。故一般所說的物流成本主要是指貨主企業的物流成本，商業企業的物流活動可以看成工業企業物流活動的延伸，而物流企業主要為工商企業提供物流服務。因此，物流企業的物流成本是貨主企業物流成本的轉移，是貨主企業物流成本的組成部分。社會宏觀物流成本則是貨主企業物流成本的綜合。

二、物流成本管理

（一）物流成本管理的意義

無論採用何種物流技術與管理模式，最終的目的都是為了實現物流合理化，即通過對物流系統目標、物流設施設備以及物流活動組織等進行調整與改善，實現物流系統的整體優化，而最終的目標都是要在保證一定物流服務水平的前提下實現物流成本的降低。可以說，整個物流管理的發展過程就是不斷追求物流成本降低的過程。

物流成本管理是物流管理的重要內容，而降低物流成本與提高物流服務水平則構成物流管理最基本的課題。物流成本管理的意義在於，通過對物流成本的有效把握，利用物流要素之間的效益背反關係，科學、合理地組織物流活動，加強對物流活動過程中費用支出的有效控製，降低物流活動中的物化勞動和活勞動的消耗，從而達到降低物流總成本、提高企業和社會經濟效益的目的。

從微觀的角度看，降低物流成本給企業帶來的經濟效益主要體現在以下兩個方面：

（1）由於物流成本在企業產品成本中佔有很大的比重，在其他條件不變的情況下，降低物流成本意味著產品的邊際利潤增加、企業的獲利能力增強，總利潤增加；

（2）物流成本的降低，意味著企業產品的價格競爭力增強，企業可以利用相對低廉的價格在市場上出售自己的產品，從而提高產品的市場競爭力，擴大銷量，獲得更多的利潤。

---

① 目前，各國物流學術界和實業界普遍認同的一個社會物流成本計算的概念性公式是：物流總成本＝運輸成本＋存貨持有成本＋物流行政管理成本。

從宏觀的角度講，降低物流成本給行業和社會帶來的經濟效益主要體現在以下三個方面：

（1）如果全行業的物流效率普遍提高，平均物流費用降低到一個新的水平，將會增強該行業在國際上的競爭力。而對於一個地區性的行業來說，則可提高其在全國市場的競爭力。

（2）全行業物流成本的普遍下降，將會對產品價格產生一定的影響，導致物價降低，這有利於刺激消費，提高國民的購買力。

（3）對於全社會而言，物流成本的降低，意味著創造同等數量的財富，在物流領域所消耗的物化勞動和活勞動得到節約。這樣就實現了以盡可能少的資源投入，創造出盡可能多的物質財富，達到了節約資源的目的。

（二）物流成本管理相關理論

1.「物流成本冰山」說

這一理論是由日本早稻田大學的西澤修教授提出的。西澤修教授認為，人們對物流成本的全貌並不知曉，如果把物流成本比喻成一座冰山，大家看到的只是露出海面的冰山一角，而大部分冰山卻被海水淹沒，這才是物流成本的主體部分。他指出，企業在計算盈虧時，「銷售費用和管理費用」項目所列支的「運費」和「保管費」的現金金額，一般只包括企業支付給其他企業的運費和倉儲保管費，而這些外付物流費用不過是企業整個物流費用的「冰山一角」。如圖5.17所示。

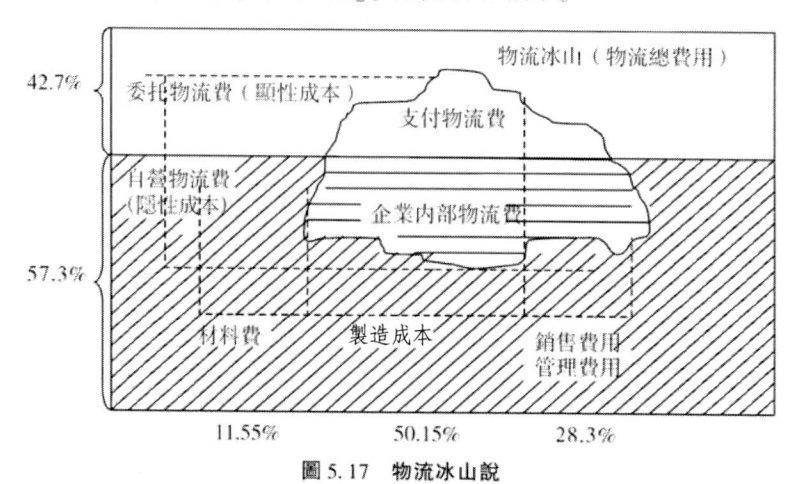

圖 5.17　物流冰山說

一般情況下，在企業的財務統計數據中，我們只能看到支付給外部運輸企業和倉儲企業的委託物流費用，而實際上，這些委託物流費用在整個企業的物流費用中確實猶如冰山的一角。因為物流基礎設施設備的折舊費、企業利用自己的車輛運輸、利用自己的倉庫保管貨物、由自己的工人進行包裝、裝卸等自營物流費用都計入了原材料、生產成本（製造費用）、管理費用和銷售費用等科目中。一般來說，企業向外部支付的委託物流費用是很小的一部分，而發生在企業內部的自營物流費用才是企業物流成本的主要部分。從現代物流管理的需求來看，當前的會計科目設置使企業管理者難以準

確把握物流成本的全貌。美國、日本等國家的實踐表明，企業實際物流成本的支出往往要超過企業外付物流成本額的 5 倍以上。

「物流成本冰山說」之所以成立，除了會計核算製度本身沒有設立專門的物流成本科目外，還有以下三個方面的原因：

（1）物流成本的計算範圍太大，包括供應物流、生產物流、銷售物流、逆向物流與廢棄物物流。物流活動範圍廣，涉及的主體多，很容易漏掉其中的某一部分，結果會導致物流費用的計算結果相距甚遠。

（2）運輸、保管、包裝、裝卸以及物流信息處理等各物流環節活動中，哪些應該作為物流成本的計算對象問題。如果只計運費和保管費，與運輸、保管、包裝、裝卸以及物流信息處理等全部費用都記入相比，計算結果的差別也會很大。

（3）選擇哪幾種成本科目列入物流成本計算的問題。比如，向外部支付的運輸費、保管費、裝卸費等費用一般都容易列入物流成本，但本企業內部發生的物流費用，如與物流相關的人工費、物流設施建設費、設備購置費，以及折舊費、維修費、電費、燃料費等是否也列入物流成本？這些都與物流費用的大小直接相關。

綜上所述，物流成本確實猶如大海裡的一座冰山，露出海面的僅是冰山一角。

[案例] 汽車行業的物流冰山現象

近幾年汽車行業競爭加劇，降價已是大勢所趨，從汽車製造商的角度看，降低成本的要求就顯得越來越迫切。汽車製造商的成本主要來自於生產、銷售、物流和管理等費用，而物流則主要分為整車物流和零配件物流。

有數據顯示，歐美汽車製造企業的物流成本占銷售額的比例是 8% 左右，日本汽車廠商甚至可以達到 5%，而中國汽車生產企業這一數字普遍在 15% 以上。2002 年，按照汽車企業配件銷售規模，中國主要大型車廠零配件售後服務物流費用達到近 2 億元。中國汽車生產商的「物流冰山」已經顯現，如果中國汽車生產商能達到歐美企業的物流配送水平，僅零配件售後服務物流一項就可以節省近千萬元資金。中國汽車製造商必須在物流時代，通過使用降低物流成本的經營方案，獲得企業未知的「第三利潤源」。

2.「第三利潤源」說

西澤修教授在 1970 年自己所寫的《流通費用》一書中繼續指出，利用勞動對象和勞動者提高生產效率、創造利潤，分別是企業的「第一利潤源」和「第二利潤源」。在「第一利潤源」和「第二利潤源」可利用空間越來越小的情況下，物流成為企業增加利潤的「第三利潤源」。顯然，「第三利潤源」說揭示了現代物流的本質，使物流能在戰略和管理上統籌企業生產、經營的全過程，並推動現代物流的發展。

3.「黑大陸」學說

1962 年，「現代管理之父」彼德·德魯克在《財富》雜誌上發表的《經濟的黑色大陸》一文中，把物流比作「一塊未開墾的處女地」，強調應高度重視流通及流通過程的物流管理。他指出，「流通是經濟領域的黑暗大陸」。雖然彼得·德魯克在這裡泛指的是流通，但由於流通領域中物流活動的模糊性特別突出，而該領域恰恰是人們尚未認識清楚的領域，所以「黑大陸」學說主要是針對物流而言的。「黑大陸」學說是一

種未來學的研究結論，是戰略分析的結論，帶有較強的哲學抽象性，這一學說對於研究物流成本起到了啟迪和動員作用。

4.「成本中心」說

該學說認為，物流在整個企業戰略中，只對企業行銷活動的成本產生影響。物流是重要的企業成本的產生點，又是「降低成本的寶庫」，因而解決物流的問題，並不只是要搞合理化、現代化，不只是為了支持保障其他活動，重要的是通過物流管理和一系列物流活動降低成本。所以，成本中心既是指主要成本的產生點，又是指降低成本的關注點，物流是「降低成本的寶庫」等說法正是這種認識的形象表述。

5. 物流成本「交替損益」觀

在物流管理中，要使任何一個要素增益，必將對其他要素產生減損的作用，這就是物流成本的「交替損益」，也稱「效益背反」或「二律背反」。該規律主要體現在物流成本與物流服務水平之間以及各物流功能要素之間。

物流管理的核心問題，是如何實現在降低物流成本的同時，提高客戶服務水平。而物流服務水平的提高必然以提高物流成本為代價。在沒有很大技術進步的情況下，企業很難做到在提高物流服務水平的同時又降低物流成本。因此，需要在物流成本與物流服務水平之間進行權衡。

物流成本與物流服務水平之間是一種此消彼長的關係，兩者間的關係適用於收益遞減規律。如圖 5.18 所示，物流服務水平與物流成本之間並非呈線性關係。在服務水平較低的階段，如果增加 a 個單位的成本，則服務水平將提高 b 個單位；而在服務水平較高的階段，同樣增加 a 個單位的成本，則服務水平僅提高 c 個單位，且 $c<b$。若無限度地提高物流服務水平，則會導致物流成本迅速上升，而物流服務水平並沒有同步增長，甚至可能會出現下降的趨勢。從理論上講，企業可以在保持一定的物流成本的情況下，提高物流服務水平；或者在保持一定的物流服務水平的情況下，降低物流成本。當然，在具體運作時還必須考慮客戶的需求以及競爭對手的反應。因此，有效物流管理的目標，就是要在保持客戶要求的物流服務水平的同時，使物流成本達到最低。

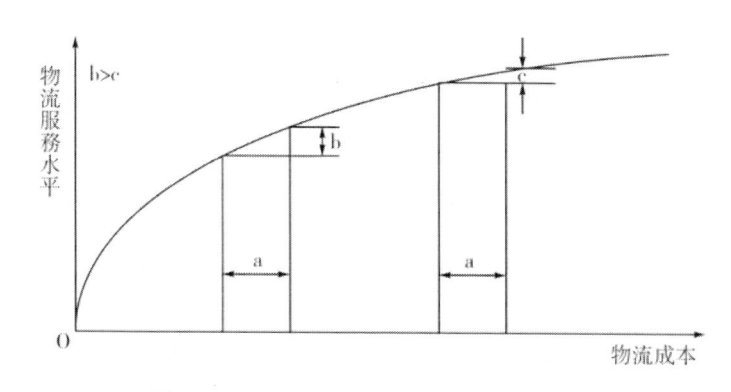

圖 5.18　物流成本與物流服務水平的效益背反

(三) 物流成本管理與控製系統

物流成本管理與控製系統主要由物流成本管理系統和物流成本日常控製系統兩部分組成。

1. 物流成本管理系統

物流成本管理系統是指在物流成本核算的基礎上，運用專業的預測、計劃、核算、分析和考核等經濟管理方法來進行物流成本的管理，具體包括物流成本預算、物流成本性態分析、物流責任成本管理以及物流成本效益分析等。物流成本管理系統有三個層次，如圖 5.19 所示。

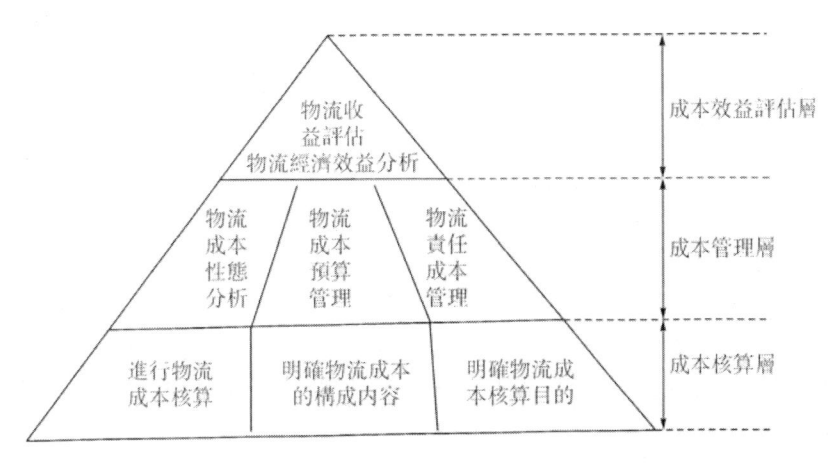

圖 5.19 物流成本管理系統的層次結構與基本內容

需要說明的是，在進行物流成本核算時，首先要明確核算的目的，不能僅僅停留在會計核算層面，而要充分利用物流成本信息，服務於管理決策。其次，要明確物流成本的構成內容，要將全部物流成本從原有的會計資料中分離出來。最後，進入具體的核算階段，要將物流成本按照一定的標準進行分配與歸集核算。比如，按產品、顧客、地域、物流功能或費用支付形式等進行歸集，這些歸集方法與目前的財務會計核算口徑是一致的。或者按照作業成本法進行歸集，則更加科學、有效。

2. 物流成本日常控製系統

物流成本的日常控製系統是指在物流營運過程中，通過物流技術的改善和物流管理水平的提高來降低和控製物流成本。具體的技術措施包括：①提高物流服務的機械化、裝箱化、托盤化水平；②改善物流途徑，縮短運輸距離；③擴大運輸批量、減少運輸次數、實施共同運輸；④維持合理庫存、管好庫存物質、減少物質損毀。

物流成本控製是物流成本管理的中心環節。物流成本控製的對象有很多，在實際工作中，一般可以物流成本的形成階段作為控製對象，也可以物流服務的不同功能作為控製對象，還可以物流成本的不同項目作為控製對象。這三種物流成本控製的形式並非獨立的，彼此間存在相互作用與影響。如圖 5.20 所示。

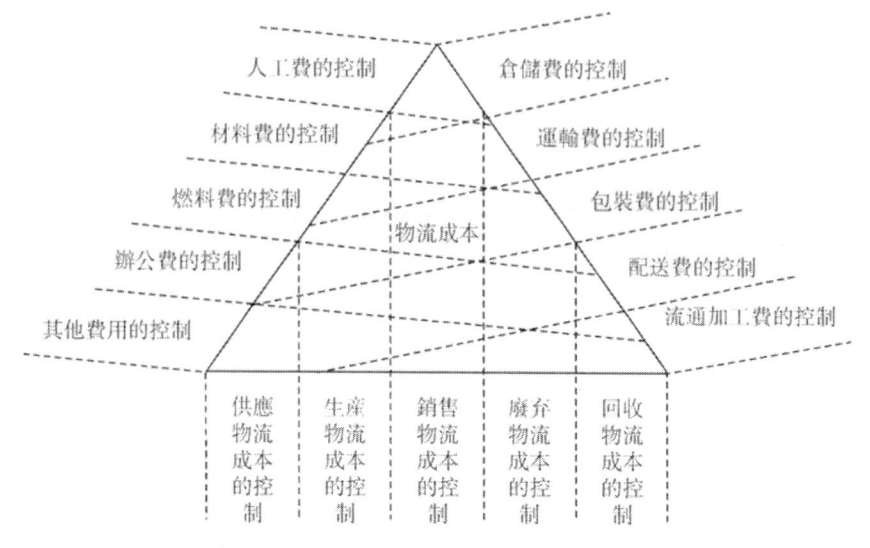

圖 5.20　物流成本控製系統的對象與基本內容

綜上所述，對物流成本進行綜合管理與控製，就是要將物流成本管理系統與物流成本日常控製系統結合起來，形成一個不斷優化的物流系統的循環。

三、物流成本計算

(一) 傳統的物流成本計算方法

在進行企業物流成本計算時，首先要明確物流成本計算的內容。根據中國國家標準《企業物流成本構成與計算》的規定，物流成本的計算對象可以從成本項目類別、範圍類別和形態類別三個方面進行計算。

（1）成本項目類別物流成本。它是指以物流成本項目作為物流成本計算的對象，具體包括物流功能成本和存貨相關成本。其中：物流功能成本是指在包裝、運輸、倉儲、裝卸搬運、流通加工、物流信息處理和物流管理過程中所發生的物流成本。而存貨相關成本是指企業在物流活動過程中所發生的與存貨有關的資金占用成本、物品損耗成本、保險和稅收成本。如表 5.11 所示。

採用成本項目類別計算物流成本，有利於分析不同功能的物流成本所占的比例，從而發現物流成本問題的所在。

（2）範圍類別物流成本。它是指以物流活動的範圍作為物流成本計算的對象，具體包括供應物流、企業內物流、銷售物流、回收與廢棄物流等不同階段發生的各項物流成本支出。如表 5.12 所示。

表 5.11　　　　　　　　　　　　企業物流成本項目構成表

成本類別	成本項目		說明
物流功能成本	物流運作成本	運輸成本	指一定時期內，企業為完成貨物運輸業務而發生的全部費用，包括從事貨物運輸業務的人員費用、車輛（包括其他運輸工具）的燃料費、折舊費、維修保養費、租賃費、養路費、過路費、年檢費、事故損失費、相關稅金等。
		倉儲成本	指一定時期內，企業為完成貨物儲存業務而發生的全部費用，包括倉儲業務人員費用、倉儲設施的折舊費、維修保養費、水電費、燃料與動力消耗等。
		包裝成本	指一定時期內，企業為完成貨物包裝業務而發生的全部費用，包括包裝業務人員費用，包裝材料消耗，包裝設施折舊費、維修保養費，包裝技術設計、實施費用以及包裝標記的設計、印刷等輔助費用。
		裝卸搬運成本	指一定時期內，企業為完成裝卸搬運業務而發生的全部費用，包括裝卸搬運業務人員費用，裝卸搬運設施折舊費、維修保養費、燃料與動力消耗等。
		流通加工成本	指一定時期內，企業為完成貨物流通加工業務而發生的全部費用，包括流通加工業務人員費用，流通加工材料消耗，加工設施折舊費、維修保養費，燃料與動力消耗費等。
	物流訊息成本		指一定時期內，企業為採集、傳輸、處理物流訊息而發生的全部費用，指與訂貨處理、儲存管理、客戶服務有關的費用，包括物流訊息人員費用以及軟硬體折舊費、維護保養費、通訊費等。
	物流管理成本		指一定時期內，企業物流管理部門及物流作業現場所發生的管理費用，包括管理人員費用以及差旅費、辦公費、會議費等。
存貨相關成本	資金占用成本		指一定時期內，企業在物流活動過程中負債融資所發生的利息支出（顯性成本）和占用內部資金所發生的機會成本（隱性成本）。
	物品損耗成本		指一定時期內，企業在物流活動過程中所發生的物品跌價、損耗、毀損、盤虧等損失。
	保險和稅收成本		指一定時期內，企業支付的與存貨相關的財產保險費以及因購進和銷售物品應繳納的稅金支出。

表 5.12　　　　　　　　　　　　範圍類別物流成本構成表

範圍類別	說明
供應物流成本	指經過採購活動，將企業所需原材料（生產資料）從供給者的倉庫運回企業倉庫為止的物流過程中所發生的物流費用。
企業內物流成本	指從原材料進入企業倉庫開始，經過出庫、製造形成產品以及產品進入成品庫，直到產品從成品庫出庫為止的物流過程中所發生的物流費用。
銷售物流成本	指為了進行銷售，產品從成品倉庫運動開始，經過流通環節的加工製造，直到運輸至中間商的倉庫或消費者手中的物流活動過程中所發生的物流費用。
回收物流成本	指退貨、返修物品和週轉使用的包裝容器等從需方返回供方的物流活動過程中所發生的物流費用。
廢棄物流成本	指將經濟活動中失去原有使用價值的物品，根據實際需要進行收集、分類、加工、包裝、搬運、儲存等，並分送到專門處理場所的物流活動過程中所發生的物流費用。

採用範圍類別計算物流成本，有利於分析物流活動各階段的成本支出情況，比較適合生產企業。

（3）形態類別物流成本。它是指以物流成本的支付形態作為物流成本計算的對象，具體包括委託物流成本和企業內部物流成本。其中，委託物流成本是貨主企業支付給物流企業的物流服務費用，而企業內部物流成本的支付形態具體包括材料費、人工費、維護費、一般經費和特別經費。如表 5.13 所示。

表 5.13　　　　　　　　　　形態類別物流成本構成表

成本支付形態		說明
企業內部物流成本	材料費	包括資材費、工具費、器具費等
	人工費	包括工資、福利、獎金、津貼、補貼、住房公積金等
	維護費	包括土地、建築物及各類物流設施設備的折舊費、維護維修費、租賃費、保險費、稅金、燃料與動力消耗費等
	一般經費	包括辦公費、差旅費、會議費、通訊費、水電費、煤氣費等
	特別經費	包括存貨資金占用費、物品損耗費、存貨保險費和稅費
委託物流成本		指企業向外部物流機構所支付的各項費用

採用成本支付形態來計算物流成本，便於檢查物流成本用於各項日常支出的數額和所占的比例，對比與分析各項成本水平的變化情況，比較適合生產企業和專業物流機構的物流成本管理。

事實上，物流企業的物流成本計算可以從成本項目和形態類別兩個方面展開。如表 5.14 所示。

表 5.14　　　　　　　　　　物流成本支付形態表

編制單位：　　　　　　　　　　　年　月　　　　　　　　　　　單位：元

成本項目 \ 內部支付形態			材料費	人工費	維護費	一般經費	特別經費	合計
物流功能成本	物流運作成本	運輸成本						
		倉儲成本						
		包裝成本						
		裝卸搬運成本						
		流通加工成本						
		小計						
	物流信息成本							
	物流管理成本							
	合計							
存貨相關成本	資金占用成本							
	物品損耗成本							
	保險和稅收成本							
	其他成本							
	合計							
物流成本合計								

2. 作業成本法

作業成本法（Activity-Based Costing，ABC）是美國芝加哥大學的青年學者庫伯和哈佛大學教授卡普蘭於 1988 年提出的，目前被認為是確定和控製物流成本最有前途的方法。

(1) 作業成本法的概念與原理

作業成本法是一種新的物流成本計算方法，是指以成本動因理論為基礎，通過對作業進行動態追蹤，評價作業業績和資源利用情況的方法。

在作業成本法中引入了許多新概念，圖 5.21 顯示了各概念之間的關係。資源按資源動因分配到作業或作業中心，作業成本按作業動因分配到產品。分配到作業的資源構成該作業的成本要素，多個成本要素構成作業成本池，多個作業構成作業中心。作業動因包括資源動因和成本動因，分別是將資源和作業成本進行分配的依據。

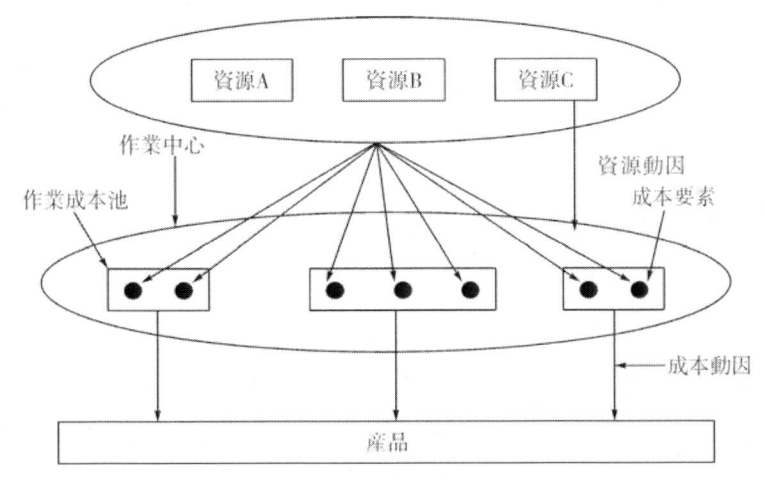

圖 5.21　作業成本模型

作業成本法的基本原理是，產品消耗作業，作業消耗資源並導致成本的發生。作業成本法把成本核算深入到作業層次，它以作業為單位收集成本，並把「作業」或「作業成本池」的成本按作業動因分配到產品。

作業成本法的提出有重要的意義。一方面，作業成本法根據不同的作業類型，利用多個成本動因進行核算，不僅能夠準確提供產品或服務的成本，尤其是間接成本，而且有助於企業瞭解客戶是如何影響其成本結構的。另一方面，作業成本法著眼於企業生產中的價值增值活動，在整個供應鏈管理過程中有助於去除無效成本，優化流程。

(2) 作業成本法在物流管理中的應用

通常將作業成本法在物流領域的應用稱為物流作業成本法（Logistics Activity-Based Costing），它是「以特定物流活動成本為核算對象，通過成本動因來確認和計算作業量，進而以作業量為基礎分配間接費用的物流成本管理方法」（GB/T18354-2006）。

物流作業成本分析的基本步驟如下：

①確定企業物流系統中涉及的各項作業。作業是工作的基本單位，作業的類型和數量隨企業的不同而不同。該步驟主要是確定企業作業中心，比如一個退貨處理部門就是一個作業中心，其作業包括產品回收、運輸、拆卸、零件翻新再利用以及材料再生等。

②確認企業物流系統中涉及的資源。物流活動消耗的資源主要包括勞動力、設施

設備以及能源等。資源的界定建立在作業分類的基礎上，與作業無關的資源不能計入成本核算的範圍。

③確認資源動因，將資源分配到作業。作業決定著資源的耗用量，這種關係稱作資源動因。在計算作業資源要素成本額時，應注意產品性質的不同會引起作業方式的不同，比如藥品適合獨立小包裝，大宗消費品適合整盤包裝，包裝方式的不同會進一步造成運輸方式的不同。資源的耗費總是與一定的作業相關聯，作業方式的不同會帶來資源消耗的差異。

④確認成本動因，將作業成本分配到產品或服務中。成本動因反應了成本對象對作業消耗的邏輯關係。例如，問題最多的產品產生的客戶服務電話最多，故按照電話數的多少（作業動因）把解決顧客問題的作業成本分配到相應的產品中去。

在物流作業成本分析中，確定作業類別和成本動因是最核心的兩個環節，企業根據自身的情況所做出的決定也各不相同。在這裡，我們給出最基本的物流活動——運輸所涉及的最一般的作業及成本動因。如表 5.15 所示。

表 5.15　　　　　　　　　主要運輸作業及其成本動因

作業	成本動因
將貨物運送到客戶處	距離及箱子體積
空包裝箱回運	占用空間及時間
在客戶處卸載貨物	發貨數量及客戶類型
在發貨處收集貨物	距離及貨物數量
分揀	發貨數量總箱數
中轉	距離及箱子體積
預訂產品接收時間	有此項要求的客戶需求量

例 4　某物流公司 Y 同時服務於甲、乙兩個客戶，在 2014 年 12 月月末時，其物流總成本、員工總工作時間和甲、乙兩個客戶的訂單及其所占用的資源分別如表 5.16 至表 5.18 所示。請用作業成本法計算該物流公司對甲、乙兩個客戶的實際服務成本。

表 5.16　　　　　　　　　Y 公司的物流總成本

支付形態	支付明細	相關成本/費用（單位：元）
維護費	固定資產折舊	80,000
人工費	貨物入庫人員 1 人	3,000
	貨物出庫人員 1 人	3,000
	貨物分類人員 2 人	4,000
	倉儲管理人員 3 人	6,000
	貨物驗收人員 3 人	6,000
	單證處理人員 3 人	7,500
材料費	辦公費	10,000
一般經費	水電費	5,000
合計		124,500

表 5.17　　　　　　　　　　Y 公司員工的總工作時間

員工類別	總工作時間（小時/月）
貨物入庫人員	250
貨物出庫人員	250
貨物分類人員	350
倉儲管理人員	500
貨物驗收人員	500
單證處理人員	500

表 5.18　　　　　　甲、乙兩個客戶的訂單及其所占用的資源

項目	甲客戶	乙客戶
租賃倉庫面積（平方米）	10,000	6,000
月訂單總數（筆）	200	120
占用托盤總數（個）	700	300
貨物入庫比例	0.625	0.375
貨物出庫比例	0.625	0.375
貨物分類比例	0.625	0.375

解：

（1）確定作業內容。Y 公司的物流作業包括訂單處理、貨物驗收、貨物入庫、貨物分類、貨物出庫以及倉儲管理六項作業[①]。

（2）確定資源成本庫（作業成本池）。資源的界定是在作業界定的基礎上進行的，每項作業必定涉及相關的資源，與作業無關的資源應從物流成本核算中剔除。Y 公司的資源成本如表 5.19 所示。

表 5.19　　　　　　Y 公司的資源成本庫（作業成本池）

作業＼成本	訂單處理	貨物驗收	貨物入庫	貨物分類	貨物出庫	倉儲管理
人工費（元）	7,500	6,000	3,000	4,000	3,000	6,000
折舊費（元）	7,000	7,000	15,000	7,000	15,000	29,000
辦公費（元）	3,000	1,000	1,000	1,000	1,000	3,000
水電費（元）	600	600	1,000	600	1,000	1,200
合計（元）	18,100	14,600	20,000	12,600	20,000	39,200

（3）確定作業動因。作業動因必須是可量化的，如人工工時、距離、時間、次數等。Y 公司的作業動因如表 5.20 所示。

[①] 採用作業成本法（ABC）計算物流成本時，「作業」與「活動」同義。儘管管理活動和作業活動是兩類不同性質的活動，但倉儲管理同樣要產生成本，在此一併納入物流成本計算的範疇。

表 5.20　　　　　　　　　　　Y 公司的作業動因

作業	成本動因
訂單處理	訂單數量
貨物驗收	托盤數量
貨物入庫	人工工時
貨物分類	人工工時
倉儲管理	租賃倉庫面積
貨物出庫	人工工時

　　(4) 計算作業成本。首先計算作業分配系數，然後計算單項物流作業成本，最後求和，即得到甲、乙兩個客戶的實際物流服務成本。

　　根據公式：作業分配系數＝作業成本÷作業量，可求得各項作業的作業分配系數，如表 5.21 所示。

表 5.21　　　　　　　　　　　作業分配系數表

作業	訂單處理	貨物驗收	貨物入庫	貨物分類	貨物出庫	倉儲管理
作業成本（A）	18,100 元	14,600 元	20,000 元	12,600 元	20,000 元	39,200 元
作業量（B）	320（訂單數）	1,000（托盤數）	250（人工時）	350（人工時）	250（人工時）	16,000（面積）
作業分配系數(A/B)	56.6	14.6	80	36	80	2.45

　　根據公式：作業成本＝作業分配系數×作業動因數，可求得甲、乙兩個客戶的實際物流服務成本，如表 5.22 所示。

表 5.22　　　　　　　甲乙兩個客戶的實際物流服務成本

作業	作業分配系數	實際耗用成本動因數 甲	實際耗用成本動因數 乙	實際成本（元）甲	實際成本（元）乙
訂單處理（訂單數）	56.6	200	120	11,320	6,792
貨物驗收（托盤數）	14.6	700	300	10,220	4,380
貨物入庫（人工時）	80	156.25	93.75	12,500	7,500
貨物分類（人工時）	36	218.75	131.25	7,875	4,725
貨物出庫（人工時）	80	156.25	93.75	12,500	7,500
倉儲管理（面積）	2.45	10,000	6,000	24,500	14,700
合計				78,915	45,597

　　註：①甲實際耗用貨物入庫成本動因數 156.25（＝250×0.625），乙實際耗用貨物入庫成本動因數 93.75（＝250×0.375）。

　　　　②甲實際耗用貨物分類成本動因數 218.75（＝350×0.625），乙實際耗用貨物分類成本動因數 131.25（＝350×0.375）。

　　　　③甲實際耗用貨物出庫成本動因數 156.25（＝250×0.625），乙實際耗用貨物出庫成本動因數 93.75（＝250×0.375）。

5.6 物流標準化

[**案例**] 統一規範的賠付標準尚未出台。母親節前夕，北京的金先生想送一套從英國帶回來的水晶玻璃杯給在紹興的媽媽。發貨前，金先生反覆確認運輸過程中水晶杯是否有破損危險。收快遞的小伙拍著胸脯保證：「您放心！我們貼上易碎標誌，然後給您好好包裝一下，塞上報紙和泡沫塑料，保證沒問題。」為此，金先生多付了10元的包裝費。

可杯子到了紹興，還是破了兩個。兩個杯子合人民幣1,000多元呢，金媽媽心疼壞了，找快遞公司索賠。快遞公司說，按照發貨單背面的規定，只能賠償運費30元。金媽媽戴上老花鏡，在發貨單背面的小字裡找啊找，果然有這樣的說法，金媽媽無奈吃了個啞巴虧。

物流標準化是實現物流現代化的基礎。近年來，隨著中國物流產業的快速發展，物流標準化建設滯後問題越來越突出。加強物流標準化建設已成為加快推進中國物流產業發展的迫切需要。

一、物流標準化的含義

標準化是指在經濟、技術、科學及管理等社會實踐中，對產品、工作、工程、服務等普遍的活動制定、發布和實施統一的標準的過程。標準化的內容，實際上就是經過優選之後的共同規則，為了推行這種共同規則，世界上大多數國家都有自己的標準化組織，如英國的標準化協會（BSI）、中國國家標準化管理委員會等。在國際上，設在日內瓦的國際標準化組織（ISO）負責協調世界範圍內的標準化問題。標準化是國民經濟中一項重要的技術基礎工作，它對於改進產品、過程和服務的適用性，防止貿易壁壘，促進技術合作，提高社會經濟效益，具有重要的意義。

物流標準化是指以物流系統為對象，圍繞運輸、儲存、裝卸、包裝以及物流信息處理等物流活動制定、發布和實施有關技術和工作方面的標準，並按照技術標準和工作標準的配合性要求，統一整個物流系統的標準的過程。

物流標準化工作是實現物流系統化的一項重要內容，它不僅是實現物流各環節銜接的一致性、降低物流成本的有效途徑，而且是進行科學化物流管理的重要手段。

二、物流標準化的特點

物流標準化對物流業的發展具有劃時代的意義。物流標準化具有以下主要特點：

(1) 物流標準化涉及面較廣。物流標準化涉及機電、建築、工具、工作方法等領域，這些標準雖處於一個大系統，但缺乏共性，造成標準種類繁多、內容複雜，給標準的統一性和配合性帶來很大的困難。

(2) 物流標準化系統屬於二次系統（也稱後標準化系統）。即指物流標準在誕生之

前，物流相關行業及領域的標準就已經存在，這些標準被物流標準直接引用。如一些運輸標準和倉儲標準。

（3）物流標準化要求體現科學性、民主性、經濟性。科學性要求體現現代科技成果，不僅要以科學試驗為基礎，還要求與物流的現代化（包括現代技術和管理）相適應，要求將現代科技成果運用到物流系統中。民主性指標準的制定應採用協商一致的辦法，廣泛考慮各種現實條件，廣泛聽取意見，使標準更具權威性，減少阻力，易於貫徹執行。經濟性指標準的貫徹，能降低物流成本，產生經濟效益，這是物流標準化的主要目的之一，也是標準化生命力的決定因素。

（4）物流標準化具有國際性。經濟全球化進程加快，國際貿易迅猛增長，而國際貿易離不開國際物流的有力支撐。各國都應重視本國物流與國際物流的銜接，促進本國物流與國際物流標準化體系一致，才能降低國際交往的技術難度、降低外貿成本。

（5）貫徹安全與保險的原則。即指物流標準中對物流安全性與可靠性的規定以及為安全性與可靠性統一技術標準和工作標準。

三、物流標準化的內容

按照標準化工作應用的範圍，物流標準可分為基礎標準、技術標準、工作標準和作業標準。

基礎標準是制定其他物流標準應遵循的、全國統一的標準，是制定物流標準必須遵循的技術基礎與方法指南。它主要包括專業計量單位標準、物流基礎模數尺寸標準、物流術語標準等。

物流技術標準是指對標準化領域中需要協調統一的技術事項所制定的標準。在物流系統中，主要指物流基礎標準和物流活動中採購、運輸、裝卸、倉儲、包裝、配送、流通加工等方面的技術標準。

工作標準是指對工作的內容、方法、程序和質量要求所制定的標準。物流工作標準是對各項物流工作制定的統一要求和規範化製度，主要包括：①各崗位的職責及權限範圍；②完成各項任務的程序和方法以及與相關崗位的協調、信息傳遞方式、工作人員的考核與獎懲方法；③物流設施、建築的檢查驗收規範；④吊鉤、索具使用、放置規定；⑤貨車和配送車輛運行時刻表、運行速度限制以及異常情況的處理方法等。

物流作業標準是指在物流作業過程中，物流設備運行標準以及作業程序和作業要求等標準。這是實現作業規範化、效率化以及保證作業質量的基礎。

四、物流標準化的方法

目前，物流體系的標準化工作在各個國家都處於初始階段，標準化的重點在於通過制定標準規格尺寸來實現全物流系統的貫通，從而提高物流活動的效率。因此，物流標準化的方法，主要指初步規格化的方法。具體包括以下內容：

（一）確定物流基礎模數尺寸

物流標準化的基礎是物流基礎模數尺寸，它的作用和建築模數尺寸的作用大體相

同，考慮的基點主要是簡單化。基礎模數尺寸一旦確定，設備的製造、設施的建設、物流系統中各個環節的配合協調、物流系統與其他系統的配合就有了依據。目前國際標準化組織（ISO）制定的物流基礎尺寸的標準為：

（1）物流基礎模數尺寸：600毫米×400毫米。

（2）物流集裝基礎模數尺寸：以1,200毫米×1,000毫米為主，也允許1,200毫米×800毫米和1,100毫米×1,100毫米的規格。

（3）物流基礎模數尺寸與集裝基礎模數尺寸的配合關係，見圖5.22。

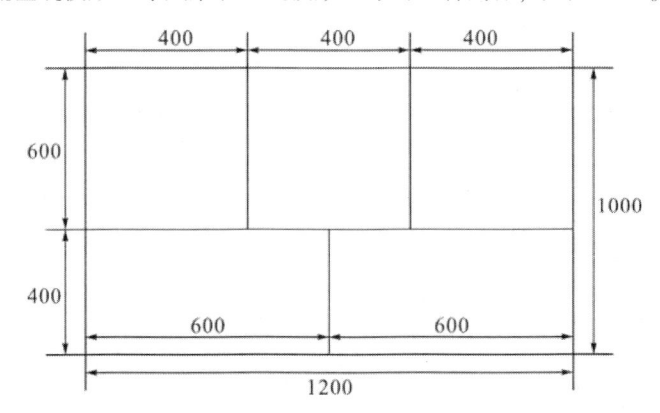

圖5.22 模數尺寸的配合關係（以1,200毫米×1,000毫米為例）

（二）確定物流模數

物流模數即集裝基礎模數尺寸（即最小的集裝尺寸）。集裝模數尺寸影響和決定著與其有關的各個環節的標準化。集裝基礎模數尺寸可以從600毫米×400毫米按倍數系列推導出來，也可以在滿足600毫米×400毫米的基礎模數的前提下，從卡車或大型集裝箱的「分割系列」推導出來。物流基礎模數尺寸與集裝基礎模數尺寸的配合關係，可用集裝基礎模數尺寸的1,200毫米×1,000毫米為例來說明，如圖5.22所示。從圖5.22中可以看出，集裝基礎模數尺寸可以由五個物流基礎模數尺寸組成。

（三）以分割及組合的方法確定物流各環節的系列尺寸

物流模數作為物流系統各環節標準化的核心，是形成系列化的基礎。可依據物流模數進一步確定有關係列的大小及尺寸，再從中選擇全部或部分，作為定型的生產製造尺寸，這就完成了某一環節的標準系列。由物流模數體系可以確定包裝容器、運輸裝卸設備、保管器具等系列尺寸。物流模數體系的構成如圖5.23所示。

根據圖5.23所示的關係，可以確定各環節的系列尺寸。例如，日本工業標準JIS規定的「輸送包裝系列尺寸」，就是按照1,200毫米×1,000毫米推算的最小尺寸為200毫米×200毫米的整數分割系列尺寸。

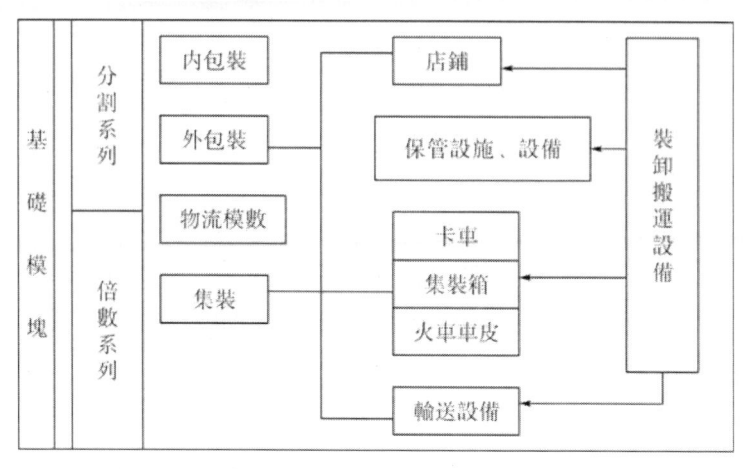

圖 5.23　物流模數體系的構成

五、中國物流標準化現狀與對策

(一) 中國物流標準化現狀

目前，中國物流標準化工作取得了一系列成績，具體體現在以下幾個方面：

(1) 制定了一系列物流或與物流相關的標準。目前，中國制定並頒布實施的物流或與物流相關的標準近千個，涵蓋國家標準、行業標準、地方標準和企業標準等層次。

(2) 建立了與物流有關的標準化組織與機構。中國建立了以國家技術監督局為首的全國性的標準化研究管理機構體系，成立了中國物品編碼中心、全國物流信息技術委員會和全國物流標準化技術委員會，具體負責制定現代物流標準體系。

(3) 積極參與國際物流標準化活動。中國參加了國際標準化組織（ISO）和國際電工委員會與物流有關的各技術委員會與技術處，並明確了各自的技術歸口單位。此外，中國還參加了國際鐵路聯盟（UIC）和社會主義國家鐵路合作組織（OSJD）兩大國際鐵路的權威機構。

(4) 積極採用國際物流標準。在近百個有關包裝、標誌、運輸、儲存等方面的國家標準中，大約有30%採用了國際標準；有關公路、水路運輸的國家標準中，大約有5%採用了國際標準；有關鐵路運輸的國家標準中，大約有20%採用了國際標準；有關車輛方面的國家標準中，大約有30%採用了國際標準。

(5) 積極開展物流標準化研究工作。在加入WTO的今天，中國物流國際化是必然的趨勢，因此物流標準化工作被提到了前所未有的高度，全國不少相關科研院所、高等院校的科研機構，都投入到了這項研究工作當中。

(二) 推進中國物流標準化工作的對策

(1) 鼓勵企業積極參與物流標準化建設。政府部門是國家標準的組織制定者和推廣者，在國家標準的制定中扮演著重要角色。而企業是標準的最終執行者，物流標準的推廣必須有企業的配合。企業是務實的，利益是它們平衡取捨的關鍵。政府可以在

推廣物流標準化工作中予以政策支持和制約。

(2) 行業協會應發揮引導協調作用。行業協會應鼓勵敦促行業中各企業參照國際先進物流標準，努力打破條塊分割和地方保護主義，統籌規劃，整合物流資源，從經濟發展的需要來規劃物流產業的佈局，加大行業協會的發展與引導作用。同時，通過行業協會的紐帶作用，使行業內各個企業在物資流通活動中統一與協調。

(3) 注重與國際物流標準的接軌。在開展物流標準化工作中，不僅要立足國內實際情況，還要著眼於國際，加強物流標準化與國際物流標準化的接軌。由於中國物流標準化工作起步較晚，在建立物流標準化體系時，要充分借鑑發達國家的成熟經驗和先進技術，積極採用國際先進標準和標準化方法。這是保證中國物流標準體系科學合理、少走彎路的有效舉措。

(4) 盡快出抬基礎性實用標準，逐步推出新標準。物流標準化是一個水到渠成的過程，在短期內完善物流標準化體系並全面推廣不切實際。由於一些基本概念的模糊和基礎資料的匱乏，嚴重影響了中國物流業的發展，所以應盡快出抬基礎性實用標準，進而在考慮物流各環節協調的基礎上，對現行的國家已頒布實施的與物流有關的標準進行深入的研究分析與比較，全面整理，淘汰影響物流業整體發展的舊標準，盡可能以國際標準為基本參照系逐步推出新標準，同時保持各種相關標準的協調一致性，逐步完善物流標準化體系。

(5) 重視物流標準化人才的培養。目前，中國物流標準化人才奇缺，這將直接影響行業企業物流的發展。為此，要積極培養現代物流人才，包括多種方式的培訓，比如從企業現有人員中選擇部分有學歷、高素質的管理人員到有關大專院校深造，也可以引進國外物流人才。同時，還要盡快建立起人才激勵機制，培養造就一大批熟悉物流業務、具有跨專業學科與較強綜合能力的物流管理人才和專業技術人才，才能更好地開展物流標準化工作。

小結

物流管理是對物流活動進行計劃、組織、協調與控制。物流組織有多種形式，在設計時應遵循一些基本原則。物流服務是為滿足客戶需求所實施的一系列物流活動過程及其產生的結果。物流服務已成為企業經營差異化的重要手段，成為提升企業競爭力的關鍵。物流質量管理包括商品質量保證及改善，物流服務質量、工作質量和工程質量等內容，具有全員參與、全程控制、全面管理、整體發展等特點。物流質量管理的方法包括質量目標管理、PDCA 循環、QC 小組活動等。庫存是儲存作為今後按預定的目的使用而處於閒置或非生產狀態的物品，對企業經營有利有弊，是一把「雙刃劍」。庫存成本包括購入成本、訂貨成本、儲存成本和缺貨成本。庫存管理的評價指標主要有平均庫存值、可供應時間和庫存週轉率等，庫存控制是庫存管理的關鍵。常見的庫存分類方法有 ABC 分類法和 CVA 分類法。「零庫存」的實質是庫存最少化。物流成本是物流活動中所消耗的物化勞動和活勞動的貨幣表現。作業成本法是確定和控制

物流成本最有前途的方法。中國物流標準化建設滯後，加強物流標準化建設已成為加快推進中國物流產業發展的迫切需要。

同步測試

一、判斷題

1. 有效物流管理的目標，就是要在高服務水平的同時，使得物流成本達到最低。
（　　）
2. 定量訂貨法庫存控制的關鍵在於確定訂購點和訂貨量。（　　）
3. 物流質量管理是企業全面質量管理的重要一環，其核心是物流服務質量管理。
（　　）
4. 為客戶提供個性化的物流服務，就是增值物流服務。（　　）
5. 從「第三利潤源」說中，人們應該認識到：物流活動和其他獨立的經濟活動一樣，它不僅僅是「成本中心」，而且可以成為「利潤中心」。（　　）

二、單項選擇題

1. 要實現物流客戶增值服務，關鍵取決於物流服務中的運輸服務、倉儲服務和其他功能的（　　）。
   A. 信息化程度　　　　　　B. 作業規範化程度
   C. 綜合程度　　　　　　　D. 業務市場化程度
2. 對於較貴重物品、需要實施嚴格管理的重要貨物應採取（　　）方法進行庫存控制。
   A. 定量訂貨庫存控制　　　B. 定期訂貨庫存控制
   C. 需求驅動精益供應庫存控制　D. 準時生產制庫存控制
3. 對於那些品種多、通用性強、單價較低，但需求預測較困難的物品，在進行庫存控制時適合使用（　　）。
   A. 定期訂貨法　　　　　　B. 定量訂貨法
   C. 準時化管理　　　　　　D. 供應商管理法
4. 在定期訂貨法中既是安全庫存水平的決定因素，又是自動確定每次訂貨批量的基礎的指標是（　　）。
   A. 訂貨週期　　　　　　　B. 訂貨點
   C. 最大庫存水平　　　　　D. 產品需求量
5. 定期庫存控制的關鍵在於確定（　　）。
   A. 最大庫存量　　　　　　B. 訂購週期
   C. 訂購點　　　　　　　　D. 訂購週期和最大庫存量

三、計算題

1. 某物流中心在 2014 年 12 月份收到 800 份訂單，總發貨量為 1.8 萬噸，其中，

624 份訂單是按客戶要求的時間發運並交貨的。由於種種原因導致 950 頓貨物延遲發運。客戶為解決貨物的短缺，又向該中心補充發送了 50 份緊急訂單，中心組織人力，在 12 小時內完成了 36 份。現對該中心的訂單處理進行評價，請計算訂單延遲率、訂單貨物延遲率和緊急訂單響應率，並提出提高緊急訂單響應率的主要措施。

2. 某商業企業的 X 型彩電年銷售量為 10,000 臺，訂貨費用為 100 元/次，每臺彩電年平均儲存成本為 10 元/臺，訂貨提前期為 7 天，安全庫存為 100 臺。求訂貨點和經濟訂貨批量。

四、簡答題

1. 物流組織結構有哪些基本形式？各有何優缺點？
2. 物流服務對企業經營有什麼重要意義？
3. 怎樣確定物流服務水平？
4. 如何提高物流質量管理水平？
5. 庫存有哪些利弊？
6. 如何評價庫存管理績效？
7. 怎樣理解「零庫存」？
8. 如何進行庫存控製？
9. 如何運用作業成本法計算物流成本？
10. 如何推進中國物流標準化建設？

五、情境問答題

1. 某零售企業為了降低成本，每次訂貨都嚴格採用 EOQ 模型計算經濟訂貨批量，但經過一段時間後發現總成本並無明顯下降。你認為問題可能出在哪裡？

2. 某醫療用品批發商經營的商品包括骨科材料、心臟支架等昂貴器材、輸液器、注射器等常用產品，消毒棉等一次性耗材。如果你是該企業的倉庫主管，應該如何對這些產品進行管理？

3. 有人認為零庫存是「雙刃劍」，雖然可以減少浪費、使物流活動更加合理，但不能保障供應，難以應對意外變化。你同意該觀點嗎？為什麼？

4. 摩托羅拉公司位於天津保稅區的原料庫存採用全球先進的 HUB 模式。大約有 30 家零部件供應商在其天津工廠的周邊地區設有工廠或倉庫。摩托羅拉公司每天將原材料、零部件等物料的需求計劃提供給供應商，供應商據此管理庫存，並且每天安排 4 次送貨，使其真正實現了 JIT 生產。請問這是何種庫存管理模式？有何優點？可能存在哪些風險？你認為摩托羅拉公司成功的原因是什麼？

5. Y 公司為海南省一家果蔬批發企業，其主要客戶為北京、天津、上海等地的大型連鎖超市。企業在年終進行年度成本核算時，庫存成本一欄包含了庫存持有成本、訂貨成本和缺貨成本三項。你認為是否合理？為什麼？

6. 某物流公司倉庫的固定資產價值超過 8,000 萬元，而每年的利潤不足 500 萬元，資產回報率較低。公司領導認為，為提升利潤率，需開展物流增值服務，開發更多利

潤貢獻率高的優質客戶。你認為可以通過哪些手段達到該目標？

7. 連贏電器是一家電連鎖經營企業，公司為了提高銷量和顧客忠誠度，決定對客戶服務質量進行考核並有針對性地改善銷售服務水平。為此，銷售部打算通過發放客戶滿意度調查問卷來收集有關信息。假如由你承擔調查問卷的設計工作，你認為該問卷應包括哪些內容才能達到調查的目的？

六、實訓題

學生以小組為單位，課餘尋找一家物流企業，對其組織結構和開展的業務進行調研，並撰寫一份不低於1,000字的調查報告。

七、案例分析題

ABC 公司的困惑

ABC 公司主要從事複印機耗材和零件的進口和銷售業務，進行國際貿易及區域貿易代理，並為中國地區用戶提供複印機耗材和零部件的供應。

為了使公司更具競爭力，2013 年公司專門設立了物流部門，下設採購、倉儲、報關、客戶服務等幾個分部。物流部門的大致工作流程如下：

採購部門每月根據銷售部門提供的銷售計劃，結合前三個月的實際銷量和現有庫存情況制定訂貨計劃（包括一個月的實際訂貨和後兩個月的預測），發送訂單，並進行訂單的跟蹤管理。

所訂貨物到達後，由報關員準備相關資料（如發票、裝箱單、提單等），進行入境備案，備案結束後將貨物存放到保稅倉庫。

在此期間，訂單管理人員會將相關的到貨信息輸入系統，以備客戶服務人員隨時瞭解庫存情況並將信息及時傳達給客戶。客戶根據需要進行選擇並通過因特網將訂單發到客戶服務部，客戶服務人員核對訂單後，按照客戶所屬的分倉庫發貨（公司為了順利開展工作，縮短客戶的訂貨週期，按照區域劃分，在國內建立了四個分倉庫）。

採購和倉庫管理人員根據實際銷售情況，確定從保稅倉庫報關調入國內倉庫的機器類型與數量，再由客戶服務部門的客戶訂單信息和即時銷售信息確定調撥到各分倉庫的數量和種類。

影響物流工作效率的因素包括：

（1）銷售預測的不準確性；

（2）市場的進一步擴大和銷售策略的改變；

（3）每種複印機的零件超過2,000種，除了常規的耗材，其他零件根本無法預計銷量和預備庫存量。

一直以來，以上問題困惑著物流部門的日常運作。由於物流部和銷售、技術、市場等各部門都有非常密切的聯繫，如果在該環節上出現問題，將會對公司的整體運轉產生難以估量的損失。

根據案例提供的信息，請回答以下問題：

1. 對該公司來說，怎樣才能做到既有效地預防庫存積壓和缺貨，又能滿足市場需求？

2. 怎樣設定零部件的安全庫存量，防止缺貨從而提高客戶滿意度？

學習情境六　國際物流運作與管理

【知識目標】

1. 掌握國際物流的概念
2. 掌握國際物流的特點
3. 瞭解國際物流的分類
4. 熟悉國際物流業務
5. 瞭解保稅製度與保稅物流
6. 掌握貨主企業國際物流運作的主要活動
7. 理解中國物流企業的國際化營運策略

【能力目標】

1. 會正確使用國際貿易術語
2. 能正確理解國際貿易與國際物流的關係

【引例】

聯邦快遞的國際物流服務

　　國際優先快遞業務（International Priority Distribution，IPD）是聯邦快遞（FedEx）公司向客戶提供的新型業務。它可以將發往相同國家不同地址的大批量貨物整合為一票貨，統一報關，並享有快遞業務先放行後報關的特權。同時，FedEx 為 IPD 貨物提供艙位保證，從而使貨物作為一個整體到達 FedEx 指定的目的港。在目的港統一清關後，貨物將根據其不同的收件地址，通過支線飛機運達最終目的地的收貨人手中。

　　FedEx 在本市可以提供「美洲一日達」服務，而其在美國的「隔夜快遞」業務早已成熟，加上雙邊通關時間，由 FedEx 提供的門到門服務，標準的運送過程可在 5 天內完成，比傳統空運節省 3 天的時間。

　　FedEx 還免費提供一整套配送管理軟件，該軟件可以安裝在客戶的局域網中，並將系統產生的訂單信息直接轉化為提單、發票等其他相關文件。同時，軟件可以根據需要自動產生發貨通知，收件人馬上可以獲得自動發出的標準格式的通知，內容包括提單號、貨物描述、總重量、總件數等基本信息。在貨物順利送達之後，系統將自動產生簽收通知，並以電子郵件的形式通知發貨人。此外，在各種文書準備完畢之後，系統可以自動產生取件通知，聯邦快遞在確認其準確性後將根據貨物情況安排取件時間、

人員和車輛。

由於聯邦快遞的信息系統直接連接到海關的通關係統，聯邦快遞公司在收到客戶的取件通知時，已經獲取該票貨物的詳細信息，公司的數據錄入人員只需做少許修改即可完成整個錄入工作。這樣來自客戶專業詳細的信息將大大提高通關速度，保證配送的順利進行。該系統的使用，可以大大縮減發貨人的文書時間，減少因缺乏溝通而造成延誤的可能性。

【引導問題】
1. FedEx 向客戶提供了哪些國際物流服務？
2. 為什麼 FedEx 具有強大的競爭優勢？
3. 什麼是國際物流？有何特點？如何運作？

國際物流是指跨越不同國家（地區）之間的物流活動，它是國際貿易的重要組成部分，各國之間的相互貿易最終要通過國際物流來實現。

6.1 國際物流的認知

國際物流是現代物流系統的一個重要領域，近十餘年來發展較快。東西方冷戰結束以後，貿易國際化的趨勢越來越明顯，隨著國際貿易壁壘的拆除，新的國際貿易組織的建立，若干地區已突破國界的限制形成了統一市場，這又使國際物流出現了新的情況，國際物流形式也隨之不斷變化。所以，近年來，各國學者及業界都非常關注國際物流問題，物流的觀念及方法也隨著物流國際化進程的加快而不斷擴展。

從企業角度來看，近十餘年跨國公司發展很快。越來越多的企業在推行全球戰略，在全世界範圍內尋找貿易機會，尋找最理想的市場，尋找最好的生產基地，這就必然使企業的經營活動領域從一個地區、一個國家擴展到國際。這樣一來，企業的國際物流也被提到議事日程上來，企業為支持這種國際貿易戰略，必須更新自己的物流觀念，擴展物流設施，按國際物流要求對原來的物流系統進行改造。對跨國公司來講，國際物流不僅是由商貿活動決定的，而且是自身生產活動的必然產物。企業國際化戰略的實施，要求分別在不同國家生產零部件、配件，在另一些國家組裝或裝配成整機，企業這種生產環節之間的銜接也需要依靠國際物流來支撐。

一、國際物流的概念

國際物流是「跨越不同國家（地區）之間的物流活動」（GB/T18354-2006）。與其他類型的物流活動相比，國際物流具有其明顯的特殊性。國際物流包含以下四層含義：

（1）國際物流是不同國家（或地區）之間，伴隨著相互間經濟往來、貿易活動和其他國際交流活動而發生的物流活動。它是國內物流的延伸和擴展，是超越國界，更

大範圍內的貨物流通。同時，它也是國際貿易最重要的組成部分，國際貿易的最終實現要依靠國際物流來完成。

（2）國際物流是現代物流系統的重要領域，是後起的具有較大發展潛力的物流形態，正處於上升過程之中，具有廣闊的發展前景。

（3）隨著國際分工的細化和逐步完善，全球經濟一體化進程日益加快，國與國之間的關稅壁壘相繼拆除，國際貿易總量迅猛增長，相應地，國際物流總量也迅速增加。中國在加入 WTO 以後，國際貿易飛速發展，對外貿易總額繼 2004 年首次突破 1 萬億美元以後，2007 年進出口總額達到 21,738.3 億美元，首次躍上 2 萬億美元的新臺階，連續 6 年的增長幅度在 20%以上，繼續穩居世界第 3 位，出口名列世界第 2 位。2011 年中國進出口總額達到 36,421 億美元，突破 3 萬億美元大關。2013 年和 2014 年中國進出口總額均突破 4 萬億美元。近四年中國出口總額均超過 2 萬億美元。如表 6.1 所示。

表 6.1　　　　　　　　中國近年來進出口總額及其增長速度　　　　　　單位：億美元

年份	進出口 金額	增幅（%）	出口 金額	增幅（%）	進口 金額	增幅（%）	進出口 差額
2003	8,509.9	37.1	4,382.3	34.6	4,127.6	39.8	254.7
2004	11,545.5	35.7	5,933.3	35.4	5,612.3	36	321
2005	14,219.1	23.2	7,619.5	28.4	6,599.5	17.6	1,020
2006	17,604	23.8	9,689.4	27.2	7,914.6	19.9	1,774.8
2007	21,738.3	23.5	12,180.2	25.7	9,558.2	20.8	2,622
2008	25,632.60	17.8	14,306.93	17.3	11,325.67	18.5	2,981.26
2009	22,075.35	13.9	12,016.12	16.0	10,059.23	11.2	1,956.89
2010	29,727.61	34.7	15,779.32	31.3	13,948.29	38.7	1,831.04
2011	36,421	22.2	18,986	20.3	17,435	24.9	1,551
2012	38,668	6.2	20,489	7.9	18,178	4.3	2,311
2013	41,589.93	7.6	22,090.04	7.8	19,499.89	7.3	2,590.15
2014	43,015.27	3.4	23,422.93	6.0	19,592.35	0.5	3,830.58
2015	39,530.33	-8.1	22,734.68	-2.9	16,795.65	-14.3	5,939.04

資料來源：國家統計局。

由此可見，國際物流面臨著新的發展機遇，但挑戰同樣存在，國際物流必須跟上甚至超過國際貿易的發展勢頭，為國際貿易活動提供更加有效和便捷的物流服務支持。

（4）國際物流是現代物流系統的一個子系統，同時又是一個相對獨立、完整的複雜系統，其涉及面不僅僅是物流的七大功能要素，還包括國家政策、法規、金融、保險等各個相關領域，是一項綜合的系統工程。在國際物流系統中，很少有企業單獨依靠自身力量來完成包括進出口貨物在內的各項複雜的國際物流業務，而必須依靠眾多企業（包括國際貿易公司、貨運代理公司、內陸貨運公司、船公司、航空公司和報關行）以及政府部門（海關、商檢、衛檢、動植檢）的通力合作才能圓滿完成國際物流業務運作。

二、國際物流的產生和發展

第二次世界大戰以後，國際的經濟交往越來越頻繁。尤其是20世紀70年代爆發了石油危機以後，國際貿易總量空前增長，對交易水平和交貨質量的要求也越來越高。在這種情況下，原來為滿足運送必要商品的運輸觀念已不能適應新的要求，系統物流觀念進入國際領域，國際物流的概念正式提出，並越來越受到人們的重視。總的來說，國際物流活動是伴隨著國際貿易和跨國經營的發展而發展的，國際物流的發展主要經歷了以下幾個階段：

（一）第一階段（20世紀50至70年代）

在20世紀五六十年代，國際物流業務量激增，出現了大型物流工具，如20萬噸的油輪、10萬噸的礦石船等。進入20世紀70年代，國際物流的業務量進一步擴大，船舶大型化趨勢越來越明顯，貨主對國際物流服務水平的要求也越來越高。業務量大、服務水準高的物流活動從石油、礦石等物流領域向難度較大的中、小件雜貨物流領域延伸，其標誌是國際集裝箱（船）得到了迅速發展。國際各主要航線的定期班輪都投入了集裝箱船，散雜貨國際運輸的水平迅速提高，國際物流服務水平顯著提升。在這一階段，還出現了國際航空物流和國際聯運，而且增長幅度都比較快。

（二）第二階段（20世紀70年代末至80年代中期）

這一階段國際物流的突出特點是出現了「精益物流」，物流的機械化、自動化水平提高，物流設施和物流技術得到了快速發展。很多企業建立了配送中心，並廣泛運用電子計算機進行管理。出現了無人立體倉庫，一些國家還建立了本國的物流標準化體系。同時，伴隨著新時代人們需求觀念的轉變，國際物流著力解決「小批量、高頻度、多品種」的物流問題，出現了不少新技術和新方法。這就使現代物流不僅覆蓋了少品種、大批量商品和集裝雜貨，而且也覆蓋了多品種、小批量商品，幾乎涉及所有的物流活動對象，基本解決了所有貨物的現代物流問題。

（三）第三階段（20世紀80年代中期至90年代初）

在這一階段，隨著經濟、技術的發展和國際貿易的日益擴大，物流國際化趨勢開始成為世界性的共同問題。各國企業越來越強調改善國際物流管理，以此來降低產品成本，提高服務水平，擴大產品銷量，期望在日益激烈的國際競爭中取得成功。同時，伴隨著國際聯運的發展，出現了電子數據交換（EDI）技術和物流信息系統。信息的共享，使國際物流向成本更低、服務更好、業務量更大以及精細化方向發展。可以說，20世紀八九十年代，國際物流已進入信息時代。

（四）第四階段（20世紀90年代初至今）

在這一階段，國際物流的概念及其重要性已為各國政府和外貿部門所普遍接受。貿易夥伴遍布全球，必然要求物流國際化，具體表現為物流設施國際化、物流技術國際化、物流服務國際化、貨物運輸國際化、包裝國際化和流通加工國際化等。世界各國廣泛開展國際物流理論和實踐的大膽探索。人們已經達成共識，只有廣泛開展國際

物流合作，才能促進世界經濟繁榮。「物流無國界」的理念被人們廣泛接受。

三、國際物流的特點

國際物流主要是為跨國經營和對外貿易服務的，它要求各國之間的物流系統相互銜接。與國內物流系統相比，國際物流具有以下特點：

(一) 渠道長、環節多

國際物流活動往往要跨越多個國家和地區，地理範圍大。需要跨越海洋和大陸，物流渠道長。此外，還需要經過報關、商檢等業務環節。這就需要在物流營運過程中合理選擇運輸方式和運輸路線，盡量縮短運輸距離，縮短貨物在途時間，合理組織物流過程中的各個業務環節，加速貨物的週轉並降低物流成本。

(二) 環境複雜

由於各國的社會製度、自然環境、經營管理方法以及生產習慣不同，特別是在物流環境上存在差異，就使得國際物流活動變得極為複雜。物流環境存在差異，就迫使國際物流系統需要在幾個不同的法律、人文、習俗、語言、科技和設施的環境下運行，無疑會加大物流活動的難度並使系統變得複雜化。例如：不同國家不同的物流法律法規，使國際物流的複雜性遠遠高於一般的國內物流活動，甚至會阻斷國際物流活動的進行；不同國家不同的經濟和科技發展水平，會造成國際物流活動處於不同的科技條件支撐下，甚至有些地區根本無法應用某些技術而導致國際物流系統水平下降；不同國家的不同物流標準，也造成國際「接軌」困難，從而使國際物流系統難以建立；不同國家的不同人文環境和風俗習慣也使國際物流活動的開展受到很大的局限。

(三) 對標準化程度要求高

對國際物流而言，統一標準非常重要。如果沒有統一的標準，國際物流水平就無法提高。目前，美國、歐洲基本上實現了物流工具、物流設施標準的統一，例如，托盤採用 1,000×1,200 毫米的規格，集裝箱採用幾種統一的規格以及條碼技術的採用等。這樣可以降低物流作業難度，降低物流成本。而不向這一標準靠攏的國家，必然在轉運等諸多環節耗費更多的時間和費用，從而降低其國際競爭力。在物流信息技術的使用方面，不僅要實現企業內部標準化，而且要實現企業間以及物流市場的標準化，這將使得各國之間、各企業之間物流系統的信息交換變得更加簡單有效。

(四) 風險高

國際物流環境複雜必然會導致風險高。國際物流的風險主要包括政治風險、經濟風險和自然風險。政治風險主要指由於國際物流活動所經過國家的政局動盪（如罷工、戰爭等）可能會造成貨物受損或滅失；經濟風險包括匯率風險和利率風險，主要指從事國際物流活動必然會引發資金流動，從而產生匯率風險和利率風險；自然風險則主要指在國際物流過程中，可能因自然因素，如臺風、潮汐、暴雨等因素引起運送延遲以及貨物破損等風險。

（五）需要開展國際多式聯運

　　國際物流運距長，運輸方式多樣。運輸方式包括海洋運輸、鐵路運輸、航空運輸、公路運輸以及由這些運輸方式組合而成的國際多式聯運。運輸方式的選擇以及運輸組合的多樣性是國際物流的一個顯著特徵。近年來，在國際物流活動中，「門到門」的運輸組織方式越來越受到貨主的歡迎，這使得能滿足這種需求的國際多式聯運得到了迅速發展，逐漸成為國際物流中運輸的主流。

四、國際物流的分類

　　分類標準不同，分出的類別也不一樣。國際物流通常有以下幾種分類方法。

（一）根據貨物在國與國之間的流向分類

　　按照貨物在國與國之間的流向，可將國際物流劃分為進口物流和出口物流兩類。當國際物流服務於一國的商品進口時，稱為進口物流；反之，稱為出口物流。各國在物流進出口政策，尤其是海關管理製度上存在一定的差異，而進口物流與出口物流的業務環節也有所不同（存在交叉的部分），這些都需要物流經營管理人員區別對待。

（二）根據貨物流動的關稅區域分類

　　按照這一標準，可以將國際物流劃分為不同國家之間的物流和不同經濟區域之間的物流。區域經濟的發展是當今國際經濟發展的一大特徵。例如，由於歐盟各國屬於同一關稅區，成員國之間物流的運作與成員國和其他國家或經濟區域之間的物流運作，在方式和環節上就存在著較大的差異。

（三）根據跨國運送的貨物特性分類

　　按照這一標準，可以將國際物流劃分為國際軍火物流、國際商品物流、國際郵品物流、國際捐助或救助物資物流、國際展品物流等。本情境所指稱的國際物流主要指國際商品物流。

五、國際物流與國際貿易的關係

（一）國際貿易與國際貿易術語

　　國際貿易也稱世界貿易，是指不同國家（或地區）之間的商品或勞務的交換活動。國際貿易由進口貿易和出口貿易兩部分組成，故有時也稱為進出口貿易。國際貿易是商品和勞務的國際轉移。

　　國際貿易術語，又稱價格術語。在國際貿易中，買賣雙方所承擔的義務，會影響到商品的價格。在長期的國際貿易實踐中，逐漸形成了把某些和價格密切相關的貿易條件與價格直接聯繫在一起，形成了若干種報價的模式。每一模式都規定了買賣雙方在某些貿易條件中所承擔的義務。用來說明這種義務的術語，稱之為貿易術語。

根據國際商會《2010 年國際貿易術語解釋通則》[①] 的解釋，共有 11 種貿易術語，按照賣方責任由小到大、交貨地點與賣方所在地距離由近到遠以及各種術語的共同特點，可將其劃分為 E、F、C、D 四組，如表 6.2 所示。

表 6.2　　　　　　　　　　　　國際貿易術語分類

E 組 啓運	EXW（Ex Works）	工廠交貨
F 組 主運費未付	FCA（Free Carrier） FAS（Free Alongside Ship） FOB（Free On Board）	貨交承運人 裝運港船邊交貨 裝運港船上交貨
C 組 主運費已付	CFR（Cost and Freight） CIF（Cost Insurance & Freight） CPT（Carriage Paid To） CIP（Carriage & Insurance Paid To）	成本加運費 成本加保險費加運費 運費付至 運費和保險費付至
D 組 到達	DAT（Delivered At Terminal） DAP（Delivered Ex Place） DDP（Delivered Duty Paid）	終點站交貨 目的地交貨 完稅後交貨

（二）國際貿易與國際物流的關係

國際物流是伴隨著國際貿易的發展而產生和發展起來的，並已成為影響和制約國際貿易發展的重要因素。國際貿易與國際物流之間是相互促進、相互制約的關係。

1. 國際貿易是國際物流產生和發展的基礎和條件

最初，國際物流只是國際貿易的一部分，但是隨著生產的國際化以及國際分工的深化，促進了國際貿易的快速發展，也促使國際物流從國際貿易中分離出來，以專業化物流經營的姿態出現在國際貿易中。跨國經營與國際貿易在規模、數量和交易品種等方面大幅度的增長，也促進了商品和信息在世界範圍內的大量流動和廣泛交換，物流國際化成為國際貿易和世界經濟發展的必然趨勢。

2. 國際物流的高效運作是國際貿易發展的必要條件

國際市場競爭日益激烈，對國際貿易商們提出了以客戶和市場為導向，及時滿足國內外消費者定制化需求的要求。消費者多品種、小批量的需求使得國際貿易中的商品品種和數量成倍增長，並且客戶對國際物流運作條件的要求也各不相同。在這種情況下，專業化、高效率的國際物流運作對於國際貿易的發展是一個非常重要的保障。缺少高效國際物流系統的支持，國際貿易中的商品就有可能無法按時交付，並且物流成本也將提高。只有把物流工作做好，才能使商品適時、適地、按質、按量、低成本地在不同國家之間流動，從而提高商品在國際市場上的競爭力，擴大對外貿易。

（三）國際貿易對國際物流提出的新要求

隨著世界經濟的飛速發展和政治格局的風雲變幻，國際貿易表現出一些新的趨勢

[①] 國際商會第 715 號出版物，2011 年 1 月 1 日開始實施。

和特點，從而對國際物流也提出了越來越高的要求。

1. 質量要求

國際貿易結構正發生著巨變，傳統的初級產品、原料等貿易品種正逐步讓位於高附加值、精密加工的產品。由於高附加值、高精密商品流量的增加，對物流工作質量提出了更高的要求。同時，由於國際貿易需求的多樣化，造成物流多品種、小批量化，要求國際物流向優質服務和多樣化方向發展。

2. 效率要求

國際貿易活動的集中表現就是合約的訂立和履行，而國際貿易合約的履行是由國際物流系統來完成的，因而要求物流高效率地履行合約。從進口國際物流看，提高物流效率最重要的是如何高效率地組織所需商品的進口、儲備和供應。也就是說，從訂貨、交貨，直至運入國內保管、組織供應的整個過程，都應加強物流管理。根據國際貿易商品的不同，應採用與之相適應的巨型專用貨船、專用泊位以及大型物流機械和專業化的運輸，這對提高物流效率起著重要作用。

3. 安全要求

由於國際分工和專業化生產的發展，大多數商品在世界範圍內進行著生產和分配。例如，美國福特公司某一品牌型號的汽車要在 20 個國家中 30 個不同的廠家聯合生產，產品銷往 100 個不同國家或地區。國際物流所涉及的國家多，地域遼闊，商品在途時間長，受氣候條件、地理條件等自然因素和政局、罷工、戰爭等社會政治經濟因素的影響。因此，在組織國際物流活動時，應正確地選擇運輸方式和運輸路徑，要密切注意所經地域的氣候條件、地理條件，還應注意沿途所經國家和地區的政治局勢、經濟狀況等，以防止這些人為因素和不可抗拒的自然力造成貨物滅失。

4. 經濟要求

國際貿易的特點決定了國際物流的環節多，備運期長。在國際物流領域，控製物流費用，降低成本具有很大潛力。對於國際物流企業來說，選擇最佳的物流方案，提高物流經濟性，降低物流成本，保證服務水平，是提高競爭力的有效途徑。

總之，國際物流必須適應國際貿易結構和商品流通形式的變革，不斷向合理化方向發展。

6.2　國際物流業務

國際物流是跨國物流活動，主要包括發貨、國內運輸、出口國報關、國際運輸、進口國報關、送貨等業務環節。其中，國際運輸是國際物流的關鍵和核心業務環節。通過開展國際物流活動，實現商品的國際移動，創造時間價值和空間價值，滿足國際貿易活動和跨國公司經營的需要。

典型的國際物流系統流程如圖 6.1 所示。整個物流過程可以委託一家國際物流服務商完成，也可以分別由各地的倉儲企業、運輸企業和貨代企業來完成。

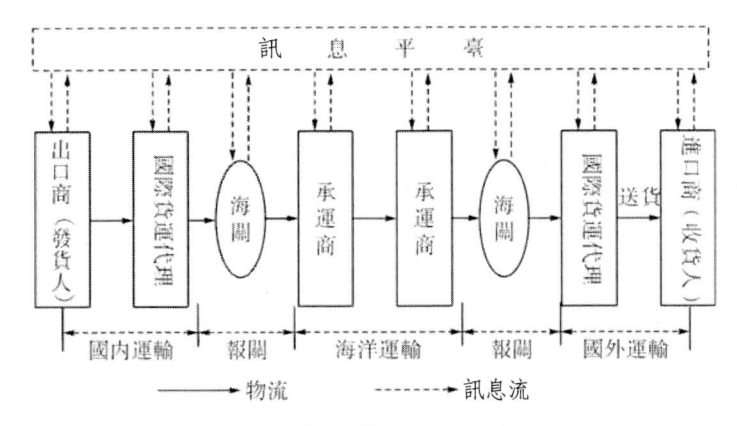

圖 6.1　典型的國際物流系統流程

一、商品檢驗

商品檢驗是國際物流系統中的一個重要子系統。進出口商品的檢驗，就是對賣方交付商品的品質和數量進行鑒定，以確定交貨的品質、數量和包裝是否與合同的規定一致。如發現問題，可分清責任，向有關方索賠。在國際貿易買賣合同中，一般都訂有商品檢驗條款，其主要內容有檢驗時間與地點、檢驗機構與檢驗證明、檢驗標準與檢驗方法等。

（一）實施商品檢驗的範圍

中國對外貿易中的商品檢驗，主要是對進出口商品的品質、規格、數量以及包裝等實施檢驗，對某些商品進行檢驗以確定其是否符合安全、衛生的要求；對動植物及其產品實施病蟲害檢疫，對進出口商品的殘損狀況和裝運某些商品的運輸工具等亦需進行檢驗。

中國進出口商品檢驗的範圍主要有以下幾個方面：

（1）現行《商檢機構實施檢驗的進出口商品種類表》（以下簡稱《種類表》）所規定的商品。《種類表》是由國家商品檢驗局根據對外經濟貿易發展的需要和進出口商品的實際情況制定的，不定期地加以調整和公布。

（2）《中華人民共和國食品衛生法（試行）》和《進出境動植物檢疫法》所規定的商品。

（3）船舶和集裝箱。

（4）海運出口危險品的包裝。

（5）對外貿易合同規定由商檢局實施檢驗的進出口商品。

中國進出口商品實施檢驗的範圍除以上所列之外，根據《中華人民共和國進出口商品檢驗法》（以下簡稱《商檢法》）的規定，還包括其他法律、行政法規規定需經商檢機構或由其他檢驗機構實施檢驗的進出口商品或檢驗項目。

(二) 商品檢驗的時間和地點

根據國際貿易慣例，對商品檢驗時間與地點的規定有以下三種：

1. 在出口國檢驗

這是指出口國裝運港的商品檢驗機構在商品裝運前對商品品質、數量及包裝進行檢驗，並出具檢驗合格證書作為交貨的最後依據。具體而言，商品以離岸品質、重量為準，商品到達目的港後，買方無權向賣方提出異議。有時，商品的檢驗也可以在出口方的工廠進行，出口方只承擔商品離廠前的責任，對運輸中商品品質、數量變化的風險概不負責。

2. 在進口國檢驗

這是指商品到達目的港後，商品的數量、品質和包裝由目的港的商品檢驗機構檢驗，並出具檢驗證書作為商品的交接依據。這種方式是以商品到岸品質、重量為準。有時，商品的檢驗也可以在買方營業處所或最後用戶所在地進行，在這種條件下，賣方應承擔運輸過程中品質、重量變化的風險。

3. 在出口國檢驗、進口國復驗

商品在裝船前進行檢驗，以裝運港的檢驗證書作為交付貨款的依據；在商品到達目的港之後，允許買方公證機構對商品進行復驗並出具檢驗證書作為商品交接的最後依據。如復驗結果與合同規定不符，買方有權向賣方提出索賠，但必須出具賣方同意的公證機構出具的檢驗證明。這種做法兼顧了買賣雙方的利益，在國際上採用較多。

商品檢驗的時間與地點不僅與貿易術語、商品及包裝性質、檢驗手段的具備與否有關，而且還與國家的立法、規章製度等有密切關係。為使商檢工作順利進行，預防產生爭議，買賣雙方應將檢驗時間與地點在合同的檢驗條款中具體訂明。

(三) 檢驗機構

國際貿易中的商品檢驗工作，一般是由專業性的檢驗部門或檢驗企業來辦理，有時由買賣雙方自己檢驗商品。國際貿易中從事商品檢驗的機構大致有以下幾類：

(1) 官方機構。由國家設立的檢驗機構。
(2) 非官方機構。由私人和行業協會等開設的檢驗機構，如公證人、公證行等。
(3) 企業或用貨單位設立的化驗室、檢驗室。

在中國，根據《商檢法》的規定，從事進出口商品檢驗的機構，是國家設立的商檢部門和設在全國各地的商檢局。在實際交易中選用哪類檢驗機構檢驗商品，取決於各國的規章製度、商品性質以及交易條件等。

檢驗機構的選定一般是與檢驗的時間和地點聯繫在一起的。在出口國工廠或裝運港檢驗室，一般由出口國的檢驗機構檢驗；在目的港或買方營業處、所檢驗時，一般由進口國的檢驗機構檢驗。究竟選定由哪個機構實施和提出檢驗證明，在買賣合同條款中，必須明確加以規定。

(四) 檢驗證書

商品檢驗證明即進出口商品經檢驗、鑒定後，由檢驗機構出具的具有法律效力的

證明文件。檢驗證書是證明賣方所交商品在品質、重量、包裝、衛生條件等方面是否與合同規定相符的依據。如與合同規定不符，買賣雙方可據此作為拒收、索賠和理賠的依據。

目前在國際貿易中，常見的檢驗證書主要有品質證明書、重量證明書、衛生證明書、獸醫證明書、植物檢疫證明書、價值證明書、產地證明書等。在國際商品買賣業務中，賣方究竟提供何種證書，要根據成交商品的種類、性質、有關法律和貿易習慣以及政府的涉外經濟政策而定。

二、報關業務

所謂報關，是指商品在進出境時，由進出口商品的收、發貨人或其代理人，按照海關規定的格式填報進出口商品報關單，隨附海關規定應交驗的單證，請求海關辦理商品進出口手續。

(一) 海關的職責

海關是國家設在進出境口岸的監督機關，在國家對外經濟貿易活動和國際交往中，海關代表國家行使監督管理的權利。通過海關的監督管理職能，保證國家進出口政策、法律、法令的有效實施，維護國家的權利。

1987年7月1日實施的《中華人民共和國海關法》（以下簡稱《海關法》）是現階段中國海關的基本法規，也是海關工作的基本準則。中華人民共和國海關總署為國務院的直屬機構，統一管理全國海關，負責擬定海關方針、政策、法令、規章。國家在對外開放口岸和海關監管業務集中的地點設立海關。中國海關按照《海關法》和其他法律、法規的規定，履行下列職責：

(1) 對進出境的運輸工具、商品、行李物品、郵遞物品和其他物品進行實際監管；

(2) 徵收關稅和其他稅費；

(3) 查緝走私；

(4) 編制海關統計和辦理其他海關業務。

(二) 報關單證和報關期限

經海關審查批准予以註冊、可直接或接受委託向海關辦理運輸工具、商品、物品進出境手續的單位叫「報關單位」。報關單位的報關員需經海關培訓和考核認可，發給報關員證件，才能辦理報關業務。報關員需在規定的報關時間內，備有必要的報關單證，辦理報關手續。

對一般的進出口商品，需要交驗的報關單證包括：

(1) 進出口商品報關單（一式兩份）。這是海關驗貨、徵稅和結關放行的法定單據，也是海關對進出口商品匯總統計的原始資料。為了及時提取商品和加速商品的運送，報關單位應按海關規定的要求準確填寫報關單，並需加蓋經海關備案的報關單位的「報關專用章」和報關員的印章並簽字。

(2) 進出口商品許可證或國家規定的其他批准文件。凡國家規定應申領進出口許可證的商品，報關時都必須交驗外貿管理部門簽發的進出口商品許可證。凡根據國家

有關規定需要有關主管部門批准的還應交驗有關的批准文件。

(3) 提貨單、裝貨單或運單。這是海關加蓋放行章後發還給報關人據以提取或發運商品的憑證。

(4) 發票。它是海關審定完稅價格的重要依據，報關時應遞交載明商品真實價格、運費、保險費和其他費用的發票。

(5) 裝箱單。單一品種且包裝一致的件裝商品和散裝商品可以免交。

(6) 減免稅或免檢證明。

(7) 商品檢驗證明。

(8) 海關認為必要時應交驗的貿易合同及其他有關單證。

《海關法》規定，出口商品的發貨人或其代理人應當在裝貨的 24 小時前向海關申報。進口商品的收貨人或其代理人應當自運輸工具申報進境之日起 14 天內向海關申報。逾期罰款，徵收滯報金。如自運輸工具申報進境之日起超過三個月未向海關申報，其商品可由海關提取變賣。如確因特殊情況未能按期報關，收貨人或其代理人應向海關提供有關證明，海關可視情況酌情處理。

(三) 進出口商品報關程序

《海關法》規定，進出口商品必須經設有海關的地點進境或者出境，進口商品的收貨人、出口商品的發貨人或其代理人應當向海關如實申報、接受海關監管。對一般進出口商品，海關的監管程序是：接受申報、查驗商品、徵收稅費、結關放行。而相對應的收、發貨人或其代理人的報送程序是：申請報送、交驗商品、繳納稅費、憑單取貨。

海關在規定時間內接受報關單位的申報後，審核單證是否齊全、填寫是否正確，報關單內容與所附各項單證的內容是否相符，然後查驗進出口商品與單證內容是否一致，必要時海關將開箱檢驗或者提取樣品。商品經查驗通過後，如屬應納稅商品，由海關計算稅費，填發稅款繳納證，待報關單位交清稅款或擔保付稅後，海關在報關單、提單、裝貨單或運單上加蓋放行章後結關放行。

(四) 關稅及其他稅費的計算徵收

關稅政策和稅法是根據國家的社會製度、經濟政策、社會生產力發展水平、外貿結構和財政收入等因素綜合考慮制定的。依法對進出口商品徵稅是海關行使國家外貿管理職權的重要內容。進出口商品應納稅款是在確定單貨相符的基礎上，對相關商品進行正確分類，確定稅率和完稅價格後，據以計算得到的。其基本公式為：

$$關稅稅額 = 完稅價格 \times 關稅稅率$$

其中，進口商品以海關審定的正常成交價為基礎的到岸價格為完稅價格。到岸價格包括貨價、運費、保險費及其他勞務費用。出口商品以海關審定的商品售予境外的離岸價格扣除出口稅後作為完稅價格。

准許進出口的商品和物品，除《海關法》另有規定外，應由海關徵收關稅，但國家可以因政治或外交需要對某些國家或某些人員的進口商品或物品給予關稅減免，或者由於經濟發展需要，在一定時間內對某些進出口商品實行減徵或免徵關稅。關稅的

減免權屬於中央。

另外，當商品由海關徵稅進口後，由於其在國內流通，與國內產品享有同等待遇，因而也需繳納國內應徵的各種稅費。為簡化手續，可以把一部分國內稅費的徵收在商品進口時就交由海關代徵。目前中國由海關代徵的國內稅費有增值稅、城建稅、教育費附加等。

當進出口商品、進出境物品放行後，海關發現有少徵或漏徵稅款時，可在自物品放行之日起一年內，向納稅義務人補徵，因納稅義務人違反規定造成的，可延至 3 年內追徵；當海關發現多徵稅款後，應立即退還，納稅義務人也可在自繳納稅款之日起一年內要求海關退還。

三、國際貨運代理

國際貿易中的跨國貨物運輸和配送可以由進出口雙方自行組織，也可以委託跨國第三方物流企業組織完成。其中，國際貨運代理是方便、節約地執行國際物流不可或缺的一個重要環節。

國際貨運代理人是接受貨主委託，辦理有關貨物報關、交接、倉儲、調撥、檢驗、包裝、轉運、租船和訂艙等業務的人。其身分是貨主的代理人並按代理業務項目和提供的勞務向貨主收取勞務費。

（一）國際貨運代理的業務範圍

國際貨運代理的業務範圍有大有小，大的兼辦多項業務，如海陸空及多式聯運，貨運代理業務齊全；小的則專門辦理一項或兩項業務，如某些空運貨運代理和速遞公司。較常見的貨運代理主要有以下幾類：

（1）租船訂艙代理。這類代理與國內外貨主企業有廣泛的業務關係。

（2）貨物報關代理。有些國家對這類代理應具備的條件規定較嚴，必須向有關部門申請登記，並經過考試合格，發給執照才能營業。

（3）轉運及理貨代理。其辦事機構一般設在中轉站及港口。

（4）儲存代理，包括貨物保管、整理、包裝以及保險等業務。

（5）集裝箱代理，包括裝箱、拆箱、轉運、分投以及集裝箱租賃和維修等業務。

（6）多式聯運代理，即多式聯運經營人或稱無船承運人，是與貨主簽訂多式聯運合同的當事人。不管一票貨物運輸要經過多少種運輸方式，要轉運多少次，多式聯運代理必須對全程運輸（包括轉運）負總的責任。無論是在國內還是國外，對多式聯運代理的資格認定都比其他代理要嚴格一些。

（二）國際貨運代理在國際物流中的作用

在國際物流中，國際貨運代理具有以下作用：

（1）能夠安全、迅速、準確、節省、方便地組織進出口貨物運輸。根據委託人托運貨物的具體情況，選擇合適的運輸方式、運輸工具、最佳的運輸路線和最優的運輸方案。

（2）能夠就運費、包裝、單證、結關、檢查檢驗、金融、領事要求等提供諮詢，

並對國外市場的價格、銷售情況提供信息和建議。

（3）能夠提供優質服務。為委託人辦理國際貨物運輸中某一個環節的業務或全程各個環節的業務，手續方便簡單。

（4）能夠把小批量的貨物集中為成組貨物進行運輸，既方便了貨主也方便了承運人，貨主因得到優惠的運價而節省了運輸費用，承運人接收貨物時省時、省力，便於貨物的裝載。

（5）能夠掌握貨物全程的運輸信息，使用現代化的通信設備隨時向委託人報告貨物在途的運輸情況。

（6）貨運代理不僅能組織協調運輸，而且影響到新運輸方式的創造、新運輸路線的開發以及新費率的制定。

總之，國際貨運代理是整個國際貨物運輸的組織者和設計者，特別是在國際貿易競爭日益激烈、社會分工越來越細的情況下，它的地位越來越重要、作用越來越明顯。

(三) 國際貨運代理應具備的條件

按照中國有關法規規定，國務院對外貿易經濟合作主管部門負責對全國的國際貨運代理業實施監督管理。在中國，從事國際貨物運輸代理的企業必須具備以下條件：

（1）必須依法取得中華人民共和國企業法人資格；

（2）擁有與其從事的國際貨物運輸代理業務相適應的專業人員；

（3）擁有固定的營業場所和必要的營業設施；

（4）擁有穩定的進出口貨源市場；

（5）註冊資本最低限額應符合下列要求：①經營海上國際貨物運輸代理業務的，註冊資本最低限額為500萬元人民幣；②經營航空國際貨物運輸代理業務的，註冊資本最低限額為300萬元人民幣；③經營陸路國際貨物運輸代理業務或國際快遞業務的，註冊資本最低限額為200萬元人民幣；④經營前述兩項以上業務的，註冊資本最高限額為其中最高一項的限額；⑤國際貨物運輸代理企業每設立一個從事國際貨物運輸代理業務的分支機構，應當增加註冊資本50萬元。

四、理貨業務

理貨是對外貿易與國際貨物運輸配送中不可缺少的一項重要工作。它履行判斷貨物交接數量和狀態的職能，是托運和承運雙方履行運輸契約、分清貨物短缺和毀損責任的重要過程。

(一) 理貨的概念

理貨是隨著水上貿易運輸的出現而產生的，最早的理貨工作就是計數，現在理貨的工作範圍已經發生了變化。理貨是指船方或貨主根據運輸合同在裝運港和卸貨港收受和交付貨物時，委託港口的理貨機構代理完成的在港口對貨物進行計數、檢查貨物殘損、指導裝艙積載、製作有關單證等工作。

(二) 理貨工作的內容

1. 理貨單證

理貨單證是理貨機構在理貨業務中使用和出具的單證。它反應船舶載運的貨物、在港口交接當時的數量或狀態的原始記錄，因此它具有憑證和證據的性質。理貨機構一般是公正性或證明型的機構，理貨人員編制的理貨單證，其憑據或證據就具有法律效力。

理貨單證是承運人與托運人或提單持有人之間辦理貨物數字和外表狀態交接的證明，是港口安排作業，收貨人安排提貨的主要依據，是買賣雙方履行合同情況的主要憑證和理貨機構處理日常業務往來的主要依據，也是承運人、托運人、提單持有人以及港方、保險人之間處理貨物索賠案件的憑證。主要的理貨單證有：

(1) 理貨委託書；
(2) 計數單，這是理貨員理貨計數的原始記錄；
(3) 現場記錄，這是理貨員記載商品異常狀態和現場情況的原始憑證；
(4) 日報單，這是理貨長向船方報告各艙貨物裝卸進度的單證；
(5) 待時記錄，這是記載由於船方原因造成理貨人員停工待時的證明；
(6) 貨物溢短單，這是記載進口商品件數溢出或短少的證明；
(7) 貨物殘損單，這是記載進口商品原殘損情況的證明；
(8) 貨物積載圖，是出口貨物實際裝艙部位的示意圖。

2. 分票和理數

分票是理貨員的一項基本工作。分票就是依據出口裝貨單或進口艙單分清貨物的主標誌或歸屬，分清混票和隔票不清貨物的歸屬。分票是理貨工作的起點，理貨員在理數之前，首先要按出口裝貨單或進口艙單分清貨物的主標誌，明確貨物的歸屬，然後才能根據理貨數字，確定貨物是否有溢短或殘損，以便進行處理。分票也是提高貨物運輸質量的重要保障。卸船時，如理貨人員發現艙內貨物混票或隔票不清，應及時通知船方人員驗看，並編制現場記錄且取得船方簽認，然後指導裝卸工組按票分批裝卸。

理數是理貨員的一項最基本的工作，是理貨工作的核心內容，也是鑒定理貨質量的主要依據。理數就是在船舶裝卸貨物過程中，記錄起吊貨物的鈎數，點清鈎內貨物細數，計算裝卸貨物的數字，稱為理數，亦稱計數。

貨物溢短是指船舶承運的貨物，在裝運港以裝貨單數字為準，在卸貨港以進口艙單數字為準，當理貨數字比裝貨單或進口艙單數字溢出時，稱為溢貨，短少時，稱為短貨。在船舶裝卸貨物時，裝貨單和進口艙單是理貨的唯一憑證和依據，也是船舶承運貨物的憑證和依據。理貨結果就是通過將裝貨單和進口艙單進行對照，來確定貨物是否溢出或短少。貨物裝卸船後，由理貨長根據計數單核對裝貨單或進口艙單，確定實際裝卸貨物是否有溢短。

3. 理殘

凡貨物包裝或外表出現破損、污損、水濕、銹蝕、異常變化等現象，可能危及貨

物的質量或數量，稱為殘損。理殘是理貨人員的一項主要工作，其工作內容主要是船舶承運的貨物在裝卸時，檢查貨物包裝或外表是否有異常狀況。理貨人員為了確保出口貨物完整無損，進口貨物分清原殘和工殘，在船舶裝卸過程中，剔除殘損貨物，記載原殘貨物的積載部位、殘損情況和數字的工作叫理殘，亦稱分殘。

殘損是指由於意外事故、自然災害或其他人力不可抗拒的因素導致的貨物殘損。其中，意外事故殘損是指在裝卸船過程中，因各種潛在因素造成意外事故，導致貨物殘損。這類殘損責任比較難以判斷，容易發生爭執。自然災害事故殘損是指在裝卸船過程中，由於不可抗拒的因素造成自然災害給貨物造成的殘損。如突降暴雨、水濕貨物等，對此，理貨人員要慎重判斷責任方。

4. 繪製實際貨物積載圖

裝船前，理貨機構從船方或其代理人處取得貨物配載圖，理貨人員根據配載圖來指導和監督工人裝艙積載。但是由於各種原因，在裝船過程中經常會發生調整和變更配載的情況。理貨長必須參與配載圖的調整和變更，在裝船結束時，理貨長還要繪製實際裝船位置的示意圖，即實際貨物積載圖。

5. 簽證和批註

理貨機構為船方辦理貨物交接手續，一般要取得船方簽認，同時，承運人也有義務對托運人和收貨人履行貨物收受和交付的簽證責任。因此，船方為辦理貨物交付和收受手續，在貨物殘損單、貨物溢短單、大副收據和理貨證明書等理貨單證上簽字，稱為簽證。簽證是船方對理貨結果的確認，是承運人對托運人履行義務、劃分承、托雙方責任的依據。簽證工作一般在船舶裝卸貨物結束後、開船之前完成。中國港口規定，一般在船舶裝卸貨物結束後兩小時內完成。

在理貨或貨運單證上書寫對貨物數字或狀態的意見，稱為批註。按加批註的對象不同，批註可分為船方批註和理貨批註兩類。批註的目的和作用，一是為了說明貨物的數字和狀態情況，二是為了說明貨物的責任關係。

6. 復查和查詢

如果卸貨港理貨數字與艙單記載的貨物數字出現不一致，則需要進行復查。對此，國際航運習慣的做法是，船方在理貨單上批註「復查」的內容，即要求理貨機構對理貨數字進行重新核查。然後，理貨機構採取各種方式對所理貨物數字進行核查，以證實其準確性。當然，當理貨數字與艙單記載的貨物數字差異較大時，理貨機構也可以主動進行復查，以確保理貨數字的準確性。

理貨查詢有多種形式。如果船舶卸貨時發生貨物的溢出或短少，理貨機構為查清貨物溢短情況，可以向裝運港理貨機構發出查詢文件或電報，請求進行調查並予以答覆；或者在船舶裝貨後，發現理貨、裝艙、製單有誤，或有疑問，理貨機構可以向卸貨港理貨機構發出查詢文件或電報，請求卸貨時予以注意、澄清、並予以答覆；或者船公司向理貨機構發出查詢文件或電報，請求予以澄清貨物有關情況並予以答覆。

6.3 保稅製度與保稅物流

一、保稅製度、保稅區和保稅倉庫

保稅製度是各國政府為了促進對外加工貿易和轉口貿易而採取的一項關稅措施。它是對特定的進口商品，在進境後，尚未確定內銷或復出的最終去向前，暫緩繳納進口稅，並由海關監管的一種製度。

保稅區又稱保稅倉庫區，是海關設置的或經海關批准註冊的，受海關監管的特定地區和倉庫。國外商品存入保稅區內，可以暫時不繳進口稅；如再出口，不繳出口稅；如要進入所在國的國內市場，則要辦理報關手續，繳納進口稅。進入保稅區的國外商品，可以進行儲存、分裝、混裝、加工、展覽等。有的保稅區還允許在區內經營保險、金融、旅遊、展銷等業務。

[案例] 上海外高橋保稅區位於浦東新區北端，面積約10平方千米，是中國大陸開發度最大的綜合性、多功能的對外貿易區域。區內設有諸多進口貿易、轉口貿易的涉外服務企業、保稅工廠、免稅商場等。作為中國改革開放後建成的第一個保稅區，一個全新的自由貿易區雛形已在外高橋的隔離牆內基本形成。目前，外高橋保稅區已有超過300家的國際貿易公司與企業在此開展業務，它正在成為上海外經貿的高速增長點。

保稅倉庫是經海關批准專門用於存放保稅商品的倉庫。它必須具備專門儲存、堆放商品的安全設施；健全的倉庫管理製度和詳細的倉庫帳冊，配備專門的經海關培訓認可的專職管理人員。

保稅區和保稅倉庫的出現，為國際物流的海關倉儲提供了既經濟又便利的條件。有時會出現對商品不知最後作何處理的情況，買主（或賣主）將商品在保稅倉庫暫存一段時間。若商品最終復出口，則無須繳納關稅或其他稅費；若商品將內銷，可將納稅時間推遲到實際內銷時為止。而從物流角度看，應盡量減少儲存時間、儲存數量，加速商品和資金週轉，實現國際物流的高效率運轉。保稅區可分為以下幾種形式：

（一）指定保稅區

這是為了在海港或國際機場簡便、迅速地辦理報關手續，為外國商品提供裝卸、搬運和臨時儲存的場所。商品在該區內儲存的期限較短，限制較嚴。

（二）保稅貨棧

這是指經海關批准用於裝卸、搬運或暫時儲存進口商品的場所。

（三）保稅倉庫

這是經海關批准，外國商品可以連續長時間儲存的場所。保稅倉庫便於貨主把握交易時機出售商品，有利於業務的順利進行和轉口貿易的發展。從經營方式上看，保稅倉庫主要有以下三種類型：

(1) 專業性保稅倉庫。它由有外貿經營權的企業自營,一般只儲存本企業經營的保稅貨物,如紡織品進出口公司自營的保稅倉庫、專用於儲存進口的紡織品原料和加工復出口的成品。

(2) 公共保稅倉庫。具有法人資格的經濟實體,可向海關申請建立公共保稅倉庫,專營倉儲業務。其本身一般不經營進出商品,而是面向社會和國內外保稅貨物持有者。外運公司經營的保稅倉庫即屬於這一類型。

(3) 海關監管倉庫。主要用於存放貨物以及行李物品進境而所有人未來提取,或者無證到貨、單證不齊、手續不完備以及違反海關章程,海關不予放行,需要暫存海關監管倉庫聽候海關處理的貨物。這種倉庫有的由海關自行管理,也可以交由專營的倉儲企業經營管理,海關行使行政監管職能。

(四) 保稅工廠

這是經海關批准,可以對外國商品進行加工、製造、分類以及檢修等業務活動的場所。

(五) 保稅展廳

這是經海關批准,在一定期限內用於陳列外國貨物進行展覽的保稅場所。保稅展廳通常設置在本國政府或外國政府、本國企業或外國企業等直接舉辦或資助舉辦的博覽會、展覽會上,它除了具有保稅的功能外,還可以展覽商品,加強廣告宣傳,促進貿易的發展。

目前,各國為了提高其經濟開放程度,更好地融入國際的經濟交流,紛紛實行各種經濟特區政策。除了保稅區政策之外,與國際貿易和國際物流相關的經濟特區政策還包括自由貿易港政策和出口加工區政策。

二、自由貿易港(自由口岸/自由貿易區)

這是指在關境以外,對進出口商品全部或大部分免徵關稅,並且准許在港內或區內開展商品自由儲存、展覽、拆散、改裝、重新包裝、整理、加工和製造等業務,以便於促進本地區的經濟和對外貿易發展,增加財政收入和外匯收入。

自由港或自由貿易區一般分為兩種類型:一類是把港口或設區的所在城市都劃為自由港或自由貿易區;另一類是把港口或設區的所在城市的一部分劃為自由港或自由貿易區。各國對自由港或自由貿易區的規定一般有以下內容:

(一) 關稅方面的規定

對於允許自由進出港口或自由貿易區的外國商品,不必辦理報關手續,免徵關稅。少數已徵收進口稅的商品如菸、酒等的再出口,可退還進口稅。但這些商品如果進入所在國國內市場銷售,則必須辦理報關手續,繳納進口稅。有些國家對在港內或區內進行加工的外國商品往往有特定的徵稅規定。如美國規定,用美國的零配件和外國的原材料裝配或加工的產品進入美國市場時只對該產品所包含的外國原材料的數量或金額徵收關稅。

(二) 業務活動的規定

對於允許進入自由港或自由貿易區的外國商品，可以儲存、展覽、拆散、分類、分級、修理、改裝、重新包裝、重新貼標籤揭洗、整理、加工和製造、銷毀、與外國或所在國原材料混合、再出口或向所在國國內市場出售。

三、出口加工區

出口加工區是一個國家或地區在其港口或機場附近，劃出一定的區域範圍，建造碼頭、道路、車站、廠房、倉庫等基礎設施，並提供免稅等一系列優惠政策，鼓勵外國企業在區內投資生產以出口為主的工業品的加工區域。出口加工區是20世紀60年代後期，首先在一些發展中國家建立和發展起來的。其目的在於吸引外國資本，引進先進技術和設備，促進工業和外貿的發展，帶動該地區經濟發展，提高生產技術水平。

出口加工區起源於自由港或自由貿易區，但兩者又有所不同。自由港或自由貿易區以轉口貿易為主，側重商業；而出口加工區以出口加工工業為主，側重工業。

(一) 出口加工區的類型

出口加工區一般分為兩類，即綜合性出口加工區和專業性出口加工區。綜合性出口加工區是指區內可以生產經營多種出口加工產品。目前世界上絕大多數出口加工區屬於這種類型。而專業性出口加工區是指區內只准生產經營某種特定的出口加工產品。

由於在出口加工區投資的外國企業所需的設備和原材料大部分依靠進口，產品全部或大部分輸出國外市場銷售，因此出口加工區應設在交通便利、運輸費用低廉的地方。通常在國際性的空港或海港附近設區最為理想。

(二) 出口加工區的一般規定

為了發揮出口加工區的作用，吸引外國企業前來投資設廠，各國、各地區都制定了許多具體的政策措施。主要包括：

(1) 關稅的優惠規定。對在區內投資設廠的外國企業，從國外進口的生產設備、原材料、燃料、零部件及半成品等，免徵進口稅。生產的產品出口時，免徵出口稅。

(2) 國內稅的優惠規定。許多國家或地區的出口加工區為區內企業提供減免所得稅、營業稅、貸款利息稅等優惠待遇。

(3) 放寬外匯管制的規定。在出口加工區的外國企業，允許其資本、利潤、股息可以全部匯出。

(4) 投資保證的規定。許多國家或地區不僅保證各項有關出口加工區的規定長期穩定不變，而且保證對外國投資不沒收或徵用。如因國家利益或國防需要而徵用時，政府保證給予合理的經濟賠償。

(5) 其他相關政策。對於報關手續、土地、倉庫、廠房的租金，貸款利息，外籍員工及其家屬的居留權等都給予優惠待遇。

四、中國保稅區國際物流的發展

中國目前批准設立的保稅區，有依託港口的，如天津港、沙頭角、上海外高橋、

廣州、青島、寧波、汕頭保稅區；有依託開發區的，如大連、廈門、福州的保稅區；有既不在開發區又不臨港口的，如福田保稅區；還有唯一依託內河港口的張家港保稅區。從1990年5月國務院批准建立第一個保稅區到現在，經過20多年來的發展，全國保稅區的保稅倉儲、轉口貿易、商品展示功能有了不同程度的發展，具備了一定規模的國際物流基礎。其中，保稅倉儲功能作為保稅區與其他各類經濟區域相區別的功能特徵，總體發展較快。為了達到吸引外資的目的，各保稅區都投入了大量的資金用於保稅區的基礎設施建設。同時，參照國外自由貿易區的有關經驗，結合中國具體情況，制定了一系列政策法規，以確保保稅區按國際慣例辦事，為投資者提供可靠的保障。自從保稅區建立以來，就吸引了大批國內外投資者，招商勢頭良好，成績顯著。

6.4 國際物流運作

[案例] 大型跨國物流公司在全球範圍內利用自身規模優勢建立起國際物流網路，開展各項物流服務。例如，DHL利用其在全球100多個國家和地區建立起來的國際物流網路，開展國際物流快件運送業務。以中國到日本為例，從上海客戶處取件到送達日本東京客戶處，一般只需36~48小時，其間要經過電話受理、上門收件、快件中心集貨分理、機場送達（有時還需要辦理通關手續）、分撥、客戶送達等環節業務。如果DHL沒有龐大的國際物流網路，要提供這樣便捷的服務是不可想像的。

跨國公司的跨國經營以及貨主企業的國際化產品分銷是國際物流發展的原動力。隨著經濟全球化進程的加快，企業的國際化運作越來越普及，尤其是隨著跨國公司的迅速發展，它們為實現全球利益最大化，在全球範圍內組織採購、生產和行銷活動，其物流運作的地理範疇也突破國境，成為國際物流。

一、貨主企業的國際化物流運作

由於不同國家或地區存在勞動力、技術、市場等方面的不同特點，使得越來越多的企業通過在全球範圍內組織生產來獲得某些優勢。例如，利用某些地區廉價勞動力的優勢，實現生產成本的有效降低；更加接近目標市場，降低產品的運輸成本；或者利用某些國家或地區的投資鼓勵措施獲得更大的利潤。但是，在國際化生產的物流組織上，可能會遇到一些問題，比如，某些生產資料需要在境外採購，但由於空間上的長距離以及政府的貿易管制等措施，可能會使供應中斷而造成生產線的停頓。為了更好地服務於貨主企業的跨國經營，必須努力做好國際化物流運作。

(一) 貨主企業國際化物流運作的主要活動

貨主企業國際化物流運作的主要活動包括國際化採購和國際化分銷。

1. 國際化採購

現在，越來越多的企業充分利用國際化採購來滿足自身的原材料和商品的供應需求。企業通過國際化採購，可以以更低的價格購買到質量較高的商品，並可以利用匯

率的變動實現購採購成本的進一步降低，並彌補國內市場有些商品技術含量低、使用效率差的缺點。

在企業國際化採購的組織中，特別是在物流活動的組織上，往往會面臨一些困難和問題。包括：

（1）由於採購的週期和在途天數較長，因此，採購訂單的提前期必須加長，企業的庫存水平就有可能提高。

（2）由於採購的商品需經過長途運輸，在途的延誤和商品毀損風險較大，因此，如果一旦出現路途延誤或商品毀損，有可能會造成企業生產或銷售的停頓，給企業經營帶來嚴重的損失。

（3）如果商品到達目的地後的檢驗結果與裝運前的檢驗結果有衝突，可能引起買賣雙方的糾紛；但是，如果買方要求退貨，在運輸成本由誰負擔等問題上也會產生糾紛。

（4）採購成本及商品交付時間受所在國政府貿易政策的影響。當政府實行更加嚴格的貿易保護政策甚至貿易禁運時，會造成採購成本上升、交付延遲乃至供應中斷。另外，匯率的變動也可能造成採購成本上升。

因此，儘管全球採購有其明顯的優勢，但是它對物流活動的組織要求很高，特別是對時效控製、成本控製以及貨損貨差的控製等要求更高。

2. 國際化分銷

隨著經濟全球化進程的加快，企業之間的競爭日益激烈，越來越多的企業通過國際化分銷來擴大產品的銷售空間，從而更好地實現規模經營，降低經營成本。但是，國際化分銷使組織物流的難度加大。由於運輸距離長，導致存貨水平上升，企業的庫存管理水平需要提高；運輸距離長，導致運輸費用高，產品可能缺乏價格競爭力。這就要求企業更有效地組織物流活動，以降低物流成本。

(二) 貨主企業國際物流運作方式的選擇

貨主企業的國際化採購、生產、分銷和配送，使很多公司迫切需要發展國際物流系統來實現產品的順暢跨國流動。目前，物流已經成為眾多跨國公司的戰略性工具。有效的國際物流營運，已經成為企業降低經營成本、擴大銷售市場、增加市場份額的有效手段。

貨主企業在國際化物流運作中，一般可以採取以下幾種方式：

1. 構建自有的全球性物流系統

企業可以構建自身的全球性物流系統，建立全球性物流管理組織機構，並構築全球性的物流網路。在這種方式下，物流營運的總成本相對較低，並且公司可以通過對物流系統設施的投資參與到東道國的經濟中去，也有利於對物流進行有效的控製；不利之處是存在巨額的初始投資以及物流組織管理的複雜性較高。

2. 物流業務的分段外包

這種方式在企業中應用比較廣泛。貨主企業依據進出口貿易合同的不同組織形式，將各環節的物流業務分別外包給不同的物流服務企業來具體運作。例如，將物流業務

分段外包給國內運輸企業、國內貨運代理企業、船務公司、遠洋運輸企業、國外貨運代理企業以及國外配送企業等。這種方式的主要特點是，由貨主企業自身的物流管理部門來協調組織物流活動的全過程，而把不同環節的物流業務分別外包；其缺點是，物流部門面對的參與體多，組織工作量大，不利於統一安排，協調性相對較差。

3. 引入一體化的第三方物流服務商來完成企業的國際物流運作

隨著第三方物流的崛起，這種物流業務模式越來越多地被貨主企業在國際物流業務中所採用。第三方物流企業的介入可以減少貨主企業的投資，並能夠隨時根據客戶需求的變化調整服務外包的內容及規模，在使用物流新技術方面也更具靈活性。目前，第三方物流企業提供的服務已從傳統的運輸、倉儲等基本服務擴展到材料採購、訂貨處理、庫存管理、信息系統、物流系統設計以及提供物流解決方案等領域。物流外包第三方，可以使貨主企業只和一家物流服務商合作，降低物流組織的難度，但這可能會導致貨主企業的單位物流營運變動成本上升，且難於控制第三方物流公司的業務。因此，貨主企業應與國際物流一體化服務商建立長期穩定的戰略夥伴關係，以保證國際物流營運策略的相對穩定性。

4. 選擇進出口貿易公司或一般貿易公司來幫助實現國際化的採購與分銷

貨主企業通過與進出口貿易公司或一般貿易公司合作，充分利用後者的供應渠道或分銷渠道來實現產品採購或銷售，同時滿足國際物流服務需求，如包裝、倉儲、運輸及客戶服務等。

一家公司應該採用哪種國際物流運作方式取決於諸多因素。如果國外市場較大，保護性強，物流費用高，且公司實施的是全球戰略，則最好採用第一種方式；而對於那些剛開始從事全球採購或分銷業務且對全球物流運作不甚瞭解的公司來說，第三方物流服務可能是最佳的選擇。

二、物流企業的國際化營運策略

物流業作為流通產業的一個重要組成部分，在國民經濟中起著不可低估的作用。隨著全球經濟一體化進程的加快，物流在國民經濟中的地位在不斷提高。中國自改革開放以來，工業生產領域的對外開放取得了長足的進展。越來越多的工業企業參與外向型經營，它們需要從國外進口大量的設備和原材料，同時也向國外出口商品。這就為中國的物流企業提供了國際化經營的機遇，促使物流企業向國際化方向發展。另外，由於中國在人力成本、改革開放環境以及市場等方面存在優勢，越來越多的跨國公司到中國投資建廠，中國越來越成為全球的一個「製造中心」，這也要求中國物流企業能為其提供高效、高質量的國際物流服務。可以說，中國的物流企業正面臨著一次大規模國際化發展的機遇和挑戰。

(一) 中國物流企業面臨的國際化競爭環境分析

目前，中國物流企業面臨著多方面的挑戰。國內市場國際化，跨國物流公司已大舉進入中國市場，國內物流市場已受到了嚴重衝擊，而國內物流企業的國際化現狀不容樂觀，與發達國家相比存在較大差距。

1. 宏觀經濟繁榮促使物流企業走跨國經營之路

近年來，中國經濟高速增長，外資企業大量湧入、工商企業物流外包理念逐步更新，中國物流業具有穩定的市場需求得到了充分保障。從長遠來看，中國在不斷擴大改革開放的條件下，物流業國際化的進程將會加快，前景樂觀。目前，尋求全球範圍內最佳的資源配置和生產要素組合，已經成為不可逆轉的發展趨勢，中國已經成為名副其實的「世界工廠」。中國物流企業為了自身的生存與發展，就必須走國際化經營之路，這就要求物流企業具有全球經營意識，擁有全球物流體系、設施和相應的經營管理人員。

2. 外資物流巨頭構成嚴重威脅

目前，進入中國物流市場的跨國物流公司基本上可分為兩類：一類是在空運、速遞的基礎上發展起來的，如 UPS、FedEx、TNT 等；另一類則以海運為主，逐步向綜合物流方向發展，以馬士基和美集為代表。儘管跨國物流企業在中國的發展仍受到限制，但它們已經通過各種可能的途徑，紛紛占領了中國的物流市場戰略高地。隨著中國加入 WTO 後服務市場的逐步開放，這些企業將借助其牢固的物流網路及物流聯盟，運用先進的物流專業知識和經驗，為客戶提供完善的綜合物流服務。它們的到來必將給國內物流企業和物流市場形成更大的衝擊。

3. 國內物流企業之間的競爭加劇

由於國內物流市場剛剛起步，大部分物流企業是從原來的儲運企業轉型而來的，多數企業尚未形成核心競爭力，競爭對手之間的模仿相對容易，企業的技術水平與管理水平不高，缺乏公認的物流服務標準，物流企業之間形成一種粗放式的競爭格局。加上近期掀起的物流熱潮，使許多外圍企業盲目跟風，結果導致各地的物流企業數量與基礎投資猛增，低價惡性競爭加劇，嚴重擾亂了市場秩序，造成物流企業業績普遍不佳，發展後勁不足。

(二) 中國物流企業的國際化營運策略

中國許多物流企業是在 20 世紀五六十年代建立的，在觀念和體制上存在諸多弊端，已不能適應發展的需要，若不進行脫胎換骨的改造就向現代物流推進，必將被國際浪潮所淹沒。因此，中國物流企業的管理者應審時度勢，冷靜分析自身的優勢和劣勢，積極改造，正確定位，制定相應的國際化營運策略與發展戰略。

1. 立足核心主業，拓展全程物流服務

物流與供應鏈服務是跨地區、跨部門、跨行業的一項龐大系統工程，物流企業都希望能進入客戶更多的物流服務環節，為客戶提供更優質的服務，但各家企業的資源畢竟是有限的。中國的物流企業只有在充分挖掘自身潛能的基礎上，利用信息技術與信息網路，與整個供應鏈上的節點企業合作，向綜合物流方向拓展，才能形成逐步發展、以點帶面的發展戰略。

2. 強化國際業務能力，建立、完善國際物流網路

物流企業在戰略制定上，必須突破地域和行業限制，以全球為著眼點。只有這樣，才能最大限度地抓住機遇，規避風險。在具體戰略的選擇上，首先應該以中國為主要

拓展市場，獲得本地競爭優勢，再以近致遠，爭取全球競爭優勢。在物流營運網路的建設上，應依託多年來在國內發展已形成的網路優勢，加強跨區域聯合，借船出海，充分利用國內網路和業務優勢，通過與實力雄厚的國外物流公司的合作，引進資金、先進的物流技術和管理經驗，達到提高國內物流市場佔有率，並快速躋身國際物流市場的目的。

3. 開展虛擬經營，實施戰略聯盟，爭做聯盟中心

物流企業為發揮自身優勢，彌補自身不足，可與其他企業結成戰略聯盟，開展合作虛擬經營，實現物流與供應鏈全過程的有機融合。通過多家企業的共同努力，形成合力，最終提高行業競爭力，成員企業也將從中獲益。戰略聯盟的實施，可將有限的資源集中在高附加值的功能上，而將低附加價值的功能虛擬化。虛擬經營能夠在組織上突破有形的界限，實現企業的精簡高效，從而提高物流企業的競爭力和生存能力。在締結聯盟的過程中，為避免成為附庸，就需要掌握主動權，就要爭做盟主，以此來增加獲利的潛力。

4. 建立全球性的物流信息網路

隨著世界經濟一體化進程的加快，物流業正逐步向全球化、信息化、一體化方向發展。高新技術在物流業中的應用，電子數據交換技術與國際互聯網的應用，使物流效率得到了大幅度提高。目前，國外許多大型物流企業都建立了全球物流信息網路，並取得了良好的效果。借助全球性的信息網路，企業可以系統、高效、快速地組織管理好物流各個環節的活動。中國物流企業要參與國際物流市場的競爭，首先必須逐步建立和完善自身的全球性物流信息網路，並努力提高全員的物流信息網路化意識，使自身的物流信息網路系統不斷向世界先進水平邁進。

〔案例〕美國洛杉磯西海岸報關公司與碼頭、機場、海關都有信息聯網。當貨物從世界各地起運時，客戶便可以從該公司獲得準確的到達時間、到泊（岸）位置等信息，使收貨人與各倉儲、運輸公司做好準備，以便貨物快速流動，安全、高效地直達目的地。

5. 培養物流管理人才，建立富有創新精神的企業文化

中國傳統儲運企業向現代物流企業轉型，物流管理人才顯得尤其重要。物流管理者必須對每一個物流業務環節以及與物流有關的業務活動都有足夠的瞭解，不僅是運輸專家、倉儲專家，而且應熟知財務、市場行銷等業務，必須具備對物流諸環節進行協調的能力。物流市場的國際化，不僅要求物流管理者能夠管理現有系統，更要求物流管理者具有創新意識，包括知識創新和服務創新，用創新為企業提供強有力的支持。只有這樣，中國物流企業才能在激烈的市場競爭中立於不敗之地。

小結

國際物流是指跨越不同國家（地區）之間的物流活動，它是國際貿易的重要組成部分。國際物流具有渠道長、環節多、風險高、環境複雜、對標準化程度要求高等特

點。國際物流是伴隨著國際貿易和跨國經營的發展而發展的，並已成為影響和制約國際貿易發展的重要因素，主要包括發貨、國內運輸、出口國報關、國際運輸、進口國報關、送貨等業務。國際貿易與國際物流之間是相互促進、相互制約的關係。國際貨運代理是方便、節約地執行國際物流不可或缺的重要環節。跨國公司的國際化經營以及貨主企業的國際化貨物分銷是國際物流的原動力。貨主企業國際化物流運作的主要活動包括國際化採購和國際化分銷。貨主企業在國際化物流運作中，可以採取構建自有的全球性物流系統、物流業務分段外包、引入一體化的第三方物流服務商、選擇進出口貿易公司或一般貿易公司等方式來完成國際物流運作。

同步測試

一、判斷題

1. 國際物流是跨越不同國家（地區）之間的物流活動。（　　）
2. 根據國際商會《2000年國際貿易術語解釋通則》的解釋，共有13種貿易術語，可將其劃分為E、F、C、D、G五組。（　　）
3. FOB即裝運港船上交貨，採用該條款，買方風險更小。（　　）
4. 國際物流會影響國際貿易，但國際貿易對國際物流沒有影響。（　　）
5. 國際貨運代理只是一個仲介，對國際物流活動的成功開展所起的作用不是很大。（　　）

二、多項選擇題

1. 國際物流具有（　　）特點。
   A. 渠道長、環節多　　　　　　B. 環境複雜
   C. 風險高　　　　　　　　　　D. 對標準化程度要求高
   E. 需要開展國際多式聯運
2. 根據跨國運送的商品特性，可以將國際物流劃分為（　　）幾類。
   A. 國際軍火物流　　　　　　　B. 國際商品物流
   C. 國際郵品物流　　　　　　　D. 國際捐助或救助物資物流
   E. 國際展品物流
3. 在中國，從事國際貨物運輸代理的企業必須具備（　　）條件。
   A. 必須依法取得中華人民共和國企業法人資格
   B. 有與其從事的國際貨物運輸代理業務相適應的專業人員
   C. 有固定的營業場所和必要的營業設施
   D. 有穩定的進出口貨源市場
   E. 註冊資本不低於500萬元人民幣
4. 理貨業務涉及的主要單證包括（　　）。
   A. 理貨委託書　　　　　　　　B. 日報單
   C. 貨物溢短單　　　　　　　　D. 貨物殘損單
   E. 貨物積載圖

5. 保稅區包括（　　）形式。
   A. 指定保稅區　　　　　　　　B. 保稅貨棧
   C. 保稅倉庫　　　　　　　　　D. 保稅工廠
   E. 保稅展廳

三、簡答題

1. 什麼是國際物流？國際物流有哪些特點？
2. 國際物流的發展主要經歷了哪幾個階段？
3. 國際物流與國際貿易之間是什麼關係？
4. 國際物流包括哪些業務環節？
5. 國際貨運代理在國際物流中的作用體現在哪些方面？
6. 貨主企業的國際物流運作，一般可以採取哪幾種方式？
7. 國際物流有哪些主要的發展趨勢？
8. 中國物流企業如何走向國際化？

四、實訓題

學生以小組為單位，課餘對學校所在地的某保稅倉庫進行調研，瞭解其儲存對象及作業流程，分析其作用，並撰寫一份不低於1,000字的調查報告。

五、案例分析題

案例：上海鐵聯走向國際的成長歷程

上海鐵聯國際儲運有限公司由上海外高橋保稅區三聯發展有限公司和上海鐵路局合資組建而成。公司使用物流管理信息系統後，發展快速。如今，公司在服務實踐中逐漸成長為以倉儲業務為主，運輸、貨代業務為輔的國際性物流企業。

上海鐵聯是上海外高橋保稅區內最大的物流企業之一。上海外高橋保稅區是國務院批准成立的中國第一個保稅區，是浦東開發最早啟動的四大功能小區之一，規劃建設面積10平方千米，已開發面積7.5平方千米。經過十餘年的建設，外高橋保稅區的展示、貿易、加工和研發功能初具規模，IT芯片封裝、第三方物流、高科技的機電一體化、新材料產業發展迅猛，已成為世界經濟登陸中國的橋樑、中國經濟向外輻射的窗口。目前，外高橋保稅區的GDP、工業生產總值、進出口額、集裝箱吞吐量、稅收收入在全國十二個保稅區中排名第一。

上海鐵聯國際儲運有限公司地處外高橋保稅區內。在保稅區占地40,000多平方米，擁有三座共21,000平方米的大型單層鋼結構室內保稅倉庫、10,000平方米的集裝箱堆場，並享有保稅區各類優惠政策。公司具有中國外經貿部批准的海、陸國際一級貨代經營權，是集國際貿易、國際貨代、報關報檢、海陸聯運、保稅倉儲等為一體的綜合性國際儲運公司。作為保稅區內成長型企業，如何在發展中不斷提升企業管理水平、增強企業競爭力、成功地向國際性物流企業轉型呢？

上海鐵聯的領導認為：「中國保稅區國際物流的發展趨勢是不僅需要依託保稅區其他各項主體功能的發展，更要依託高水平的物流運作來促進保稅區其他各項主體功能的深化，使保稅區各種功能形成協調互動的發展格局。作為保稅內的企業，就必須實現物流流程的合理化和物流服務的規範化，提高自身的經營管理水平和物流服務質量，

從而使企業真正具有獨特的市場競爭能力。」

上海鐵聯與上海博科資訊股份有限公司在物流管理信息化方面的合作，保證了上海鐵聯更加貼近國際化客戶的需求，成為國際性物流專業公司。而博科資訊也在上海鐵聯原有的國際貿易項目基礎上，進一步樹立起保稅物流管理信息化領先品牌的形象。雙方的強強合作，加快了上海鐵聯國際化的進程。

針對上海鐵聯提出的發展目標和公司目前存在的問題，博科資訊的諮詢顧問進行了深入細緻的調研。在調研中發現，由於長期採用人工操作，物流管理無法實現細化和量化，當貨流量大時，手工操作的出錯率較高，成本增加，企業效益得不到提高。

面對這些亟須解決的問題，博科資訊開發出了包括集中處理、進出貨作業、報關業務、庫存管理、物流計費、運輸管理等在內的性能良好的物流信息系統。這套系統首先解決了上海鐵聯人工管理物流信息無法量化的問題，建立了貨主及其客戶的檔案資料，對貨主或其客戶提供滿足其要求的服務，為貨主提供進、出、存精細化管理，對貨物進出庫和庫存情況進行實時查詢和跟蹤。對不同的貨主設定不同的物流計費策略，提供各種物流作業計費的設定功能，從而進行物流自動計費。在進出庫管理模塊及庫存管理模塊中，博科資訊使用先進的射頻識別（RFID）技術和條碼技術，使貨物的進庫、出庫、裝車、庫存盤點、貨物的庫位調整、現場庫位及商品查詢等數據實現實時雙向傳輸，做到了快速、準確、無紙化，大大提高了效率，人為因素造成的出錯率降到了最低限度，從而降低了倉儲成本。在物流計費模塊中，增加了應收應付功能，對貨主的代墊費用進行記錄和管理，並將相關數據傳輸至財務系統，從而大大提高了財務人員的工作效率。使用運輸管理模塊後，通過設置車輛的基本資料、記錄車輛的業務情況和運行中發生的各種費用，實現了對車輛的有序管理，減少了流轉過程，提高了營運效率，縮減了人員編制，降低了營運成本。

通過使用博科資訊開發的物流信息系統，上海鐵聯已與國際運輸方式接軌，實現了國際國內「門到門」的物流服務，現已通過了ISO 9002質量體系認證。目前，公司提供倉儲物流服務的客戶，多數為世界五百強企業，如德國巴斯夫、美國杜邦、法國埃爾夫阿托等。受馬士基物流公司、道康寧公司的委託，上海鐵聯還輸出管理服務，提供從換單、報關、進庫、運輸到客戶的一條龍服務。隨著保稅區和港區的融合，上海鐵聯已成功轉型為國際性物流公司。

根據案例提供的信息，請回答以下問題：

1. 上海鐵聯成功走向國際的根本原因是什麼？
2. 面對國際物流市場的發展，國內物流企業如何才能更好地參與國際市場競爭？

學習情境七　供應鏈管理

【知識目標】

1. 理解供應鏈的概念
2. 掌握供應鏈的特徵
3. 瞭解供應鏈的分類
4. 理解供應鏈管理的要旨
5. 理解供應鏈管理的優勢
6. 掌握供應鏈管理的基本原則
7. 瞭解供應鏈管理的發展趨勢
8. 掌握供應鏈的設計原則
9. 掌握供應鏈的設計方法與步驟
10. 理解供應鏈管理策略
11. 瞭解第四方物流

【能力目標】

1. 能繪制供應鏈結構圖
2. 能設計中小企業供應鏈

【引例】

沃爾瑪「無縫」式供應鏈管理

　　物流的涵義不僅包括物資流動和存儲，還包含上下游企業的緊密配合。沃爾瑪之所以取得成功，很大程度上在於沃爾瑪採取了「無縫點對點」的物流系統。「無縫」的意思是指，使整個供應鏈達到一種非常順暢的連接。沃爾瑪所指的供應鏈是指產品從工廠到商店的貨架，這個過程應盡可能平滑，就像一件外衣一樣是沒有縫的。每一個供應者都是供應鏈中的一個環節，沃爾瑪使整個供應鏈成為一個非常平穩、光滑、順暢的過程。這樣，沃爾瑪的運輸、配送、訂單處理與顧客購買等所有過程，都是一個完整網路當中的一部分，這樣就大大降低了物流成本。

　　在與上游供應商銜接時，沃爾瑪有一個非常好的系統，可以使供應商直接進入沃爾瑪的系統中，沃爾瑪稱之為「零售連結」。通過零售連結，供應商就可以隨時瞭解沃爾瑪的銷售情況，對其貨物的需求量進行預測，以便制訂生產計劃，避免盲目生產。

這樣就可以降低產品成本，從而使整個流程成為一個「無縫」的過程。

【引導問題】
1. 沃爾瑪成功的關鍵是什麼？
2. 什麼是供應鏈？供應鏈有哪些特徵？
3. 怎樣理解物流與供應鏈之間的關係？
4. 怎樣才能實施有效的供應鏈管理？

進入 20 世紀 90 年代以後，由於信息技術的飛速發展，使企業經營環境變得高度動態、複雜、多變，企業間的競爭逐漸演變為供應鏈與供應鏈的競爭，更上升為企業核心能力的較量。國際上很多大公司的經營管理者都非常關注供應鏈管理，並把成功的供應鏈管理作為提升企業核心能力的重要手段。

7.1 供應鏈的認知

美國供應鏈管理專業協會（CSCMP）認為：「物流是供應鏈流程的一部分，是以滿足客戶要求為目的，對貨物、服務及相關信息在產出地和銷售地之間實現高效率和高效益的正向和反向流動及儲存所進行的計劃、執行與控製的過程。」目前，物流管理已經發展到了供應鏈管理階段。

一、供應鏈的概念

供應鏈的概念是在發展中形成的。隨著企業管理實踐及理論研究的不斷深入，其內涵在不斷豐富，外延在不斷擴大，概念本身也在不斷完善。

早期的觀點認為，供應鏈是製造企業中的一個內部過程，它是指企業將採購的原材料和零部件，通過生產加工轉換以及銷售等活動，將產品經由零售商並最終送達用戶的一個過程。傳統的供應鏈概念局限於企業的內部操作層面上，注重企業自身資源的利用這一目標，而忽視了企業與外部環境的聯繫。

中期的觀點注意到了企業與外部環境的聯繫，認為供應鏈是一個「通過鏈中不同企業的製造、組裝、分銷、零售等過程將原材料轉換成產品，再到最終用戶的轉換過程。」這是從更大的範圍來定義供應鏈，它已經超越了單個企業的邊界。例如，美國的史蒂文斯（Stevens）認為：「通過增值過程和分銷渠道控製，從供應商的供應商到用戶的用戶的流就是供應鏈，它始於供應的源點，結束於消費的終點。」這些定義均注意到了供應鏈的完整性，並注意到了供應鏈成員企業運作的協同性。

近期，供應鏈概念更加注重圍繞核心企業（Core Company）的網鏈關係，更加強調核心企業對供應鏈的規劃、設計和管理作用。哈理森（Harrison）認為：「供應鏈是執行採購原材料，將它們轉換為中間產品和成品，並且將成品銷售到用戶的功能網鏈。」菲力浦（Phillip）和溫德爾（Wendell）認為，供應鏈中的戰略夥伴關係很重要，

企業通過與重要的供應商和客戶建立戰略聯盟，能更有效地開展企業經營活動。中國學者邵曉峰和黃培清等認為：「供應鏈是描述商品需-產-供過程中的實體的活動及其相互關係動態變化的網路。」

中國國家標準《物流術語》（GB/T18354-2006）對供應鏈（Supply Chain）的定義是：「生產及流通過程中，涉及將產品或服務提供給最終用戶所形成的網鏈結構。」

本書認為，供應鏈是圍繞核心企業，通過對物流、資金流、信息流等流程的控制，從原材料、零部件等生產資料的採購與供應開始，經過生產製造、分銷（撥）、零售以及售後服務等活動，由供應商、製造商、分銷商、零售商、相關服務商（如物流服務商、銀行等金融機構、IT服務商等）和終端用戶連成的整體功能網鏈結構模式。

供應鏈包括了所有加盟的節點企業，它不僅是一條從供應源到需求源的物流鏈、資金鏈、信息鏈，更是一條增值鏈，物料及產成品因加工、包裝、運輸等過程而增加價值，給消費者帶來效用，同時也給供應鏈其他成員企業帶來收益。

二、供應鏈的網鏈結構模型

供應鏈有多種結構模型，如靜態鏈狀模型、動態鏈狀模型、網狀模型和石墨模型等，其中最常見的是網鏈結構模型，如圖7.1所示。

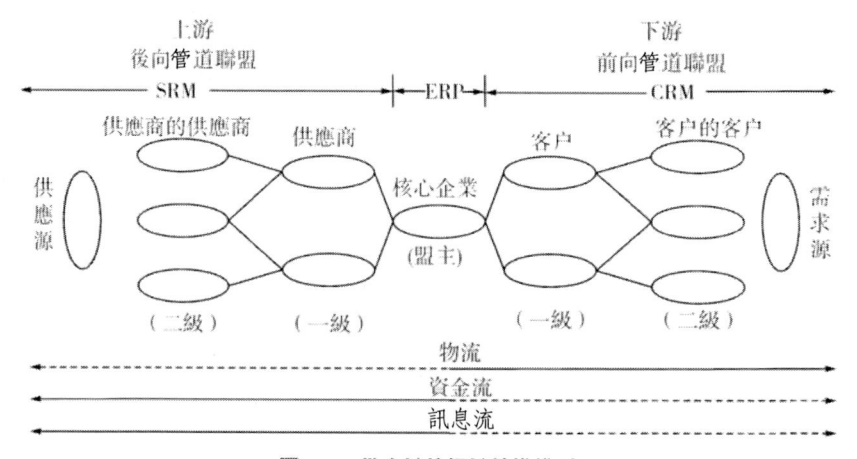

圖7.1 供應鏈的網鏈結構模型

從供應鏈的網鏈結構模型可以看出，供應鏈由節點組成，節點代表加盟的成員企業，且每一成員都具有雙重身分，它既是其供應商的客戶又是其客戶的供應商。在供應鏈這一特殊的企業組織中，一般有一個核心企業（也稱盟主），它可以是工業企業，也可以是大型零售企業。節點企業在需求信息的驅動下，通過供應鏈的職能分工與合作，以資金流、物流/服務流為媒介實現整個供應鏈的不斷增值。

從嚴格意義上講，物流、資金流、信息流都是雙向的，但它們都有一個主要流向（在圖7.1中以實線箭線表示）。一般而言，物流從上游往下游流動，其表現形態包括原材料、零部件、在製品、產成品等實體的流動，我們稱之為正向物流。但當發生退貨、回收包裝物或其他廢舊物品時，物流的流向與正向流恰恰相反，我們稱之為逆向

物流或反向物流。在供應鏈的「三流」中，物流比較外顯，最容易觀察到。

供應鏈中的信息主要包括需求信息和供應信息。需求信息主要有客戶訂單、採購合同等，其流向與正向物流相反，當其從下游往上游流動時，即引發正向物流；供應信息通常由需求信息引發，如貨物發運單、提前裝運通知（ASN）、入庫單等，其流向與正向物流相同，與需求信息方向相反。顯然，顧客的需求信息是供應鏈所有活動的起點，供應鏈成員企業的經營活動都是在需求信息的驅動下開展的，因而，需求信息流的方向是供應鏈信息流的主要流向。

物品與服務是有價值的，因而物流或服務流本質上是資金的運動過程。消費者購買產品或服務，實質上購買的是產品或服務的價值。產品有形，服務或創意等無形，但它們都能給消費者帶來效用。顧客需求的信息流引發物流或服務流，而這一表象的背後則是與之相伴而升的資金流。與正向物流相對應，資金流的主要流向是從下游到上游，與正向物流的流向相反；而當發生逆向物流時，資金流的流向則是從上游到下游，與正向物流的流向相同。總之，物流或服務流與資金流是反向的。

三、供應鏈的特徵

一般地，供應鏈具有以下主要特徵：

（一）需求導向性

供應鏈的存在、優化與重構，都是基於一定的市場需求。在供應鏈營運的過程中，用戶的需求成為信息流、物流/服務流、資金流的驅動源。因此，及時、準確地獲取不斷變化的市場需求信息，並快速、有效地滿足顧客的需求，成為供應鏈營運成功的關鍵。

（二）增值性

供應鏈是一個高度一體化的提供產品和服務的增值過程。所有成員企業的營運都是在圍繞將一些資源進行轉換和組合，適當增加價值，然後把產品「分送」到顧客手中。製造商主要是通過對原材料、零部件進行加工轉換，生產出具有價值和使用價值的產品來實現增值；物流系統主要對產品或服務進行重新分布，通過倉儲、運輸等活動來創造時間價值和地點價值，在配送的過程中可通過零售包裝或分割尺寸而增加附加價值，也可通過在零售店集中展示多種商品而增值；信息服務商則通過向上下游企業及第三方物流企業提供信息服務來實現增值。供應鏈時代，企業的競爭建立在高水平的戰略發展規劃基礎之上，這就要求各成員企業必須共同探討供應鏈戰略目標及其實現方法和手段，協同運作，共同提高營運績效，創造雙贏或多贏，實現供應鏈的增值。

（三）交叉性

一家供應商可同時向多家製造商供應原材料等生產資料，一家製造商生產的產品也可以由多個分銷商分銷，一個零售商可同時銷售多家製造商生產的產品，一個第三方物流企業可同時向多條供應鏈中的節點企業提供物流服務。某條供應鏈中的節點企

業還可以成為其他供應鏈的成員，眾多的供應鏈錯綜複雜地交織在一起，大大增加了管理協調的難度。

(四) 動態性

供應鏈的動態性首先來源於經營環境的動態、複雜與多變性，為了適應競爭環境的變化，供應鏈的結構以及節點企業應根據經營需要動態地更新。此外，供應鏈戰略規劃及其實施也是動態的，必須考慮到計劃期內的季節波動、成本變量、競爭策略以及消費趨勢等的變化。

(五) 複雜性

供應鏈同時具有交叉性和動態性等特徵，因而是錯綜複雜的。供應鏈的有效運作還需要協調控制物流、資金流、信息流等多「流」，這進一步增大了供應鏈管理的複雜性。此外，雖然供應鏈成員企業都有通過滿足顧客需求來實現盈利這一共同目標，但畢竟每個成員企業都擁有獨立的產權，並存在一定程度上的利益衝突①，因而更增大了核心企業協調管理供應鏈的複雜性。

綜上所述，供應鏈具有需求導向性、增值性、交叉性、動態性、複雜性等主要特徵。其中，顧客需求是供應鏈存在和營運的前提，而增值性則是其本質特徵。

四、供應鏈的分類

供應鏈有多種分類方法，下面介紹幾種主要的分類。

(一) 根據供應鏈存在的穩定性劃分

根據供應鏈存在的穩定性，可將其劃分為穩定供應鏈和動態供應鏈兩種類型。穩定供應鏈面臨的市場需求相對單一、穩定，而動態供應鏈面臨的市場需求相對複雜且變化頻繁。在實際運作中，需要根據不同的市場需求特點來構建不同的供應鏈，且應根據變化的市場需求來修正、優化乃至重構供應鏈。

(二) 根據供應鏈容量與用戶需求的關係劃分

根據供應鏈容量與用戶需求的關係，可將其劃分為平衡供應鏈和傾斜供應鏈兩種類型。平衡供應鏈是指用戶需求不斷變化，但供應鏈的容量能滿足用戶需求而處於相對平衡的狀態。傾斜供應鏈則是指當市場變化劇烈時，企業不是在最優狀態下運作而處於傾斜狀態。平衡供應鏈具有相對穩定的設備容量和生產能力（所有節點企業能力的整合），而傾斜供應鏈則會導致庫存量增加或缺貨成本上升，供應鏈系統的總成本增加。

(三) 根據產品類型劃分

1. 產品的基本類型

根據產品生命週期、產品邊際利潤、需求的穩定性以及需求預測的準確性等指標，

---

① 供應鏈成員企業間本質上是競爭與合作關係。

可以將產品劃分為功能型產品（Functional Products）和創新型產品（Innovative Products）兩種類型，其需求特徵如表7.1所示。

表 7.1　　　　　　　　　功能型產品與創新型產品需求特徵的比較

需求特徵 ＼ 產品類型	功能型產品	創新型產品
產品生命週期	>2 年	1~3 年
邊際貢獻率（%）	5~20	20~60
產品多樣性	低（10~20）	高（上百）
平均需求預測偏差率（%）	10	40~100
平均缺貨率（%）	1~2	10~40
平均季末降價比率（%）	幾乎為0	10~25
產品生產的提前期	6個月~1年	1天~2週

由表7.1可知，功能型產品用於滿足用戶的基本需求，具有較長的生命週期，需求比較穩定、一般可預測，但邊際利潤較低，如日用百貨等。而創新型產品的生命週期較短，產品更新換代較快，需求不太穩定、需求預測的準確度較低，但其邊際利潤較高，如時裝、IT產品等。

根據產品類型可將供應鏈劃分為功能型供應鏈和創新型供應鏈兩種。

2. 功能型供應鏈和創新型供應鏈

（1）功能型供應鏈。功能型供應鏈是指以經營功能型產品為主的供應鏈。因功能型產品的市場需求比較穩定，容易實現供需平衡，故這種供應鏈營運成功的關鍵是如何利用鏈上的信息來協調成員企業間的活動，以使整個供應鏈的成本最低，效率最高。

（2）創新型供應鏈。創新型供應鏈是指以經營創新型產品為主的供應鏈。因創新型產品的市場需求不太穩定，供求關係不容易保持平衡。故這種供應鏈營運成功的關鍵是應特別關注來自消費者市場的信息，應做好市場調查與預測工作，應增強供應鏈的柔性，提升供應鏈的敏感性和響應性，至於成本則在其次。

（四）根據供應鏈的功能模式劃分

供應鏈的功能模式主要有物理功能和市場仲介功能。根據供應鏈的功能模式可將供應鏈劃分為效率型供應鏈和響應型供應鏈兩種類型。

效率型供應鏈也稱有效性供應鏈（Efficient Supply Chain），是指以最低的成本將原材料轉化成零部件、半成品、產成品，以及在運輸等物流活動中體現物理功能的供應鏈；響應型供應鏈也稱反應性供應鏈（Responsive Supply Chain），是指把產品分撥到各目標市場，對未預知的需求做出快速反應等體現市場仲介功能的供應鏈。這兩種類型供應鏈的比較如表7.2所示。

表7.2　　　　　　　　效率型供應鏈與響應型供應鏈的比較

供應鏈類型 比較項目	效率型供應鏈	響應型供應鏈
主要目標	高效、低成本地滿足可預測的需求	快速響應不可預測的需求,避免缺貨及削價損失
製造的核心	提高資源的平均利用率	擁有彈性的生產能力
庫存策略	供應鏈庫存最小化	設置足夠的安全庫存 (零部件、產成品)
提前期(LT)管理的重點	在不增加成本的前提下,縮短提前期	盡量縮短提前期
選擇供應商的準則	重點關注成本、質量	重點關注速度、柔性和質量
產品設計策略	績效最大化,成本最小化	模塊化設計,盡可能延遲產品差別化

(五) 根據供應鏈的營運模式劃分

根據供應鏈的營運模式可將其劃分為推式、拉式、推-拉式三種類型。

推式供應鏈是指企業根據對市場需求的預測進行生產,然後將產品通過分銷商逐級推向市場的供應鏈。這是一種有計劃地將商品推銷給用戶的傳統的供應鏈營運模式,其本質特點是預測驅動供應鏈的運作。拉式供應鏈則是顧客需求驅動型供應鏈,是一種現代供應鏈營運模式。例如,企業按訂單生產(Make to Order, MTO)就是拉式供應鏈中常見的需求響應策略。在拉式供應鏈流程中,零售商通過POS系統及時、準確地獲取銷售數據與信息,並通過EDI傳輸到增值網(VAN)上,與貿易夥伴共享。製造商根據需求信息制訂生產計劃、安排生產並採購原料,通過上下游企業的實時信息共享,動態調整生產計劃,使供、產、銷與市場保持同步,真正做到生產的產品適銷對路。

推式供應鏈和拉式供應鏈流程的比較如圖7.2所示。

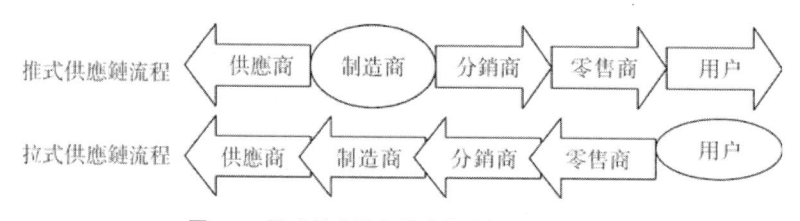

圖7.2　推式供應鏈和拉式供應鏈流程的比較

[案例] **戴爾與康柏的供應鏈營運模式**

戴爾(Dell)公司自20世紀90年代以來,通過直銷模式,變傳統的推式供應鏈為拉式供應鏈[①],以價格低、響應快贏得客戶青睞,迅速成為全球電腦業界的巨頭;而同一時期的康柏(Compaq)公司,儘管技術實力比戴爾雄厚,但由於採用傳統的推式生

---

① 準確地講,是指推-拉式供應鏈。

產與多級分銷模式，在供應鏈上積壓大量庫存，導致連年虧損，由全球最大的電腦製造商一落千丈，最終被惠普（HP）公司收購。

需要說明的是，推式供應鏈和拉式供應鏈代表兩種極端的情形，在實務中常常需要將其實施有機結合，這樣就形成了推-拉式供應鏈。在推-拉式供應鏈中，需要將供應鏈流程進行分解，共性流程由預測驅動（推），個性化（差異化）流程由訂單驅動（拉）。這樣，合理界定推-拉的分界線就顯得格外重要。[1] 如圖 7.3 所示。

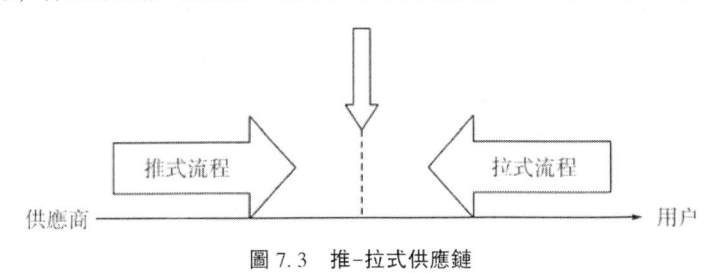

圖 7.3 推-拉式供應鏈

（六）根據供應鏈管理側重點的不同劃分

根據供應鏈管理側重點的不同，可將其劃分為精益供應鏈（Lean Supply Chain）和敏捷供應鏈（Agile Supply Chain）兩種類型。精益供應鏈源自日本豐田汽車公司的精益生產（Lean Production，LP），是精益思想在供應鏈管理中的應用。其核心思想是消除供應鏈中的非增值活動（環節），杜絕浪費，追求持續改善。敏捷供應鏈則強調供應鏈的「敏捷性」和「反應性」，是企業在環境複雜、多變的特定市場機會中為獲得最大化的價值而形成的基於一體化動態聯盟協同運作的供應鏈。其特點是，根據動態聯盟的形成和解體，進行快速重構和調整。其實質是借助信息技術、先進製造技術和現代管理方法和手段的多企業資源的集成。它強調信息共享、流程整合、虛擬企業（動態聯盟）、快速響應。敏捷性是敏捷供應鏈的核心。

［案例］思科公司的敏捷供應鏈

思科公司是實施敏捷供應鏈的典範。思科公司 90% 以上的訂單來自互聯網，而其過手的訂單不超過 50%。思科公司通過公司的外部網連接零部件供應商、分銷商和合同製造商，構成一個虛擬的製造環境。當客戶通過思科公司的網站訂購一種典型的思科產品（如路由器）時，訂單將觸發一系列的信息給為其生產電路板的合同製造商，同時分銷商也會被通知提供路由器的通用部件（如電源）。那些為思科公司生產路由器機架、組裝成品的合同製造商，通過登錄思科公司的外部網並連接至其生產執行系統，可以事先知道可能產生的訂單類型和數量。第三方物流服務商則負責零部件和產成品在整個供應鏈中的儲存、運輸與配送，並通過實時信息共享實現供應鏈的可視化。

除了上述分類外，供應鏈還有其他分類方法。例如，按照供應鏈中核心企業的類型，可以將供應鏈劃分為製造商主導型供應鏈、批發商主導型供應鏈[2]、零售商主導型供應鏈、物流商主導型供應鏈等類型。

---

[1] 參見：胡建波. 延遲策略的實質與緩衝點決策［J］. 企業管理，2017（2）.
[2] 在農副產品、服裝等輕工業產品市場上，批發商仍然占據著主導地位。

7.2 供應鏈管理的認知

供應鏈管理的產生順應了時代要求，它不僅關注企業內部的資源和能力，而且關注企業外部的資源和聯盟競爭力，強調企業內外資源的優化配置以及整個供應鏈上企業能力的集成，是一種全新的管理思想和方法。

一、供應鏈管理的概念與要旨

中國國家標準《物流術語》（GB/T18354-2006）對供應鏈管理（Supply Chain Management, SCM）的定義是：「對供應鏈涉及的全部活動進行計劃、組織、協調與控制。」

本書認為，供應鏈管理是在滿足服務水平需要的同時，通過對整個供應鏈系統進行計劃、組織、協調、控制和優化，最大限度地減少系統成本，實現供應鏈整體效率優化而採用的從供應商到最終用戶的一種集成的管理活動和過程。

供應鏈管理涉及戰略性供應商和合作夥伴關係管理，供應鏈產品需求預測與計劃，供應鏈設計，企業內部與企業間物料供應與需求管理，基於供應鏈管理的產品設計與製造管理，基於供應鏈的服務與物流，企業間的資金流管理，供應鏈交互信息管理。

核心企業通過與供應鏈成員企業的合作，對供應鏈系統的物流、資金流、信息流進行控制和優化，最大限度地減少非增值環節，提高供應鏈的整體營運效率；通過成員企業的協同運作，共同對市場需求做出快速響應，及時滿足顧客需求；通過調和供應鏈的總成本與服務水平之間的衝突，尋求服務與成本之間的平衡，實現供應鏈價值最大化，提升供應鏈系統的整體競爭力。

二、供應鏈管理的特點

一般地，供應鏈管理具有以下主要特點：

（一）需求驅動

供應鏈的形成、存在、重構都是基於特定的市場需求，用戶的需求是供應鏈中物流、資金流、信息流的驅動源。一般地，供應鏈的運作是在客戶訂單的驅動下進行的，由客戶訂單驅動企業的產品製造，產品製造又驅動採購訂單，採購訂單驅動供應商。在訂單驅動的供應鏈運作中，成員企業需要協同，需要努力以最小的供應鏈總成本最大限度地滿足用戶的需求。

（二）系統優化

供應鏈是核心企業和上下游企業以及眾多的服務商（包括物流服務商、信息服務商、金融服務商等）結合形成的複雜系統，是將供應鏈各環節有機集成的網鏈結構。供應鏈的功能是系統運作體現出的整體功能，是各成員企業能力的集成。因此，通過系統優化提高供應鏈的整體效益是供應鏈管理的特點之一。

(三) 流程整合

供應鏈管理是核心企業對企業內部及供應鏈成員企業間物流、資金流、信息流的協調與控制過程，需要打破企業內部部門間、職能間的界限，需要打破供應鏈成員企業間的阻隔，將企業內外業務流程集成為高效運作的一體化流程，以降低供應鏈系統成本，縮短供應提前期，提高顧客滿意度。

(四) 信息共享

供應鏈系統的協調運行是建立在成員企業之間高質量的信息傳遞和信息共享的基礎之上的，及時、準確、可靠的信息傳遞與共享，可以提高供應鏈成員企業之間溝通的效果，有助於成員企業的群體決策。信息技術的應用，為供應鏈管理提供了強有力的支撐，供應鏈的可視化（Visibility）極大地提高了供應鏈的運行效率。

(五) 互利共贏

供應鏈是核心企業與其他成員企業為了適應新的競爭環境而組成的利益共同體，成員企業通過建立協商機制，謀求互利共贏的目標。供應鏈管理改變了企業傳統的競爭方式，將企業之間的競爭轉變為供應鏈與供應鏈之間的競爭，強調供應鏈成員之間建立起戰略夥伴關係，揚長避短，優勢互補，強強聯合，互利共贏。

三、供應鏈管理的領域

供應鏈管理主要涉及需求管理、生產計劃管理、物流管理、供應管理 4 個領域，如圖 7.4 所示。

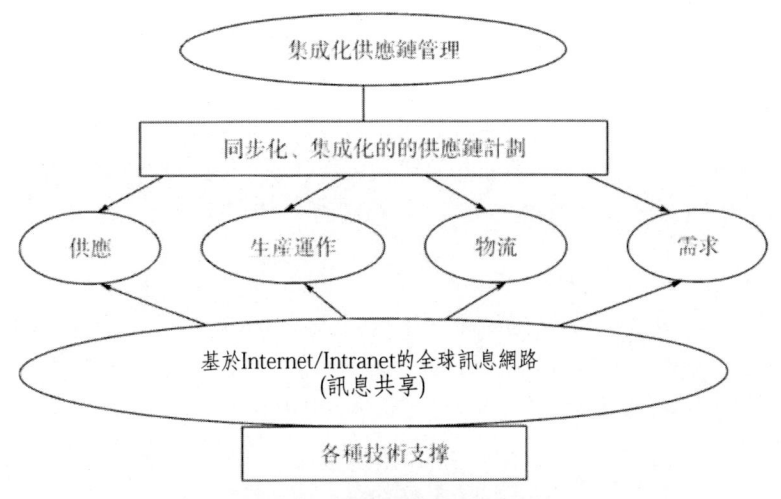

圖 7.4　供應鏈管理涉及的領域

由圖 7.4 可知，供應鏈管理以同步化、集成化的供應鏈計劃為指導，以各種技術為支撐，尤其以 Internet/Intranet 為依託，圍繞供應管理、生產運作管理、物流一體化管理、需求管理來實施。供應鏈管理主要包括制訂和實施供應鏈計劃、成員企業間的

合作、信息共享以及控制從供應商到用戶的物流過程。

四、供應鏈管理的目標

供應鏈管理的目的是增強企業競爭力，首要的目標是提高顧客滿意度，具體目標是通過調和總成本最小化、總庫存最少化、響應週期最短化以及服務質量最優化等多元目標之間的衝突，實現供應鏈績效最大化。

（一）總成本最低

總成本最低並非指供應鏈中某節點企業的營運成本最低，而是指整個供應鏈系統的總成本最低。為了實施有效的供應鏈管理，必須將供應鏈成員企業作為一個有機的整體來考慮，以實現供應鏈營運總成本最小化。

（二）庫存總量最少

傳統管理思想認為，庫存是為了應對供需的不確定性，因而是必須的。按照精益管理思想，庫存乃「萬惡之源」，會導致成本上升。故有必要將整個供應鏈的庫存控製在最低的程度。總庫存最少化目標的達成，有賴於對整個供應鏈庫存水平及其變化的最優控製，而非僅是單個成員企業的庫存水平最低。

（三）響應週期最短

供應鏈的響應週期是指從客戶發出訂單到獲得滿意交貨的總時間。如果說20世紀80年代企業間的競爭是「大魚吃小魚」，那麼，進入20世紀90年代以後企業間的競爭更多地演變為「快魚吃慢魚」。時間已成為當今企業市場競爭成敗的關鍵要素之一。因此，加強上下游企業間的合作，構築完善的供應鏈物流系統，最大限度地縮短供應鏈的響應週期，是企業提升競爭力、提高顧客滿意度的關鍵。

（四）服務質量最優

企業產品或服務質量的優劣直接關係到企業的興衰成敗，因而質量最優也是供應鏈管理的重要目標之一。而要實現質量最優化，必須從原材料、零部件供應的零缺陷開始，經過生產製造、產品分撥，直到產品送達用戶手裡，涉及供應鏈全程的質量最優。

一般而言，上述目標之間存在一定的背反性：客戶服務水平的提高、響應週期的縮短、交貨品質的改善必然以庫存、成本的增加為前提。然而運用集成化供應鏈管理思想，從系統的觀點出發，改善服務、縮短週期、提高品質與減少庫存、降低成本是可以兼顧的。只要加強企業間的合作、優化供應鏈業務流程，就可以消除重複與浪費、降低庫存水平，降低營運成本，提高營運效率，提高顧客滿意度，最終在服務與成本之間找到最佳的平衡點。

五、供應鏈管理的優勢

成功的供應鏈管理能夠協調整合供應鏈所有活動，使之成為無縫連接的一體化流程。供應鏈管理主要有以下幾個方面的優勢：

（1）供應鏈管理能有效地消除重複、浪費與不確定性，降低庫存成本，減少流通費用，創造競爭的成本優勢；

（2）供應鏈管理能優化鏈上成員組合，對市場需求做出快速反應，創造競爭的時空優勢，實現供求良好結合；

（3）實施有效的供應鏈管理，可以構築成員企業之間良好的戰略夥伴關係，實現供應鏈成員企業核心能力的協同整合，創造強大的競爭優勢；

（4）實施供應鏈管理還可促使企業採用現代化的信息技術、物流技術以及科學的管理方法和手段。在供應鏈管理中，信息技術的廣泛應用是其成功的關鍵，而先進的設施設備、科學的管理方法則是其成功的重要保障。

總之，成功的供應鏈管理可使企業在進入新的產品市場領域、優化分銷渠道、提高客戶服務水平、提高顧客忠誠度、降低庫存水平、降低物流費用、降低生產運作成本、提高營運效率等方面獲得滿意的績效。

[小資料]

PRTM公司曾經做過一項關於集成化供應鏈管理的調查，涉及6個行業共165個企業。調查結果顯示，實施有效的供應鏈管理，可使企業獲得以下競爭優勢：①供應鏈總成本降低10%（占收入的百分比）以上；訂單響應週期縮短25%～35%；②中型企業的準時交貨率提高15%，其資產營運績效提高15%～20%，庫存降低3%；③績優企業的庫存降低15%，而現金流週轉週期比一般企業少40～65天。

六、供應鏈管理的主要職能

供應鏈管理的主要職能包括市場行銷管理、生產運作管理、物流一體化管理以及財務管理等。

（一）市場行銷管理

市場行銷管理是指管理整個供應鏈的市場行銷活動，包括市場調查與預測、界定顧客需求、廣告促銷、營業推廣、客戶關係管理等。充分把握市場需求是開展供應鏈活動的起點。

（二）生產運作管理

科學地組織生產過程，提高生產效率，降低生產成本，獲取規模經濟和範圍經濟性收益。

（三）物流一體化管理

物流一體化管理即對供應鏈物流活動進行綜合管理，包括運輸、倉儲、配送、流通加工、物流信息處理等功能活動，涉及供應物流、生產物流、銷售物流、逆向物流、廢棄物流以及庫存控製與優化等管理活動。通過引入第三方物流（TPL）、採用供應商管理庫存（VMI）、聯合庫存管理（JMI）以及中心化庫存控製等策略，實施協同計劃、預測與補貨（CPFR），合理規劃物流結點、統籌安排運輸與配送，整合供應鏈物流業務，將其由傳統的「多點」控製轉變為「單點」控製，實施供應鏈物流一體化。

(四) 財務管理

企業通過與關鍵供應商、分銷商以及客戶一起共同管理資金流，提高資金的營運能力，提高投資收益率，為客戶創造「可感知」的效用，實現供應鏈的「增值」。

七、供應鏈管理的基本要求

供應鏈是具有供求關係的多個企業的組織，成員企業各有各的產權，各有各的利益，彼此間還存在競爭。因而，供應鏈管理的成功實施有一定的難度，對核心企業的要求較高。一般而言，實施供應鏈管理對成員企業有以下基本要求：

(一) 建立雙贏/共贏合作機制

供應鏈成員企業間的合作必須建立在雙贏/共贏的基礎之上。核心企業把上下游企業及其他服務商整合起來形成集成化的供應鏈網路，各成員企業仍然從事本企業的核心業務，保持自己的經營特色，但它們必須為供應鏈價值的最大化而通力合作。為此，首先應建立共贏合作機制。這是實施供應鏈管理的基本要求。

(二) 實時信息共享

供應鏈成員企業間的協同，必須建立在實時信息共享的基礎上。而傳統供應鏈渠道長、環節多，需求信息易扭曲、失真。為此，一方面要優化供應鏈的結構，實現供應鏈的簡約化；另一方面要借助 EDI、(移動) 互聯網以及物聯網等現代信息技術手段，打造透明的供應鏈，實現供應鏈的可視化 (Visibility)，為成員企業的協同運作奠定良好的基礎和條件。

(三) 提供客戶滿意的服務，擴大客戶需求

供應鏈的營運必須實現「顧客導向」。隨著市場轉型，企業間的競爭更加激烈。特別是近年來，產品同質化現象嚴重，企業競爭的焦點逐漸轉移到了服務上[1]。為此，供應鏈成員企業必須通過合作向客戶提供滿意的服務 (包括售前、售中、售後服務，涉及物流、資金流、信息流等服務) 來提高顧客滿意度，從而留住客戶、擴大需求。

(四) 崇尚誠信，製度保障

供應鏈管理涉及的主體多、內容多、活動多，要真正實現供應鏈整體的協同運作，成員企業一定要相互信任。為此，各節點企業首先要講誠信。唯有誠信，企業間才能保持長期合作，企業也才能百年不衰。此外，應有相應的法律法規和完善的信用體系做保證。當前，中國信用體系尚不健全，信用缺失是影響供應鏈成員企業合作的一個主要因素。

八、供應鏈管理的基本原則

在實施供應鏈管理的過程中，應遵循以下基本原則：

---

[1] 按照產品五層次學說，由內到外依次是核心產品 (功能)、形式產品 (實體)、期望產品 (屬性)、附加產品 (服務)、潛在產品 (發展)。

（一）根據客戶所需的服務特性進行市場細分

傳統意義上的市場細分一般是根據顧客的產品需求特性劃分目標客戶群體，往往忽視了客戶的服務（尤其是物流服務）需求特性；而供應鏈管理則強調根據客戶的服務需求特性進行市場細分，並在此基礎上決定提供的服務方式和服務水平，盡可能滿足客戶的個性化需求。

[**案例**] 一家造紙企業在市場調查的基礎上，按照傳統的市場細分原則劃分客戶群，其結果是，有三種類型的客戶群對紙張有需求：印刷企業、經營辦公用品的企業和教育機構。接下來，該公司針對這三類客戶制定差別化的服務策略。但若是實施供應鏈管理，還須進一步按客戶所需的服務特性來細分客戶群，比如印刷企業，就應再細分為大型印刷企業和小型印刷企業，因為這兩類企業的需求有差異，前者允許較長的供應提前期，而後者則要求 JIT 供貨（要求在 24 小時內供貨）。

（二）根據客戶需求和盈利率設計企業的物流網路

[**案例**] 在上例中，這家造紙企業過去無論是針對大型印刷企業還是小型印刷企業，均只設計一種物流網路，即在印刷企業較集中的地區設立一個中轉站，並建立倉庫。這往往會造成對大型印刷企業的供應量不足，而小型印刷企業則持有較多的庫存，占用了其較多的資金，成本與風險均上升。引起小型印刷企業不滿，不能很好地滿足其個性化需求。實施供應鏈管理後，這家造紙企業建立了 3 個大型配送中心和 46 個緊缺物品快速反應中心，分別滿足了這兩類企業的不同需求。

（三）捕捉市場需求信息，動態調整適應環境變化

消費者市場需求及其變化是供應鏈管理關注的焦點。為此，需要及時捕捉市場需求信息，並加快信息在供應鏈節點之間的傳遞，動態調整供應鏈營運計劃、策略和行動，確保快速響應市場需求。

（四）實施延遲策略

實施延遲策略是供應鏈管理的一條重要原則。所謂延遲策略（Postponement Strategy）是指「為了降低供應鏈的整體風險，有效地滿足客戶個性化的需求，將最後的生產環節或物流環節推遲到客戶提供訂單以後進行的一種經營策略」（GB/T18354-2006）。通常，包括形式延遲策略、生產延遲策略、物流延遲策略和完全延遲等幾種策略。延遲策略在戴爾、鬆下、福特、惠普、耐克等公司得到了廣泛的應用。

(1) 形式延遲策略，也稱結構延遲策略，是指在產品設計階段，採用模塊化設計理念，使零部件或工藝流程標準化、通用化和簡單化，盡量減少產品設計中的差異化部分，使產品由結構簡單、具有通用性的模塊構成。

(2) 生產延遲策略。盡量使產品處於「基型」或「雛形」的狀態，由分銷中心完成最後的生產或組裝。

(3) 物流延遲策略。在供應鏈中，產品的實物配送盡量被延遲，產品僅儲存在工廠成品庫中，接到訂單後，採用直接配送的方式將產成品送到零售商或顧客手中。

(4) 完全延遲策略。對於客戶的個性化需求，訂單直接（或經由零售商）傳遞給

製造商。在得到產成品後，由製造商直接將產品運送給顧客或零售商。顧客的訂貨點已經移至生產流程階段，生產和物流活動完全由訂單所驅動。

[**案例**] 阿迪達斯公司在美國開了一家鞋店，該店不賣成品，僅有鞋底8種、鞋面85種、鞋帶10種，顧客可自由選配，10分鐘後即可完成成品，該店生意興隆。

實施延遲策略，一般需要具備以下條件：模塊化產品設計、零部件通用化與標準化、產品規格標準化、業務流程再造（BPR）、IT手段的支撐（信息共享）、經濟合理。

（五）成員企業加強合作，實現雙贏

在賣方市場環境下，供應鏈節點企業間缺乏合作（競爭大於合作），買賣雙方是典型的貿易關係、競爭關係。供需雙方相互壓價，固然可獲得短暫的利益，但這是以犧牲長遠利益為代價。在買方市場環境下，單靠一個企業的努力已不足以降低顧客成本，不足以讓顧客滿意，只有加強供應鏈管理，加強成員企業間的合作，才能從根本上降低整個供應鏈系統的成本，實現雙贏。

（六）構建供應鏈信息系統

實時信息共享是供應鏈成員企業有效合作的基礎和前提。為此，有必要構建完善的供應鏈信息系統，實現信息的及時、有效傳遞。信息系統首先應處理日常事務和電子商務，然後支持多層次的決策信息（如需求計劃和資源規劃等），最後應根據大部分來自企業之外的信息，進行前瞻性的策略分析。

（七）實施供應鏈協同管理

供應鏈協同是指供應鏈成員企業為實現共同的目標而共同制訂計劃，在實時信息共享的基礎上同步協調運作，以實現供應鏈流程的無縫銜接。供應鏈協同應以信息共享、相互信任、群體決策、流程無縫銜接和共同的戰略目標為基礎。供應鏈協同管理包括戰略層、戰術層和運作層三個層次。

（八）實施供應鏈績效評估

績效評估是管理工作的重要環節之一，但供應鏈績效評估有別於傳統的企業績效評價。其區別在於既要對供應鏈上的企業進行績效評價，更重要的是要對供應鏈的整體績效進行評估。供應鏈管理成功與否的最終檢驗標準是顧客的滿意度。

九、實施供應鏈管理的要點

企業在實施供應鏈管理的過程中，應注意把握以下基本要點。

（一）明確本企業在供應鏈中的定位

供應鏈競爭力來源於成員企業競爭力的協同整合，而聯盟成功的關鍵是利益相關、優勢互補。成功的供應鏈管理要求節點企業都應該是專業化的，專業化就是優勢，它有利於實現強強聯合。因此，節點企業必須根據自身優勢來確定本企業在供應鏈中的位置，並制定相應的發展策略，對本企業的業務活動進行調整和取捨，揚長避短，專注於核心業務，培育核心能力。

(二) 建立高效的物流配送網路

企業的產品能否通過供應鏈快速地分銷到目標市場上，這取決於供應鏈物流網路的健全程度以及市場開發等因素。物流網路是供應鏈存在的基礎，它好比人的靜脈，為肌體輸送養分。因而建立高效的物流配送網路非常關鍵，而供應鏈物流網路的建立應最大限度地謀求專業化，理想的情形是充分利用第三方物流服務商來實現。

(三) 廣泛採用信息技術

成功的供應鏈管理應能實現供應鏈企業的一體化，其具體表現為：對信息的充分共享和同步傳輸的能力；與市場需求同步的反應能力；在物料採購、生產、倉儲、運輸、配送等各個環節上，各企業高效、一體化的商務運作能力。顯然，這一切的實現需要信息技術手段支撐，需要通過信息技術來打造透明的供應鏈。企業應健全供應鏈信息系統，並採用條碼技術、POS 系統及其他自動識別與數據採集（AIDC）技術，全面收集需求信息、物流信息及其他相關信息。

十、供應鏈管理的發展趨勢

供應鏈管理的發展趨勢主要表現為：全球供應鏈管理、電子供應鏈管理、綠色供應鏈管理、彈性供應鏈管理以及供應鏈金融等。

（1）全球供應鏈管理。全球供應鏈管理是指企業在全球範圍內構築供應鏈系統，根據企業經營的需要在全球範圍內選擇最具競爭力的合作夥伴，實現全球化的產品設計、採購、生產、銷售、配送和客戶服務，最終實現供應鏈系統成本和效率的最優化。構築全球供應鏈的策略主要包括：生產專門化（規模經濟）、庫存集中化、延遲與本土化。構築全球供應鏈應遵循決策與控制全球化、客戶服務管理本土化、業務外包最大化、供應鏈可視化等原則。

（2）電子供應鏈管理。因特網的飛速發展，改變了企業的性質及其競爭方式，基於網路技術協同的電子供應鏈（e-Supply Chain）應運而升。電子供應鏈建立在一體化供應鏈網路之上，而一體化供應鏈網路則通過物流網路和信息網路連接在一起。電子供應鏈管理（e-SCM）是核心企業將電子商務理念和互聯網技術應用於供應鏈管理，通過電子市場將供應商、客戶及其他交易夥伴連接在一起，形成電子供應鏈，或將傳統供應鏈轉變成電子供應鏈。電子市場主要有專有市場和公共市場兩種類型。專有市場由核心企業開發和運作，包括電子採購（E-Procurement）平臺和電子銷售平臺。公共市場由平臺服務商開發和運作，是為核心企業提供定位、管理支持以及核心企業與合作夥伴協同的平臺。

（3）綠色供應鏈管理。面對全球資源的枯竭以及環境污染的加劇，綠色供應鏈（Green Supply Chain）作為現代企業可持續發展的模式，越來越受到關注。我們可以把從產品形成、消費一直到最終廢棄處理作為一個環境生命週期（ELC），通過生命週期評價（LCA）來評估整個供應鏈對環境的影響。如果企業及其供應鏈夥伴相互協作能夠減少供應鏈活動對環境的影響，就可以逐步形成環境友好型的綠色供應鏈。綠色供應鏈管理（GrSCM）將環境管理與供應鏈管理整合在一起，可以識別供應鏈流程對環

境的影響。它倡導企業通過內外變革來對環境產生積極的影響,包括要求合作夥伴通過 ISO 14001 環境管理體系認證等。綠色供應鏈管理不僅可以通過確保供應鏈符合環境法規、將環境風險最小化、維護員工健康以及採取環境保護等措施來避免額外的供應鏈成本,而且可以通過提高生產率、促進供應鏈關係、支持創新以及加快增長等途徑形成供應鏈的環境價值。

[案例] 沃爾瑪的綠色供應鏈

2009 年,沃爾瑪發起了一個計劃,幫助供應商們追蹤他們使用能源和材料的情況以及碳排放水平。如今這種做法已經成為各大跨國公司效仿的一種趨勢。這些公司實施綠色供應鏈的原因是因為更低的能源和資源消耗會帶來更高的利潤。他們不是為了綠色而綠色,而在很大程度上是因為看到了實施綠色供應鏈所帶來的好處。在沃爾瑪的可持續發展計劃中,就包括號召供應商「在 2013 年結束前將包裝縮小 5%」。更小的包裝意味著每個運輸工具可以容納更多的貨物,進而可以減少運輸工具的使用數量。沃爾瑪估計,這一舉措將減少 66.7 萬公噸的二氧化碳排放,並節省 6,670 萬加侖的柴油。追隨著沃爾瑪,少數大企業已經啟動了綠色供應鏈的計劃,如 IBM、寶潔公司等大型跨國公司就是較早加入綠色陣營的企業。

(4) 供應鏈金融。供應鏈金融 (Supply Chain Finance) 是面向供應鏈成員企業的一項金融服務創新,主要通過將供應鏈核心企業的信用價值有效傳遞給上下游眾多的中小企業,提高其信貸可得性,降低其融資成本,進而提高整個供應鏈的財務運行效率。供應鏈金融的行為主體包括核心企業、上下游企業、物流企業、商業銀行、電子商務平臺以及保險公司和抵押登記機構等其他供應鏈服務成員。供應鏈金融業務主要有存貨融資、預付款融資、應收帳款融資等類型。

7.3　供應鏈的設計

設計和構建一個有效的供應鏈,對於企業的成功至關重要。有效率和有效益的供應鏈可以增強企業的運作柔性,降低運作成本,提高客戶服務水平,提升企業競爭力。

一、供應鏈的設計策略

供應鏈的設計策略主要有基於產品的供應鏈設計策略、基於成本的供應鏈設計策略、基於多代理的供應鏈設計策略。其中,比較成熟、應用較廣的是基於產品的供應鏈設計策略。該策略的提出者費舍爾 (Marshall L. Fisher) 認為,供應鏈的設計要以產品為中心。供應鏈的設計者首先要清楚顧客對產品的需求,包括產品類型以及需求特性。此外,還應該明確不同類型供應鏈的特徵,在此基礎上,設計出與產品特性相一致的供應鏈。

我們知道,根據產品生命週期、產品邊際利潤、需求的穩定性以及需求預測的準確性等指標可以將產品劃分為功能型產品和創新型產品兩種基本類型,而根據供應鏈的功能模式可將供應鏈劃分為效率型供應鏈和響應型供應鏈兩種類型。根據這兩類產

品的特性以及這兩種類型供應鏈的特徵，就可以設計出與產品需求相一致的供應鏈。基於產品類型的供應鏈設計策略矩陣如圖 7.5 所示。

	功能型產品	創新型產品
有效性供應鏈	匹配	不匹配
反應性供應鏈	不匹配	匹配

圖 7.5　基於產品類型的供應鏈設計策略矩陣

策略矩陣中的四個元素分別代表四種不同的產品類型和供應鏈類型的組合，從中可以看出產品和供應鏈的特性，管理者據此就可以判斷企業的供應鏈流程設計是否與產品類型相一致。顯然，這四種組合中只有兩種是有效的，即效率型供應鏈與功能型產品相匹配，而響應型供應鏈與創新型產品相匹配。

需要指出的是，基於產品的供應鏈應該與公司的業務戰略相適應，並能最大限度地支持公司的競爭戰略。一些高新科技企業（如惠普）的管理者認為，產品設計是供應鏈管理的一項重要內容，許多學者也認為應該在產品開發初期設計供應鏈。因為產品生產和流通的總成本最終取決於產品的設計，這樣就能使與供應鏈相關的成本和業務得到有效的管理。

二、供應鏈的設計原則

設計供應鏈時，應遵循如下一些基本原則，其目的是確保在供應鏈的設計、優化乃至重構過程中能貫徹落實供應鏈管理的基本思想。

（一）雙向原則

該原則是指從上到下與從下到上相結合。從上到下即是從全局到局部，是系統分解的過程，從下到上則是從局部到全局，是系統集成的過程。在進行供應鏈設計時，一般由企業供應鏈管理者（如供應鏈總監 CSCO）根據企業所在的產品市場領域以及客戶的產品與服務需求特性進行供應鏈規劃，再結合採購與供應、生產營運、分銷、行銷以及物流等相關職能領域的業務流程特點進行詳細設計。在供應鏈營運過程中，還要充分利用從下到上不斷反饋的信息，對供應鏈進行優化、整合。因而供應鏈的設計與優化是自頂向下和自底向上兩種策略的有機結合。

（二）簡潔性原則

該原則也稱簡約化原則。為了能使供應鏈具有快速響應市場需求的能力，供應鏈的環節要少，同時每個節點都應該具有活力，並且能實現供應鏈業務流程的快速重組。因此，合作夥伴的選擇就應該遵循「少而精」的原則，企業通過和少數貿易夥伴建立戰略聯盟，努力實現從精益採購到精益製造，再到精益供應鏈這一目標。

（三）集優原則

供應鏈成員企業的選擇應遵循「強強聯合」的原則，以實現企業內外資源的優化整合。每個節點企業都應該具有核心業務，在理想的情況下都應該具有核心能力。並

且需要實施「歸核化」戰略，將資源和能力集中於核心業務，培育並提升本企業的核心能力。通過成員企業間的「強強聯合」，將實現成員企業核心能力的協同整合，全面提升整個供應鏈系統的核心競爭力。

(四) 優勢互補原則

供應鏈成員企業的選擇還應遵循「優勢互補」的原則。「利益相關，優勢互補」是組織之間或個體之間合作時應遵循的一條基本原則。尤其是對企業這種贏利性的經濟組織而言，合作的前提條件之一便是成員企業能實現「優勢互補」。通過合作，取長補短，實現雙贏。因此，「優勢互補」是供應鏈設計的一條基本原則。

(五) 協調性原則

協調是管理的核心。無論是供應鏈設計還是供應鏈營運都應當充分體現協調（協同）性原則。成功的供應鏈管理者應能對供應鏈成員企業之間的關係進行有效協調，以實現供應鏈各方在運作中的協同。因此，在設計供應鏈時必須體現協調性原則，這有利於供應鏈的營運和管理。換言之，供應鏈的營運績效主要取決於成員企業間的合作關係是否和諧，而供應鏈成員企業在戰略、戰術以及運作層面的協同是實現供應鏈最佳效能的根本保證。從協調性這一原則不難看出，供應鏈管理的成功對核心企業——供應鏈的規劃者、設計者和管理者的要求很高。

(六) 動態性原則

動態性是供應鏈的一個顯著特徵。一方面，企業經營環境是動態、複雜多變的，另一方面，由於成員企業間的相互選擇，必然使供應鏈的構成發生變化。為了能適應競爭環境，供應鏈節點應根據企業經營的需要動態更新。因此，供應鏈的設計應符合動態性原則，應根據企業發展的需要優化乃至重構供應鏈，以適應不斷變化的競爭環境。此外，處於不同產業的企業，其供應鏈的類型與結構也有所不同，在設計、構建供應鏈時應體現權變、動態的原則，不可盲目照搬。

(七) 創新性原則

市場競爭日益激烈，企業不創新便不能生存，更談不上發展，因而創新是供應鏈設計的一條重要原則。要進行創新性設計，就要敢於突破現狀、拋棄傳統、破舊立新、標新立異，用新的思維審視原有的管理模式，進行大膽的創新設計。在進行創新設計時，要注意以下幾點：一是創新必須在企業總體目標和戰略的指導下進行，並與戰略目標保持一致；二是要從市場需求的角度出發，綜合運用企業的能力並發揮企業的優勢；三是要充分發揮企業各類人員的創造性，集思廣益，並與其他企業加強協作，發揮供應鏈整體優勢；四是要建立科學的供應鏈和項目評價體系以及組織管理體系，並進行技術經濟分析以及可行性論證。

(八) 戰略性原則

供應鏈的設計應具有前瞻性，應在供應鏈管理策略以及企業競爭戰略的指導下進行。供應鏈的構建應從長遠規劃，供應鏈系統結構以及供應鏈的優化應和公司的戰略

規劃保持一致，並在公司戰略的指導下進行。

三、供應鏈的設計步驟

基於產品的供應鏈設計主要有以下八個步驟，如圖 7.6 所示。

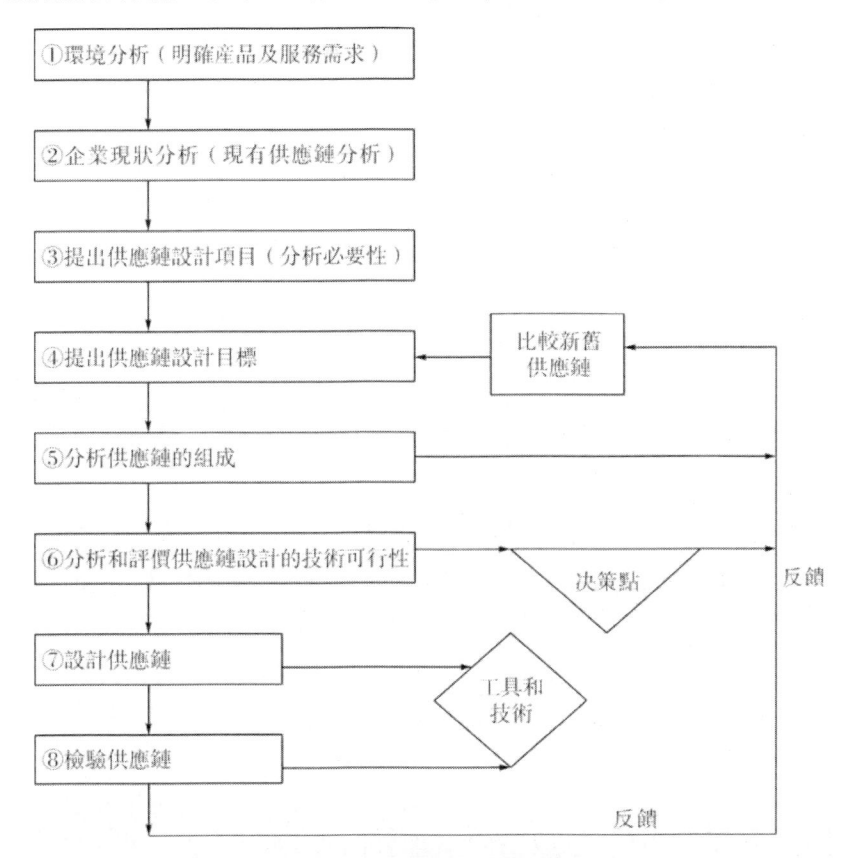

圖 7.6 供應鏈的設計步驟模型

(一) 環境分析

市場競爭環境分析的主要目的是明確顧客的產品需求及相關服務需求，包括產品類型及其特徵、相關服務需求及其特性。為此，需要運用 PEST 模型以及波特競爭模型等多種管理工具，分析企業面臨的競爭環境，包括行業的成長性、市場的不確定性、市場的競爭強度（特別是同業競爭者、關鍵的用戶、替代品或替代服務供應商、關鍵原料或產品供應商等特殊環境要素所構成的競爭威脅）。在市場調查、研究、分析的基礎上確認用戶的需求以及市場競爭壓力。第一步輸出的結果是按每種產品的重要性排列的市場特徵。

(二) 分析、總結企業現狀

這一步主要是分析企業供求管理的現狀（若企業已經在實施供應鏈管理，則應著

重分析供應鏈及供應鏈營運管理的現狀），其目的是發現、分析、總結企業存在的問題，找到影響供應鏈設計的阻力，並明確供應鏈開發的方向。

(三) 提出供應鏈設計項目

針對存在的問題提出供應鏈設計項目，並分析其必要性。例如，是供應渠道需要優化還是分銷渠道需要優化，是生產系統需要改進還是服務水平需要提高，是供應鏈物流系統需要構築還是供應鏈信息系統需要集成，等等。

(四) 提出供應鏈設計目標

供應鏈設計的主要目標在於尋求客戶服務水平與服務成本之間的平衡，同時還可能包含以下目標：進入新市場、開發新產品、開發新的分銷渠道、改善售後服務水平、提高顧客滿意度、提高供應鏈的營運效率、降低供應鏈的營運成本等。

(五) 分析供應鏈的組成，提出供應鏈的基本框架

供應鏈由供應商、製造商、分銷商、零售商和用戶等節點組成，進一步分析，供應鏈系統還包括供應鏈物流系統、供應鏈信息系統等子系統。因此，分析供應鏈包括哪些節點、哪些物流結點、這些節（結）點的選擇與定位以及評價標準，提出供應鏈的基本框架，就成了這一步的主要任務。

(六) 分析、評價供應鏈設計的技術可行性

這一步首先應進行技術可行性分析，在此基礎上，結合本企業的實際情況為開發供應鏈提出技術選擇的建議與支持。這實質上是一個決策的過程，如果方案可行，就可以進行下一步的設計；否則，就要進行回溯分析並重新設計。

(七) 設計供應鏈

這一步主要應解決以下問題：

(1) 供應鏈的成員組成。主要包括供應商、製造商、分銷商、零售商、用戶、物流服務商、銀行等金融機構、IT 服務商等成員。

(2) 原材料的來源。需要考慮以下問題：是企業內部自製還是外購，是直接供應還是間接供應，是採用多層次的供應商網路還是單源供應等。

(3) 生產系統設計。主要包括產品決策、生產能力規劃、生產物流系統設計等問題。

(4) 分銷系統與能力設計。主要包括需求預測、目標市場選擇、分銷渠道設計（如採用多級分銷還是直銷模式，抑或採用多渠道系統）等問題。

(5) 供應鏈物流系統設計。包括：生產資料供應配送中心、成品庫、物流中心、區域分撥中心（RDC）、成品配送中心等物流結點的選擇、選址與定位；運輸方式的選擇、運輸線路的規劃；物流管理信息系統的開發，包括倉庫管理系統（WMS）、運輸管理系統（TMS）、庫存管理系統（IMS）以及進貨管理系統等子系統的開發與集成；物流系統流量預估等。

(6) 供應鏈信息系統設計。主要解決基於 Internet/Intranet、EDI 的供應鏈成員企業

間的信息組織與集成問題。

在供應鏈設計中，需要用到許多設計方法、工具和技術。前者如網路圖形法、數學模型法、計算機仿真分析法、CIMS-OAS 框架法，後者如設計軟件、流程圖等。

（八）檢驗供應鏈

供應鏈設計完成以後，應採取一些方法和技術進行測試，抑或通過試運行進行檢驗。如果不可行，則要返回到第四步進行重新設計；如果可行，便可實施供應鏈管理。

7.4 供應鏈管理策略的選擇

隨著供應鏈管理在企業競爭戰略中地位的加強，人們對供應鏈管理戰略目標實現策略的研究與實踐也在不斷深化，先後開發出了快速反應、有效客戶反應等策略。實踐證明，供應鏈管理策略的成功實施，能有效支持企業的競爭戰略，能提高顧客滿意度，提升企業競爭力。

一、快速反應

快速反應是美國紡織與服裝行業發展起來的一種供應鏈管理策略。

（一）快速反應的內涵

快速反應（Quick Response，QR）是指「供應鏈成員企業之間建立戰略合作夥伴關係，利用電子數據交換（EDI）等信息技術進行信息交換與信息共享，用高頻率小批量配送方式補貨，以實現縮短交貨週期，減少庫存，提高顧客服務水平和企業競爭力為目的的一種供應鏈管理策略」（GB/T18354-2006）。換言之，QR 策略是供應鏈成員企業為了實現共同的目標，如縮短供應提前期、降低供應鏈系統庫存量、避免大幅度降價、避免產品脫銷、降低供應鏈運作風險、提高供應鏈運作效率等而加強合作，實現供應鏈的可視化和協同化，其重點是對消費者的需求做出快速反應。

實施 QR 策略，要求零售商和供應商一起工作，通過共享 POS 數據來預測補貨需求，不斷監測環境變化以發現新產品導入的機會，以便對消費者的需求做出快速反應。從業務運作的角度看，貿易夥伴需要利用 EDI 來加快供應鏈中信息的傳遞，共同重組業務活動以縮短供應提前期並最大限度地降低運作成本。

（二）QR 策略的實施步驟

QR 策略的實施包括以下幾個主要步驟：

（1）商品單元條碼化。即對所有商品消費單元用 EAN/UPC 條碼標示，對商品貿易單元用 ITF-14 條碼標示，對物流單元則用 UCC/EAN—128 條碼標示。

（2）POS 數據的採集與傳輸。零售商通過 RF 終端掃描商品條形碼，從 POS 系統得到及時、準確的銷售數據，並通過 EDI 傳輸給供應商共享。

（3）補貨需求的預測與補貨。供應商根據零售商的 POS 數據與庫存信息，主動預

測補貨需求，制訂補貨計劃，經零售商確認後發貨。

(三) QR 策略成功實施的條件

QR 策略的成功實施，需要具備以下基本條件：

1. 供應鏈成員企業間建立戰略夥伴關係

企業必須改變通過「單打獨鬥」來提高經營績效的傳統理念，要樹立通過與供應鏈成員企業建立戰略夥伴關係，實現資源共享，共同提高經營績效的現代供應鏈管理理念。

2. 供應鏈成員企業間建立有效的分工協作關係的框架

明確成員企業間分工協作的方式和範圍，加強協同，消除重複作業。特別地，零售商在 QR 系統中起主導作用，零售店鋪是構築 QR 系統的起點。

3. 實現供應鏈的可視化

開發和應用現代信息技術手段，打造透明的供應鏈（實時信息共享）。以供應鏈的可視化促進供應鏈的協同化。這些信息技術手段包括條碼技術、條碼自動識別技術、物流信息編碼技術、物流標籤、電子訂貨系統（EOS）、銷售時點系統（POS）、射頻識別（RFID）、電子數據交換（EDI）、提前裝運通知（Advanced Shipment Notification, ASN）、電子資金轉帳（Electronic Funds Transfer, EFT）等。

4. 採用先進的物流技術和管理方法

在 QR 策略的實施過程中，需要採用供應商管理庫存（VMI）、連續補貨計劃（CRP）[1]、越庫配送/直接換裝（CD）[2] 等先進的物流管理方法和手段，以減少物流作業環節，降低供應鏈系統的庫存量，實現及時補貨。

5. 柔性生產與供應

在供應鏈中需建立柔性生產系統，實現多品種小批量生產，努力縮短產品生產週期，滿足客戶的訂貨需求。

(四) QR 策略的實施效果

對於零售商來說，大概需要投入占銷售收入 1.5%~2% 的成本以支持條碼、POS 系統和 EDI 的正常運行。這些投入主要用於以下幾方面：EDI 啟動軟件，現有應用軟件的改進，租用增值網（VAN）、產品查詢、系統開發、教育與培訓、EDI 工作協調、通信軟件、網路及遠程通信、CPU 硬件、條碼標籤打印的軟件與硬件等。

實施 QR 策略的收益是巨大的，遠遠超過其投入。Kurt Salmon 協會的 David Cole 在 1997 年曾說過：「在美國那些實施 QR 第一階段的公司每年可以節省 15 億美元的費用，而那些實施 QR 第二階段的公司每年可以節省 27 億美元的費用。」他提出，如果企業能夠過

---

[1] 連續補貨計劃（Continuous Replenishment Program）是「利用及時準確的銷售時點信息確定已銷售的商品數量，根據零售商或批發商的庫存信息和預先規定的庫存補充程序確定發貨補充數量和配送時間的計劃方法」。——中國國家標準《物流術語》（GB/T18354-2006）

[2] 越庫配送/直接換裝（Cross Docking）是指「物品在物流環節中，不經過中間倉庫或站點存儲，直接從一個運輸工具換載到另一個運輸工具的物流銜接方式」。——中華人民共和國國家標準《物流術語》（GB/T18354-2006）

渡到第三階段——協同計劃、預測與補貨（CPFR）[1]，每年可望節約 60 億美元的費用。

[案例] 沃爾瑪的 CPFR 實踐

沃爾瑪利用信息技術手段有效整合物流和資金流，是基於 CPFR 供應鏈計劃管理模式的理論和實踐。在供應鏈運作的整個過程中，CPFR 應用一系列技術模型，對供應鏈中的不同客戶、不同節點的執行效率進行信息交互式管理和監控，對商品資源、物流資源進行集中的管理和控制。通過共同管理業務過程和共享信息來改善零售商和供應商的夥伴關係，提高採購訂單的計劃性、提高市場預測的準確度，提高供應鏈運作的效率，控製存貨週轉率，並最終控製物流成本。

二、有效客戶反應

有效客戶反應是 1992 年從美國食品雜貨業發展起來的一種供應鏈管理策略。

（一）有效客戶反應的內涵

有效客戶反應（Efficient Customer Response，ECR）是「以滿足顧客要求和最大限度降低物流過程費用為原則，能及時做出準確反應，使提供的物品供應或服務流程最佳化的一種供應鏈管理策略」（GB/T18354-2006）。

ECR 策略的目標是建立一個具有高效反應能力和以客戶需求為基礎的系統，在零售商與供應商等供應鏈成員企業之間建立戰略夥伴關係。其目的是最大限度地降低供應鏈系統的營運成本，提高供應鏈系統的營運效率，提高客戶服務水平。

ECR 策略的優勢在於供應鏈成員企業為了提高消費者滿意度這個共同的目標而結盟，共享信息和訣竅。它是一種把以前處於分離狀態的供應鏈各方聯繫在一起以滿足消費者需求的有效策略。

ECR 策略的核心是品類管理，即把品類（商品品種類別）作為戰略業務單元（SBU）來管理，通過滿足消費者需求來提高經營績效。品類管理是以數據為決策依據，不斷滿足消費者需求的過程。品類管理是零售業精細化管理之本。

品類管理主要由貫穿供應鏈各方的四個關鍵流程（即 ECR 的四大要素）組成，包括有效的新產品導入、有效的商品組合、有效的促銷以及有效的補貨。如圖 7.7 所示。

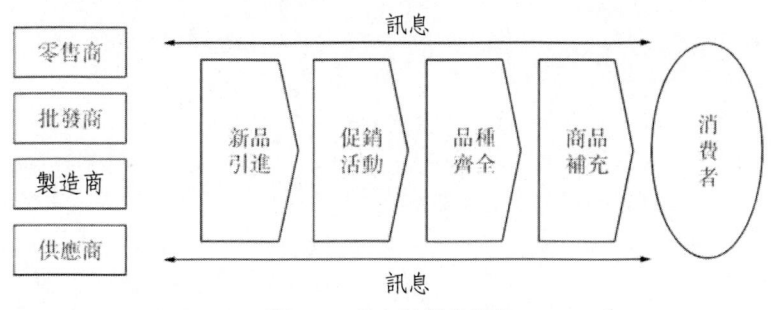

圖 7.7　ECR 的運作過程

---

[1] 協同計劃、預測與補貨（Collaborative Planning; Forecasting and Replenishment）是指「應用一系列的信息處理技術和模型技術，提供覆蓋整個供應鏈的合作過程，通過共同管理業務過程和共享信息來改善零售商和供應商之間的計劃協調性，提高預測精度，最終達到提高供應鏈效率、減少庫存和提高客戶滿意程度為目的的供應鏈庫存管理策略」。——中華人民共和國國家標準《物流術語》

在上述四個關鍵流程中，品種管理是 ECR 策略的核心。

(二) ECR 策略的實施

1. ECR 策略在實施中的注意事項

(1) 確保給消費者提供更高的讓渡價值。傳統的貿易關係是一種此消彼長的對立型關係，即貿易各方按照對自己有利的條件進行交易，這是一種零和博弈。ECR 策略強調供應鏈成員企業建立戰略夥伴關係，通過合作，最大限度壓縮物流過程費用，以更低的成本向消費者提供更高的價值，並在此基礎上獲利。

(2) 確保供應鏈的整體協調。傳統流通活動缺乏效率的主要原因在於製造商、批發商和零售商之間存在企業間聯繫的非效率性和企業內採購、生產、銷售和物流等部門或職能之間存在部門間聯繫的非效率性。傳統的企業組織以部門或職能為基礎開展經營活動，以各部門或職能的效益最大化為目標。這樣，雖然能夠提高各個部門或職能的效率，但容易引起部門或職能間的摩擦。同樣，在傳統的業務流程中，各個企業以本企業的效益最大化為目標，這樣雖然能夠提高各個企業的經營效率，但容易引起企業間的利益摩擦。ECR 策略要求去除各部門、各職能以及各企業之間的隔閡，進行跨部門、跨職能和跨企業的管理和協調，使商品流和信息流在企業內和供應鏈系統中順暢地流動。

(3) 需要對關聯行業進行分析研究。既然 ECR 策略要求對供應鏈整體進行管理和協調，ECR 策略所涉及的範圍必然包括零售業、批發業和製造業等相關的多個行業。為了最大限度地發揮 ECR 策略所具有的優勢，必須對關聯行業進行分析研究，對組成供應鏈的各類企業進行管理和協調。

2. ECR 策略的實施原則

在實施 ECR 策略時應遵循以下基本原則：

(1) 以更低的成本向消費者提供更優質的產品和服務。

(2) 核心企業主導供應鏈的運作。

(3) 供應鏈成員企業實時信息共享，科學決策。

(4) 最大限度壓縮物流過程費用，確保供應鏈的增值。

(5) 重視供應鏈績效評估，成員企業共同獲利。

3. ECR 策略在實施中使用的關鍵技術與方法

ECR 策略在實施中使用的關鍵信息技術手段包括條碼技術、銷售時點系統（POS）、射頻識別（RFID）、電子數據交換（EDI）、電子訂貨系統（EOS）、提前裝運通知（ASN）以及產品、價格和促銷數據庫（Item, Price and Promotion Database）等。

ECR 策略在實施中使用的關鍵物流技術和管理方法包括供應商管理庫存（VMI）、連續補貨計劃（CRP）、直接換裝/越庫配送（CD）、品類管理（CM）等。

4. ECR 策略的實施效果

實施 ECR 策略的效益是顯著的。根據歐洲供應鏈管理委員會提供的調查報告，在對 392 家企業調查的結果顯示：

對於製造商，預期銷售額增加 5.3%，製造費用減少 2.3%，銷售費用降低 1.1%，

倉儲費用減少 1.3%，而總贏利上升 5.5%；對於批發商和零售商，銷售額增加 5.4%，毛利增加 3.4%，倉儲費降低 5.9%，庫存量下降了 13.1%。

除此之外，對於上述企業以及客戶在內，還存在著廣泛的共同潛在效益，包括信息通暢、貨物品種規格齊全、減少缺貨、提高企業信譽、改善貿易雙方的關係、消費者購貨便利、增加可選擇性以及貨品新鮮等。由於減少了商品流通環節，消除了不必要的成本和費用，最終消費者、製造商、零售商均受益。

需要指出的是，ECR 策略的主要目的是降低供應鏈系統的總成本，而 QR 策略的目標則是對客戶的需求做出快速反應，這兩種供應鏈管理策略的側重點是不同的。

7.5　第四方物流管理

隨著物流業的進一步發展，行業內以及行業間企業併購、整合風潮促使以利用信息技術手段、為供應鏈提供完整解決方案的「第四方物流」產生。

一、第四方物流的概念與內涵

美國埃森哲公司最早提出了第四方物流的概念。他們認為：「第四方物流服務商（Fourth-Party Logistics Service Provider，4PLs）是一個供應鏈的集成商，它對公司內部和具有互補性的服務供應商所擁有的資源、能力和技術進行整合和管理，提供一整套供應鏈解決方案。」

從定義中可以看出，4PLs 的主要作用是對製造企業或分銷企業的供應鏈進行監控，在物流、信息等服務供應商與客戶之間充當唯一「聯繫人」的角色。第四方物流服務商是有領導力量的物流供應商，它通過設計、實施綜合完整的供應鏈解決方案，提升供應鏈影響力，來實現增值。

第四方物流的運作模式如圖 7.8 所示。

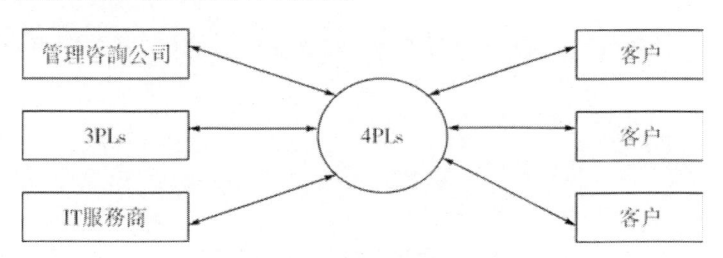

圖 7.8　第四方物流的運作模式

由圖 7.8 可知，第四方物流集成了管理諮詢公司、第三方物流供應商以及 IT 服務商的能力，利用分包商來管理控製客戶企業點到點的供應鏈運作流程。它充分整合了 3PLs、信息技術供應商、合同物流供應商、呼叫中心、電信公司等增值服務供應商以及客戶企業的能力，再加上 4PLs 自身的能力，設計、實施一個前所未有的、使客戶價值最大化的供應鏈解決方案。在這一過程中，不但強調技術外包，而且對人的素質要求高。

近年來，國外已經出現了第四方物流的研究與試驗。事實證明，第四方物流的發展可以滿足整個物流系統的需要，它在很大程度上整合了社會資源，減少了物流時間，提高了物流效率，減少了環境污染。

[案例] 美國 Menlo Worldwide 物流公司旗下的 Vector SCM 戰略分部，在通用公司的物流鏈管理中所扮演的正是典型的第四方物流角色——LLP[①]。通用公司每年的物流費用支出大約超過 50 億美元，針對公司物流業務量大、第三方物流公司眾多和供應鏈系統複雜等現狀與問題，通用提出了進一步整合第三方物流商及簡化其物流系統的要求，Vector SCM 應運而生。從公司成立以來，Vector SCM 公司通過整合通用公司的第三方物流商，優化供應鏈解決方案，不僅從通用公司的運輸、倉儲和庫存管理等多個環節的優化中挖掘利潤空間，而且通過績效評估，可直接參與通用公司主營業務的利潤分成，成為通用公司真正的戰略合作同盟。

二、第四方物流的特徵

第四方物流具有再造、變革、實施和執行等幾個特徵。

(一) 再造

再造是供應鏈流程協作和供應鏈流程的再設計。第四方物流服務商提供的最高層次的供應鏈解決方案就是流程再造。供應鏈業務流程的顯著改善是通過供應鏈各環節計劃與運作的協調一致或通過參與各方的通力合作來實現的。再造是對客戶企業的供應鏈管理進行優化，並使供應鏈各節點的業務策略保持協調一致。

(二) 變革

變革是通過新技術來實現供應鏈職能的加強，變革的努力集中在改善某一具體的供應鏈職能上，包括銷售和運作計劃、分銷管理、採購策略和客戶支持等。領先的技術，高明的戰略思維，卓越的流程再造以及強有力的組織變革管理，共同組成最佳方案，對供應鏈流程進行整合和改善。

(三) 實施

實施是進行流程一體化、系統集成及運作交接。第四方物流供應商應能幫助客戶實施新的業務方案，包括業務流程重組、客戶企業與服務供應商之間的系統集成等。

(四) 執行

執行是指 4PLs 開始承接多個供應鏈職能和流程的運作。其營運範圍包括製造、採購、庫存管理、供應鏈信息技術、需求預測、網路管理、客戶關係管理以及行政管理等。同時，4PLs 運用先進的技術優化整合供應鏈內部以及與之交叉的供應鏈運作。

三、第四方物流的服務內容

4PLs 不僅管理和控製特定的物流服務，而且對整個供應鏈物流過程提出策劃方案，

---

① 美國的物流實踐表明，第四方物流發展的重要條件之一便是在這個供應鏈的集成商中，能有一個公司充當所謂牽頭的物流服務供應商（LLP），作為這些集成商的龍頭。

並通過電子商務進行集成。因此，第四方物流成功的關鍵在於為顧客提供最優的增值服務，即快速、高效、低成本和個性化的服務。發展第四方物流，需要充分利用第三方物流的能力、技術且使貿易流暢，為客戶提供全方位、一體化、多功能的綜合服務，並擴大營運的自主性。第四方物流主要提供以下幾方面的服務：

（一）物流服務

通過有效整合物流資源，為工商企業提供貨物運輸、倉儲、加工、配送、貨代、商檢、報關等服務和全程物流數字化服務，以及整體物流方案策劃服務。

（二）金融服務

為工商企業提供基於「電子銀行」的企業間結算服務，與多家銀行聯合推出商品質押融資業務。

（三）信息服務

為工商企業提供來自物流終端的統計信息，幫助企業科學決策。通過整合傳統資源及網路資源，為企業搜集信息、發布信息、進行商品展示以及廣告宣傳。

（四）管理、技術及系統服務

為工商企業提供基於供應鏈管理的全程物流管理及網路技術支持服務。為工業原料流通領域的企業提供管理需求界定、業務流程分析與規範、業務流程再造以及建立ISO質量管理體系等服務。

四、第四方物流的價值

第四方物流服務商通過整合社會資源，提供綜合性的供應鏈解決方案，有效滿足客戶企業多樣化、複雜化、個性化的服務需求。第四方物流供應商通過影響整個供應鏈來實現增值，並帶給客戶可感知的效用。

（一）實現供應鏈一體化

第四方物流供應商通過與第三方物流企業、信息技術服務商和管理諮詢公司的協同運作，使物流的集成一躍成為供應鏈的一體化。業務流程再造將使客戶、製造商、供應商的信息和技術系統實現一體化，把人的因素和業務規範有機結合，使整個供應鏈的戰略規劃和業務運作能夠高效地貫徹實施。

（二）提高資產利用率

工商企業通過實施第四方物流，將減少固定資產投資，並提高資產利用率。與此同時，工商企業可實施「歸核化」戰略，通過產品研究開發、市場開拓來獲取規模經濟和範圍經濟性收益。

（三）優化客戶企業組織結構

第四方物流通過「再造」來實現客戶企業業務流程的優化，隨著物流及其他業務外包的不斷擴展，必然使客戶企業的一些傳統職能「虛擬」化，從而使組織結構變平

化，使組織結構更具有柔性，更能適應經營環境的變化。

（四）降低成本，增加利潤

第四方物流的運作強調物流數字化的作用，通過有效的物流數字化作業，為物流信息系統提供強有力的信息源保證，從而使物流信息系統強大的分析決策功能得以有效發揮，並為工商企業提供利潤增長。

第四方物流採用現代信息技術、科學的管理流程和先進的管理方法，使庫存及資金的週轉次數減少，從而降低交易費用。通過供應鏈規劃、業務流程再造以及一體化流程的實現，將最大限度地降低供應鏈營運成本，實現利潤增長。

第四方物流利潤的增長取決於其服務質量的提高以及成本的降低。第四方物流服務商是通過為供應鏈提供全方位、一體化、多功能的綜合服務來獲利的。

五、第四方物流運作模式的選擇

第四方物流的運作模式主要有協同運作型、方案集成型和行業創新型三種。

（一）協同運作型

這是第四方物流服務商與第三方物流企業共同開發市場的一種模式。第四方物流服務商向第三方物流企業提供供應鏈整合策略、進入市場的能力、項目管理能力以及技術服務等支持。第四方物流服務商在第三方物流企業內部運作，第三方物流企業成為第四方物流服務商的思想與策略的具體實施者，以達到為客戶服務的目的。雙方一般會採取戰略聯盟或合同治理的方式進行合作。其運作模式如圖7.9所示。

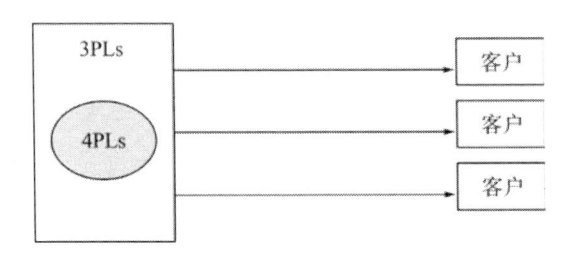

圖7.9 第四方物流的協同運作型運作模式

[**案例**] 由安得物流有限公司投資設立的廣州安得供應鏈技術有限公司是國內第一家由第三方物流公司孵化的第四方物流公司。安得物流有限公司因為有美的集團在資金、資源和貨源方面的保證，因此在中國眾多的第三方物流公司中脫穎而出。廣州安得供應鏈技術有限公司背靠著安得物流有限公司，可能成為它在中國第四方物流企業中脫穎而出的有利條件。安得物流有限公司現在的年營業額已經超過3億元，超過一半的收入來源於美的集團以外的30多個客戶。安得供應鏈技術有限公司前期可以利用安得物流有限公司現有的客戶資源，免費或以較低的價格為安得物流有限公司的客戶提供第四方物流服務，累積經驗，一旦有幾個成功的案例，以它相對於跨國諮詢公司的價格優勢和本土優勢，很可能領先於其競爭對手。

(二) 方案集成型

在該模式中，第四方物流服務商整合了自身以及第三方物流企業的資源、技術和能力，並充分借助第三方物流企業為客戶提供服務。第四方物流服務商作為一個「樞紐」，可以集成多個服務商的能力以及客戶的能力。其運作模式如圖7.10所示。

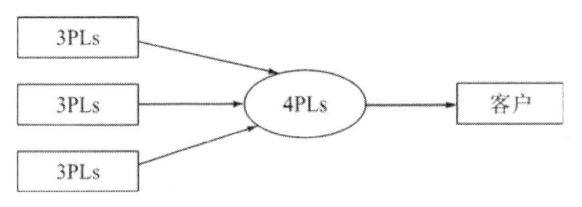

圖7.10　第四方物流的方案集成型運作模式

(三) 行業創新型

在該模式中，第四方物流服務商將多個第三方物流企業的資源和能力進行集成，以整合供應鏈的職能為重點，為多個行業的客戶提供完整的供應鏈解決方案，其運作模式如圖7.11所示。在這裡，第四方物流服務商這一角色非常重要，因為它是第三方物流企業集群和客戶集群的樞紐。

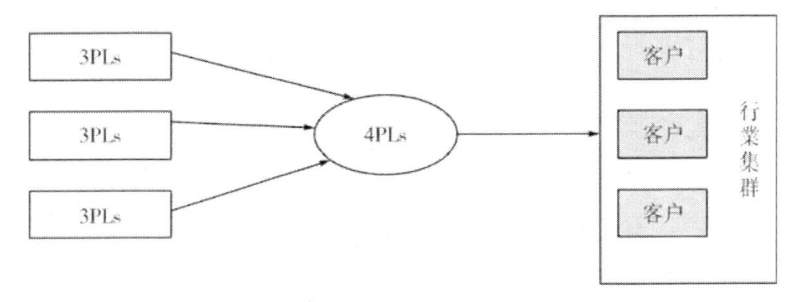

圖7.11　第四方物流的行業創新型運作模式

小結

供應鏈是描述商品或服務的需-產-供過程中的實體活動及其相互關係動態變化的網路。供應鏈具有需求導向、增值性、交叉性、動態性、複雜性等主要特徵。供應鏈管理主要是對成員企業間的合作關係進行協調，並對物流、資金流、信息流、商流進行控制，其管理範圍主要涉及需求、生產計劃、物流及供應四個領域。供應鏈管理具有產、銷、物、財四大基本職能，其主要目標是消除重複與浪費，尋求總成本與總服務水平間的平衡。供應鏈管理必須建立在雙贏的基礎之上，並能實現信息的充分共享。效率型供應鏈和響應型供應鏈分別與功能型產品和創新型產品相匹配。供應鏈的設計需遵循「雙向」、簡潔、集優、協調、動態、戰略、創新等基本原則。實施QR策略能對客戶的需求做出快速反應，而實施ECR策略則能有效降低供應鏈系統的總成本。第四方物流能為供應鏈提供完整解決方案。

同步測試

一、判斷題
1. 供應鏈上各企業之間不存在競爭關係，只存在合作聯盟關係。（　　）
2. 供應鏈是實現物流現代化、降低物流成本的手段和工具。（　　）
3. 供應鏈管理強調供應鏈企業間的協同。（　　）
4. 供應鏈的簡約化標誌著物流科學已發展到供應鏈管理時代。（　　）
5. 供應鏈上的資金流、信息流和物流的方向都是一致的。（　　）

二、單項選擇題
1. 供應鏈是一個（　　），它包括不同環節之間持續不斷的信息流、物流和資金流。
   A. 動態系統　　B. 固定系統　　C. 獨立系統　　D. 靈活系統
2. 供應鏈由所有加盟的節點企業組成，其中一般有一個（　　），節點企業在需求信息的驅動下，通過供應鏈的職能分工與合作，以資金流、物流和服務流為媒介實現整個供應鏈的增值。
   A. 大型企業　　B. 外資企業　　C. 聯合企業　　D. 核心企業
3. 在供應鏈中，企業之間形成一種（　　）關係。這實際上也體現出核心競爭力的互補效應。
   A. 合作性競爭　　B. 互利互惠　　C. 相互配合　　D. 對抗性競爭
4. 實施供應鏈管理，意味著上游企業的功能不是簡單地提供物料，而是要以最低的成本提供最好的服務。這反應了供應鏈管理具有以（　　）為目標的服務化管理的基本特徵。
   A. 整體效益　　　　　　　B. 滿足生產企業的需要
   C. 充分利用社會資源　　　D. 顧客滿意度
5. 供應鏈管理關注的不僅僅是物料實體在供應鏈中的流動，而是更加關注供應鏈系統的物流成本與（　　）之間的平衡。
   A. 物流效益水平　　　　　B. 企業利潤水平
   C. 客戶服務水平　　　　　D. 企業效率

三、簡答題
1. 什麼是供應鏈？供應鏈有哪些主要特徵？
2. 供應鏈有哪些分類方法？有哪些類別？
3. 拉式供應鏈流程與推式供應鏈流程有什麼不同？
4. 什麼是供應鏈管理？怎樣才能實施有效的供應鏈管理？
5. 與傳統企業管理相比，供應鏈管理有哪些優勢？
6. 實施供應鏈管理對企業有什麼基本要求？
7. 實施供應鏈管理有哪些要點？應遵循哪些基本原則？
8. 在設計供應鏈時應遵循什麼原則？有哪些主要步驟？

9. 產品類型、供應鏈類型、供應鏈管理策略、企業競爭戰略之間存在何種匹配關係？

10. 第四方物流與第三方物流有何區別與聯繫？

四、實訓題

1. 學生以小組為單位，課餘尋找一家生產企業，對其供應鏈營運管理狀況進行調研，並撰寫一份不低於 1,000 字的調查報告。

2. 學院後勤公司打算在學生生活區設立一家超市，面積約 150 平方米，經營的商品以小食品、學生生活用品以及學習用品等為主。請你完成《校園超市供應鏈的設計方案》。

五、案例分析題

「宜家」的供應鏈運作

「宜家」擁有 180 家連鎖店，分布在全球 42 個國家。2002 年，「宜家」的銷售收入達到了 110 億歐元並獲得了超過 11 億歐元的淨利潤，成為全球最大的家居商品零售商。「宜家」的成功，除了公司擁有一整套嚴格的組織系統外，還依賴於公司擁有一整套周密的管理體系。

「宜家」從產品設計開始，就堅持自己設計，並擁有產品專利。公司從 100 多名設計師設計的新產品中挑選價格相同但設計成本最低的產品。當產品設計確定後，設計研發機構將和設立在全球 33 個國家的 40 家貿易代表共同確定，哪些供應商可以在成本最低並保證質量的情況下生產這些產品。在激烈的競爭中，得分較高的供應商將得到大訂單。同時，「宜家」為所有的供應商都設定了不同的標準和等級，並經常對供應商進行考核。

為了能以最低的成本運作，「宜家」嚴格控制物流的每一個環節。例如，公司一直推行「平板包裝」，節省了大量的產品粗裝成本，達到了降低運輸費用同時提高運輸效率的目的；又如，將枕頭裡的空氣抽掉，節省了大量的商品體積；為了節省運輸時間，「宜家」在全球範圍內的近 20 家配送中心與一些中央倉庫大多集中在集海陸空於一體的綜合交通樞紐。「宜家」通過科學計算，決定哪些產品在本地銷售，哪些出口到海外。

「宜家」的供應鏈運作，包括從每家商店提供實時銷售記錄開始，將需求信息反饋到產品設計研發機構，物料由原材料供應商供應、經過製造商生產加工得到產成品，產品經倉儲中心倉儲、承運人運輸，最後到達商店銷售。

根據案例提供的信息，請回答以下問題：

1. 你認為連鎖經營成功的關鍵是什麼？
2. 你認為「宜家」的核心能力是什麼？
3. 「宜家」與製造商的合作，採取了 OEM 模式還是 ODM 模式？
4. 「宜家」對供應商的管理體現了什麼原則？
5. 請分析「宜家」成功的原因。
6. 「宜家」是如何降低經營成本的？
7. 請畫出「宜家」公司的供應鏈運作流程圖。

國家圖書館出版品預行編目(CIP)資料

物流基礎 / 胡建波 主編. -- 第四版.
-- 臺北市：崧博出版：崧燁文化發行，2018.09

　面　；　公分

ISBN 978-957-735-480-8(平裝)

1.物流管理

496.8　　　　107015231

書　名：物流基礎
作　者：胡建波 主編
發行人：黃振庭
出版者：崧博出版事業有限公司
發行者：崧燁文化事業有限公司
E-mail：sonbookservice@gmail.com
粉絲頁　　　　　網　址：
地　址：台北市中正區重慶南路一段六十一號八樓 815 室
8F.-815, No.61, Sec. 1, Chongqing S. Rd., Zhongzheng Dist., Taipei City 100, Taiwan (R.O.C.)
電　話：(02)2370-3310　傳　真：(02) 2370-3210
總經銷：紅螞蟻圖書有限公司
地　址：台北市內湖區舊宗路二段 121 巷 19 號
電　話：02-2795-3656　傳真：02-2795-4100　網址：
印　刷：京峯彩色印刷有限公司（京峰數位）

　　本書版權為西南財經大學出版社所有授權崧博出版事業有限公司獨家發行電子書繁體字版。若有其他相關權利及授權需求請與本公司聯繫。

定價：550 元
發行日期：2018 年 9 月第四版
◎ 本書以POD印製發行